CHRISTIAN RISCHERT

DIE WEIN-MACHER

HANDWERKER · BAUERN · MANAGER · KÜNSTLER

BEGEGNUNGEN IN EUROPA

ZABERT SANDMANN

IMPRESSUM

Redaktion:	Christian Strasser
Lektorat:	Katrin Behrend
Grafische Gestaltung:	Dietmar Meyer Christine Paxmann
Redaktionsassistenz:	Erna Erlacher Ursula Gerken
Fachliche Beratung:	Eric Calzolari Eberhard Spangenberg (Italien)
Karten:	Ekkhart Blunck
Bildredaktion:	Rosemarie Albig
Herstellung:	Hans-Werner Jung Joachim Restemeier
Lithografie:	Kruse-Reproduktionen, Vreden
Satz:	Typografika, Bielefeld
Druck:	Bentrup Druck, Bielefeld
Bindung:	Buchbinderei Klemme, Bielefeld

4. Auflage 1989, ISBN 3-924678-15-4

CIP-Titelaufnahme der Deutschen Bibliothek
Rischert, Christian: Die Weinmacher
1. Auflage — Steinhagen: Zabert Sandmann, 1989
ISBN 3-924678-15-4

Dieses Buch basiert auf der Filmreihe „Die Weinmacher", die von der Christian-Rischert-Filmproduktion in Zusammenarbeit mit dem Bayerischen Rundfunk und Tele München produziert wurde.

INHALT

"Nach meiner Frau kommt der Wein. Er ist etwas Phantastisches. Ich habe drei große Lieben: Meine Frau, den Wein und das Essen."

Giacomo Bologna, Weinmacher in Rocchetta Tanaro, Piemont

EINLEITUNG

Weintrinken ist die unwichtigste Sache der Welt. Ein spielerisches Vergnügen, das nur dem Genuß dient. Nichts weiter. Essen muß der Mensch. Weintrinken muß er nicht. Aber Wein hat Verführungskraft. Er kann Menschen zu seinen Liebhabern machen. Sie in Leidenschaft bis hin zur Abhängigkeit versetzen. Wein ist Kult, Mythos und Spiel. Jede Epoche hat ihre Regeln dafür geschrieben. Einige davon werden zur Zeit gerade neu bestimmt. Europas Weinszene ist in einem Umbruch wie nie zuvor. Italien hat sich mit Vehemenz und Erfolg aufgemacht, den Franzosen auch auf dem Gebiet der hochklassigen Weine Konkurrenz zu machen. Der Riese Spanien entwickelt Kräfte, die dem Weinmarkt neue, bisher unbekannte Dimensionen geben werden. Deutschland könnte das verlorene, einst große Renommee seiner Weißweine wiedergewinnen. Und Frankreich schließlich wird seine Position als Meister aller Klassen niemandem kampflos zur Verfügung stellen. Der steigende Wohlstand in Westeuropa verändert die Weinszene, die eine neue Generation von Weinmachern nach ihren Vorstellungen gestaltet. Was bisher für viele Menschen als ein Lebensmittel galt, wird nun zum Genußmittel. Qualitätsweine sind in Mode. Luxusprodukte oder solche, die sich dafür ausgeben, sind gefragt wie nie zuvor. Die Schaumweinbranche feiert Umsatztriumphe. Barrique-Wein ist ein neues Zauberwort. Viel Unfug und Betrug am Konsumenten wird damit betrieben. Aber auch neue, große Weine sind dadurch entstanden. Andere werden noch hinzukommen. Weinläden, die aussehen wie teure Juweliergeschäfte, dekorieren ihre Produkte wie Edelsteine. Doch was in edelster Aufmachung und luxuriöser Atmosphäre heute mancherorts verkauft wird, ist oft nicht mehr als simpler Durchschnittswein, der sich als Spitzenprodukt verkleidet hat. Der Begriff Qualität wird inflationär verwendet. Einen unprätentiösen, einfachen, guten Wein zu finden, ist schwerer denn je. Teure Weine dagegen gibt es reichlich.

Eine neue Sachlichkeit und Ästhetik kommt aus Italien, wo sich seit Mitte der 70er Jahre Revolutionäres auf dem Weinsektor ereignet. Die Önologie, die Weinwissenschaft, hat sich enorm entwickelt. Neue Technik wird eingesetzt. Damit kann man bessere Weine machen oder sie total manipulieren. Je nach Bedarf. Wir nehmen Abschied von einer verstaubten und verzopften Weinromantik, den faden Stimmungsbildern mit rotbackigen Winzern in spinnwebenverhangenen Kellern oder Mönchen in der Kutte mit dem Weinglas in der Hand. Der Winzer, der noch immer den abgedroschenen Spruch parat hat, daß nur der liebe Gott den Wein entstehen läßt, ist nicht mehr ernstzunehmen. Wein wird zwar in der Regel aus dem Most von Trauben gewonnen, aber schon im Weingarten entscheidet der Mensch, welche Trauben wie und auf welchem Boden wachsen sollen. Das ist heute weitgehend eine Sache der Önologie.

Der liebe Gott hat den Winzern vielleicht gute und schlechte Lagen geschaffen, und er bestimmt in gewisser Weise das Wetter und damit auch die Qualität eines Jahrgangs, doch ob er auch am Ozonloch und der Vernichtung der Regenwälder beteiligt ist, wage ich zu bezweifeln, und gute oder schlechte Lagen schafft sich heute der Mensch mit Hilfe von Planierraupen und Dränage-Anlagen bereits selbst. Die Rebsorten von heute sind das Ergebnis der Züchtungen aus den Forschungsanstalten. Es gibt Klone, die das botanische Bild des Riesling haben, geschmacklich aber mit dieser edlen Rebsorte nur noch wenig zu tun haben. Sie sind auf Erträge von 150 hl pro Hektar getrimmt, mehr als das Doppelte von dem, was ein guter Riesling in einer Hang- oder Terrassenlage an Ertrag haben darf.

Der liebe Gott hat sich aus diesem Geschäft zurückgezogen. Wein wird von Menschen gemacht. Es braucht viel Wissen und Erfahrung dazu. Vom Rebgarten bis zur Abfüllung eines Weines in die Flasche ist ein weiter Weg. Dabei kann viel falsch gemacht und zerstört werden. Wein wird industriell oder artisanal gemacht. Gut oder schlecht. Raffiniert oder einfach. Natürlich oder künstlich. Es gibt Weinmacher, die unseriöse "Macher" sind und solche, die alles "machen", um ein sauberes, natürliches Produkt in seiner bestmöglichen Form zu erzeugen. Manche mischen geringste Mengen billigsten Mostes mit viel Wasser, geben Methanol, Zucker, Rinderblut oder künstlichen Farbstoff dazu und verkaufen die Brühe mit uriger Aufmachung als Winzer- oder Bauerntrunk. Andere panschen subtiler. Die Möglichkeiten sind vielfältig. Und gepanscht wird, seit der Mensch Wein macht. Nie zuvor aber hat es gleichzeitig so viele hochwertige Weine gegeben wie heute. Trotzdem meint ein berühmter Önologe, daß wir erst 30 % der potentiellen Möglichkeiten, die die Traube bietet, ausschöpfen können. Die Zukunft des Weinbaus hat also erst begonnen, obwohl er schon ein paar tausend Jahre alt ist.

Industrielle, Intellektuelle, Künstler, Aussteiger und Umsteiger, Banken, Versicherungsgesellschaften und andere kapitalstarke Unternehmen haben sich in den letzten Jahren in die Weinbranche eingekauft. Das ist zwar nicht neu. Im Italien der Renaissance gab es das schon, aber natürlich nicht in dem Ausmaß wie heute. Der Trend zum kreativen Arbeiten und Leben in der Natur, dazu Kapital, das wertbeständige Anlagen sucht, und Konsumenten, die höhere Ansprüche stellen, haben bewirkt, daß sich ganz neue Kräfte in die Weinwelt etablieren. Es wird in erster Linie auf die Konsumenten ankommen, ob die Scharlatane und Blender, die jetzt zum Beispiel auf der neuen Welle der Edelweine mitschwimmen und pseudoanspruchsvolle Produkte zu überhöhten Preisen verkaufen, abblitzen oder ihre Schäfchen ins Trockene bringen werden. Echte von behaupteter Qualität zu unterscheiden, ist nicht ganz einfach. Man braucht dafür Vergleichsmaßstäbe. Es ist wie bei den Lebensmitteln. Nur wer weiß, wie sie in ihrer unverfälschten Form aussehen und schmecken können, wird die Unterschiede bemerken und beurteilen können, ob ein Produkt seinen Preis wert ist. „Der Weise ist es, der die Dinge schmeckt, wie sie sind", sagt der heilige Augustin. Um sich Qualitätsmaßstäbe anzueignen, muß man sich Zeit nehmen. Ich habe die Erfahrung gemacht, daß es keine verlorene Zeit ist und das Vergnügen immer größer wird, je mehr man über Wein weiß.

Ich bin nicht mit Wein groß geworden. Und gutes Essen habe ich erst sehr spät kennengelernt. Wenn ich manchmal den süßlichen Geruch von gebrannten Gersten, Malz und Hopfen, der aus Münchens Brauereien strömt, in die Nase bekomme, erinnert mich das an meine Kindheit. Da wohnten wir in der Nähe einer großen Brauerei. Ich mußte jeden Abend für meinen Großvater das Bier holen. Der irdene Maßkrug wog schwer. Nachdem ihn der Schankkellner der Bierwirtschaft an der Ecke gefüllt hatte, konnte ich ihn nur noch mit beiden Händen tragen. Ich mußte rasch damit nach Hause kommen, denn der Schaum auf dem Bier durfte nicht zusammenfallen. So wollte es der Großvater. Manchmal trank ich unterwegs einen kleinen Schluck aus dem Maßkrug. Doch immer nur so viel, daß es der Großvater nicht merkte. Dabei mußte ich an das Bier herankommen, ohne den Schaum zu verletzen. Ein vielgeübtes Kunststück, das ich ohne Strohhalm beherrschte. Ich bin also mit Bier und nicht mit Wein aufgewachsen.

Nach dem Zweiten Weltkrieg, Mitte der fünfziger Jahre, fuhr ich mit einem Freund per Autostop und praktisch ohne Geld zum ersten Mal nach Italien. Dort gab es für unseren Geschmack kein trinkbares Bier, und außerdem wollten wir uns an die Sitten des Landes halten. Also tranken wir Wein. Den billigsten, den es gab. Es war herrlich! Wir fühlten uns als Italiener. Danach trampten wir nach Frankreich an die Côte d'Azur (wie edel das klingt), nach Nizza und Cannes, übernachteten am Strand des Carlton Hotels, solange, bis uns ein Bademeister davonjagte. Wir tranken französischen Wein. Den allerbilligsten und teilten uns dazu ein Baguette. Es war herrlich! Wir fühlten uns als Franzosen. So begann meine Karriere als Weintrinker. In München machte mir das Weintrinken weniger Freude als in Italien und Frankreich. Hier gibt es keine Café-Bars, wo man an der Theke im Stehen ein Gläschen Wein trinken könnte. Bei uns muß man sich an einen Tisch setzen und einen ganzen Schoppen trinken.

Meine Lust am Wein ist verbunden mit der Lebensart von Italienern und Franzosen. Rüdesheim, Liebfraumilch, Kröver Nacktarsch, deutscher Frohsinn, wein- oder bierselige Gemütlichkeit sind weniger mein Fall. Mancher deutsche Weißwein aber kann mich aufrichtig begeistern. Noch vor einigen Jahren hätte ich das nicht sagen können. Ich habe mich langsam in die "höheren Sphären" der Trink- und Eßkultur vorgetastet. Viele Enttäuschungen waren und sind

dabei immer wieder in Kauf zu nehmen. Was habe ich vor einer Verkostung von Weinmachern nicht alles an überzeugenden Einstellungen, Theorien, Erkenntnissen gehört, und wie dürftig war dann oft der "Augenblick der Wahrheit", wenn der Wein im Glas war. Auch große Namen schützen nicht vor Enttäuschungen.
Mit wieviel Spannung und Vorfreude habe ich schon Flaschen mit verheißungsvollen Namen geöffnet, den Wein im Glas kreisen lassen, die Nase hineingesteckt, voller Erwartung auf ein geheimnisvolles Bukett, aber trotz höchster Anstrengung zuerst aller Geruchs- und dann der Geschmacksnerven kam halt einfach nichts. Geld weg. Freude weg. Auch bei den Größten. Damit muß ein Weinliebhaber leben.
Die besseren französischen Weine habe ich erforscht, als sie noch halbwegs erschwinglich waren. Als in einer Phase der Hochkonjunktur mit Amerika ihre Preise exorbitant in die Höhe schossen, verzichtete ich auf sie und kehrte zu den Italienern zurück, bis schließlich auch die Franzosen wieder bezahlbar waren. Dann entdeckte ich die Spanier.

Jetzt habe ich über drei Jahre ohne Unterbrechung an dem Projekt "Die Weinmacher", das aus sechzehn Fernsehfilmen und diesem Buch besteht, gearbeitet. Dabei war der Zeitdruck immer sehr groß, und vielfältige Schwierigkeiten haben mich oft verzweifeln lassen. Doch die Anstrengungen wurden belohnt durch die Menschen, die ich bei dieser Arbeit kennengelernt habe. Unter ihnen waren viele, die ihr Metier mit einer erstaunlichen Hingabe, Leidenschaft und Freude ausüben, wie man es vielleicht nur von Künstlern erwartet. Von den Begegnungen mit diesen Menschen, ihren Weinen, den Umständen ihrer Entstehung und dem Weingenuß — der wie die Lust am Essen das Leben reicher machen kann — ist in diesem Buch die Rede. Dabei mußte ich aus Platzgründen auf viele Weinmacher, über die ich noch gerne berichtet hätte, verzichten. Die Auswahl aller Personen und Motive habe ich subjektiv nach eigenem Ermessen und nicht repräsentativen oder enzyklopädischen Gesichtspunkten getroffen. Die spontane freundschaftliche Zuneigung, das Engagement, die Hilfe und die Geduld, die uns von vielen Weinmachern in Europa bei diesem Projekt entgegengebracht wurde, hat bei mir viel Hoffnung geweckt, daß Europa mehr sein könnte als eine Interessengemeinschaft von Wirtschaftsunternehmen. Bei der Begegnung mit den Riesen der Weinbranche, den multinationalen Gesellschaften, verlor sich diese Hoffnung allerdings schnell in der Kälte und Anonymität solcher Gebilde. Ihre Größe und Macht wird im zukünftigen Europa noch wachsen. Die Weinlandschaften könnten dann uniformer und ärmer werden. Was heute noch fasziniert, sind die Menschen der Weinszene. Individualisten, die Weine nach ihrem Geschmack, Temperament und Charakter machen, die den Reichtum, das Unverwechselbare ihrer Weinregion schützen und durch ihre Arbeit vertiefen. Sie allein bestimmen Sinn und Wert der Weine. Ihnen, so hoffe ich, gehört die Zukunft.

SÜDTIROL · TRENTIN

O · FRANCIACORTA

Die vielgerühmte Schönheit Südtirols ist zu allen Jahreszeiten attraktiv. Wenn im Herbst die Touristen zum "Törggelen" kommen, fließt der Wein in Strömen. Doch mit den Mengen, die in Südtirol gekeltert werden, haben die Einzelerzeuger wie die vielen Genossenschaften eher Sorgen als Freude. Dort, wo heute noch Reben stehen, könnten bald wieder Obstbäume wachsen, denn mit Äpfeln und Birnen verdienen die Bauern inzwischen mehr als mit Weintrauben. Vom allgemeinen Rückgang der Massenweine sind Südtirol und das Trentino, wie viele andere Regionen auch, stark betroffen. Weiter im Südwesten, im Gebiet von Franciacorta, hat man frühzeitig die Zeichen der Zeit erkannt. Risikofreudige und selbstbewußte Weinmacher haben dort in nur wenigen Jahren neue Maßstäbe bei der Weinerzeugung gesetzt. Im Bild Kloster Neustift bei Brixen, eine bekannte Weinkellerei und ein beliebtes Ausflugsziel.

Der Weinbau in Südtirol ist in einer Umbruchphase, die noch lange andauern wird. Seit der Konsum von Massenweinen stark rückläufig ist — was man nur begrüßen kann —, fürchten viele Südtiroler Weinerzeuger, insbesondere die Abfüller, in den von ihnen selbst erzeugten Weinfluten zu ertrinken. Kein schöner Tod, selbst wenn die Weine nicht mit Methanol vergiftet sind wie 1986 die des Abfüllers Vinexport in Egna (Neumarkt). Wenn man allerdings heute nachliest, wie entsetzt man damals auf diesen italienischen Methanol-Skandal mit seinen zahlreichen Todesopfern und zeitlebens Geschädigten reagierte, dann ist es schon überraschend, wie schnell man den Schock überwunden hatte und zur Tagesordnung überging. Vergiftung von Lebensmitteln scheint in Europa eher ein Kavaliersdelikt zu sein, wie man auch am Beispiel der Urteile im spanischen Olivenöl-Prozeß sehen konnte. Ob Österreich, Italien, Deutschland, Frankreich, die kriminellen Panschereien sind überall zu Hause. Es sieht so aus, als würde die Weinerzeugung schon seit Urzeiten ganz besonders zum Betrug animieren. Im Mittelalter schnitt man in Italien den im Vergleich zu heute harmlosen Panschern zur Strafe ein oder zwei Ohren ab. Warum das Weinpanschen bis hin zum Vergiften heute solche Ausmaße angenommen hat, ist eigentlich nicht schwer zu durchschauen. Daß die Konsumenten durch ihr Verhalten dazu nach Kräften beitragen, kann niemand bestreiten. Unkenntnis, Desinteresse, Gleichgültigkeit, schlechter Geschmack und schädliche Trinkgewohnheiten fordern die Weinindustrie zum Betrug geradezu heraus. Wer den Doppelliter Bauerntrunk im Supermarkt für 2 Mark 50 kauft, darf sich nicht wundern, wenn er blind wird. Zu diesem Preis kann niemand auf der Welt einen echten Wein erzeugen. Doch weil in der EG seit ewigen Zeiten von Politikern, Verbandsfunktionären und Lobbyisten die Weinfluten in unverantwortlicher Weise unterstützt und gefördert werden — aus Angst, Wählerstimmen zu verlieren, oder gelegentlich auch aus echter Sorge um das soziale Wohl vieler Weinbauern —, ist die Überproduktion und damit der Druck auf die Preise immer größer geworden. Tatsache ist, daß viel mehr Wein in der EG erzeugt wird, als getrunken werden kann, selbst wenn sich die Verbraucher auf Kosten ihrer Gesundheit noch so anstrengen würden. Deshalb muß die EG die Überschüsse, wiederum mit großem Aufwand an Steuergeldern, zu reinem Alkohol destillieren, der dann beispielsweise in der Farbenindustrie Verwendung findet, wenn er nicht in Billigweinen, wie beim italienischen Weinskandal geschehen, wieder auftaucht. Auch das beste Weingesetz kann den Verbraucher vor Betrug und Schaden nur sehr begrenzt schützen. Er selbst ist herausgefordert, sich kritisch und bewußt bei der Auswahl von Lebensmitteln zu verhalten. Erfahrung und Wissen über das, was wirklich Qualität hat

GOJER

oder wo sie nur vorgetäuscht wird, ist daher äußerst nützlich. Ich komme aus dem Staunen nicht heraus, wie achtlos, lieblos und gleichgültig viele Menschen Wein trinken, selbst jene, die vom guten Essen etwas halten. Nicht selten erlebe ich, daß in sogenannten besten Kreisen schauerliche Flüssigkeiten in teure Gläser geschenkt oder tatsächlich edle Weine ohne Verstand schlichtweg gesoffen werden. Häufig erweisen sich auch sogenannte Kenner oder Luxustrinker als rechte Banausen, die zuviel Geld haben und glauben, für sie sei nur das Teuerste gut genug. Solches Verständnis von Wein oder Essen ist wenig geeignet, die Erzeuger zu motivieren oder über das Regulativ des Marktes zu zwingen, sich um Qualität im Rahmen vernünftiger Preise zu bemühen. Leider ist es heute schon die Regel, daß man für Weine, die vielleicht guter Durchschnitt sind, Preise bezahlen muß, die Spitzenprodukten angemessen wären. Jeder Weinliebhaber wird ein Lied davon singen können, wie schwer es ist, einen einfachen, sauberen Alltagswein zu finden, der preiswert und trotzdem gut ist. Einen großen Wein zu erstehen, ist wesentlich einfacher. Nicht die Top-Qualität, das Luxusprodukt ist es, das fehlt, sondern der einfache, charaktervolle Wein. Die vielen Genossenschaften, die es in Südtirol gibt, wären dazu berufen, das Niveau der Alltagsweine zu verbessern.

Ein junger Weinmacher wie Franz Gojer aus Sankt Magdalena bei Bozen ist ein Beispiel dafür, daß man aus dem Massenträger Vernatsch, aus dem in Südtirol die meisten Rotweine gekeltert werden, durchaus einen guten Wein zu einem erschwinglichen Preis auf den Markt bringen kann. Gojer hat von seinem Vater 2,5 ha in der besten Lage von Sankt Magdalena geerbt und versteht es, daraus einen ausdrucksvollen Wein zu vinifizieren. Er ist befreundet mit Peter Dipoli, einem entschiedenen Kämpfer für eine neue Weinqualität in Südtirol, der eine kleine

Der Vater von Franz Gojer in der Lage Sankt Magdalena bei Bozen, aus der hervorragende Rotweine kommen können.

Franz Gojer in seinem Weinkeller. Vom Vater hat er den Glögglhof in Sankt Magdalena übernommen. Er ist mit Peter Dipoli in Neumarkt eng befreundet und auch von ihm inspiriert, neue Wege in der Weinproduktion zu gehen. Gojer erzeugt nur ca. 20.000 Flaschen pro Jahr, wovon der größte Teil ein ausgezeichneter Sankt Magdalena ist.

Vinothek in Egna (Neumarkt) führt, just in jenem Ort, in dem die Vinexport mit ihren Panschereien aufflog. Dipoli hat Weinbau studiert, betreibt aber heute nur Obstbau und kann es sich deshalb auch leisten, den Südtiroler Weinbau sehr kritisch zu beurteilen. Damit hat er sich natürlich nicht viele Freunde gemacht. In seiner Vinothek, wo man auch vorzüglich essen kann, sind die meisten Spitzenweine Italiens, aber auch gute, einfache Weine, darunter die besten aus Südtirol, zu finden. Des öfteren lädt Dipoli Südtiroler Weinmacher zum gemeinsamen Verkosten und kritischen Beurteilen der Weine aus der Region ein. Dipoli redet nie um den heißen Brei herum. Er nennt die Dinge beim Namen, zum Beispiel, daß viele italienische Spitzenprodukte im Preis überhöht sind. Gerade Leute wie er haben bewirkt, daß heute schon eine ganze Reihe von Einzelerzeugern und Genossenschaften neue Wege versuchen und Schritte unternehmen, die geeignet sind, in Zukunft die Quantität zu reduzieren und die Qualität zu verbessern.

Natürlich heißt das auch Abschied nehmen von Maßnahmen, wie sie in den siebziger Jahren vollzogen wurden. Aberwitzige Lagenerweiterungen wie beispielsweise am Kalterersee müssen dann der Vergangenheit angehören. Noch besser wäre, wenn man sie auf den alten Stand zurückstufen würde. Sankt Magdalena, eine der besten Lagen in Südtirol, wurde 1970 von 250 auf 360 ha mit weniger guten Lagen ausgedehnt. Damit verringerte sich die Qualität, denn gute Lagen lassen sich nicht beliebig erweitern. In manchen Zonen definieren sie sich auf den Meter genau, und zwar nicht nach irgendwelchen politischen oder marktstrategischen Motiven, sondern einzig und allein nach ihrer Bodenzusammensetzung, ihrer Himmelsausrichtung, der Höhenlage und dem Mikroklima. Im Burgund unterscheiden sich die vielen Lagen in ihren spezifischen Eigenarten auf kleinsten Parzellen, die ihre eigene Herkunftsbezeichnung haben. Das ist das große Kapital der burgundischen Winzer. Auch in vielen deutschen Weinbauzonen gibt es ähnlich präzis definierte Lagen, die sich irgendwann, auf wundersame Weise, auf ein Vielfaches ausgedehnt haben. Wenn man das Kapital der guten Lagen inflationär entwertet, muß man sich nicht wundern, daß anschließend die Preise in den Keller gehen.

Nicht anders verhält es sich mit den Massenerträgen. Wer sich in Südtirol in den Weinbergen umsieht, wird schnell feststellen, daß die Vernatsch-Trauben, aus denen der überwiegende Teil der Südtiroler Rotweine gekeltert wird, so groß wie Taubeneier an den Stöcken hängen. Was in dieser Vernatsch-Traube aber stecken kann, wenn man qualitätsbewußt denkt und handelt, beweist der Kellermeister der Genossenschaft von Girlan, Herr Spitaler. Als ich bei Dipoli in Neumarkt einen Wein dieser Kellerei probierte, wollte ich nicht glauben, daß es sich dabei um einen Vernatsch

DIPOLI

Önothek Johnson & Dipoldi, Neumarkt (Egna)

Peter Dipoli ist einer der entschiedensten Kämpfer für eine neue Weinqualität in Südtirol. In seiner Önothek findet man viele bedeutende Weine Italiens. In dem kleinen Restaurant kann man außerdem vorzüglich essen.

Was ist das Besondere an den Südtiroler Weinen?

Wir haben Weine, die durch unser Klima und durch unsere Lage einzigartig sind. Es fehlt nur an menschlichen Kapazitäten. Die müssen noch heranwachsen, die sind noch nicht vorhanden. Ich sage nicht, daß sie geboren werden müssen, aber vielen muß man erst einmal die Augen öffnen und ihnen zeigen, um was es eigentlich geht. Ich hoffe, daß es nicht schon zu spät ist.

SPITALER

Hartmut Spitaler, Girlan

Sie keltern einen Vernatsch aus Trauben von über achtzigjährigen Rebstöcken. Warum?
Diesen Luxus leiste ich mir, um zu zeigen, welche Möglichkeiten in dieser Rebsorte stecken. Ein Bauer, der vom Wein leben muß, kann sich solche Reben eigentlich nicht leisten. Die Erntemenge geht zugunsten der Qualität so stark zurück, daß es für den Winzer nicht mehr rentabel wäre.
Produzieren so alte Reben in jedem Fall eine bessere Qualität oder können sie auch müder oder schlechter werden?
Alte Reben werden nicht schlechter. Nur wenn man sie zuviel düngt, werden sie schlechter. Aber wenn man die Rebe allein vor sich hinwachsen läßt, wird die Qualität immer besser. Natürlich muß sie kurzgeschnitten werden. Vor allem gibt es dann Weine, die eine sehr lange Haltbarkeit haben, 30 und mehr Jahre.

handelte. Des Rätsels Lösung: Der Wein wird aus den Trauben von über achtzigjährigen Rebstöcken gekeltert, die nur noch winzige Beeren in kleinsten Mengen liefern. Diesen Luxus leistet sich Herr Spitaler, um zu zeigen, welche Möglichkeiten in dieser Rebsorte stecken.
Daß solche Weine nicht der Maßstab für Genossenschaften sein können, leuchtet ein. Daß jedoch derartig wegweisende Taten in einer Genossenschaft geschehen, wo sie zur Anhebung des Qualitätsniveaus auf breiter Ebene führen könnten, ist höchst erfreulich. Warum sollen Genossenschaften neben hervorragenden einfachen Erzeugnissen, die aufgrund ihrer Struktur in jedem Fall ihr Hauptziel sein müssen, nicht auch Spitzenprodukte hervorbringen, die dem Verbraucher den Vergleich ermöglichen und Qualitäts- und Preisunterschiede deutlich und verständlich machen?

Alois Lageder ist mit 1 Million Flaschen pro Jahr als Einzelproduzent durchaus im Quantitätsbereich einer kleinen Genossenschaft. Dennoch gelingt es ihm, einige herausragende Weine zu erzeugen, für die er auch einen guten Preis bekommt. Für die Zukunft hat er mit erheblichem Aufwand, inmitten des Kalterersee-Gebiets in einem Meer von Vernatsch-Reben, französischen Cabernet-Sauvignon gepflanzt. In ein paar Jahren will er einen Cabernet machen, der sich auf dem internationalen Markt sehen lassen kann. Sein Chardonnay, den er im Barrique ausbaut, ist schon heute ein konkurrenzfähiges Produkt. Doch bis einige Südtiroler Weine neben den längst etablierten großen Namen des Piemont, der Toskana und des Friaul stehen können, wird noch Zeit vergehen.

Moderne Edelstahltanks in der Genossenschaft von Girlan in Südtirol. Neben den großen Quantitäten macht Kellermeister Hartmut Spitaler in kleinen Mengen auch einige sehr exklusive Weine.

POJER & SANDRI

Fiorentino Sandri und Mario Pojer, Faedo

Wie macht man einen guten Obstschnaps?
Für einen guten Obstschnaps ist das Rohprodukt ausschlaggebend. Wir müssen von einer guten, aromareichen Grundlage ausgehen. Unsere Wahl orientiert sich auf hoch gelegene Gebiete. Die Aprikosen holen wir aus dem Vinschgau, in 1000 m Höhe. Die Kirschen kommen aus der gleichen Höhe, hier im Trentino, aus der Gegend von Vigolo Vattaro. Es ist sehr wichtig, daß die Früchte reif sind und ein starkes Aroma haben. Die aus den Bergen haben ein breiteres Spektrum an Duftnoten, weil sie sehr langsam reifen. Die Ernte erfolgt spät. Deshalb ist das Aroma viel ausgeprägter als bei Früchten aus der Ebene oder von anderen Gegenden. Bei der Grappa dagegen ist das ganz anders. Das Ausgangsprodukt ist sehr wichtig, aber noch wichtiger ist – wie in unserem Fall –, eine eigene Kellerei zu haben und damit praktisch die Möglichkeit, nicht zu ausgelaugte Trester sofort in die Brennerei zu bringen. Die Trester müssen sehr frisch sein, sie müssen in der Brennerei schnell zum Gären gebracht und dann gebrannt werden.

Im Trentino, wo die Massenproduktion überwiegt, verhält sich das nicht viel anders. In solchen Gebieten haben es Leute, die einen anderen Weg gehen, dann relativ leicht, sich von der Masse abzuheben. Sie erregen sofort Aufmerksamkeit wie beispielsweise Pojer & Sandri in Faedo, unweit der bedeutenden Weinbauschule von San Michele, die 1864 gegründet wurde. Seit ihrer Zusammenarbeit haben die beiden jungen Weinmacher in kurzer Zeit außerordentlich viel Bestätigung erfahren. Sie besitzen ausgezeichnete Hanglagen, bis 700 m hoch gelegen, in denen sie vorwiegend Sauvignon, Chardonnay, Müller-Thurgau und Rheinriesling kultivieren. 150.000 Flaschen erzeugen sie insgesamt pro Jahr. Ihr Chardonnay ist herrlich fruchtig, jugendlich, lebendig und doch ausdrucksvoll, dabei nicht so stilisiert wie so manch anderer Chardonnay mit großem Namen. Sehr bemerkenswert ist auch ein Nosiola, den sie nur in kleinen Mengen erzeugen. Neben den Weinen machen Pojer & Sandri auch Grappa und Obstschnäpse, wie man sie selten findet. Ihr Aprikosenschnaps gehört zu den großen Raritäten im Bereich der Obstbrände. Zu Ehren Albrecht Dürers, der auf seiner Italienreise an Faedo vorbeikam – die Straße führte wegen der Sümpfe früher nicht durch die Talsohle, sondern am Berghang entlang –, haben Pojer & Sandri eine Zeichnung von ihm auf ihr Flaschenetikett gesetzt.

Fährt man von Faedo wieder hinunter ins Tal und überquert die Etsch, kommt man nach Mezzolombardo. Dort ist die jüngste Frau der italienischen Weinszene zu Hause. Als Elisabetta Foradori elf Jahre alt war, starb ihr Vater. Er hinterließ ein Weingut, das die Mutter mit Hilfe eines fachkundigen Schwagers weiterführte. Gerade hat Elisabetta die Leitung des Betriebes übernommen, nach Absolvierung des Studiums an der vor der Haustür liegenden Weinbauschule von San Michele. Das Weingut hat 12 ha Rebfläche, 60 % davon sind mit Teroldego bepflanzt. Diese Rebe, deren Anbaufläche zur Zeit insgesamt nur 24 ha umfaßt, wird heute beinahe ausschließlich in dem Gebiet zwischen Mezzolombardo, Mezzocorona und Lavis entlang des Flusses Noce kultiviert. Der Teroldego, der früher nur als Verschnittwein verwendet wurde, hat erst in den letzten zwanzig Jahren wieder eine Aufwertung erfahren. Es war Elisabettas Vater, der ihn als erster in Flaschen abfüllte. Einen kleinen Teil davon, der aus einer besonderen Lage stammt, baut Elisabetta Foradori jetzt zum ersten Mal im Barrique aus. Was ich verkostet habe, schmeckte vielversprechend. Der Teroldego ist ein sehr eigenwilliger, ausdrucksvoller Rotwein mit einem leichten Bitterton im Abgang, ähnlich wie beim Lagrein. In kleinen Mengen erzeugt Elisabetta auch einen Pinot Bianco, der sofort durch seine kraftvolle, beinahe harte Struktur und seinen stark betonten Sortengeschmack besticht. Ohne Frage wird die Generation, aus der Pojer, Sandri und

FORADORI

Elisabetta Foradori, Mezzolombardo

Was ist das, Leidenschaft für den Wein?
Leidenschaft für den Wein ist meiner Meinung nach etwas zuwenig. Ich würde sagen, es ist die Passion für die Rebe und für den Wein. Das, was mich fasziniert, ist, den ganzen Prozeß zu verfolgen: vom Wachsen der Frucht, ihrer Verarbeitung durch den Menschen bis hin zum Endprodukt mit seinen unterschiedlichen Charaktereigenschaften und Geschmacksschattierungen.
Gibt es eine Identität zwischen dem Weinmacher und seinem Produkt?
Das ist vielleicht etwas übertrieben. Zweifelsohne legt derjenige, der den Wein macht, einen guten Teil von sich in die Arbeit. Das Wesentliche ist aber das Ausgangsmaterial, das ich zur Verfügung habe. Man kann sein Produkt modifizieren, aber ich würde nicht sagen, daß der Wein mit meiner Persönlichkeit oder meinem Temperament identisch ist.

Elisabetta Foradori ist die jüngste Frau in der italienischen Weinszene. Hier verkostet sie ihren Teroldego, den sie — den neuen Tendenzen folgend — im Barrique ausbaut. Schon der erste Versuch ist besonders gut geglückt.

Elisabetta Foradori kommen, in der Weinszene des Trentino neue Maßstäbe setzen und die Sprunglatte für die anderen um einiges höher legen.

In einem Seitental von Trient liegt ein kleines Dorf namens Civezzano. Eine schmale Straße führt aus dem Ort hinaus bis zu einer Schlucht, wo es nicht mehr weitergeht. In dieser romantischen Ecke liegt in klösterlicher Stille das Restaurant *Maso Cantanghel*, von dem es heißt, daß man dort gut essen könne. Das verlockte mich, auf meiner Fahrt nach Franciacorta diesen Umweg zu machen. Es ist ja immer ein kleines Abenteuer, ein neues Restaurant aufzusuchen. In der Hoffnung auf ein angenehmes Erlebnis muß man viele Enttäuschungen hinnehmen, bis man dann endlich belohnt wird. In diesem Fall hat sich der Umweg gelohnt. Das Restaurant, ein mit viel Geschmack eingerichteter Familienbetrieb, hat eine ländlich regionale, raffiniert verfeinerte Küche. Auf der Weinkarte stehen sorgfältig ausgesuchte Gewächse aus der Gegend und darüber hinaus einige italienische Spitzenweine. Es herrscht eine wohltuend beschauliche Atmosphäre, die zu einem ausgedehnten Essen animiert. Und weil wir uns noch im Trentino befinden, tut man sicher gut daran, als Aperitif oder zum ersten und zweiten Gang einen Spumante von Ferrari zu wählen. Die hochwertigen Schaumweine von Ferrari, die in dieser Gegend erzeugt werden, gehören trotz vieler neu hinzugekommener, erstklassiger Produkte aus anderen Regionen immer noch zu den besten Spumanti Italiens. Ferrari ist ein Veteran unter denjenigen italienischen Schaumweinerzeugern, die nach der Champagnermethode arbeiten. Der Gründer, Giulio Ferrari, begann damit schon bald nach der Jahrhundertwende, und lange Zeit waren seine Produkte qualitativ unübertroffen, fast konkurrenzlos. Erst Ende der siebziger Jahre tauchten buchstäblich über Nacht ehrgeizige neue Produzenten auf und nahmen die noch

ZANELLA

Maurizio Zanella, Erbusco

Maurizio Zanella, dessen Ca'del Bosco zu den modernsten und besten Wein- und Spumantekellereien Italiens gehört, ist einer der ehrgeizigsten jungen Männer in der italienischen Weinszene. Seine Geschichte zeigt, wie aggressiver Kapitaleinsatz, gepaart mit dem Willen zu herausragender Qualität, in wenigen Jahren zum Erfolg führen kann. Maurizio Zanella, das verwöhnte Kind reicher Eltern, hatte sich 1968 in Mailand extremistischen Gruppierungen angeschlossen — zuerst den Rechten, dann den Linken. Da war er siebzehn. Die Familie entschied, ihn von der Schule zu nehmen, und schickte ihn auf ihr kleines Weingut, die Ca'del Bosco in Erbusco. Während der Verwalter des kleinen Anwesens auf ihn aufpaßte, interessierte Zanella sich hauptsächlich für Moto-Cross und schnelle Autos. Aus purer Langeweile nahm er an einer vom Landwirtschaftsministerium organisierten Reise für Weinbauern teil, bei der er große französische Weine kennenlernte. Dies beeindruckte ihn so, daß er beschloß, selbst Wein zu machen. Der Vater, ein reicher Speditionsunternehmer aus Mailand, hatte schon 1969 auf dem Gut Ca'del Bosco die ersten Reben gepflanzt und 1972 den ersten Wein für den Eigenbedarf gemacht. Daran wollte sein Sohn anknüpfen. Der Vater war glücklich und stellte Geld zur Verfügung. Offensichtlich in unbegrenzter Menge, denn was nun in kurzer Zeit förmlich aus dem Boden gestampft wurde, muß Unsummen gekostet haben. Doch das Geld wurde gut investiert, wie sich heute zeigt. In rund zwölf Jahren baute Maurizio Zanella aus dem Wochenendhäuschen mit ein paar Reben auf dem Grundstück ein bombastisches Anwesen auf mit allen technischen Finessen, vom Hubschrauberlandeplatz bis zum kathedralenartigen Weinkeller in 17 m Tiefe.

Warum haben Sie sich dieses Imperium aufgebaut?

Aus Lust am Leben und um Dinge verwirklichen zu können, die mir eine enorme Befriedigung bereiten. Ich habe einen Weg eingeschlagen, der für mich neu war. Es ist die Lust, aus dem Nichts etwas aufzubauen, sich einen Namen zu machen, Weine herzustellen, deren Qualität sich deutlich vom Durchschnitt abhebt.

Welchen Charakter wollen Sie Ihren Weinen geben?

Einen sanften Charakter, nicht zu stark, nicht streng, sondern ohne Kanten, harmonisch und weich — gleichzeitig aber bedeutend. Deshalb spiegeln sie ohne Zweifel auch meinen Charakter wider, auch wenn sie nicht die Einfachheit besitzen, die ich besitze. Das mag ein Mangel der Weine sein — für eine Person ist es eher ein Vorzug. Deshalb müssen noch bestimmte Dinge geändert werden.

Zanella ist mit seiner Ca'del Bosco in Erbusco heute einer der erfolgreichsten Weinmacher Italiens. Das bombastische Anwesen hat Zanella in kürzester Zeit förmlich aus dem Boden gestampft mit einem eigenen Hubschrauberlandeplatz (im Vordergrund) und Kelleranlagen mit domartigem Gewölbe in 17 m Tiefe. Wein ist ein Kult, sagt Maurizio Zanella und verlangt ein entsprechendes Ambiente.

freien Plätze in der ersten Reihe neben Ferrari ein. Einer dieser "Newcomer" ist Maurizio Zanella in Franciacorta, einer Weinbauzone in der Lombardei, die zwischen Brescia und Bergamo südlich des Lago d'Iseo liegt. Außer einfachen Tafelweinen wurden in dieser Gegend bis Anfang der siebziger Jahre keine nennenswerten Weine oder Spumanti erzeugt. Doch dann ging es Schlag auf Schlag. Heute sind über dreißig Erzeuger dort angesiedelt, neue kommen laufend hinzu. Darunter große Konzerne, die vom Image, das die Zone inzwischen gewonnen hat, profitieren wollen. Auch der italo-amerikanische Weinkonzern Villa Banfi aus der Toskana hat sich dort eingekauft. Das Geschäft mit den Schaumweinen floriert, die Gewinne, die damit gemacht werden, sind hoch. Und immer noch gibt es ein steigendes Konsumbedürfnis. Erstaunlich eigentlich, denn inzwischen haben sich in Europa so viele Sekt-, Cava-, Champagner- und Spumante-Erzeuger mit gigantischen Produktionsziffern etabliert, daß man meinen könnte, der Bedarf sei im Übermaß gedeckt. Doch dem ist nicht so, wie wir auch bei den spanischen Erzeugern sehen werden.

Maurizio Zanella jedenfalls gehört zu den ehrgeizigsten jungen Männern in der italienischen Wein- und Spumanteszene. Was er in wenigen Jahren in Franciacorta realisiert hat, ist mehr als erstaunlich. Ursprünglich war Zanellas *Ca'del Bosco* in Erbusco nur ein kleines altes Landhaus mit 2,5 ha Grund, das Maurizios Mutter als Wochenendhaus für die Familie gekauft hatte. Es stand mitten im Wald, daher auch der Name Ca'del Bosco. Dorthin wurde Maurizio Zanella geschickt, als er siebzehn war, das verwöhnte Kind reicher Eltern ohne Orientierung. Damit begann seine Geschichte, die damit endete, daß aus dem Wochenendhäuschen innerhalb von zwölf Jahren eine der modernsten und besten Wein- und Spumantekellereien Italiens wurde. Die *Ca'del Bosco* ist ein bombastisches Anwesen mit allen technischen Finessen, vom Hubschrauberlandeplatz bis zum kathedralenartigen Weinkeller in 17 m Tiefe. Dazu meint Zanella: „Der Wein ist ein Kult und braucht deshalb ein entsprechendes Ambiente." Der aggressive Aufsteiger, der so sanft wirkt, weiß, wie er sich und seine Produkte verkaufen muß. Die Hälfte der Kosten für eine Flasche Wein veranschlagt er für die Werbung, die andere teilen sich Weinberg und Vinifizierung. Als Zanella zum Beispiel den Hubschrauberlandeplatz für reiche Kunden anlegte, begnügte er sich nicht nur damit. Weil einmal am Tag eine Verkehrsmaschine in geringer Höhe über sein Anwesen fliegt — sie landet im nahen Bergamo —, ließ er den Namen seines Hauses so groß in Stein setzen, daß ihn die Passagiere vom Flugzeug aus lesen können.

MARCHESI

Er wurde als erster Koch Italiens im Restaurantführer Guide Michelin mit den begehrten drei Sternen ausgezeichnet. Gualtiero Marchesi hat die italienische Küche zu einer vormals nicht gekannten Raffinesse geführt, aber dabei nie ihre einfache, bäuerliche Grundstruktur mißachtet.

In der italienischen Weinszene hat sich in den letzten Jahren viel getan. Hat sich auch in der Küche etwas verändert?

Ich glaube, daß man in der Küche riesige Fortschritte gemacht hat. Auch mit dem Wein. Es ist eine parallele Entwicklung. Wir, die wir eine moderne, zeitgemäße Küche realisieren, brauchen auch zeitgenössische Weine. Ich weiß nicht, wer angefangen hat. Es ist wie mit der Henne und dem Ei. Ich glaube, es hat ein gemeinsames Moment gegeben. Wir haben angefangen, mehr zu reisen. Wir fahren nach Frankreich und sogar nach Japan. Und wir haben gute Hoffnungen, eine Küche zu realisieren, die besser ist als die anderen, denn unsere Naturprodukte sind besser. Ich spreche von der Küche, aber ich könnte genauso vom Wein sprechen. Der Wein kommt von den Trauben und die Trauben von der Sonne, und wir sind das Land der Sonne.

Roberto

Roberto lebt seit sechs Jahren in der Kommune Mondo X, von der es insgesamt 23 Niederlassungen in ganz Italien gibt. Roberto ist der Kellermeister der Kommune von Saiano.

Wo hast du das Weinmachen gelernt?
Ich habe hier gelernt, im Mondo X. Ein bißchen von den Bauern hier in der Gegend, die uns die elementarsten Dinge gezeigt haben, und von Maurizio Zanella. Er hat uns beraten, was die Verbesserung der Qualität anbelangt.
Gefällt dir diese Arbeit?
Ja, sehr. Ich lebe seit sechs Jahren hier im Mondo X. Die Arbeit war eine zufällige Begegnung. Ich habe mich nicht auf Anhieb dafür begeistern können, aber die Natur hat mich immer schon interessiert und interessiert mich heute noch. Ich weiß nicht, ob das die Arbeit meines Lebens sein wird. Aber ich versuche auf jeden Fall alles, was ich mache, mit Liebe zu machen.

Roberto und zwei andere Mitglieder aus der Kommune prüfen vor der Ernte den Zuckergehalt der Trauben.

Aus den 2,5 ha von damals sind inzwischen 45 ha Rebfläche geworden. Darauf wachsen Chardonnay, Pinot Bianco, Sauvignon, Pinot Nero, Cabernet Franc, Cabernet Sauvignon und Merlot. Zur Zeit sind es etwa 200.000 Flaschen Spumante und 250.000 Flaschen Wein pro Jahr. Der Kellermeister kommt aus der Champagne, der Önologe aus Kalifornien. Zanella sieht in dieser Kombination eine optimale Verschmelzung von Tradition und moderner Technik. Seine Gärtanks aus rostfreiem Stahl sind computergesteuert. Seine Spitzengewächse werden alle in Barriques ausgebaut. Mindestens zwei seiner Weine können sich heute schon mit großen französischen messen, sein Spumante sieht neben berühmten Champagnern sehr gut aus. Der Chardonnay gehört ohne Zweifel zu den besten Italiens; der vor kurzem auf den Markt gekommene Pinot Nero ist ebenfalls ein Wein von großer Klasse.

Am Beispiel Zanella läßt sich gut verstehen, warum die italienischen Spitzenweine vergleichsweise teuer sind. Er hat praktisch am Nullpunkt angefangen und mit Hilfe seines Vaters gigantische Summen investiert, die natürlich möglichst rasch amortisiert werden müssen. In früheren Zeiten, als Betriebe dieser Größenordnung noch über Generationen wachsen konnten, war der Kapitaleinsatz bei weitem nicht so aggressiv, wie das heute auch in anderen Bereichen der Fall ist. Die große Geschwindigkeit, mit der von einem Tag auf den anderen Unternehmen in die Welt gesetzt werden, erzeugt auch den Zwang zum schnellen Rückfluß. Und Erfolg kann in dieser Branche – wie in vielen anderen auch – nur derjenige haben, der in der Lage ist, ihn selbst zu managen. Das heißt, er muß über genügend finanzielle Mittel verfügen, um sein Image aufbauen zu können. Es genügt eben nicht, nur ein gutes Produkt herzustellen. Man muß es den Leuten mit allen Mitteln der Publicity auch sagen. Das alles hat Zanella begriffen, und er läßt es sich etwas kosten. Für einige wichtige Journalisten, denen er seinen neuen Pinot Nero vorstellen wollte, engagierte er den Drei-Sterne-Koch Gualtiero Marchesi aus Mailand. Was der prominente Koch bei Zanella zubereitete, möchte ich an dieser Stelle erwähnen, denn Marchesi gilt als Pionier der neuen italienischen Küche, die bei ihm einfach und zugleich höchst raffiniert ist. Es gab ein Auberginengemüse mit Garnelen – eine sizilianische Spezialität, Pilzsalat mit Wachteln, Bandnudeln mit Kräutersauce, Hähnchenrouladen mit Kartoffel- und Zucchini-Timbale und als Dessert Traubengelatine mit Sahne und Torcolato, einem wertvollen süßen Wein von der Familie Maculan aus dem Veneto.

Nicht weit entfernt von *Zanellas Ca'del Bosco*, diesem Monument des neuen Reichtums in Italien, leben in einem ehemaligen Franziskanerkloster in Saiano junge Leute, die dem ständig wachsenden Kreis der weniger Erfolgreichen angehören. Es sind Rauschgiftsüchtige aus allen sozialen Schichten des Landes, die hier unter harten Bedingungen ein neues Leben, einen neuen Anfang versuchen. 75 junge Männer haben sich freiwillig in der Kommune Mondo X zusammengefunden. 23 Gemeinschaften dieser Art gibt es zur Zeit in ganz Italien. Gegründet wurden sie in den sechziger Jahren von dem Franziskaner Padre Eligio, der die Kommunen auch heute noch leitet. Mondo X steht für das Unbekannte, das Verborgene im Menschen. Wer hier aufgenommen wird, muß mindestens drei Jahre bleiben. Religiöse Haltung wird nicht verlangt. Gearbeitet wird zehn Stunden täglich. Sonntags etwas weniger. Kontakt zur Außenwelt, zur Freundin, Ehefrau oder Familie wird erst erlaubt, wenn der Süchtige eine ausreichende Stabilität erreicht hat. Das kann Jahre dauern. Jeder muß einen handwerklichen Beruf erlernen, um später vielleicht eine neue Existenz zu begründen. Die Kommunen versorgen sich weitgehend autark, was fehlt, wird durch Spenden wohlhabender Bürger aufgebracht.

Auch die Kommune von Mondo X in der Toskana nahe der Stadt Cetona ist in einem ehemaligen Franziskanerkloster untergebracht. Nachdem das Kloster unter der Leitung von Padre Eligio mit großem Aufwand und enormer Sorgfalt restauriert worden war, unterhält die Kommune nun ein Spitzenrestaurant, in dem sich nicht selten die reichen Leute Italiens aus Politik und Wirtschaft treffen. Viele hatten mir von diesem Ort, von seiner Schönheit und dem Frieden, den er ausstrahlt, vorgeschwärmt. Ich empfand es anders.

Die Harmonie und Stille des Ortes, die schlichte Eleganz, das beklemmend Friedfertige, Diskrete, in bestimmter Weise sektenhaft wirkende Verhalten der jungen Leute — von denen jeder sicherlich schon durch zahlreiche Höllen gegangen war — machte mich eher befangen und traurig. Dieses unaggressive, lammfromme Auftreten wirkte wie eine Fassade, hinter der sich ganz andere Menschen verbergen, die sich aber nicht zeigen dürfen.

In der Kommune von Saiano sieht das alles etwas anders aus. Dort herrscht noch kein so elitäres Klima wie in Cetona. Zudem ist es bisher auch die einzige Niederlassung von Mondo X, in der Wein gemacht wird. Doch man steckt noch in den Anfängen. Verantwortlich für Weinberg und Keller ist Roberto, der aussieht wie der David von Michelangelo in Florenz und genauso alt ist wie Zanella damals, als dieser beschloß, erfolgreich zu werden. Maurizio Zanella kommt sehr oft in die Kommune von Saiano und hilft den jungen Kollegen mit Rat, aber auch mit Geld. So treffen sich der Gewinner und die Verlierer einer Leistungsgesellschaft, die im Land der Sonne nicht weniger hart ist als anderswo.

SÜDTIROL

Die Weinbaufläche Südtirols umfaßt rund 5.000 ha und entspricht in etwa der von St. Emilion im Bordeaux. Knapp 80 % ist mit roten Rebsorten bestockt. Den größten Anteil hat die Vernatsch (entspricht dem Trollinger in Württemberg) mit 64 %. Wichtig sind unter den Rotweinsorten noch der Blauburgunder (5,8 %) und der Lagrein (4,3 %).
Zwei Drittel der Gesamtproduktion gehen ins Ausland (BRD, Österreich, Schweiz). Nicht alles, was als Südtiroler Tafelwein verkauft wird, kommt auch wirklich aus dem Lande. Hauptsächlich in der BRD werden billige Rotweine in der Doppelliterflasche vermarktet, deren rustikales Etikett eine Südtiroler Herkunft vortäuscht. In Wirklichkeit wird dieser Wein als Tankware in anderen Gebieten Italiens gekauft und nur in Südtirol abgefüllt.

Kalterersee (DOC)

Wohl der bekannteste Wein Südtirols wird aus der Vernatsch-Traube gekeltert. Die Anbaufläche geht weit über das Gebiet am Kalterer See hinaus, sie reicht heute bis ins Trentino. Allein in Südtirol umfaßt das Kalterersee-Gebiet eine Fläche von 2.200 ha, also fast die Hälfte des gesamten Anbaugebiets. Der einfache Kalterersee darf bis zu 15 % aus Wein von anderen Gebieten bestehen, bei der Kalterersee Auslese hingegen ist kein Fremdzusatz erlaubt. Einen guten Kalterersee zu finden ist sehr schwierig.

St. Magdalener (DOC)

Die Trauben für diesen Wein müssen von der Lage St. Magdalena bei Bozen stammen. Er besteht aus Ver-

natsch und etwas Lagrein und zählt zu den besseren Rotweinen, die aus der Vernatsch-Traube gekeltert werden.

Die Weißweine

Interessante Südtiroler Weine sind unter den Weißen zu finden, die ca. 20 % der Gesamtproduktion ausmachen. Die wichtigsten Sorten sind Weißburgunder, Chardonnay und Gewürztraminer. Bekannt für seine Weißweine ist das zwischen Bozen und Meran gelegene Terlan. Der Terlaner (DOC) ist meist ein Verschnitt aus 50 % Weißburgunder mit anderen Sorten. Wird der Terlaner sortenrein abgefüllt, dann steht auf dem Etikett beispielsweise Terlaner Weißburgunder. Ein weiterer Weißwein mit DOC-Bezeichnung ist der Eisacktaler, der an den Hängen zwischen Brixen und Klausen wächst.

Welches Potential gerade bei den Weißweinen vorhanden wäre, beweisen die Weine von Alois Lageder. Er gehört zu den wichtigsten Weinproduzenten des Landes.

Weitere gute Weinerzeuger: Glögglhof, St. Magdalena (Bozen); Schloßkellerei Schwanburg, Nals; Kellereigenossenschaft Girlan; Kellereigenossenschaft Schreckbichl, Girlan; Weingut Josef Brigl, Girlan; Kellereigenossenschaft Terlan; Weinkellerei Wilhelm Walch, Tramin; Klosterkellerei Muri-Gries, Bozen; Weingut Franziskus Haas, Montan.

In Mölten, in 1.200 m Höhe, hat sich die höchstgelegene Sektproduktion Europas angesiedelt. Der Südtiroler Josef Reiterer stellt hier den Arunda-Sekt nach dem klassischen Champagnerverfahren her.

Tip: Wer die guten Südtiroler Weine verkosten möchte, geht am besten in die Önothek Johnson & Dipoli in Neumarkt. Neben den Südtirolern sind dort die meisten großen italienischen Weine zu finden. Der Önothek ist ein sehr empfehlenswertes Restaurant angeschlossen.

TRENTINO

Ungefähr doppelt so groß wie die Weinanbaufläche Südtirols ist die des Trentino (11.000 ha). Das Gros der Weine aus dem Trentino ist ebenfalls der Kategorie Massenwein zuzurechnen. Auch im Trentino überwiegt mengenmäßig der Rotwein (hauptsächlich Merlot und Cabernet Franc), die Nachfrage nach Weißweinen wird jedoch immer größer. Chardonnay und Weißburgunder sind die meistverbreiteten Weißweinrebsorten. Diese Weine sind wegen ihrer feinen Fruchtigkeit von den Schaumweinherstellern sehr gefragt. Die Region Trentino-Südtirol ist heute der größte Lieferant von Grundweinen an die italienische Spumante-Industrie. Es gibt aber auch Winzer, die diese Gewächse mit höchstem Anspruch selbst ausbauen und auf den Markt bringen. Weine von beachtlicher Qualität sind beispielsweise die von Pojer & Sandri in Faedo. Bemerkenswert sind auch die Grappa und die verschiedenen Obstschnäpse des Hauses. Von herausragender Qualität ist der Aprikosenschnaps (Acquavite di Albicocche), den es nur in geringen Mengen gibt.

Besondere Rotweine: Das Trentino hat zwei besondere alte Rebsorten, die es sonst nirgends in Italien gibt; sie heißen Marzemino und Teroldego. Die Marzemino-Traube wird nur zwischen Trient und Rovereto kultiviert. Es ist ein gehaltvoller Rotwein, der von vielen sehr geschätzt wird. Empfehlenswert ist der Marzemino von de Tarczal in Marzano und von Armando Simoncelli in Navicello. Die Teroldego-Rebe wird in dem Dreieck Mezzolombardo-Mezzocorona-Lavis angebaut. Ein besonders schöner Teroldego kommt von der Azienda Agricola Foradori in Mezzolombardo.

Ein bemerkenswerter Rotwein kommt von der Azienda Agricola San Leonardo in Borghetto bei Ala.

Spumante

In Trento (Trient) befindet sich einer der besten Schaumweinerzeuger Italiens, die Kellerei Ferrari. Daß heute viele Spumante-Erzeuger im Trentino und in Südtirol ihren Grundwein kaufen, ist nicht zuletzt auf den guten Ruf der Spumanti von Ferrari zurückzuführen. Der Gründer der Kellerei, Giulio Ferrari, hat zu Beginn dieses Jahrhunderts die französische Chardonnay-Rebe nach Italien importiert und mit der Herstellung von Spumante nach der klassischen Champagnermethode begonnen. Seither werden die Spumanti vom Hause Ferrari nach diesem aufwendigen Verfahren hergestellt. Hochwertige Schaumweine werden auch in Franciacorta, einem kleinen Weinbaugebiet zwischen Bergamo und Brescia, erzeugt. Führende Kellereien sind Bellavista, Cavalleri, Ca'del Bosco, alle in Erbusco ansässig. Ca'del Bosco stellt neben dem Spumante auch hochklassige Weine her wie den Chardonnay oder Pinot Noir.

FRIAUL

Die Weinkultur im Friaul ist alt, die gesamte Region reich an bewegter Geschichte, in deren Verlauf das Land viele Herrscher gesehen hat und immer wieder geteilt und zersplittert wurde. Cividale del Friuli, nur wenige Kilometer von Udine entfernt, ist das geografische und kulturelle Zentrum der Colli Orientali. Hier und im angrenzenden Gebiet des Collio Goriziano werden die besten Weißweine Italiens erzeugt. Weinbau wird jedoch im gesamten Friaul betrieben. In der Anbauzone Grave del Friuli, der flächenmäßig größten, sind eine Reihe herausragender Weinmacher zu finden, ebenso wie in der von Isonzo. Darunter gibt es einige Individualisten, deren Weine ungewöhnlich ausdruckstark, frei und unabhängig, manchmal sogar ungebändigt auftreten.

Wenn man zu einer Jahreszeit, wo noch wenig Touristen unterwegs sind, den von Zypressen und archäologischen Fundstücken gesäumten Kiesweg nach Aquileia entlangspaziert und dann die großartige Basilika auftaucht, könnte man leicht auf den Gedanken kommen, daß wir heute kulturell um vieles ärmer sind, als es die Römer waren. Wo in der Welt könnte etwas Vergleichbares wie die Basilika von Aquileia errichtet werden — vergleichbar in ihrer Wärme, Spiritualität, Harmonie und Schönheit? Ich bin kein Kulturpessimist. Meisterwerke der modernen Architektur gibt es in unserem Jahrhundert in Hülle und Fülle. In den meisten Fällen sind es Bürohäuser oder Banken. Doch in welchem gestalteten Innen- oder Außenraum von heute wird die Seele, der Geist, das Gefühl des Menschen so zum gelassenen Meditieren stimuliert wie in den Räumen der Romanik und Gotik?
In der Basilika kann man Stunden allein mit der Betrachtung des größten frühchristlichen Bodenmosaiks, das im Abendland erhalten geblieben ist, verbringen. Die langen Risse in den mächtigen Mauern der Kirche führte ich auf das schwere Erdbeben zurück, von dem 1976 das Friaul erschüttert wurde. In Wirklichkeit stammen sie aber von einem vermutlich noch viel schwereren Beben aus dem Jahre 1348, bei dem große Teile der Basilika zerstört wurden. Diese Risse könnte man wie ein Symbol für die Geschichte des Friaul sehen, das immer wieder gespalten, zerrissen, okkupiert wurde. Allein in unserem Jahrhundert durch zwei Weltkriege. Große Gebiete im östlichen Teil des Landes gingen nach dem 2. Weltkrieg an Jugoslawien verloren. Darunter über 70 % der Weinlagen des Collio.

Die besten Lagen des Collio wachsen heute in Jugoslawien", sagte mir Gradimiro Gradnik, dessen Weingut direkt an der italienisch-jugoslawischen Grenze liegt. Der größte Teil des ehemaligen Besitzes der Familie fiel an Jugoslawien. Auch das Geburtshaus, wo seine Eltern bis vor kurzem noch wohnten — der Vater starb einen Tag vor meiner Begegnung mit Gradnik und seiner Tochter Wanda —, liegt nur einen Kilometer hinter der Grenze. Die Familie gehört zu der slowenischen Minderheit, die im Friaul lebt. Von der Terrasse seines Weinguts aus zeigt mir Herr Gradnik den italienisch-jugoslawischen Grenzverlauf. Er ist durch weiße Vierkant-Steine, die vom Gras fast zugedeckt sind, im Abstand von vielleicht 100 m markiert. Als ortsfremder Spaziergänger würde man die Grenze gar nicht wahrnehmen. „Sie teilt wie bei euch in Deutschland das Volk, die Nation", sagt Gradnik. „Bei manchen Häusern geht sie sogar mitten durch das Dach. Die haben auf nichts Rücksicht genommen. Einfach durchgeschnitten. Wo sie war, da war sie. Es gibt hier Leute, die den Kuhstall in Italien und das Wohnhaus in Jugoslawien haben.

Gradimiro Gradnik mußte nach dem Krieg praktisch wieder neu anfangen. Es war eine mühsame Aufbauarbeit, und erst zu Beginn der siebziger Jahre stellte sich der Erfolg ein. Seine Tochter Wanda absolvierte die Weinbauschule in Conegliano. Seit sie im Betrieb mitarbeitet, hat sich bei der Vinifizierung einiges geändert. Nicht selten kommt es zu lebhaften Auseinandersetzungen zwischen Vater und Tochter, zwischen dem von der Tradition geprägten, immer wieder die Vergangenheit zitierenden Weinbauern und der studierten Weintechnikerin einer neuen Generation. Um die Kompetenzen klar zu trennen, haben sie das Aufgabengebiet geteilt. Der Vater ist für die Weinberge zuständig, die Tochter für die Kellerarbeit.

Aus den Weinbergen der Gradniks kommen sehr körperreiche, kraftvolle Weine mit teilweise hohem Alkoholgehalt und sehr intensiven Aromen. Man könnte sagen, sie entsprechen ganz der Persönlichkeit von Gradnik, der mit seiner mächtigen Statur und

Die tiefen Risse in den starken Mauern der Basilika von Aquileia stammen von einem schweren Erdbeben aus dem Jahre 1348, bei dem große Teile der Basilika zerstört wurden. Diese Risse könnte man wie ein Symbol für die Geschichte des Friaul sehen, das immer wieder gespalten, zerrissen, okkupiert wurde.

Die Kultur des Weinbaus im Friaul ist mehr als 3.000 Jahre alt. Dies ist auch im grandiosen Bodenmosaik der Basilika von Aquileia festgehalten: ein Mädchen bringt Weintrauben als Opfergabe dar.

Gradnik

Gradimiro Gradnik gehört der Generation an, die durch den 2. Weltkrieg stark geprägt wurde. Sein Weingut liegt direkt an der italienisch-jugoslawischen Grenze, die nach dem Krieg das Friaul zerteilte, wobei der größte Teil des ehemaligen Besitzes der Familie Gradnik an Jugoslawien verlorenging. Gradnik ist ein von der Tradition geprägter Weinbauer, dessen Weine sehr körperreich und kraftvoll sind. Seit seine Tochter Wanda die Weinbauschule absolviert hat und für die Kellertechnik verantwortlich ist, sind die Weine eleganter und feiner geworden.

Gespräch mit Herrn Gradimiro Gradnik und Tochter Wanda

Wie unterscheiden sich Deine Weine von denen Deines Vaters, was hat sich geändert?

Wanda: *Sie sind etwas raffinierter, weil die Art der Vinifizierung eine andere ist. Wir verkaufen nur noch Wein in Flaschen, die wir in ganz Italien und im Ausland verkaufen. Der Wein muß deshalb länger halten — dazu habe ich wesentlich beigetragen. Ich habe aber nie drastisch eingegriffen, ich habe den Wein so würzig gelassen wie er war. Die Weine, die ich mache, sind nicht technisch, sie sind sehr traditionell.*

Was hat sich für Sie geändert, seit Ihre Tochter mitarbeitet?

Der Unterschied liegt darin: Vor 15 oder 20 Jahren gab es nicht die Maschinen, die es heute gibt, oder nur die großen Kellereien hatten sie. Als ich den Wein noch in Korbflaschen in Udine verkaufte, da wollte man keinen klaren Wein. Man hat Hefe beigegeben, damit der Wein trüb wurde. Die Udineser sagten, sonst sei der Wein nicht echt ... So war es damals. Heute gibt es die moderne Technologie, die nicht Wunder was ist, aber man kann wenigstens den Most klären und kühlen — Dinge, die man früher nicht konnte ...

Wanda: *Er hat nicht kapiert, was sich geändert hat, das ist das Problem. Er hat noch nicht kapiert, was ich hier mache.*

Was hat die Generation Deines Vater falsch gemacht?

Man muß heute die globale Situation sehen. Die Schäden, die in den letzten 50 Jahren angerichtet wurden, sind dermaßen gravierend, daß sie nicht nur unseren oder einen anderen Sektor betreffen. Es sind weltweite Probleme. Wir müssen uns besinnen, wir müssen die Technik richtig einsetzen, nicht nur aus Bequemlichkeit oder um den Bauch voll zu haben. Wir müssen die Natur und ihre Produkte respektieren, damit wir denen, die nach uns kommen, eine gute Erfahrung hinterlassen — und nicht die Wüste. Das gilt für alle Bereiche — das ist meine Meinung.

Vater: *Natürlich. Das ist die Basis. Das hat man immer versucht ... Sie müssen bedenken, daß meine Generation aus einem Krieg gekommen ist, einem Krieg, der alles zerstört hat. Ich habe 1947 mit einer Produktion von 8 Hektoliter Wein begonnen. In einem winzigen Keller. Alle Weinberge waren auf der jugoslawischen Seite ... Und hier haben wir wieder von vorne anfangen müssen.*

Wanda: *Ich glaube, daß man nach dem Krieg den großen Hunger und Durst bekämpfen mußte. Nicht nur wir — alle. Oft hat man nicht an die Zukunft gedacht. Die Probleme mußten sofort und schnell gelöst werden. Ich glaube, daß wir jetzt einen guten Ansatz gefunden haben, an dem Punkt sind, von dem wir ausgehen müssen. Wir sind aber noch lange nicht am Ziel.*

dem patriarchalischen Wesen die zierliche Tochter Wanda ständig zum Widerspruch reizt. Doch sie ist von einer Hartnäckigkeit, gegen die der Vater oft vergeblich anrennt. So hat sie schon viele Vorstellungen durchgesetzt, die sie von ihrem Wein hat. Seit sie für die Kellertechnik verantwortlich ist, sind die Weine eleganter und feiner geworden. Eine ideale Dialektik also zwischen männlicher und weiblicher Charakteristik, aus der unverwechselbare, ausdrucksstarke und reiche Weine entstehen. Besonders eindrucksvoll ist der Pinot Bianco, aber auch der Sauvignon und der Tocai stehen in nichts nach.

Aus den Lagen des Collio und der Colli Orientali del Friuli (Julisch-Venetien) kommen heute eine Reihe hochklassiger Weine, für deren Erzeugung erst in den letzten zwanzig Jahren die Voraussetzungen geschaffen wurden. In verblüffender Geschwindigkeit ist es den Schrittmachern der friaulischen Weinszene gelungen, moderne Qualitätsweine herzustellen, mit denen sie auf dem Weltmarkt konkurrieren können. Mengenmäßig überwiegen die Rotweine, doch die Weißweine dominieren. Insbesondere aus den Hanglagen des Collio und der Colli Orientali kommen herausragende Weißweine in großer Sortenvielfalt, teilweise als Verschnitte, meist aber sortenrein. Aus dem Grave-Gebiet hingegen sind sie meistens etwas leichter und feingliedriger im Körper.

Doch im Friaul gibt es nicht nur unterschiedliche Weinzonen und eine große Vielfalt an Rebsorten, sondern, bedingt durch die vielen Spaltungen und Teilungen, die dem Land in seiner bewegten Geschichte widerfahren sind, auch kulturell sehr unterschiedlich geprägte Menschen. Die deutsch-österreichische, slowenische und italienische Mentalität, die in sich noch einmal verschiedenartig ist, ergibt eine spannende Mischung, die sich genauso in der Architektur zwischen Tolmezzo, Gorizia, Aquileia und Udine deutlich ausdrückt. Und so hat auch die Weinszene des Friaul viele Gesichter. Modernste Önologie neben althergebrachten, großväterlichen Methoden, Weinfabriken neben bäuerlichen Betrieben und dazwischen die meist mittelständischen bis kleinen Unternehmen der Spitzenerzeuger. Hier kann man neben Weltklasse-Weißweinen noch die begehrten einfachen, sauberen Weine finden, die in 54-Literflaschen, den damigiane, gehandelt werden.

Nie werde ich einen Abend in einer Osteria in der Nähe von Gradisca vergessen. Mit Freunden saß ich dort im Garten, und wir aßen – weil es schon spät war und die Küche nichts Warmes mehr zu bieten hatte – einen herrlichen San-Daniele-Schinken, Oliven und Ziegenkäse. Dazu stellte der Wirt eine Flasche Rotwein ohne Etikett auf den Tisch. Es war, um es kurz zu machen, einer jener köstlichen, blitzsauberen Weine, die fast nichts kosten, von denen man viel trinken kann – ohne Reue am

FILIPUTTI

Walter Filiputti, Abbazia di Rosazzo

In Italien sind heute viele Weingüter in Händen von Industriellen und Managern. Was geschieht mit den kleinen Weinbauern?
Schwer zu beantworten. Sagen wir, die große Revolution, der große Frühling des italienischen Weins, der Anfang bis Mitte der siebziger Jahre begonnen hat, ging nicht vom kleinen Weinbauern aus, sondern vor allem von Personen mit Managerfähigkeiten. Denn Weinmachen bedeutet auch, ihn zu verkaufen, ihn zu vermarkten.

Gibt es eine Identität zwischen dem Weinmacher und seinem Produkt?
Ja, das ist vielleicht der schönste Aspekt beim Machen von Qualitätsweinen. Ich bin der Meinung und sage das schon seit Jahren, daß der Wein für den Weinmacher wie das Bild für den Maler ist. Bei großen Weinen spürt man die Hand, die dahintersteckt. Man spürt die Kultur, die Sensibilität und die Fähigkeiten. Es ist wie beim Kochen. Wenn Sie zehn Köchen die gleichen Zutaten für eine Bohnensuppe geben, dann kommen zehn verschiedene Bohnensuppen heraus. Warum? Weil jeder eine andere Intuition hat.

nächsten Morgen – und an die man sich einfach gerne erinnert. Diese Köstlichkeit kam von einer Genossenschaft aus der Umgebung. In solchen Momenten erscheint mir die gehobene Weinszene mit ihrem Marketing-Spektakel, wo meist mit großem Anspruch aufgetreten wird, in Wahrheit jedoch häufig recht mittelmäßige bis bescheidene Weine zum Vorschein kommen, doch recht zweifelhaft.

Ein Weinmacher, der sein Geschäft im Marketing-Bereich perfekt beherrscht, ist Walter Filiputti, Teilhaber einer Aktiengesellschaft, die vom Erzbischof von Udine die Konzession erhalten hat, das Land und die Weinkeller der traditionellen Abtei *Abbazia di Rosazzo* zu nutzen. Ihm gelang es in wenigen Jahren, herausragende Weine zu erzeugen und auf den Markt zu bringen. Einige Voraussetzungen, um im Metier des Weinmachens erfolgreich zu sein, hat Filiputti mitgebracht. Seine Eltern besaßen eine Trattoria in Percoto, und so durfte er schon als kleiner Junge den Vater beim Probieren und Einkaufen von Weinen begleiten. Daß er nach dem Schulabschluß Sommelier wurde, hat ihn wohl nicht befriedigt, und so studierte er Betriebswirtschaft und arbeitete danach als Wirtschaftsberater. Seine Doktorarbeit schrieb er über den Beruf des Sommeliers und war dann einige Zeit als Journalist und Berater für Weinproduzenten tätig, bis er schließlich in der *Abbazia di Rosazzo* das geeignete Objekt fand, seine Vorstellungen vom Wein zu realisieren.
Die Aktiengesellschaft setzt sich aus Industriellen der Umgebung zusammen, die ebenso weinbegeistert wie geschäftstüchtig sind. Nicht umsonst bewegen sich die Weine der Abbazia in der obersten Preiskategorie der friaulischen Weine. Einer davon ist der *Ronco delle Acacie*, mit dessen Kreation Filiputti sofort ein Durchbruch gelungen ist. Dieser fein-fruchtige, elegante, nach Honig duftende Wein, verschnitten aus Sauvignon, Tocai, Pinot Bianco und etwas Malvasia, wird im Barrique ausgebaut. Auch der *Ronco dei Roseti*, ein Rotwein, ist von beachtlicher Klasse. Es ist ebenfalls ein Verschnitt aus Cabernet Sauvignon, Cabernet Franc, Merlot, Refosco, Franconia und Tazzelenghe. Die drei letztgenannten sind alte traditionelle Rebsorten des Friaul, zu denen auch der Picolit gehört. Bei einem Spaziergang durch die Weinberge am Fuße der Abtei, wo ein kleiner Teil mit dieser alten und sehr wertvollen Rebsorte bestockt ist, erklärt mir Filiputti, was es damit auf sich hat: „Charakteristisch für sie ist, daß sie nur ganz wenig Trauben produziert. Als Ursache gilt die mangelhafte Befruchtung der Blüten, was in der Fachsprache ‚aborto floreale' (deutsch: durchrieseln) heißt. Aber gerade diese Krankheit steigert die Qualität, weil der Ertrag dadurch sehr gering, der Zuckergehalt dafür aber um so höher ist. Im Durchschnitt machen wir nur etwa 5 bis 10 hl im Jahr, können aber nicht einmal die Kosten decken, obwohl wir diesen Wein

Soini

Luigi Soini, Cormons

Warum haben Sie diesen Weinberg mit 400 verschiedenen Rebsorten angelegt?
Vor allem, um mir selbst ein Geschenk zu machen. Um diese ganzen Sorten zu sehen, müßte man nach Chile, Kalifornien, in den Jemen oder nach China. Hier haben wir alle bei der Hand. Jeden Morgen schauen wir uns diese schönen Trauben an und machen Vergleiche. Sie zu kosten und das ganze Jahr über wachsen sehen zu können, ist eine Genugtuung, die, glaube ich, in unserem Beruf nicht viele haben. Es macht uns Freude, diese Trauben hier zu kultivieren. Auch, weil der Wein – nach dem Wasser das älteste Getränk der Welt – alle Völker verbrüdern könnte. Wir haben unterdessen schon mal die Trauben miteinander verbrüdert.

Die Etiketten für den Vino della Pace werden von weltberühmten Künstlern gestaltet. Der Wein ist nicht käuflich, sondern wird an die Präsidenten der ganzen Welt verschickt als eine Friedens- und nicht zuletzt auch Werbebotschaft aus dem Friaul.

teuer verkaufen." Der Picolit von Filiputti ist nach meinem Geschmack besonders elegant und fein. Er wird im Barrique ausgebaut, wodurch seine oft schwere Süße auf stilvolle Weise gebrochen wird. Gut vinifiziert ist er ein wunderbarer Dessertwein, der durchaus neben einem großen Sauternes stehen kann. Zur Zeit der Drucklegung des Buchs erfuhr ich, daß jetzt der Önologe Franco Bernabei aus der Toskana für die Weine der Abbazia zuständig ist. Filiputti strebt schon wieder anderen Zielen zu.

Von der *Abbazia di Rosazzo*, die einst zum Patriarchat von Aquileia gehörte, kann man an sehr klaren Tagen bis zum Adriatischen Meer sehen. Ein beschaulicher Platz, den sich der quirlige Manager Filiputti mit viel Geschmack und allem Komfort eingerichtet hat. So war der Kulturschock besonders groß, als ich von dort direkt in die Winzergenossenschaft von Cormons *(Cantina Produttori Vini Cormons)* fuhr, die in ihrer äußeren Erscheinung zu den abschreckenden Beispielen moderner Zweckbauten gehört.

Die Kellerei liegt inmitten eines öden Industriegebietes, in dem absolut kein Gedanke mehr an Wein und Natur aufkommen kann. In diese Wüste aus Fertigbauteilen hat man einige bildhauerische Arbeiten von italienischen Künstlern gestellt, die das Ganze etwas vermenschlichen sollen, in Wirklichkeit aber das Gelände noch absurder erscheinen lassen. Rund um den riesigen betonierten Hof, der als Rangierplatz für Traktoren und Lastwagen gebraucht wird, hat der Direktor der Genossenschaft, Luigi Soini, Reben pflanzen lassen, 400 verschiedene Rebsorten aus der ganzen Welt. Wie wohl sie sich auf friaulischem Boden fühlen, zeigt die Tatsache, daß bisher alle gesund geblieben sind und schöne Früchte tragen. Zur Weinlese wird die Bevölkerung von Cormons eingeladen, etwa 1000 Personen, die in zwei Stunden die Trauben ernten. Aus diesen Trauben, die zusammen gepreßt und vergoren werden, entsteht ein Weißwein, den Luigi Soini "Vino della Pace" ("Friedenswein") nennt. Für mich überraschend war, wie fein und elegant der Friedenswein duftete und schmeckte, obwohl er ein Gemisch aus 400 verschiedenen Sorten ist.

Für Herrn Soini ist er das gelungene Symbol eines universalen Weins. „Natürlich hat diese Initiative auch den Zweck, unsere Kellerei bekannter zu machen und den Verkauf unserer Weine zu fördern", fügt er hinzu. „Wir verschicken die Flaschen mit drei verschiedenen Etiketten, die von international bekannten Künstlern entworfen werden, an alle Staatsoberhäupter der Welt, zum Zeichen des Friedens". Daß die großen Eichenholzfässer im Keller von italienischen Künstlern bemalt wurden, geht auch auf die Initiative von Luigi Soini zurück. Hier ist vom naiv Gegenständlichen bis zum Abstrakten sozusagen jede Kunstrichtung vertreten und zeigt den rührenden Versuch, einen phantasielosen

Zweckbau mit ein bißchen menschlicher Wärme auszustatten. Luigi Soini ist ein leidenschaftlicher Weinmacher, der sich ganz der Genossenschaft verschrieben hat. Seiner Vitalität und Persönlichkeit verdanken ihre Mitglieder, daß die Weine, die aus ihren Trauben gekeltert werden, eine beachtliche Qualität aufweisen. Um diese noch zu steigern, hat Soini ein neues System der Prüfung und Bewertung der Trauben eingeführt. Aus jeder Anlieferung werden Proben entnommen, bei denen nicht nur – wie sonst üblich – der Zucker, sondern gleichzeitig auch der Säuregehalt der Trauben gemessen wird. Je besser nun das Verhältnis von Zucker und Säure ist, desto mehr bezahlt die Genossenschaft den Weinbauern für das Lesegut. Denn ganz wesentlich wird die Qualität eines Weines vom richtigen Verhältnis zwischen Säure- und Zuckergehalt mitbestimmt. So ist diese Art der Bewertung für die Winzer ein Anreiz, bessere Trauben zu erzeugen, das heißt, sie nicht einzig und allein nach dem Gesichtspunkt des Mostgewichtes zu ernten, sondern dann, wenn das Säure-Zucker-Verhältnis ideal ist. Nach der Analyse werden die weißen Trauben sofort von den Stengeln gelöst und gepreßt. Der Most wird auf 15 Grad abgekühlt, gefiltert und über ein komplexes Röhrensystem in die Stahltanks geleitet, wo die Gärung stattfindet. Sie dauert 15 bis 16 Tage. Während durch die Berieselung mit kaltem Wasser die Temperatur des Mostes in den Stahltanks konstant niedrig gehalten wird, setzen sich gleichzeitig die Rückstände im Most am Boden der Tanks ab.

Die *Cantina Produttori Vini Cormons* ist die größte Genossenschaft in der Provinz Gorizia. Sie hat 200 Mitglieder und vinifiziert die Trauben von rund 260 ha Rebfläche. Das ergibt pro Jahr etwa 1,2 Millionen Flaschen, was allerdings nicht viel mehr ist als beispielsweise Alois Lageder in Südtirol als Einzelerzeuger produziert. So liefert Luigi Soini den guten Beweis dafür, daß man auch in den Genossenschaften charaktervolle Produkte erzeugen kann, wenn die Leidenschaft eines einzelnen oder auch einer Gruppe von Leuten dahintersteht.

In engem Kontakt und Erfahrungsaustausch mit Luigi Soini steht Mario Schiopetto, einer der Pioniere unter den Weinmachern des Friaul. Schiopetto hat nicht studiert, keine Weinbauschule besucht. Alles, was er über das Weinmachen weiß, hat er als Autodidakt erlernt – und das ist viel. Schiopetto stammt aus einer Familie, die immer vom Wein gelebt hat und eine kleine Osteria in Udine besaß. Der Vater machte selbst Wein, und die Söhne halfen ihm dabei. Als der Krieg ausbrach, wurde Schiopetto, der trotz seiner Jugend körperlich stark genug war, in die Berufsfeuerwehr aufgenommen. Er war der jüngste Feuerwehrmann Italiens. Nach dem Krieg arbeitete er als Lastwagen- und Busfahrer, doch hing er sehr an seinem Zuhause. Als sein Vater starb, übernahm er das Geschäft und damit die Entscheidung, selbst Wein nach seinen

SCHIOPETTO

Sie gelten unter den Winzern im Friaul als jemand, der Pionierarbeit geleistet hat. Was haben Sie Neues gemacht?

Ich habe technische Mittel und Methoden eingeführt, die hier noch keiner kannte, wie z.B. die mechanische Presse. Ich habe mit der Temperaturkontrolle während der Gärung begonnen, die ja auch den Zweck hat, den Most zu klären; in diesem Jahr verzichten wir ganz auf die Zugabe von Schwefel während der Gärung. Außerdem verwenden wir nur Hefezusätze, die wir aus unseren eigenen Trauben selektionieren. Diese Vorgehensweise ist mühsam, weil sie während der Weinlese das Maximum an Aufmerksamkeit erfordert.

Heißt das, daß man Wein auch ohne Schwefel machen kann?

Ja, wir verzichten auf Schwefel während der Gärung. Wir experimentieren damit schon seit Jahren. Erst nach der Gärung geben wir etwas Schwefel dazu.

Warum machen dann nicht alle Wein ohne Schwefel?

Es ist nicht so einfach umzusteigen ... manche Önologen sind dafür, manche dagegen ... Der Wein entsteht von Anfang an ganz anders. Wir haben uns inzwischen an einen Geschmack gewöhnt, der durch besondere Verarbeitungsmethoden bestimmt wird. Wir haben nie den reinen Naturgeschmack des Weines kennengelernt. Wir wissen, daß durch die modernen Techniken viel Schwefel beigesetzt wird; wir versuchen, Schwefel ganz zu eliminieren und haben damit gute Ergebnisse erzielt.

Warum ist es so schwierig, einen guten und einfachen Wein zu finden?
Das ist eine schwierige Frage. Ich glaube, daß es heute einen hohen Prozentsatz an guten Weinen gibt. Das hängt natürlich auch vom Geschmack der Leute ab. Wir haben leider eine bestimmte Kultur verloren, besser gesagt, ein bestimmtes Gespür. Die Leute sind vielleicht etwas verwirrt. Der Kommerz hat alles nivelliert. Es fehlt oft die Sensibilität für das Produkt. Es gibt gute Weine. Es hängt immer davon ab, ob ich einen kommerziellen Wein will oder einen Wein, der von einem Menschen mit Leidenschaft gemacht ist. Die großen Weinkellereien haben vielleicht auch zur Verschlechterung der Qualität beigetragen. Wenn ein Betrieb zu groß ist, werden die Weine nur noch mit der Technik gemacht.
Wo liegt die Grenze?
Ich denke, daß ein Betrieb dann die richtige Größe hat, wenn ein Mensch alles verfolgen kann. Er muß die Kontrolle über den Weinberg und über das Produkt im Keller haben, und er muß auch den Kunden überprüfen — denn wir können nicht Qualitätsweine an Menschen verkaufen, die es nicht zu schätzen wissen. Der Konsument muß eine gewisse Kultur haben, er muß den Wein kennen und ihn schätzen. Das Problem ist, daß viele Menschen nicht in der Lage sind, den natürlichen Geschmack eines Produktes zu erkennen. Das ist meiner Meinung nach eine Ignoranz. Einen Wein beurteilen oder besser gesagt schätzen zu können, hat etwas mit Bildung und Kultur zu tun.

Mario Schiopetto, Capriva

Vorstellungen zu machen. „Später", erzählt er, „habe ich das Glück gehabt, viel reisen zu können, nach Frankreich und Deutschland. Was ich da gesehen habe, setze ich nun um und mache Weine mit deutscher Technik, französischer Eleganz und italienischen Trauben."
Alle Weine von Schiopetto, die ich verkostet habe, waren von ungewöhnlicher Ausdrucksstärke. Vor allem bei seinen Weißweinen hat man sofort das Gefühl, ein besonders vielschichtiges, reichhaltiges, völlig natürliches Produkt zu riechen und zu schmecken, und entdeckt plötzlich, was man bei anderen Weinen gar nicht mehr vermißt. So erschienen mir Weine von Gradnik oder Francesco Gravner in Oslavia, von dem noch die Rede sein wird, und vornehmlich die von Mario Schiopetto wie ein außergewöhnliches Naturereignis. Potente Weine, die frei und unabhängig, manchmal sogar ungebändigt auftreten und den Weintrinker durch ihre Unschuld und Spontanietät überraschen und beeindrucken.

Von den rund 130.000 Flaschen, die Schiopetto im Jahr macht, entfallen zwei Drittel auf Weißweine, der Rest sind Rotweine. Das Anwesen, in dem er wohnt und auch den Weinkeller untergebracht hat, gehört dem Erzbischof von Gorizia, von dem Schiopetto es gepachtet hat. Die Weinberge zählen zu den besten Lagen des Collio, ein Teil davon ist in kleinen Terrassen in einem weit gedehnten Halbkreis angeordnet, so daß man den Eindruck eines riesigen Amphitheaters gewinnt. Betrachtet man die Rebstöcke aus der Nähe, erkennt man sofort, wie überaus sorgfältig diese Weingärten gepflegt werden und wie erstklassig das Traubengut ist, aus dem Schiopetto seine Weine keltert. Auch die Hefe für die Gärung macht Schiopetto selbst, denn Reinzuchthefen lehnt er ab. Dafür werden die besten Trauben der jeweiligen Rebsorte etwa vier Tage vor der Weinlese gepflückt, mit den Füßen gestampft und in einer Korbflasche vergoren. Diese Weinhefe riecht wie eine vielfach potenzierte Essenz dieser Rebsorte. Daß Schiopetto sich nach einem schweren Verkehrsunfall, der seine Karriere als Weinmacher hart unterbrochen hat, nur mit Mühe und unter Schmerzen bewegen kann, tut dem Ganzen keinen Abbruch. Seine Leidenschaft für den Wein gibt ihm die Kraft, das alles durchzustehen. „Der Wein ist Leben, und mein Leben ist der Wein", lautet seine Devise.

Nicht weit von Schiopetto entfernt erstrecken sich die Weinberge von *Russiz Superiore*, die Marco Felluga gehören. Trotz der relativ großen Mengen, die Felluga erzeugt, sind die meisten seiner Weine von ausgezeichneter Qualität, insbesondere im Hinblick auf das Preis-Leistungs-Verhältnis. Aus den Lagen von Russiz Superiore kommen die Spitzengewächse des Unternehmens, die rund 220.000 Flaschen pro Jahr ergeben. Weitere 700.000 Flaschen werden in einem zweiten Weingut in Gradisca mit Weinen abgefüllt, die aus gekauften Trauben gekeltert sind.

Marco Felluga, Sohn Roberto und der Önologe Gianni Vignucolo machen Weine, die Körper haben und dabei trotzdem leicht und elegant wirken. Das ist eine geschickte Kombination, die einem breiten Konsumentenkreis entgegenkommt, ohne dabei allzu gefällig zu sein.

Wie generell im Friaul dominieren die Weißweine. Die Roten machen nur 20 % der Produktion aus und können mit dem Niveau der Weißweine noch nicht mithalten. Offensichtlich tun sich die Weinmacher in Gegenden, in denen überwiegend Weißwein erzeugt wird, mit den Rotweinen schwer, da sie eine völlig andere Einstellung und Erfahrung verlangen. Dies stimmt auch mit dem überein, was mir einmal ein Önologe in Frankreich sagte. Überall dort, wo man heute erst mit Weinmachen anfinge, gelängen die Weißweine schneller und besser als die Rotweine. Möglich, daß eine moderne Technik bei den Weißen mehr bewirkt als bei den Roten. „Tatsächlich ist es mit den heutigen technischen Mitteln einfach, einen Wein herzustellen", bestätigt Marco Felluga. „Aber es ist schwierig, einen Wein mit Leidenschaft und Ausdruck zu machen."

Der ältere Bruder, Livio Felluga, hat den überwiegenden Teil seiner Weinberge von insgesamt 120 ha im Bereich der Colli Orientali. Die Größe des Betriebs könnte zu dem Schluß verführen, daß hier Massenweine erzeugt werden. Doch das Gegenteil ist der Fall. Bei Livio Felluga wird nur nicht so viel Aufwand mit dem Image betrieben. Das mag der Grund dafür sein, daß die hervorragenden Weine dieses seriösen, vom Sohn Maurizio Felluga geleiteten Un-

Dorigo

Girolamo Dorigo, Buttrio

Haben Sie hier den Traum Ihres Lebens verwirklicht?
Angefangen hat es durch einen Zufall. Es war ein interessantes Geschäft, diesen Grund zu kaufen, zu dem auch Weinberge gehörten. Ein Weinberg braucht sehr viel Pflege – diese Art von Arbeit hat mich immer mehr begeistert.
Anfangs war es nur ein Hobby, aber dann habe ich beschlossen, meine anderen Tätigkeiten aufzugeben und mich ausschließlich dem Wein zu widmen. Das hat sich langsam entwikkelt. Ich hoffe, daß meine Kinder damit weitermachen.

Warum fasziniert Sie das Weinmachen?
Es ist eine extreme Neugierde. Ich möchte viele Dinge ausprobieren – das mag konzeptlos erscheinen, es ist aber notwendig, aus den traditionellen Schemen auszubrechen, ohne dabei die Tradition zu vergessen. Wir haben in Italien in den 50er Jahren die Holzfässer durch andere Behälter ersetzt – zuerst durch Zement, dann Glasfiber und Stahltanks – und sind jetzt durch die Barriques wieder auf das Holz zurückgekommen. Das Barrique ist eine große Errungenschaft für unsere Weine, wenn es richtig eingesetzt wird. Ich meine, man muß für alle Möglichkeiten offen sein.

Volpe Pasini

Gianpaolo Volpe Pasini, Togliano

Was ist für Sie das Faszinierende am Weinmachen?
Es ist vor allem die persönliche Freude. Und dann, zu versuchen, den Menschen, die diese wunderbaren Erlebnisse, die das Land bietet, nicht kennen, ein Produkt zu geben, das sie beschenkt, das sie mit all diesen Möglichkeiten in Berührung bringt.
Ist Weinmachen für Sie eine kreative Arbeit?
Sicherlich ist sie kreativ. Es ist viel trockener, in der Industrie zu arbeiten, wo man es nur mit Zahlen zu tun hat, und mit Produkten, die von Maschinen gemacht werden. Hier steckt Leben dahinter, das Leben des Menschen, des Bodens — und das Leben des Weins.

ternehmens nicht überteuert sind wie so manch anderes Erzeugnis. Ein besonders gelungener Wein ist der *Terre Alte,* ein Verschnitt von Sauvignon, Tocai und Pinot Bianco, der ohne Frage zu den Spitzenprodukten des Friaul gehört.

Schon immer wollte ich der Richtigkeit der Behauptung nachgehen, ob sich der Charakter, das Temperament eines Weinmachers in gewisser Weise in seinen Weinen widerspiegelt, ob man also — wie Marco Felluga meint — von einem Autorenwein sprechen kann. Wenn das stimmt, gehören die Weine von Volpe Pasini zu den großen Autorenweinen von Friaul. Die Familie, deren Gut bei Togliano in der Zone der Colli Orientali liegt, ist seit vielen Generationen im Weinbau tätig, doch erst nach dem Tode des Vaters hat Gianpaolo *Volpe Pasini* seine erfolgreiche Tätigkeit als Industriemanager aufgegeben und sich ausschließlich mit dem Weinmachen beschäftigt. Seine Weine sind von feinster Frucht, frisch und sehr elegant, darunter besonders schön der Ribolla und ein Riesling Renano. *Le Roverelle* wird in Barriques ausgebaut und ist wie der *Terre Alte* von Livio Felluga ein Verschnitt von Cabernet Sauvignon, Tocai und Pinot Bianco.
Mit welch großer Leidenschaft Signor Volpe Pasini sich dem Wein und dem Weinmachen widmet, erkennt man an seinen Worten. „Man kann damit keine großen Gewinne erzielen", sagt er. „An das große Geld darf man bei der heutigen schwindelerregenden technischen Entwicklung als landwirtschaftlicher Betrieb schon gar nicht denken, wenn man keine großen Mengen, dafür aber Spitzenqualität erzeugen will. Man muß das Land und den Keller lieben und versuchen, den Weinen seinen persönlichen Stempel aufzuprägen." Auf die Frage, wie er seine Weine beschreiben würde, antwortet er: „Wir Friauler sind im allgemeinen seriös. Wir hängen an unserem Boden. Meine Weine entsprechen dieser Seriosität. Natürlich gelingen die Dinge manchmal besser und manchmal weniger gut. Mit bestimmten Weinen komme ich nur dann auf den Markt, wenn sie meinen Erwartungen entsprechen; wenn nicht, dann gibt es sie nicht. Mein Konzept ist also das der Seriosität, im Sinne eines konstanten Qualitätsniveaus mit Spitzen, die besonders hervorgehoben werden."
An seinem Beruf fasziniert ihn alles: Das Land, die Trauben, die in den Keller kommen, der Most, der gärt, die Düfte, die dabei ausströmen. Die Freude zu sehen, wie der Wein geboren wird, wie er wächst, wie er lebt und reift. Das Leben dahinter zu spüren, das Leben des Menschen, des Bodens, das Leben des Weines. Als wir dieses Gespräch führten, wußte ich, daß Signor Volpe Pasini schon schwer krank war. Es war sein ausdrücklicher Wunsch, trotzdem noch in meinem Film aufzutreten. Zwei Wochen danach starb er. Das Gut wird von seinem Sohn weitergeführt.

Der vielleicht eigenwilligste Weinmacher des Friaul ist Josko Gravner in Oslavia. Gravner gehört wie Gradnik zu der slowenischen Minderheit. Auch sein Weingut steht nahe der Grenze. 1,5 ha Rebland hat er auf jugoslawischem Gebiet, 4 ha in Italien. So querköpfig und unangepaßt wie der Mann, so sind auch seine Weine. Auf Journalisten läßt sich Gravner nur widerstrebend ein. Er hat wenig Lust im Medienzirkus mitzuspielen, betrachtet diese Branche eher argwöhnisch und meint, daß zu viel über Wein geredet und geschrieben wird. An seinen Weinen gibt es nichts Gestyltes oder geschickt Ausgeglichenes, angepaßt Harmonisches, sondern im Gegenteil, manchmal sind sie ganz und gar ruppig, mit ungeschliffenen Ecken und Kanten, gerade so, wie sie der Jahrgang und die Wahrheitsliebe von Gravner zulassen. Einige sind ausgesprochene Granaten an Alkohol und Körper, dann gibt es wieder solche, die eher hilflos und hölzern wirken. Doch wenn alles zusammenpaßt, was Jahrgang und Weinmacher zu bieten haben, dann sind Gravners Weine schlichtweg eine Offenbarung in ihrer Fülle, Ehrlichkeit und Intensität. Noch heute träume ich von einem Chardonnay aus dem Jahr '83 und einem Sauvignon aus dem Jahr '86.
Der bäuerlich kluge Gravner, der sich allen Moden und Trends entzieht und nur macht, was ihm entspricht, ist auch in der Weinszene die Ausnahme. Er bietet ein exemplarisches Beispiel für die Identität eines Autorenweins mit seinem Erzeuger. Vergleiche ich Gravners Weine mit denen des weltgewandten, eloquenten Walter Filiputti, dann stehen sich zwei Welten gegenüber, die kontrastreicher nicht sein könnten. Und genau das macht die Welt des Weines faszinierend – nicht nur im Friaul, sondern in allen Weinzonen, in denen große Individualisten am Werk sind.

Das Unternehmen, das Benito und Giannola Nonino in Percoto aufgebaut haben, dem Ort, aus dem auch Walter Filiputti stammt, wurde durch die Feinheit und Finesse seiner Produkte weltbekannt. Die Grappa und die Acquavite von Nonino gehören zum Besten, was man in Italien auf diesem Sektor finden kann. Auch die Aufmachung der Produkte ist so kunstvoll und erlesen, daß manche Leute sie nur kaufen, um in den Besitz der Flaschen zu kommen. Die Spezialität dieser Acquavite ist, daß sie aus ganzen Trauben, nach Sorten getrennt, destilliert werden. So entstehen aus den traditionellen Rebsorten des Friaul wie Ribolla, Verduzzo, Tazzelenghe, Pignolo und der wertvollen Picolit-Traube feinste Schnäpse. Im Herbst, wenn die Saison in der Brennerei beginnt, herrscht Benito Nonino wie ein Feldherr über die Produktion. Den meisten Ärger bereitet ihm dabei die Steuerbehörde. Das Finanzamt hat die gesamte Destillieranlage und den Faßkeller verplombt, das heißt, jeder destillierte Tropfen wird mit bürokratischer Bedeutsamkeit registriert. Nicht einmal seinen Faßkeller,

NONINO

Benito Nonino, Percoto

Wie kann man aus Trester, der ein Abfallprodukt ist, eine derart edle Grappa machen?
Man muß mit den Trestern pfleglich umgehen. Sie sind wie ein Neugeborenes, das in den Brutkasten kommt. Dieses von den anderen mißhandelte Produkt wird von uns in Sicherheit gebracht. Sobald es in unseren Händen ist, kann nichts mehr passieren. Wenn wir es sofort nach der Geburt retten können, gelingt es uns sicher, einen Athleten daraus zu machen.
Welches sind die Kriterien für gute Trester?
Das Hauptkriterium ist äußerste Konservierung, das heißt, sie müssen vor jeglicher Form von Schädigung oder Verschmutzung geschützt werden, und zwar vom Augenblick der Weinlese bis zur Destillation, dem Moment, wo alle Probleme gelöst sind. Sobald sich die Trester in Acquavite verwandeln, ist das Produkt gesichert.

in dem die Schnäpse lagern, kann Nonino betreten, ohne vorher einen Finanzbeamten anzurufen, der ihm dann — wenn er nicht gerade etwas anderes vorhat – gnädig den verplombten Keller aufschließt. Es erfordert viel Geduld, um alle Schwierigkeiten zu ertragen, die Benito mit der Finanzbehörde hat. Daß er auf seinem Besitz keineswegs sein eigener Herr ist, wurmt ihn. Da ich das zweifelhafte Vergnügen hatte, diesen Finanzbeamten in Aktion zu erleben, kann ich Benito gut verstehen. Sein Glück ist, daß er mit Giannola verheiratet ist, einer temperamentgeladenen, schönen Frau, die mit ihrem verführerischen Charme das Unternehmen nach außen hin repräsentiert. Wenn Not am Mann ist, kann sie sogar einem Finanzbeamten ein Lächeln entlocken. Selten habe ich zwei so energiegeladene Menschen wie Giannola und Benito kennengelernt. Daß sie neben dem enormen Einsatz, den ihnen der Betrieb abverlangt, drei bildschöne Töchter in die Welt gesetzt haben und, wie mir schien, ein sehr harmonisches Familienleben führen, ist bewundernswert.

Etwa die Hälfte des gesamten Tresters aus dem Friaul wird bei Nonino in Percoto zu Grappa destilliert. Schon der Urgroßvater zog von Dorf zu Dorf und sammelte ihn bei den Weinbauern ein. Auch Giannola Nonino hat so angefangen. Sie fuhr zu den Bauern, um die Trester zu kaufen, was nicht leicht war, weil es damals viele Destillateure gab und man sich bis aufs Blut bekämpfte. Doch als sie merkte, daß man aus diesem dürftigen Produkt, das die Winzer wie Abfall behandelten, eine wunderbare Grappa machen konnte, transparent, voll von Düften und Aroma, erwachte ihr Ehrgeiz. Und so ist ihr Wunsch entstanden, aus der Grappa — aus dem Aschenbrödel — ein Produkt von hohem Niveau zu machen.
Bevor ich mich auf den Weg in die Toskana machte, war ich noch zu einem Abendessen bei der Familie Dorigo eingeladen. Als vor elf Jahren Rosetta und Girolamo Dorigo den Entschluß faßten, ihre Tätigkeit als Wirtschaftsberater aufzugeben, um sich ausschließlich mit dem Weinmachen zu beschäftigen, setzten sie ihren Traum in die Wirklichkeit um.
Dabei war ihr besonderes Anliegen, inzwischen weitgehend vergessene Rebsorten des Friaul wieder anzupflanzen wie zum Beispiel Ribolla, Schiopettino, Tazzelenghe und Pignolo. Beim Abendessen auf der Terrasse des schönen Hauses, das inmitten der Weinberge steht, durfte ich natürlich alle Weine verkosten. Heimlich fragte ich mich dabei, was ich falsch gemacht habe, daß ich so einen Traum nicht auch leben kann. Manche Menschen schaffen es doch tatsächlich, sich schon auf Erden ein Paradies einzurichten. Ich genoß es jedenfalls sehr, einen kurzen Augenblick darin zu verweilen.

Giannola Nonino, Percoto

Warum ist die Grappa so teuer?
Weil man mit viel Ausdauer nach der "materia prima" suchen muß, nach seltenen Traubenarten. Trester von seltenen Weinreben, von denen es nur kleine Mengen gibt, kosten natürlich um ein Vielfaches mehr. Für unsere Grappa aus Picolit kaufen wir sogar die ganzen Trauben und pressen sie selbst, nur um den Trester zu gewinnen. Auf diese Weise können wir verhindern, daß sie zu stark gepreßt werden. Außerdem sind sie reicher an Düften und Geschmack. Das alles ist natürlich sehr kostspielig. Dann die langsame und sehr behutsame Destillation, die mundgeblasenen Flaschen, der versilberte Verschluß. Für die Abfüllung von hundert Flaschen brauchen acht Frauen einen ganzen Tag.

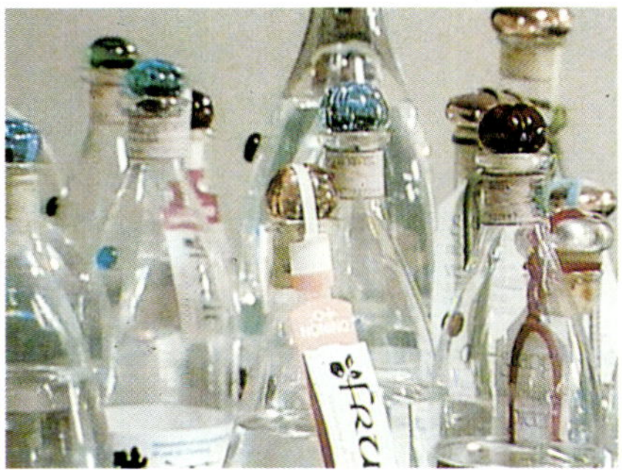

FRIAUL

Die 7 Anbaugebiete des Friaul sind: Grave del Friuli, Latisana, Aquileia, Carso, Isonzo, Collio und Colli Orientali. Die beiden letzteren, auf die wir uns hier beschränken, sind die bedeutendsten. Ihre Lagen befinden sich hauptsächlich im Hügelland, während die der übrigen Weinzonen vorwiegend im Flachland liegen. Die größte Anbauzone ist Grave del Friuli. Über die Hälfte der Gesamtproduktion besteht hier aus Merlot. Das D.O.C.-Gesetz erlaubt hohe Hektarerträge (13 t), die Folge: 75 % der Weine werden als einfacher Vino da Tavola (Tafelwein) verkauft – was nicht bedeutet, daß nicht auch hier Gewächse von hoher

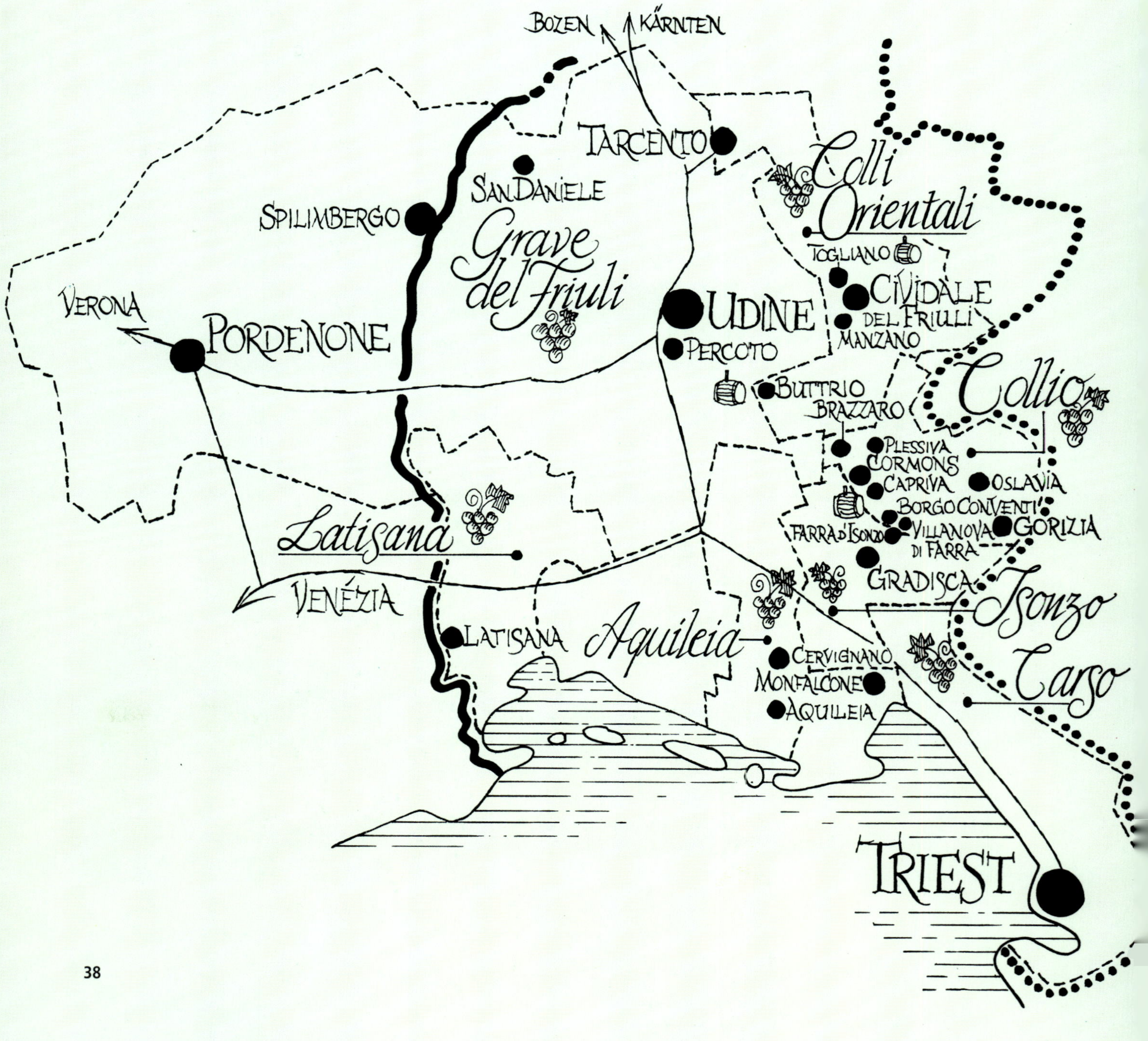

Qualität zu finden sind. Obwohl der Rotwein im Friaul die längere Tradition hat und mengenmäßig überwiegt, sind die Spitzengewächse Weißweine. Sie haben dem Friaul das Renommee des wichtigsten Weißweinanbaugebietes Italiens eingebracht.

Die Weißweine des Collio und der Colli Orientali

Die Colli Orientali (1.483 ha) liegen in der Provinz Udine, der Collio (1.200 ha) hingegen in der Provinz Gorizia, an der Grenze zu Jugoslawien. Auffallend bei den Weißweinen ist die besondere Sortenvielfalt. Sie werden alle trocken ausgebaut. Die wichtigsten und hochwertigsten Rebsorten sind Pinot Bianco (Weißburgunder), Pinot Grigio (Grauburgunder) und Sauvignon. Der bekannteste der friaulischen Weißweine ist wohl der Pinot Grigio. Flächenmäßig noch unbedeutend, aber im Zuwachs begriffen, ist die Rebsorte Chardonnay. Mengenmäßig eine große Rolle spielt die Tocai (Tocai friulano hat nichts mit dem ungarischen Tokajer oder dem elsässischen Tokay zu tun). Sie stellt fast die Hälfte der gesamten friaulischen Weißweinproduktion. Diese Rebe wird meist als Massenträger gehalten. Heraus kommt dabei ein dünner Schoppenwein. Im Collio und in den Colli Orientali gibt es jedoch Beispiele, die zeigen, daß der Tocai ein sehr edler Wein sein kann. In geringen Mengen kultiviert werden noch die Rebsorten Riesling Renano (Rheinriesling), Riesling Italico (Welschriesling), Traminer Aromatico (Gewürztraminer), Müller-Thurgau und Malvasia. Eine Besonderheit bei den Weißweinen des Friaul stellt die alteingesessene Rebsorte Ribolla dar, die in letzter Zeit wieder eine allgemeine Aufwertung erfahren hat. Das gleiche gilt für die Rotweinsorten Schiopettino, Tazzelenghe, Refosco und Pignolo.

Herausragende Erzeuger

Mario Schiopetto, Capriva; Russiz Superiore, Capriva; Marco Felluga, Gradisca; Livio Felluga, Brazzano; Gradnik, Plessiva; Gravner, Oslavia; Jermann, Villanova di Farrà; Volpe Pasini, Togliano; Abbazia di Rosazzo, Manzano; Girolamo Dorigo, Buttrio; Ronco del Gnemiz, San Giovanni al Natisone; Ronchi di Cialla, Prepotto; Borgo Conventi, Farrà d'Isonzo. Ein beachtlicher Rotwein ist der Braida Nuova von Borgo Conventi.

Die kostbaren Dessertweine

Besonders stolz sind die Friauler auf ihren legendären Dessertwein Picolit. Er kann nur in geringen Mengen hergestellt werden und ist deshalb sehr kostbar. Der Preis ist um ein Vielfaches höher als der eines anderen Weißweins. Die gebotene Qualität wird jedoch nicht immer dem großen Ruf gerecht; wirklich gute Picolit sind selten. Von welch auserlesener Köstlichkeit dieser Nektar sein kann, beweisen die Weine von Volpe Pasini und Abbazia di Rosazzo.
Der zweite Dessertwein ist der Verduzzo. Er wird aus der Verduzzo-Giallo-Traube gekeltert. (Nicht zu verwechseln mit der Verduzzo Verde, aus der ein frischer, trockener Wein gemacht wird.) Sie wird nur im Norden der Colli Orientali kultiviert. Besonders gefragt ist der Verduzzo di Ramandolo. Er gedeiht in den höchstgelegenen Weinbergen des Friaul, direkt unterhalb des Monte Bernardia. Der Verduzzo hat nicht die Raffinesse eines Picolit, er neigt zum Eindimensionalen und Süßlichen. Empfehlenswert ist der Verduzzo di Ramandolo von Giovanni Dri.

Besonderer Tip

In Percoto, wenige Kilometer südlich von Udine, befindet sich die Distilleria Nonino. Die Schnäpse, die hier gebrannt werden, gehören zum Feinsten, was es in Italien gibt. Das Spitzenprodukt heißt ÙE, ein Obstbranntwein, der nicht aus den Trestern (wie bei der Grappa), sondern aus den ganzen Trauben destilliert wird. 26 km nordwestlich von Udine liegt San Daniele. Von hier stammt der feine Prosciutto di San Daniele, neben dem Parma-Schinken der beste luftgetrocknete Schinken Italiens.

Toskana

Die kultivierte, vom Menschen gestaltete Landschaft, "der Kampf gegen die Natur", erreichte zur Zeit der Renaissance in der Toskana ihre höchste Form. Nicht zuletzt war das Bild des "bel paesaggio" dieser Epoche ein Ergebnis der Mezzadria, des Halbpachtsystems, das über Jahrhunderte in weiten Gebieten Italiens eine vergleichsweise "demokratische" Kooperation zwischen den meist städtischen Grundbesitzern, den Villenherren und den Bauern darstellte. Als dieses System in den 60er Jahren unseres Jahrhunderts aufgelöst wurde, begann die große Landflucht der Bauern. Selbst die Möglichkeit, das Landgut nun selbständig, als Eigentum weiterzuführen, konnte sie nicht dazu bewegen, auf dem Lande zu bleiben. 90 Prozent der Mezzadria verließen ihre Höfe und zogen in die Städte. Dieser einschneidende Prozeß verursachte besonders in der Toskana einen tiefgreifenden Strukturwandel, der bis heute nicht abgeschlossen ist. Überalterte Traditionen und Formen wurden dadurch aufgebrochen und machten insbesondere im Weinbau der Toskana gänzlich neue Entwicklungen möglich. In keiner anderen Weinregion Italiens, das Friaul vielleicht ausgenommen, ist so viel Neues entstanden wie in der Toskana zwischen Florenz und Grosseto, Lucca und Arezzo. Daß Italien heute auch auf dem Gebiet der hochklassigen Weine mit Frankreich erfolgreich konkurriert, ist zu einem wesentlichen Teil auf die Initiativen moderner toskanischer Weinmacher zurückzuführen.

Der vielbesungene Chiantiwein ist außerhalb Italiens der vermutlich bekannteste und populärste italienische Wein. In der bauchigen Flasche mit dem Strohkleid wurde er zu einer Art Wahrzeichen für italienische Lebenslust. Wo es heute diese Flaschen noch gibt, ist die Strohumhüllung von einst durch scheußliches Plastikgewebe ersetzt und ihr Inhalt meist nicht wert, getrunken zu werden. Mancher Chianti ist nicht weniger schaurig als die vielen anderen Massenprodukte von der Liebfrauenmilch über den Kalterer See zum Beaujolais-Nouveau oder Côte de Provence, die nur entfernt etwas mit Wein zu tun haben. Doch die heutige Entwicklung in der Toskana, diesem Herzstück europäischer Kulturgeschichte, ist im Hinblick auf die Weine und ihre Qualität höchst erstaunlich und erfreulich. Nirgendwo in Europa, außer in bestimmten Weinzonen Spaniens, ist so viel in Bewegung geraten wie dort. Einige Rotweine aus dem toskanischen Anbaugebiet, das ja enorme Flächen umfaßt, gehören schon seit geraumer Zeit zu den großen der Welt. Weil die meisten von ihnen nicht den D.O.C.-Vorschriften entsprechen, müssen sie groteskerweise mit der Bezeichnung Tafelwein (Vino da Tavola) vorlieb nehmen, was nichts daran ändert, daß sie auf dem Weltmarkt hohe Preise erzielen. Daneben gibt es noch eine Reihe von Weinen im mittleren Bereich, die im Preis-Leistungs-Verhältnis jeden internationalen Vergleich bestens bestehen.

Ein Erzeuger wie Antinori ist ein lebendiges Beispiel für die große Tradition toskanischer Weine und ihrer Erneuerung aus heutiger Sicht und Erkenntnis. Schon unter den Medici in der Renaissance war die Familie Antinori im Weingeschäft erfolgreich tätig. Die toskanischen Weine zählten damals zum Besten, was es in Europa gab. Vermutlich war der *Chianti* der erste durchgegorene Rotwein, sicherlich einer der ersten modernen Weine überhaupt. Die der Römer und Griechen aus der Antike waren ja in der Regel schwere Weine, die man meist mit Wasser verdünnen mußte, damit sie trinkbar wurden. Antinori erzeugt heute sehr verschiedene Weine, manche davon in großen Mengen, doch immer in einem seriösen Preis-Leistungs-Verhältnis. Die Spitzenprodukte seines Hauses sind der *Solaia,* der *Tignanello* und der *Villa Antinori, Riserva Marchese Antinori.*

Mit dem *Tignanello* hat Marchese Piero Antinori 1971 ein neues Kapitel toskanischer Weinkultur aufgeschlagen. Seine Entstehungsgeschichte ist eng mit der Entdeckung der kleinen Eichenfässer für die Reifung bestimmter italienischer Weine verbunden. Sieht man einmal davon ab, daß der Sassicaia bereits 1968 von Marchese Incisa della Rocchetta, einem Verwandten von Antinori, in Barriques ausgebaut wurde, könnte man den *Tignanello* als den Prototyp des modernen italienischen Weins bezeichnen. Unübersehbar ist dabei der Einfluß Frankreichs, wie auch die

Geschichte des Sassicaia zeigen wird. Der *Tignanello,* der von Antinori zusammen mit Giacomo Tachis, dem wohl bekanntesten Önologen Italiens, entwickelt wurde, wird zu 80 % aus Sangiovese- und zu 20 % aus Cabernet-Sauvignon-Trauben gekeltert. Anschließend läßt man ihn in Barriques unterschiedlichen Alters 18 bis 24 Monate reifen und nach der Flaschenfüllung noch mindestens ein Jahr ruhen, bevor er auf den Markt kommt.

In den siebziger Jahren begann der große Aufbruch in der italienischen Weinszene. Insbesondere in der Toskana gab es einschneidende Veränderungen. Leute aus völlig artfremden Berufen und Branchen wollten ein neues Leben als Bauer und Edelmann beginnen und erwarben Weingüter. Sie suchten eine neue Identität, und viele fanden sie als Weinmacher. Die Bauern aus der Toskana dagegen hatten ihre Identität verloren, als das Mezzadria-System (Halbpachtsystem) in den sechziger Jahren aufgelöst wurde und sie massenweise ihre Häuser und Höfe verließen. Sie flohen in die Industriestädte, weil ihnen das Leben auf dem Lande zu schwer, zu entbehrungsreich, zu einsam war. Im Gegenzug kamen aus den überfüllten und schmutzigen Städten die wohlhabenden Bürger und kauften die verlassenen Anwesen und Ländereien. Die Toskana wurde zum Eldorado für Einsteiger, Umsteiger und Aussteiger aller Art. Ausländische Konzerne verleibten sich uralte, traditionsreiche Betriebe und Besitzungen ein, darunter so ruhmreiche Feudallehen wie das Castel Brolio der Baroni Ricasoli im Chianti-Classico-Gebiet. Schlösser, Klöster, ja komplette Dörfer mit großen Ländereien sind heute im Besitz von reichen Leuten aus Mailand, Florenz, Tokio, London, Düsseldorf oder New York. Doch bei aller Über- oder Entfremdung des Landes hat diese Entwicklung auch einen sehr positiven Aspekt. In die verlassenen und vom Verfall bedrohten Anwesen und Kulturlandschaften ist neues Leben gekommen.

Als die Bauern in den 60er Jahren nach der Aufhebung des Halbpachtsystems massenweise vom Land in die Städte zogen, war eines ihrer Motive die zu große Einsamkeit auf dem Lande, die sie bedrückte. Die gehetzten Städter dagegen flohen aufs Land, um dort an einem beschaulichen Platz ein ruhiges, naturverbundenes Leben zu führen.

Eines dieser Besitztümer ist Castello di Volpaia im Chianti-Classico-Gebiet. Als Befestigung aus dem 10. Jahrhundert war es ein wichtiger strategischer Punkt der Florentiner in den langen und erbitterten Kämpfen zwischen den Republiken Florenz und Siena. Auch hier verließen zur Zeit der großen Landflucht in den sechziger Jahren die Bewohner das Dorf, zu dem viele Hektar bester Weinlagen gehören, und der Verfall von Volpaia nahm seinen Lauf. Eines Tages kam ein reicher Druckereibesitzer aus San Casciano Val di Pesa, kaufte das ganze Dorf, begann nach und nach mit der Renovierung und schenkte es dann seiner Tochter zu ihrer Hochzeit. Heute wohnen immerhin wieder 32 Menschen ständig im Ort, zwanzig davon arbeiten für das Weingut von Frau Giovannella Stianti, die mit ihrem Mann, einem Wirtschaftsberater, in Mailand lebte und nun in die Toskana zurückgekehrt ist. Die Kellereien sind verstreut über das ganze Dorf in den mittelalterlichen Gebäuden untergebracht. Das besagt aber nicht, daß man hier vom Wein etwa die verzopfte, romantisch-folkloristische Vorstellung hätte, wie sie in zahlreichen Weinliedern gerne besungen wird. Ganz im Gegenteil. In Volpaia wird weder die Tradition noch die Technik zum Mythos erhoben. Man macht von den Mitteln Gebrauch, die zu einer Qualitätsverbesserung führen. Der Traubenertrag wird weit unter der gesetzlich zulässigen Menge gehalten. Die Reben werden kurz geschnitten und sehr sparsam mit organischen Produkten gedüngt nach dem Prinzip: „Ein leidender Weinstock gibt besseren Wein."

Sergio Manetti, ein Weinmacher von großer moralischer Integrität, kaufte mit seinem Vermögen, das er in der Stahlindustrie gemacht hat, 1966 ein schönes Anwesen – in Sichtweite von Castello di Volpaia und Radda – mit insgesamt 40 ha Land, von dem heute etwa 6,5 ha mit Weinreben bestockt sind, und begann zu seinem persönlichen Vergnügen und Genuß Wein zu machen. Doch als immer mehr Freunde und Verwandte seinen Wein kaufen wollten, wurde er – entgegen seiner ursprünglichen Absicht, nichts mehr zu arbeiten und es sich gutgehen zu lassen – zum professionellen Weinmacher, der als einer der ersten im Chianti-Classico-Gebiet mit Barriques experimentierte. 1978 kam Le Pergole Torte auf den Markt, ein Wein, der zu 100 % aus der traditionellen Chianti-Rebsorte Sangiovese besteht. Welches Qualitätspotential in dieser Rebsorte stecken kann, wenn ein konsequent denkender und handelnder Weinmacher wie Manetti damit umgeht, ist höchst lehrreich. Ihm gelang es, aus der Sangiovese-Rebe, die in aller Regel für mittlere Weine und billigste Produkte verwendet wird, ohne die heute gerne praktizierte Zuhilfenahme der internationalen Cabernet-Rebe einen großen Rotwein zu machen, der unverwechselbar ein italienischer Wein, ein originärer Wein aus dem Chianti-Classico-Gebiet ist.

STIANTI

Giovannella Stianti-Mascheroni, Castello di Volpaia

Der Chianti gilt im allgemeinen als Massenwein. Was machen Sie, um Ihr Produkt aufzuwerten?

Ich glaube, daß ich allein nichts machen kann. Ich kann nur zusammen mit den anderen Produzenten, die so arbeiten wie ich, etwas für das Image des Chianti tun. Jeder muß natürlich etwas für sein persönliches Image tun, aber immer im Rahmen eines Namens, den wir gemeinsam fördern müssen.

Die Sozialstruktur in der Toskana hat sich sehr geändert. Das Halbpachtsystem ist aufgelöst worden, die meisten Weinproduzenten kommen aus der Großstadt. Ist da nicht eine Kultur verlorengegangen?

Ich finde, unbedingt an etwas Altem festhalten zu wollen, ist nicht richtig. Alles muß weitergehen. Ohne Romanik hätte es keine Gotik gegeben, wenn die Romanik nicht zerstört worden wäre, hätte es keine Renaissance gegeben. Es ist eine Frage der Evolution, nicht der Änderungen. Diese Dinge müssen sich mit der Zeit weiterentwickeln, wobei natürlich bestimmte Strukturen und Eigenarten zu respektieren sind.

Die ältesten erhaltenen Mauerwerke des Castello di Volpaia gehen auf die erste Hälfte des 13. Jahrhunderts zurück. Die Florentiner Familie Volpaia stammt aus diesem Ort. Nachdem in den 60er Jahren unseres Jahrhunderts zur Zeit der großen Landflucht in Italien auch die Bewohner von Volpaia ihr Dorf verlassen hatten, zerfiel es langsam. 1966 kaufte es der Druckereibesitzer Stianti aus San Casciano Val di Pesa und schenkte es seiner Tochter zur Hochzeit. Zusammen mit ihrem Mann ließ Signora Stianti Schritt für Schritt das ganze Dorf renovieren, brachte die Produktionsanlagen des Weinguts in den verschiedenen Häusern und Räumlichkeiten des Dorfs unter und rekultivierte die erstklassigen Weinlagen, die zum Ort Volpaia gehören.

Unweit von Castellina in Chianti liegt das Weingut Castellare, dessen Besitzer, Paolo Panerai, gebürtiger Florentiner und Chefredakteur der italienischen Wirtschaftszeitschriften Il Mondo und Capital ist. Er lebt mit seiner Familie in Mailand, verbringt nur die Wochenenden auf seinem Weingut und ist ein typischer Vertreter der neuen Generation von Weinmachern in der Toskana. Als er das zauberhaft gelegene Weingut kaufte, hatte er das Glück, die Bauernfamilie, die seit sechs Generationen als Halbpächter das Land bearbeitete, mit übernehmen zu können, nachdem sich der Vater, der unter den Vorbesitzern noch Mezzadro gewesen war, für den Status eines Angestellten entschieden hatte. Um seinen Wein kümmert sich Signor Panerai am Wochenende, wenn er sich von seinem Streß in Mailand auf seinem Weingut erholt, oder er erledigt es per Telefon, von dem er sich in seinem Beruf praktisch nicht mehr befreien kann. Die Weine von Castellare entstehen unter der Aufsicht des vielbegehrten Önologen Maurizio Castelli, der unter anderem auch für die Weine des Castello di Volpaia und San Polo in Rosso verantwortlich ist. Zu den Freunden von Panerai zählt auch sein Journalistenkollege Luigi Veronelli, der bedeutendste Wein- und Gastronomiekritiker Italiens. Nicht aus Gefälligkeit, sondern ganz gewiß zu Recht hat er den Spitzenwein von Castellare *I Sodi di San Niccoló* unter die zehn besten Rotweine Italiens eingereiht. Auch den *Chianti Classico* und einen *Governo di Castellare* darf man getrost in die erstrangigen Produkte der Toskana einstufen. "Governo" ist ein altes Verfahren in der Weinbereitung, das im letzten Jahrhundert speziell für den Chianti entwickelt wurde. Nach der alkoholischen Gärung wird dem Wein Most von getrockneten Trauben zugefügt, der eine Nachgärung in Gang setzt und ihn durch dieses Verfahren frischer, fruchtiger und schneller trinkfertig macht. Dieses alte Verfahren wurde auf Castellare wieder eingeführt, allerdings in Kombination mit den modernsten kellertechnischen Möglichkeiten.

Ebenfalls ein gebürtiger Florentiner ist der ehemalige Plastikfabrikant Raffaelle Rossetti. Auch er wollte am Wochenende der Großstadt entfliehen und beschloß deshalb 1974, sich entweder ein Boot oder ein Haus auf dem Land zu kaufen. Durch Zufall stieß er auf die Fattoria Capanelle, die malerisch auf einem steilen Hügel über dem Ort Gaiole liegt. Aus der geplanten Wochenendidylle wurde aber bald eine neue Produktionsstätte. Rossetti verkaufte die Fabrik in Rom, denn „am Wochenende", sagt er, „kann man keinen Wein machen." Er baute das verfallene Anwesen sorgsam wieder auf und legte neue Weinberge an. Der Weinkeller wurde mit modernsten Anlagen ausgerüstet. Edelstahl ist das vorherrschende Material neben den Holzfässern. Rossetti selbst bezeichnet sich als Edelstahl-Fanatiker.

Nur dieses Material gewährleiste den Grad von Hygiene, den er bei der Vinifizierung verlangte. Sauberkeit ist für ihn das wichtigste in einem Weinkeller. Nichts darf bei der Herstellung von Wein dem Zufall überlassen bleiben. Der Perfektionist Rossetti machte sich auch lange darüber Gedanken, wie er die Aufmerksamkeit der Fachwelt und der Konsumenten auf sich und seinen Wein lenken könnte. Schließlich kam er auf die ausgefallene, prätentiöse Idee, seine Flaschen mit Etiketten aus echtem Silber und 18 karätigem Gold zu versehen. Dieser Einfall wurde oft belächelt, aber er verschaffte ihm den gewünschten Bekanntheitsgrad. Rossetti kommt auch nur mit guten Jahrgängen auf den Markt, von denen er pro Jahr etwa 20.000 Flaschen macht. „Ich will einen Wein machen, der keine Kanten hat, der wie eine Liebkosung ist, ‚soft', wie die Amerikaner sagen", ist seine Definition. Auf meine Frage, ob er den Ehrgeiz habe, einen perfekten Wein zu machen,

Das italo-amerikanische Unternehmen Villa Banfi hat sich erst 1978 im Brunello-Gebiet bei Montalcino etabliert. 2 380 ha Rebland wurden aufgekauft. (Die gesamte Weinzone der Wachau umfaßt nur insgesamt 1 350 ha.) Für die Bearbeitung dieser riesigen Fläche steht ein gewaltiger Maschinenpark zur Verfügung, darunter zwei firmeneigene Hubschrauber für die Schädlings-Bekämpfung. Die Vinifikations- und Abfüllanlagen gehören zu den modernsten Europas.

Sergio Manetti, Radda

antwortet er: „Ich bin heute auch in technischer Hinsicht an einem Punkt angelangt, der es mir erlaubt, eine bestimmte Art von Forschung zu betreiben. Wir maßen uns nicht an, den großen Wein gemacht zu haben, aber es ist ein professioneller, ein seriöser, ein sauberer Wein. Natürlich wollen wir mehr." Ein derartiger Hang zum Perfektionismus wäre mir an diesem Wein auch dann aufgefallen, wenn ich Rossetti nicht persönlich erlebt hätte. Der Wein zeigt viele Merkmale eines herausragenden Produkts, aber in einer eher sterilen, geglätteten Form, in der Charakter und Persönlichkeit hinter einem allgemeinen Perfektionismus verschwinden. Rossettis Wein entspricht ganz seinem hohen Anspruch, bleibt dabei aber trotzdem seltsam wesenlos. Vielleicht kann man das aber auch als Beleg dafür werten, daß Wein, solange er handwerklich, kreativ und nicht industriell gemacht wird, immer etwas vom Temperament und Charakter seines Erzeugers mitteilt.

Ein anderes traumhaft schönes Weingut ist San Polo in Rosso, das ein deutsch-italienisches Ehepaar 1973 gekauft hat. Beide hatten vom Weinmachen keine Ahnung. Cesare Canessa stammt aus einer neapolitanischen Familie, die seit Generationen im Kunst- und Antiquitätenhandel tätig ist. Seine Frau Katrin ist eine geborene Henkel. Anlaß für den Kauf des Weingutes war ein schwerer Unfall. Während einer Afrikareise verunglückte Cesare Canessa mit einem Bus, der ins Schleudern geriet, sich überschlug und in Flammen aufging. Während sein Freund starb, kam Canessa mit schweren Verbrennungen davon. Nach seiner körperlichen Heilung war sein seelischer Zustand so kritisch, daß ihm sein Arzt riet, die Stadt zu verlassen und ein neues Leben auf dem Lande zu beginnen. So zogen Katrin und Cesare Canessa durch die Toskana und fanden den märchenhaft

MANETTI

Braucht man heutzutage viel Geld, um ein Weinmacher zu werden?

Ja, leider. Man braucht viel Geld und eine moderne Mentalität. Die alten Gutsbesitzer im Chianti hatten wenig Geld. Außerdem dachten sie, daß es die alten Fässer sind, die die großen Weine hervorbringen. Das ist ein kolossaler Irrtum, denn alte Fässer sind voller Bakterien und machen den Wein krank. Auch ein alter, schmutziger und unordentlicher Keller hat heutzutage keinen Sinn mehr. Heute muß ein Weinkeller sehr sauber, sehr ordentlich sein. Dazu braucht man Wasser im Keller – sehr viel Wasser. Und Wasserdampf, 150 Grad, zum Sterilisieren der Fässer.

Warum sind Sie aus dem Konsortium des Chianti Classico (Vereinigung der Winzer mit dem gallo nero, dem Schwarzen Hahn) ausgetreten?

Weil die Konsortien Weine zulassen, die nicht die Qualität haben, als Chianti Classico bezeichnet werden zu dürfen. Das ist eine Tatsache. Ich habe kein Vertrauen in die Konsortien.

schönen Besitz San Polo in Rosso, ein Schloß, das bis 1986 im Besitz der alten toskanischen Familie Ricasoli war und von 400 ha Land heute 24 ha Weinanbaufläche aufweist. Die Canessa hatten vorher nie daran gedacht, Wein zu erzeugen. Doch nutzlos in einem riesigen Schloß herumsitzen wollten sie auch nicht, und so fanden sie durch das Weinmachen einen neuen Lebensinhalt. Die ersten Jahre waren hart, die Einbußen riesig. „Wären wir nicht so naiv und enthusiastisch gewesen, wir hätten uns nie auf dieses verlustreiche Abenteuer eingelassen. Wir haben viel Lehrgeld bezahlt und kommen erst jetzt langsam aus den roten Zahlen." Trotzdem haben die beiden ihren Entschluß niemals bereut und beginnen nun nach sechzehn Jahren allmählich die Früchte ihrer Anstrengungen zu ernten. Dazu beigetragen hat sicherlich auch, daß die Weine unter der Aufsicht des Önologen Maurizio Castelli entstehen.

Es ist immer wieder die gleiche Geschichte. Will man einen guten Wein machen, braucht man Kapital. Viel Kapital. Dabei handelt es sich nicht nur um die guten Lagen, die man erwerben oder haben muß, und eine moderne technische Ausrüstung, sondern in erster Linie um die Zeit. Derjenige, der auf diesem Gebiet neu anfängt, muß viele Jahre überbrücken können, bis sich seine Investitionen amortisieren, wenn überhaupt. Zweifellos werden viele Weinerzeuger, die es geschafft haben, seriöse, gute Weine zu machen, in der Lage sein, eine Menge Geld zu verdienen, aber bis dahin ist der Weg lang und mühsam und erfordert Ausdauer und finanziellen Rückhalt; denn selbst wenn es ein Erzeuger geschafft hat, bleiben immer noch die großen Risiken und Schwankungen bei den Jahrgängen, einschließlich der modischen Tendenzen im Weingeschäft, die für Verluste sorgen können.

Bei den Gebrüdern Falvo in Montepulciano sind alle Voraussetzungen gegeben, daß der Aufbau eines ehrgeizigen Unternehmens gelingt. Ettore Falvo hat in die berühmte, alte, aristokratische Familie Avignonesi eingeheiratet. Der prachtvolle Palazzo Avignonesi im Zentrum von Montepulciano, in der Zeit der Renaissance vom berühmten Baumeister Giacopo Barrozzi erbaut, ist heute der Verwaltungssitz des Unternehmens. Im Gebäude nebenan wurde ein Weingeschäft errichtet, in dem die Produkte von Avignonesi en détail verkauft werden. Unter dem Geschäft befinden sich alte Kellerräume, in denen ein kleiner Teil der Weine in slowenischen Eichenfässern lagert. Bei Bauarbeiten wurde in diesem Keller ein etruskisches Grab entdeckt. Montepulciano ist ein gut erhaltenes, mittelalterliches Städtchen, allerdings in seiner heutigen Erscheinungsform sehr stark von Werken der Renaissance geprägt. Seine Ursprünge liegen jedoch noch viel weiter zurück. Vermutlich wurde es

CANESSA

Katrin und Cesare Canessa, Castello di San Polo in Rosso

Worauf legen Sie Wert bei Ihrem Wein?

Ich lege großen Wert darauf, daß es ein moderner Wein bleibt. Ich möchte keinen allzu einfachen, amerikanischen Wein machen. Mein Wein soll zeitgemäß bleiben, leicht zu trinken sein, aber trotzdem die alte toskanische Architektur in sich haben, diese wunderbare schlichte Eleganz.

Die Gebrüder Settimo und Mariano Fosi sind Mezzadri (Halbpächter). Sie stammen aus einer Familie, die schon seit mehr als 400 Jahren hier lebt.

im 6. Jahrhundert v. Chr. von den Etruskern gegründet. Spuren aus dieser Zeit finden sich noch viele.
Seit wann auf diesem geschichtsträchtigen Boden Reben wachsen, läßt sich nicht mit Sicherheit sagen, konkrete Zeugnisse darüber gibt es aus dem 17. Jahrhundert. Sicher aber ist, daß der *Vino Nobile* aus Montepulciano eine Erfindung unserer Tage ist. Giuseppe Fanetti, ein gestandener Esser, wie es seine Figur unschwer verrät, fährt mich mit einem klapprigen, alten Citroën Deuxchevaux rasant durch seine Weinfelder und erzählt mir mit Witz und Temperament die Geschichte vom *Vino Nobile*, dessen Erfinder oder Wiederentdecker sein Vater war. Dieser Adamo Fanetti, der seinerseits eng befreundet mit dem bedeutenden Weinmacher und Erfinder des berühmten Brunello-Weins, Tancredi Biondi-Santi aus Montalcino, war, hat durch ihn viel Förderung bei der Entwicklung des Vino Nobile erfahren. 1935 gelang Fanetti der große Durchbruch, und 1937 errang er mit diesem Wein bei der internationalen Weinausstellung in Paris den Grand Prix. Im selben Jahr machte ihm die Genossenschaft von Montepulciano den Namen Vino Nobile streitig, und als andere folgten, wurde der erfolgreiche Begriff trotz zahlreicher Prozesse, die Fanetti führte, Allgemeingut.

Der *Vino Nobile*, den ich dann bei Fanetti verkostete, war leider enttäuschend. Und so ist es mir mit vielen *Vino Nobile* ergangen. Selbst der renommierteste von Avignonesi hat mich nicht begeistert. Viele von ihnen haben einfach unangenehme Fehltöne, schmecken oft brandig, muffig oder sind – jedenfalls für meinen Geschmack – zu eindimensional, ohne Charme und Finesse oder Tiefe. Vielleicht ist einer der Gründe dafür in den vergleichsweise altmodischen Erzeugermethoden zu suchen. Eine moderne Önologie, wie man sie im Chianti-Gebiet und der Brunello-Zone längst praktiziert, ist in Montepulciano noch kaum zu finden. Und genau hier setzen die Gebrüder Falvo, sprich Avignonesi, an. Sie investieren Millionenbeträge, um moderne Weine erzeugen zu können. Bei Vogliano haben sie ein großes Anwesen gekauft, das Mitte des 19. Jahrhunderts erbaut wurde. Diese Fattoria Capuzzine wurde seit vielen Jahren nicht mehr bewirtschaftet und verfiel. Nun werden sie die Gebrüder Falvo, die aus der Hotelbranche kommen, Schritt für Schritt wieder instandsetzen und die dazugehörigen Weinberge kultivieren. Nach der Fertigstellung sollen die jetzt provisorischen Anlagen von I Poggetti bei Chianciano Terme dorthin verlegt werden. Zur Zeit meines Besuches, Ende September, wurden auf Capuzzine gerade die Trauben für den großartigen *Vin Santo* von Avignonesi geerntet. Es sind weiße Malvasia- und rote Grechetto-Trauben, die in einem bereits renovierten Trakt des Anwesens zum Trocknen ausgelegt und erst im Januar, wenn sie

FALVO

Ettore und Alberto Falvo-Avignonesi, Montepulciano

Versuchen Sie von dem "Massenwein" Chianti wegzukommen?
Ja. Es ist ein guter Wein, aber man darf nicht viel davon produzieren. Das haben nur die wenigsten kapiert. Wenn man nicht mehr als 120 Zentner Trauben pro Hektar erzeugt, erhält man außergewöhnliche Weine, die man lange lagern kann. Wir haben zehnjährige Chianti-Weine, die noch einwandfrei sind.
Der Vino Nobile zählt nicht gerade zu den großen Weinen Italiens. Was machen Sie, um den Ruf dieses Weins aufzuwerten?
Wir müssen die Tradition wieder aufgreifen, die nach dem 2. Weltkrieg durch die Unsitte, zu viel zu produzieren, zerstört wurde. Unsere Weine waren berühmt. Es gibt Dokumente aus dem Jahre 1300, aus denen hervorgeht, daß damals schon der Wein von Montepulciano nach England exportiert wurde. Und wenn der Wein schon nach England exportiert wurde, dann muß er es auch wert gewesen sein. Man sagt sogar, die Gallier seien bis Montepulciano vorgedrungen, weil sie vom Wein so angezogen wurden.

rosinenartig geschrumpft sind, leicht gepreßt werden. Die sehr geringe Ausbeute (4 kg Trauben ergeben nur 1 l Most, normalerweise sind es 4 l) wird in kleine 50-l-Eichenfässer gefüllt und bleibt darin sechs bis sieben Jahre. Dabei verdunstet noch einmal der größte Teil dieses süßen, konzentrierten Mosts. Nach sechs Jahren sind von 45 l nur noch 15 l übrig. Versteht sich, daß dieser edle Wein sehr teuer verkauft werden muß und trotzdem kaum die Unkosten einbringt. Daß sich die Tradition des *Vin Santo* nur in den vornehmen Familien erhalten hat, liegt an seiner Kostbarkeit. Er wurde nur Gästen angeboten, die ihn zu schätzen wußten. Da er nicht für den Markt bestimmt war, wurde auch nicht auf die Herstellungskosten geachtet. Heute liegt der Preis für eine 0,375 Literflasche, von denen Avignonesi im Jahr rund 1.400 Flaschen produziert, zwischen 70 und 100 Mark. Ettore Falvo würde die Produktion gerne erhöhen, was aber nur sehr langsam geht, weil man dazu eine Mutter braucht. Eine große Vin-Santo-Mutter, die im Unterschied zur Essigmutter nicht schwimmt, sondern am Boden des Fasses liegt, erhält man aber nicht in zehn Jahren, sondern hundert oder zweihundert Jahren. Ihre Qualität erkennt man am Parfüm des Weins.

Beim Besichtigen der alten Ölmühle der Fattoria, deren Restaurierung geplant ist, aber noch viel Zeit in Anspruch nehmen wird, erklärt mir Alberto Falvo, was ein gutes Olivenöl auszeichnet. Es muß einen feinen Duft haben, sollte leicht süßlich schmecken und darf auf keinen Fall bitter sein, was der Fall ist, wenn zu viele Blätter mitgepreßt wurden. Außerdem darf es nicht fett sein, das heißt nicht am Gaumen hängen bleiben. Natürlich spricht er vom kalt gepreßten Extra Vergine. Ein wirklich gutes Olivenöl ist immer teuer und schwer zu finden. Nach Aussage von Alberto ist in der Toskana die beste Gegend für Oliven der Hügelstreifen zwischen der Valdichiana und der Val d'Orcia. Die Weine von Avignonesi haben wir bei einem gemeinsamen Abendessen im eigenen Restaurant, dem "Casanova", verkostet, einem wunderschön gelegenen toskanischen Landhaus etwas außerhalb von Chianciano Terme. Darunter ist ein Chardonnay, *Il Marzocco,* der zur neuen Generation der Weine von Avignonesi gehört, in Barriques ausgebaut wird und schon jetzt ohne Frage ein Spitzenerzeugnis darstellt. Die Tradition des Landhauses, der Villen in der Toskana, ist eine sehr alte. Besonders im 15. Jahrhundert, in der Zeit der Medici, investierten die reichen Florentiner, unter ihnen auch die Antinori, große Teile ihres Vermögens, das sie hauptsächlich durch Handelsgeschäfte erworben hatten, in Ländereien und Villen im Umland von Florenz. Desgleichen die Sienesen. Die Villen- und Gartenarchitektur blühte wie zu keiner anderen Zeit. Deshalb ist das, was sich heute ereignet, in mancher Hinsicht durchaus mit den damaligen Vor-

Marchese Antinori

Piero Marchese Antinori, San Casciano Val di Pesa

Ist es ein Glück oder Unglück, als Marchese Antinori geboren zu werden?
Es ist ein Glück, aber auch eine große Verantwortung. Ich trage eine große Tradition und Geschichte mit mir. Die Antinori blicken auf eine jahrhundertealte Aktivität auf dem Sektor des Weinbaus und der Önologie zurück.

Sie haben zwei neue Weine, den Tignanello und den Solaia, entwickelt. Was war der Grund?
Ich wollte etwas Neues schaffen. Das ist, glaube ich, auch die Stärke unseres Betriebs und unserer Familie, daß jede Generation etwas Neues hervorbringt. Vielleicht ist der Tignanello, mehr noch als der Solaia, mein persönlicher Beitrag für die Errungenschaft meiner Generation.

Wollten Sie mit dem Spitzenprodukt Tignanello die Antinori-Weine der Großproduktion aufwerten?
Es war vor allem der Wunsch, uns selbst zu beweisen, daß dieses Land, in dem wir seit Jahrhunderten Weinbau betrieben und Wein gemacht haben, daß dieser Boden ein Potential an Qualität hat, das vielleicht noch nicht völlig entdeckt war. Der Tignanello, der für eine neue Form des Weinbaus und der Weintechnik in dieser Gegend steht, hat das, glaube ich, bewiesen.

gängen zu vergleichen. War schon seinerzeit ein verstärktes Sicherheitsbedürfnis der Kaufleute eine Hauptursache für den Erwerb von Immobilien auf dem Lande, wo sich durch die Landwirtschaft auch noch neue Gewinnmöglichkeiten auftaten, so ist bei Privatleuten, Banken und Konzernen das gleiche Motiv im Spiel. Dazu gesellt sich der Trend "Zurück zur Natur", die Flucht aus den Städten, die in zunehmendem Maße immer weniger Lebensqualität bieten und zu Gettos der Arbeit verkommen. Wer es sich leisten kann, flüchtet wenigstens am Wochenende in sein Landhaus, indes die weniger Begüterten sich auf den Straßen in aberwitzigen Autokolonnen zu irgendwelchen Erholungsplätzen wälzen, die überfüllt und scheußlich sind wie die Städte, aus denen sie fliehen. Ein Teufelskreis, der mit jedem Tag der Bevölkerungsexplosion enger wird. Der Ausverkauf von Natur hat Hochsaison, und der große Kollaps ist abzusehen.

Doch was haben solche Gedanken in einem Weinbuch zu suchen? Wein war immer ein besonders hervorragendes Produkt menschlicher Kultur. Kein anderes landwirtschaftliches Erzeugnis hat einen so hohen kulturellen Stellenwert wie der Wein. Das verpflichtet Weinmacher wie Weintrinker zur besonderen Aufmerksamkeit für das Produkt, seine Herkunft und Entstehungsgeschichte. Automatisch verbindet sich damit die Frage nach der Umwelt, der Natur und einer zeitgemäßen Ethik und Moral derjenigen, die damit befaßt sind. Wer nur profitorientiert und ohne Rücksicht auf Natur und Verbraucher

Barriques, in denen der Tignanello und Solaia von Antinori reifen.

Badia a Passignano. Die vallombrosianische Abtei stammt aus dem 9. Jahrhundert. Das Kloster in seiner heutigen Form wurde Mitte des 15. Jahrhunderts gebaut. Heute leben dort fünf Brüder des Benediktinerordens. Antinori hat die zum Kloster gehörenden Weinberge gekauft und den Keller der Abtei für die Lagerung seiner besten Weine Tignanello und Solaia gemietet.

produziert, desgleichen auf der anderen Seite einfach gedankenlos konsumiert, der schädigt nicht nur seine Mitmenschen, sondern auch sich selbst. Er ruiniert den Rest von Kultur, der geblieben ist, und nimmt in erheblichem Maße an der Zerstörung der Umwelt teil.

In Italien war Wein lange Zeit ein primäres Nahrungsmittel, ja ein notwendiges Lebensmittel, als Ergänzung zur ärmlichen Ernährung. Durch den Wein wurde der Kalorienbedarf zufriedengestellt. Doch heute ist Wein ein Genußmittel, und deshalb geht der Weinkonsum – nicht nur in Italien – zurück. Trotzdem entschlossen sich die Gebrüder Mariani aus New York im Jahre 1978, Wein in großem Stil zu erzeugen, und kauften sich etwa 60 km östlich von Montepulciano in Montalcino, dem Zentrum des *Brunello*-Weins, ein. Sie sind italienischer Abstammung und haben ursprünglich Wein nach Amerika importiert. Daß in den USA der *Lambrusco* zum Synonym für Wein geworden ist, verdanken die Amerikaner in erster Linie ihnen. 25 Milliarden Lire hat der Bau der Anlage in Montalcino gekostet. 2.380 ha Land wurden aufgekauft und mit Rebstöcken bepflanzt, ein Maschinenpark von sechzig Traktoren, zwanzig Lastwagen und zwei Hubschraubern zur Schädlingsbekämpfung angeschafft. Die Villa Banfi, wie das Unternehmen heißt, produziert heute etwa 15 Millionen Flaschen pro Jahr. Für den amerikanischen Markt werden einige Tafelweine hergestellt, die man vor der Abfüllung auf 55° C erhitzt, damit sie die von den Amerikanern gewünschte Sterilität besitzen. Die Form der Flaschen ist für die praktisch denkenden Amerikaner kühlschrankgerecht zugeschnitten und mit Schraubverschlüssen versehen. Natürlich wird von der Villa Banfi auch ein großes Sortiment anderer Weine erzeugt, darunter der berühmte *Brunello di Montalcino.*

Die Geburtsstunde des *Brunello* liegt im Jahre 1880, als es Ferruccio Biondi-Santi nach zehnjähriger Experimentierarbeit auf seinem Weingut Il Greppo gelang, einen Wein aus der Sangiovese-Grosso-Traube zu machen, der seinen Vorstellungen entsprach. Er muß für damalige Verhältnisse in Italien ein ungewöhnlich großer und feiner Wein gewesen sein. Lange Zeit hielt die Familie Biondi-Santi das Monopol auf den *Brunello.* Doch dann erging es ihnen ähnlich wie Adamo Fanetti mit dem *Vino Nobile.* Der Erfolg des *Brunello,* dessen Namen rechtzeitig schützen zu lassen Biondi-Santi versäumt hatte, rief andere Erzeuger auf den Plan. Die Anbauflächen wurden in wenigen Jahren mehr als verzehnfacht, und natürlich wuchs die Qualität dabei nicht automatisch mit. Die Region Montalcino jedenfalls verdankt der Familie Biondi-Santi den wirtschaftlichen Aufstieg in den sechziger Jahren. 1967 gab es in Montalcino 37 Brunello-Hersteller mit einer Rebfläche von insgesamt 76,5 ha. 1984 wurden 109 Hersteller gezählt mit einer Rebfläche von 800 ha.

Biondi-Santi

Dr. Franco Biondi-Santi, Montalcino

Glauben Sie, daß sich Ihre Persönlichkeit im Wein widerspiegelt?
Es ist zwar etwas anmaßend, aber ich würde sagen, ja. Wein bedeutet für mich Seriosität. Kein Platz für Kunstgriffe und Kniffe. Das ist wichtig, besonders bei einem Wein, der den Vorzug hat, lange lagern zu können wie der Brunello di Montalcino und im besonderen der Brunello Biondi Santi. Im nächsten Jahr feiern wir das hundertjährige Bestehen, und wir werden zu diesem Anlaß 100jährige Flaschen öffnen.

Welche Folgen hatte die Kreation des Brunello für Montalcino?
Der Brunello ist heute der Lebensnerv für diese Gegend. Früher war Montalcino sehr arm, die Stadt mit dem niedrigsten Pro-Kopf-Einkommen in der Provinz von Siena. Heute ist sie an der Spitze. Diese Veränderung verdanken wir dem Brunello di Montalcino.

Man muß heute sehr genau auswählen, will man einen *Brunello* finden, der im Preis-Leistungs-Verhältnis seriös ist. Die Weine von Biondi-Santi haben zwar einen hohen Preis, doch dafür wird auch etwas geboten. Dr. Franco Biondi-Santi, der heute zusammen mit seinem Sohn Iacopo das Weingut führt, hat kompromißlose Qualitätskriterien, die auch eingehalten werden, soweit man das nachprüfen kann. Strenge Auswahl des Leseguts, das relativ früh geerntet wird, damit die Säure erhalten bleibt, was für das Altern wichtig ist. Sorgfältige Pflege der 15 ha Weinberge. Rigorose Mengenbegrenzung, schon allein aus dem Grund, weil erfahrene Arbeitskräfte für die Pflege der Weinberge schwer zu finden sind. Deswegen will Biondi-Santi seine Anbauflächen nicht wesentlich vergrößern. Der normale *Brunello* von Biondi-Santi stammt von Reben, die zwischen zehn und zwanzig Jahre alt sind, sein *Brunello Riserva* von Weinstöcken, die zwanzig Jahre und älter sind. Erreicht ein Jahrgang nur Durchschnittsniveau, fällt der *Riserva* aus. In schlechten Jahren wie 1984 verzichtet Biondi-Santi ganz auf das Etikett *Brunello.* Dann wird die Ernte als Rosso di Montalcino deklassiert, ein Verfahren, das übrigens auch im Bordelais und im Burgund bei Spitzenerzeugern üblich ist. Seinem Brunello unterstellt Biondi-Santi eine lange Lagerfähigkeit. 50 bis 100 Jahre traut er ihm zu, was sich beim Öffnen alter Flaschen immer wieder bestätigt. Einen *Brunello* von Biondi-Santi sollte man zwölf Stunden vor dem Trinken öffnen, damit er sich entfalten kann. Bei manch anderen Brunellos, die ich kennengelernt habe, wäre eine solche Maßnahme überflüssig, weil es ihnen an Substanz mangelt. Doch gibt es neben Biondi-Santi noch einige hervorragende Brunello-Erzeuger, deren Weinqualität die hohen Preise rechtfertigt.

Von Montalcino führt mich meine Reise durch die Toskana weiter ans Tyrrhenische Meer nach Bolgheri. Hier möchte ich den Marchese Incisa della Rocchetta, der ein Cousin von Antinori ist, kennenlernen. Von der Via Aurelia nach Bolgheri führt eine berühmte Zypressenallee, über die der italienische Dichter Giosuè Carducci ein langes, schönes Gedicht geschrieben hat, das die meisten italienischen Schulkinder auswendig lernen müssen. In dem winzigen Ort, der aus einem Schloß und ehemaligen Gesindehäusern besteht, herrschte die Adelsfamilie Gherardesca. An Weinanbau dachte man hier nicht. Der begann erst, als Clarissa della Gherardesca den Marchese Mario Incisa della Rocchetta aus Rocchetta Tanaro, einem kleinen Ort im Piemont, heiratete. Dieser Mario Incisa war ein Liebhaber großer Bordeauxweine. Als er nach Ausbruch des 2. Weltkriegs Schwierigkeiten hatte, seine Lieblingsweine zu bekommen, beschloß er, einen ähnlichen Wein selbst zu machen, und baute inmitten der Macchia in Castiglioncello di Bolgheri Cabernet-Reben an. Castiglioncello besteht aus einer mittelalterlichen Burg, in der

Weinernte bei Biondi-Santi auf dem Gut Il Greppo bei Montalcino. Noch im Weinberg werden die geernteten Trauben von fachkundigen Mitarbeitern nach Qualitätsklassen sortiert. Der Brunello wird nur aus den besten Trauben gemacht.

Marchese Incisa

Niccoló Marchese Incisa, Bolgheri

Die Geschichte des legendären Sassicaia zeigt, daß am Anfang eines großen Rotweins eine durchaus "verrückte" Idee stehen kann. Als nämlich der Marchese Mario Incisa, der ein Liebhaber von Bordeaux-Weinen war, nach Ausbruch des 2. Weltkriegs Schwierigkeiten mit der Beschaffung dieser Weine hatte, beschloß er kurzerhand, einen ähnlichen Wein zu machen. Von Freunden hatte er Sprößlinge von Cabernet-Reben bekommen, die mit großer Wahrscheinlichkeit vom Château Lafite stammten.
Da er glaubte, daß der Maestrale, ein Wind, der vom Meer kommt, für die Reben nicht gut wäre, suchte er auf seinem riesigen Landbesitz eine Lage, wo die Reben nicht dem Meereswind ausgesetzt waren. Er fand sie auf einem Hügel, 400 m über dem Meer, in einer windgeschützten Mulde inmitten der Macchia in Castiglioncello di Bolgheri und baute seine ersten tausend Cabernet-Reben an.
Castiglioncello, das nur aus einer mittelalterlichen Burg, aus einem verfallenen Dorf und einem winzigen Friedhof besteht, ist ein weltentfernter, beinahe beklemmend einsamer Platz. An diesem abgelegenen Ort also begann die Geschichte des inzwischen legendären Sassicaia, der heute zu den großen Rotweinen der Welt zählt. Doch bis dahin war es ein langer Weg.
Denn der Wein, der von diesen Reben Anfang der fünfziger Jahre auf ziemlich schlampige Weise vinifiziert wurde, war nicht sonderlich gelungen. Die Barriques, in denen er ausgebaut wurde, waren undicht, und auch sonst war die Technik sehr unzureichend. Jedenfalls fand er im Freundeskreis des Marchese keine Anerkennung, denn er schmeckte auch ganz anders als alle übrigen italienischen Weine.
Der Marchese ließ den Wein darauf im Keller liegen und vergaß ihn. Als er ihn eines Tages doch probierte, stellte er zu seinem Erstaunen fest, daß er langsam die Eigenschaften eines großen Weines annahm. Doch es dauerte noch lange, bis der heutige Sassicaia geboren war. Erst 1967 trat er an die Öffentlichkeit. Und danach dauerte es noch einmal viele Jahre, bis der Wein in den Handel kam.

Was ist das Geheimnis des legendären Sassicaia?
Ich glaube, daß es kein wirkliches Geheimnis gibt. Ich glaube, daß einer der Gründe für die Entstehung dieses Weins der ist, daß man versucht hat, etwas anderes zu machen, ohne Marktgesetzen zu unterliegen, ohne das Problem zu haben, dieses Produkt vermarkten zu müssen. Es war eine Idee meines Vaters, einen Wein nur für den eigenen Konsum zu machen und zur persönlichen Genugtuung etwas Neues, etwas anderes für Italien zu kreieren. Als er mit diesen Experimenten begann, hatte er nicht die Absicht, dieses Produkt eventuell zu verkaufen.

Tachis

Dr. Giacomo Tachis, der große Pionier unter den italienischen Önologen und fest mit dem Hause Antinori verbunden, wo unter seiner Leitung unter anderem die berühmten Spitzenweine Tignanello und Solaia entstanden. Durch die verwandtschaftlichen Beziehungen zwischen den Familien Antinori und Incisa war Tachis auch maßgeblich an der Entwicklung des legendären Sassicaia beteiligt, der heute noch unter seiner Aufsicht gemacht wird.

Der Handel hat immer eine objektive und eine subjektive Seite. Das Subjektive ist das Schwierigste, weil das Publikum nicht immer eine eigene Meinung hat. Es ist sehr schwer, frei im Kopf zu sein. Dazu braucht es einen starken Charakter, einen kritischen Geist — man muß geistig sehr unabhängig sein. Man sagt heute, die Reklame sei die Seele des Handels. Ja, die Werbung ist das, was den Konsumenten konditioniert. Deshalb muß der Konsument noch kritischer werden.

heute zwei Eremiten hausen, aus einem verfallenen Dorf, wo früher die Mezzadri wohnten und einem winzigen Friedhof, wo Mario Incisa 1983 begraben wurde. Es ist ein weltentfernter, beinahe beklemmend einsamer Platz, von dem aus man bei klarem Wetter bis nach Korsika sehen kann. Castiglioncello kann man über einen Pfad, der durch die Macchia führt, zu Fuß erreichen. Über eine nichtasphaltierte Straße, auf der ich mit dem Jagdaufseher des Marchese Incisa in einem Jeep fahre, brauche ich fast eine Stunde bis dorthin. Diese Straße gehört zum Besitz der Incisa und wird nur einmal im Jahr, am 16. Juli, dem Fest der Madonna del Carmine, für die Bevölkerung geöffnet. An diesem einsamen Ort also begann die Geschichte des inzwischen legendären *Sassicaia,* der heute zu den großen Rotweinen der Welt zählt. Doch bis dahin war es ein langer Weg. Erst 1967 trat er an die Öffentlichkeit, und noch einmal dauerte es viele Jahre, bis der Wein in den Handel kam. Auf dem Gut von Mario Incisa wurden ja in erster Linie edelste Rennpferde gezüchtet. Eines dieser Pferde gehört übrigens zu den berühmtesten des Jahrhunderts. Es hieß Ribot und wäre heute vergleichsweise 80 Millionen Dollar wert. Als Mario Incisas Sohn Niccoló in den Betrieb mit einstieg, übertrug er seinem Cousin, Piero Antinori, den Verkauf des *Sassicaia.* Jetzt, da der Wein durch das große Verkaufsnetz der Antinori die richtigen Leute erreichte, errang er sofort große Anerkennung. Auf Anregung von Antinori kümmerte sich nun auch dessen Chefönologe Signor Tachis um den Sassicaia. Doch da der Marchese auf die Vergärung in Holzbottichen schwor, Tachis hingegen Behälter aus rostfreiem Stahl wollte, kam es zu Spannungen, die später dazu führten, daß Incisa seinen eigenen Sassicaia machte, den er den *Schwarzen Sassicaia* nannte. Als Mario Incisa 1983 starb, beschloß Sohn Niccoló, den *Sassicaia* in Zukunft nicht mehr bei Antinori in San Casciano Val di Pesa abfüllen zu lassen, sondern im eigenen Betrieb in Bolgheri. Zu Beginn der Vermarktung waren es ganze 7.200 Flaschen, heute sind es zwischen 100.000 und 120.000 im Jahr.

Vertrieben wird der *Sassicaia* immer noch von Antinori, weshalb viele glauben, daß dieser der Erzeuger sei. Wegen der italienischen Weingesetzgebung hat der *Sassicaia* auch bis heute noch keine D.O.C.-Bezeichnung und kommt deshalb als Vino da Tavola auf den Markt. Doch dies tut weder der Qualität noch dem Mythos, der sich mit dem Namen verbindet, einen Abbruch – im Gegenteil. Ein Grund dafür mag sein, daß Mario Incisa ursprünglich keine kommerzielle Vermarktung seines *Sassicaia* im Sinn hatte, sondern ihn für sich selbst machte. Und so ist ein Wein entstanden, der nicht durch profitorientierte Anpassung an den gerade herrschenden Konsumentengeschmack irgendwie gefällig war, sondern durchaus widerspenstig, mit einem eigenen Charakter, der es nicht darauf anlegt, allen dienstbar und willig zu sein. Wer diesem Wein begegnet, wird sich mit ihm auseinandersetzen müssen.

TOSKANA

DAS CHIANTI-GEBIET

Das Chianti umfaßt große Teile der Toskana und ist das wichtigste Weinbaugebiet dieser Region. Es ist in 7 Zonen unterteilt: Chianti Classico, Chianti Rufina, Colli Aretini, Colli Fiorentini, Colli Senesi, Colline Pisane und Montalbano. Die Hersteller aus diesen Zonen sind nicht verpflichtet, den Zusatz "Classico" oder "Colli Senesi" auf dem Etikett anzugeben, was zur Folge hat, daß viele Produzenten aus den weniger attraktiven Zonen gerne darauf verzichten und ihren Wein einfach nur als Chianti verkaufen. Die renommierten Weingüter machen von dieser Praxis jedoch keinen Gebrauch. Ebensowenig Gebrauch machen Qualitätsweingüter von der Abfüllung der Weine in die strohumflochtene Flasche (fiasco), die das folkloristische Bild des Chianti jahrzehn-

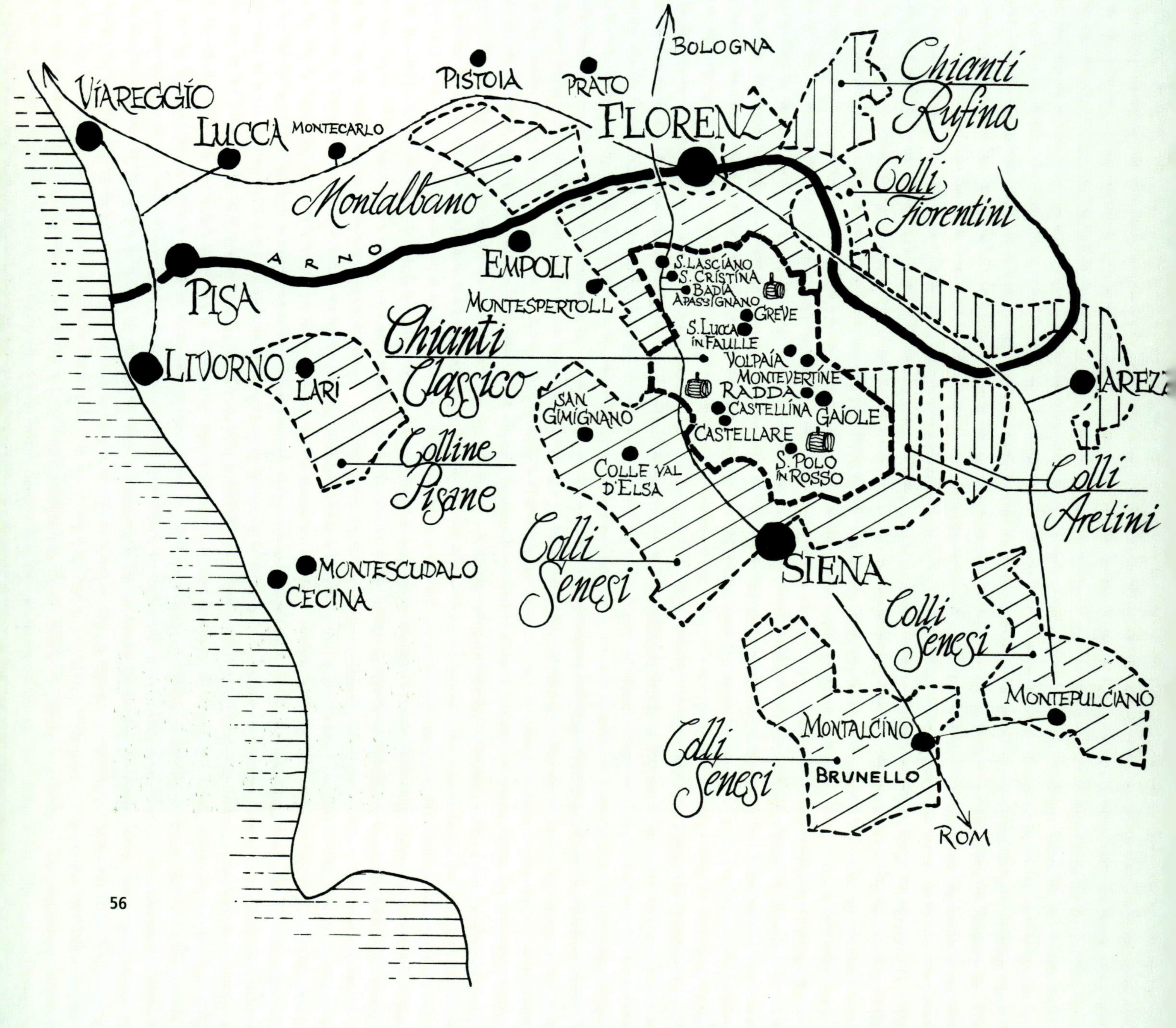

telang bestimmt hat, aber für die heutigen Qualitätsbestrebungen nicht mehr repräsentativ ist. Dem Chianti-Gebiet wurde 1984 zusätzlich zum D.O.C. der D.O.C.G.-Status zuerkannt. Dieses Prädikat bekommt natürlich nicht jeder Chianti. Durch eine sensorische Prüfung wird festgestellt, ob er die vorgeschriebenen Qualitätskriterien erfüllt.

Die Rebsorten

Der Chianti wird aus zwei roten und zwei weißen Traubensorten gekeltert. Die wichtigste ist die rote Sangiovese-Traube mit einem Anteil von mindestens 75 %. Der Anteil der Canaiolo-Traube liegt bei max. 10 %. Ungewöhnlich ist die Verwendung von weißen Trauben für einen Rotwein; es sind die Trebbiano- und Malvasia-Traube. In der Toskana wird schon länger heftig darüber diskutiert, ob die weißen Trauben im Chianti nicht ganz eliminiert werden sollten. Sie machen den Wein leichter und spritziger, reduzieren aber seine Haltbarkeit. Eine Entscheidung von offizieller Seite ist vorerst dahingehend getroffen, daß die D.O.C.G.-Regelung den Weißweinanteil im Chianti von vorher 30 % auf maximal 10 % (Chianti Classico 5 %) begrenzt hat. Die Spitzenweine werden heute nur noch aus Rotwein-Trauben gekeltert; sie bestehen in den meisten Fällen zu 90 % aus Sangiovese.

Die Weißweine

Der Rotwein macht Dreiviertel der Produktion aus. Durch die Reduzierung des Weißweinanteils im Chianti gab es einen Überschuß an Weißweinen (Trebbiano und Malvasia). Daraus entstanden zwei neue Tafelweine: der Galestro und der Bianco della Lega. Einige der herausragenden Weingüter haben angefangen, mit Rebsorten wie Chardonnay zu experimentieren, und sind mit neuen Kreationen auf den Markt gekommen. Mit Erfolg, wie beispielsweise der Chardonnay von Avignonesi, Marzocco, beweist. Il Benifizio, ein Verschnitt aus Chardonnay, Weißburgunder und Grauburgunder, von Frescobaldi oder der Trebiaco vom Castello dei Rampolla (Chardonnay mit Traminer) sind weitere neue Weißweine dieser Art. In der Toskana gibt es auch traditionelle Weißweingebiete, die immer schon auf die Herstellung dieser Weine spezialisiert waren: Montecarlo bei Lucca, das Valdichiana bei Cortona (Bianco Vergine Caldichiana), Pitigliano ganz im Süden der Toskana und die Gegend um San Gimignano. Der Vernaccia di San Gimignano ist der bekannteste dieser Weißweine.

Vin Santo

Kostbarer, süßer Dessertwein, der aus rosinierten Trauben (Malvasia, Trebbiano, Grechetto) gekeltert wird. Die Trauben werden nach der Ernte zwei bis drei Monate luftgetrocknet. Durch das Schrumpfen der Beeren ist die Ausbeute sehr gering, der Zuckergehalt dafür um so konzentrierter. Jedoch nicht alles, was als Vin Santo auf den Markt kommt, hat wirklich etwas mit dem kostbaren Wein zu tun. Da gibt es pappige und süße Weine, die mittels Mostkonzentrat zum Dessertwein gemacht werden. Diese Weine haben mit dem traditionellen Vin Santo nichts zu tun, sie werden in der Regel auch billiger verkauft. Ein echter Vin Santo kann nicht billig sein, seine Herstellung ist sehr aufwendig und kostspielig.

Das Chianti Classico

Es ist das bekannteste der toskanischen Weinbaugebiete, das neben dem Chianti Classico — in allen Schattierungen — einige der größten Weine der Toskana, ja ganz Italiens hervorbringt. Das Chianti Classico liegt zwischen Florenz und Siena. Wer die Schnellstraße, von Florenz kommend, rechts liegen läßt und sich für die kurvenreichere Nationalstraße 222 entscheidet, fährt mitten durch das Chianti Classico, das Reich des Schwarzen Hahns (Gallo Nero). Dieses kleine, am Flaschenhals angebrachte Etikett ist das Symbol des Konsortiums, dem der Großteil der Weinerzeuger des Chianti Classico angehört. Die Weinhersteller der übrigen Chianti-Zonen sind im Konsortium Chianti Putto zusammengeschlossen, ihr Symbol ist der puttenhafte Bacchus auf dem Flaschenhals. In ihren Statuten haben sich die Winzer strengere Qualitätsmaßstäbe gesetzt, als das Gesetz ihnen abverlangt. Die Hektarhöchsterträge des Gallo Nero liegen bei 7,5 t, also unter den Maximalerträgen, die das D.O.C.G.-Gesetz für den Chianti Classico vorsieht (10 t). Doch allein mit der Reduzierung der Erträge ist es noch nicht getan. Das Qualitätsniveau der Weine mit dem Schwarzen Hahn ist sehr unterschiedlich und oft schlecht. Aus diesem Grund sind in den letzten Jahren einige der renommierten Weinerzeuger (unter anderem Antinori) aus dem Konsortium ausgetreten. Der Schwarze Hahn ist also kein verläßliches Zeichen, wenngleich unter diesem Signet Gewächse von hoher Qualität zu finden sind.

Einige der herausragenden Chianti-Classico-Hersteller:

Marchese Antinori, San Casciano Val di Pesa; Colle Bereto, Radda; Castello di Volpaia; Castellare, Castellina in Chianti; Capannelle, Gaiole; Castello di San Polo in Rosso, Gaiole; Castello di Ama, Gaiole; Isole e Olena, San Donato in Poggio; Castello dei Rampolla, Santa Lucia in Faulle. Der Chianti vom renommierten Weingut Monte Vertine in Radda wird unter dem Namen "Monte Vertine" verkauft. Da der Wein nicht aus dem klassischen Mischsatz besteht (sondern zu 100 % aus Rotwein), erscheint die Bezeichnung Chianti Classico auf dem Etikett nicht.

Chianti Rufina

Das Anbaugebiet des Chianti Rufina (nicht zu verwechseln mit dem Weinerzeuger Rufino) liegt nordöstlich von Florenz, bei Pontassieve. Es ist ein kleines Weinbaugebiet. Die jährliche Produktion liegt bei ca. 10 % des Chianti Classico. Der Chianti Rufina wird aus den gleichen Trauben gekeltert wie der Chianti Classico. Hauptunterscheidungsmerkmal ist der höhere Tanningehalt des Rufina, er gilt deshalb als langlebiger. Zu den herausragenden Herstellern zählt die Kellerei Marchesi Frescobaldi mit dem Wein Castello di Nipozzano. Es ist neben den Marchesi Antinori das traditionsreichste Unternehmen der Toskana. Ihr Spitzenprodukt ist der Chianti Rufina Montesodi. Die Weine der Fattoria Selvapiana in Pontassieve zählen ebenfalls zu den besten des Chianti Rufina.

Carmignano

Der Ort liegt etwa 20 km nordwestlich von Florenz. Es ist ein kleines Weinbaugebiet (mit D.O.C.-Status) innerhalb der Chianti-Zone Montalbano. Der Rotwein von Carmignano wird aus dem gleichen Mischsatz gekeltert wie der Chianti, ihm werden aber noch 10 % Cabernet Sauvignon zugesetzt. Die Edelrebe wurde schon zu Zeiten der Medici aus Frankreich importiert. Der bedeutendste Hersteller in Carmignano ist das Gut Tenuta di Capezzana. Große Anerkennung finden auch die Weine der Fattoria Artimino.

Brunello di Montalcino

Der Brunello wird im Unterschied zum Chianti nur aus einer Traubensorte gekeltert, der Brunello-Traube (ein Klon der Sangiovese-Grosso-Rebe). 1980 wurde ihm der D.O.C.G.-Status zuerkannt. Er zählt zu den hochkarätigen Rotweinen Italiens. Der Brunello kann ein opulenter Wein sein, der in guten Jahren einen Alkoholgehalt von 14 % erreicht. Der große Erfolg des Brunello hat dazu geführt, daß sich die Zahl der Abfüller in den letzten zehn Jahren verdoppelt hat. Die Folge: Nicht alles, was sich Brunello nennt, ist groß und seinen meist stolzen Preis wert. Er muß vier Jahre im Keller gelagert sein, davon dreieinhalb Jahre im Holzfaß (Riserva fünf Jahre). Montalcino besitzt neben dem Brunello noch einen zweiten Qualitätswein, den Rosso di Montalcino (D.O.C.). Er wird aus Brunello-Trauben 2. Wahl gekeltert und muß nur ein Jahr im Holzfaß ausgebaut werden. Es ist ein frischer, fruchtiger Wein, der nicht so lange gelagert werden kann wie der Brunello, diesem aber in guten Jahren oft nur im Preis nachsteht.

Einige der herausragenden Brunello-Erzeuger:

Biondi-Santi, Montalcino; Fattoria dei Barbi, Montalcino; Case Basse, La Villa; Altesino, Torrenieri; Mastroianni, Castelnuovo dell' Abate.

Tip: In den hinteren Räumen des Cafés „La Fiaschetteria", an der Piazza del Popolo im Zentrum von Montalcino, werden Brunellos verkauft. In der Enoteca La Fortezza können Brunellos verkostet werden. Dem Weingut Fattoria dei Barbi ist ein Laden angeschlossen, in dem neben dem Wein Käse und Olivenöl aus eigener Produktion verkauft werden.

Vino Nobile di Montepulciano

Montepulciano, im Südosten der Toskana gelegen, ca. zwei Autostunden von Florenz entfernt, hat einen Wein mit einer eigenen D.O.C.G.-Bezeichnung: den Vino Nobile. Das Anbaugebiet liegt innerhalb der Grenzen des Chianti Colli Senesi. Fast alle Betriebe erzeugen auch einen Chianti, für den aber Trauben aus weniger guten Lagen verwendet werden. Aus den Trauben der besten Lagen wird der Vino Nobile gekeltert. Er besteht aus der Prugnolo-Gentile-Traube (50-70 %), Canaiolo (10-20 %) und der Weißweintraube Trebbiano (max. 5 %). Die besseren Produzenten verwenden mindestens 80 % Prugnolo, auch wenn es gegen die Vorschriften ist. Das Gesetz schreibt eine Faßlagerung von zwei Jahren vor. Das renommierteste und traditionsreichste Weingut ist die Cantina Avignonesi, der zweite empfehlenswerte Produzent im Gebiet von Montepulciano ist das Poderi Boscarelli in Cervignano.

Tip: Im Geschäft der Cantina Avignonesi in Montepulciano können die Weine des Hauses verkostet und gekauft werden. Hier gibt es auch den berühmten Vin Santo und ein gutes Olivenöl.

Die toskanische Küste

Lange Zeit war man der Auffassung, daß die Küste wegen der klimatischen Bedingungen nur mittelmäßige Weine hervorbringen könne. Der Sassicaia hat das Gegenteil bewiesen. Für viele ist er der größte Rotwein Italiens. Er ist ein im Bordeaux-Stil ausgebauter, reinsortiger Cabernet (70 % Cab. Franc, 30 % Cab. Sauvignon), der von der Tenuta San Guido in Bolgheri hergestellt wird. Bemerkenswert sind auch die Weine vom Gut Podere Grattamacco, das sich in der Nähe von Bolgheri befindet.

Vino da tavola — die neue Welle

Obwohl Tafelwein die gesetzliche Bezeichnung für die unterste Qualitätsstufe ist, kommen heute viele sehr große, vielleicht die größten Weine Italiens als Vino da tavola auf den Markt. Das gilt besonders für Spitzengewächse der Toskana. Diese Weine werden nicht als Chianti bezeichnet, weil sie aus anderen Trauben gekeltert sind, bzw. die Zusammensetzung der Trauben nicht den gesetzlichen Vorschriften für den Chiantiwein entspricht. Die Tatsache, daß der Chianti Classico in zu großen Mengen produziert wird und die Qualität oft mehr als zu wünschen übrig läßt, hat viele Gutsbesitzer dazu veranlaßt, neue und bessere Weine zu kreieren, deren Name und Qualitäts-Image allein mit dem Ruf ihres eigenen Guts in Verbindung gebracht wird. Das bekannteste Gewächs dieser neuen Weingeneration ist neben dem Sassicaia wohl der Tignanello von den Marchesi Antinori, der in ganz Italien Schule gemacht hat. Die neue Tafelweinwelle hat Weine hervorgebracht, die über die Grenzen Italiens hinaus Aufsehen erregt haben. Manche dieser "Newcomer" sind überteuert und halten nicht, was die anspruchsvolle Aufmachung oft verspricht.

Einige wichtige Tafelweine aus der Toskana:

Sassicaia, Tenuta San Guido, Bolgheri; Tignanello, Marchesi Antinori, Florenz (die neue Kreation von Antinori, Solaia, erscheint etwas überteuert); I Sodi di San Niccol Podere Castellare, Castellina in Chianti; Le Pergole Torte, Monte Vertine, Radda in Chianti; Flancianello, Fotodi, Panzano; Sammarco ist die Kreation von Alceo di Napoli vom Weingut Castello dei Rampolla in Santa Lucia in Faulle bei Panzano. Benannt ist dieser Wein nach dem Sohn des Besitzers, der Hubschrauberpilot war und in dem Jahr, als der Wein zum ersten Mal auf den Markt kam, tödlich abstürzte.

PIEMONT

Für Menschen, die gerne gut essen und trinken, verbindet sich mit dem Namen Piemont sicherlich eher die Vorstellung von weißen Trüffeln auf Taglierini mit einem Glas Barolo oder Barbaresco, als die von den Fiat-Werken in Turin, die dem Piemont seine wirtschaftliche Stärke verleihen. Die geschichtliche Verbundenheit dieser italienischen Region mit Frankreich hat nicht nur den piemontesischen Dialekt geprägt, sondern auch die Weine mitgeformt. Vor allem der Barolo empfing zu Beginn des 19. Jahrhunderts durch den französischen und piemontesischen Adel seine höheren Weihen. Heute findet man im Piemont neben dem Barolo und Barbaresco noch einige andere Weine, die Anlaß zur Freude sein können.

Es ist ein Glück, daß in einer Zeit, in der mehr und mehr anonyme Konzerne berühmte Weinlagen und renommierte Weingüter aufkaufen, immer noch Einzelkämpfer existieren, die Weine nach ihrem persönlichen Geschmack machen, sie also nicht auf einen Markt hinstilisieren, wo ein Wein wie der andere schmeckt, selbst wenn er von guter Qualität ist. Eine Nivellierung – wenn auch zum Teil auf hohem Niveau – ist heute in der ganzen Welt im Gange. Ausgefeilte Technologie, Hygiene, internationale Edelrebsorten, Zuchthefen, gefällige Verschnitte, ein cleveres Marketing, das alles können anonyme Konzerne über qualifizierte Spezialisten einsetzen und Weine erzeugen, die sehr anspruchsvoll auftreten, wie perfekt gezüchtete Filmstars in Hollywood. Doch Weine dieser Art hinterlassen bei einem Weinliebhaber keine Spuren, keine Erinnerung, außer der, daß sie in den meisten Fällen ihr Geld nicht wert sind.

Wie einst der Marchese Mario Incisa, der Schöpfer des legendären italienischen Rotweins *Sassicaia,* träumte auch Giacomo Bologna von einem Wein, den vor ihm noch niemand gemacht hatte. Er lebt im Piemont, in Rocchetta Tanaro, Zufall oder Fügung, dem Dorf, aus dem Mario Incisa stammt. Das alte Schloß der Marchese Incisa, das im Zentrum des Ortes steht, wird noch von den Nachkommen bewohnt. Sie versuchen unter großen Anstrengungen, den Besitz vor dem Verfall zu bewahren, doch das ist vergleichbar mit dem Faß ohne Boden. Mit dem, was sie erzeugen, können sie die notwendigen Mittel nicht aufbringen, es sei denn, dem jungen Grafen gelänge ein Wein wie der seines Onkels Mario oder des Plebejers Giacomo Bologna. Dieser hat mit seinem Wein in kurzer Zeit immerhin so viel verdient, daß er am Rande des Ortes einen stattlichen Neubau errichten konnte. Wie Mario und Niccoló Incisa ist Bologna Pferdeliebhaber und Mitbesitzer eines Rennstalls. Seine Pferde hat er nach seinen Lieblingsweinen benannt. Eines heißt Sassicaia.

Am wohlsten fühlt sich Bologna an einem guten Eßtisch. Er ist ein Esser und Feinschmecker von Gottes Gnaden. Sein Körperumfang und seine Sprache sind glaubwürdige Zeugen seiner Leidenschaft. Wenn Bologna vom Essen oder vom Wein spricht, beginnen seine Augen zu leuchten, und seine Sprache verklärt sich poetisch. Der saftige Genußmensch Bologna beginnt vor Lebensfreude zu schwitzen, und um diesen Kalorienverlust auszugleichen, schreitet er sofort wieder zur Tat. Allerdings muß sein Gegenüber ein angemessener Partner sein. Bologna hat mich als solchen akzeptiert und in wunderbare Restaurants geführt, in denen wir königlich speisten. Mit dem Wein und der Gastronomie ist Bologna groß geworden. Seine Mutter besaß ein Restaurant, das sie mit unerbittlicher Strenge führte und in dem nur sie herrschte. Weder Giacomos Frau noch er durften dort kochen.

Giacomo Bologna, Rocchetta Tanaro

Solange sie lebte, kommandierte nur sie, und als sie starb, war niemand da, der sie hätte ersetzen können. Deshalb hat Bologna das Restaurant freiwillig aufgegeben und sich dem Wein zugewandt.

Rocchetta Tanaro liegt in der Nähe von Asti. Dort wächst in der Hauptsache Barbera, der in der Regel recht viel Säure hat, als Massenware bekannt ist und bestenfalls einen guten Alltagswein ergibt. Giacomo Bologna hatte nun den Ehrgeiz, aus dieser Traubensorte einen hochklassigen Wein zu machen. Das war einfacher gedacht als getan. Zuerst fuhr Bologna nach Frankreich, um dort den Großen beim Weinmachen zuzusehen. Doch da habe er wenig begriffen. „Die Leute waren einfach alle intelligenter als ich und haben mir geraten, nur so weiterzumachen, wie es in meiner Zone üblich sei", erzählt er mit rührender Offenheit. „Ich wollte wissen, warum sie die Weine in diesen kleinen Fässern ausbauen, in Barriques, aber wie gesagt, verstanden habe ich nichts." Dann fuhr Bologna nach Kalifornien, in der Hoffnung, von den kalifornischen Weinmachern etwas lernen zu können. Doch die Erfahrung, die er hier machte, stürzte ihn in eine tiefe Krise. „Als ich entdecken mußte, was für ein großer Wein in Kalifornien gemacht wird, wo es höchstens zehn Hersteller von Barbera gibt, während wir, die wir so viel davon haben, daß er uns zu den Ohren und Augen herausläuft, dazu nicht in der Lage sind, war ich zutiefst deprimiert." Wochenlang verließ er sein Haus nicht mehr, und erst seine Freunde konnten ihm aus seinen Depressionen helfen. So begann er 1981, den Barbera in Barriques auszubauen – ohne damit Erfahrung zu haben und ohne zu wissen, was dabei herauskommen würde. Ein hohes Risiko, das am Ende aber von Erfolg gekrönt war. Als Bologna 1981 den ersten Wein in die Barriques füllte, war der noch nach der alten Methode

Bologna

Wie entstand die Idee mit den Barriques?

Aus einer Krise. In Kalifornien habe ich einen Barbera getrunken und bin verrückt geworden. Ich habe mir gesagt: In Kalifornien, wo es höchstens zehn Erzeuger von Barbera gibt, machen sie etwas Großartiges – und wir haben so viel davon, daß er uns zu den Ohren und Augen herausläuft, und sind nicht in der Lage, einen vergleichbaren Barbera zu machen. Also habe ich es versucht. Angefangen hab ich mit dem Jahrgang '81. Aber es war kein Wein für das Barrique. Er war so vinifiziert worden wie immer und kein großer Jahrgang. Das Resultat war ganz gut, aber noch lange nicht das, was ich wollte. Dann kam der 82er. Ein außergewöhnlicher Jahrgang. Ich habe ihn teils in neuen, teils in gebrauchten Barriques ausgebaut. Das Ergebnis war enorm. Jenseits aller Erwartungen. Es war zum Ersticken vor Freude.

Ich lebe mit dem Wein. Ich bin bei ihm im Weinberg, bring ihn in den Keller – und dann kommt er in den Kreißsaal. Dort erlebe ich das Faszinierende: die Gärung. Es sind die ersten Schreie des Weines, der geboren wird. Die Trauben verwandeln sich in Wein. Das ist Musik. Da ist alles drin. Dann muß man ihn ruhen lassen. Er muß sich klären. Dann kommt er in die Flasche. Das ist ein sehr wichtiger Vorgang. Der Wein muß in einem optimalen Zustand in die Flasche kommen. Er muß leben, damit wir ihn später, wenn er auf den Tisch kommt, lebendig genießen können.

vinifiziert worden und hatte nicht die Voraussetzungen für den Ausbau in solchen Fässern. Auch der Jahrgang war nicht gut, das Resultat dafür aber recht ermutigend. Dann kam 1982 — ein sehr guter Jahrgang. Diesmal hatte Bologna den Wein teils in neuen, teils in Barriques vom Vorjahr ausgebaut; dadurch war das Holz ausgewogener und nicht mehr ganz so aggressiv wie ausschließlich mit neuen Barriques. „Das Resultat war enorm", sagt er heute, „jenseits aller Erwartungen, die Freude war riesig." Mit einem Schlag gehörte Bologna zu den wichtigen und bedeutenden Weinmachern in Italien.

Während Giacomo mir seine Geschichte erzählt, essen wir in einem der, wie ich finde, schönsten Restaurants des Piemont, im "Cascinalenuovo" in Isola d'Asti. Ein Familienbetrieb mit einem konsequent modernen Ambiente, in dem hochklassig gekocht wird. Während des Essens fällt mein Blick auf Bolognas Krawatte, auf deren Rückseite ein Etikett angebracht ist mit der Aufschrift "Barbera: Barrique ja, Barrique nein." Diese Krawatte stammt aus der Zeit, als er mit seinen Freunden unentwegt über dieses Thema diskutierte. Nun ist längst eine neue fällig, auf der steht "Barrique: Ja!", und wenn man Bolognas Barbera trinkt, dann ist dem nicht zu widersprechen. Ohne Übertreibung kann man sagen, daß er den besten Barbera hat, den man zur Zeit im Piemont findet. Von seinem *Bricco dell'Uccellone,* der in temperaturgesteuerten Edelstahltanks vergoren wird, dann ungefähr vierzehn Monate in Barriques reift und mit Eischnee geschönt wird, macht Bologna bisher jährlich nur etwa 12.000 Flaschen. Insgesamt produziert er rund 100.000 Flaschen im Jahr. Er kauft dafür noch Trauben von anderen Winzern dazu, denn selbst besitzt er nur 5,5 ha Rebfläche.

Fast alle großen Weine der Welt werden in Barriques ausgebaut", war eine der ersten Erkenntnisse des Weinmachers Paolo Panerai vom Weingut Castellare in der Toskana. Diese Tatsache machten sich nicht nur die Italiener zu eigen, sondern auch die kalifornischen Weinmacher, durch die das Barrique eigentlich erst richtig in Mode gekommen ist. Wie das bei Moden allerdings so ist, schwimmen in den Wogen des Erfolgs viele Leute mit, die nur den Profit im Auge haben. Da bleibt es nicht aus, daß — ähnlich wie zu Zeiten der Nouvelle Cuisine — Pfuscher und Manipulateure am Werk sind, für die das Ganze nichts weiter als eine Möglichkeit ist, belanglose Weine, die in einem Barrique nichts verloren haben, aufzumotzen und teuer zu verkaufen, weil sie nach Eichenholz schmecken. Dabei schrecken solche Leute auch nicht davor zurück, die teuren Barriques gar nicht einzusetzen, sondern in die Weinbehälter einfach Eichenholzspäne zu geben, um so den Holzgeschmack zu bekommen. Ein Verfahren übrigens, das recht gerne auch bei gewissen Branntweinen praktiziert wird, die dann als im Eichenholz gereift verkauft werden.

FASSMACHER GAMBA

Von der Mode mit den Barriques, die vor allem durch die Amerikaner in Bewegung gebracht wurde, hat ein Mann im Piemont in jedem Fall profitiert: Angelo Gamba, der Faßmacher. Seit Beginn der achtziger Jahre läuft sein Geschäft durch diese Fäßchen besser als je zuvor. Die Hölzer kauft Gamba in Frankreich, im Allier, Tronçais, Limousin, dem Zentralmassiv und aus Nevers. Gut gelagertes Holz ist das wichtigste. Erst bei einer natürlichen Lagerung von 18 Monaten ist die Eigensäure des Holzes, die für den Wein nicht gut ist, abgebaut. Bei der preiswerten, künstlichen Trocknung, die ca. 3 Wochen dauert und immer eine forcierte ist, wird das Holz zwar außen trocken, innen bleibt aber oft ein grüner Kern, der seine Säure an den Wein weitergibt, was dann zu einem aufdringlichen Holzgeschmack führt. Je trockener das Holz, um so feiner das Aroma. Aromaunterschiede sind dann noch einmal durch die Herkunft der Eichenhölzer bedingt. In die Fugen der Faßböden kommt Schilf. Es dehnt sich aus, wenn sich das Holz verändert, und dichtet den Boden so ab. Mit Feuer und Wasser wird das Holz zum Biegen geschmeidig gemacht.

Die Fugen werden mit Schilf abgedichtet.

Ein Metallreifen hält die Faßdauben zusammen.

Ein zweiter Metallreifen gibt Stabilität.

Die Dauben werden egalisiert.

Mit Feuer und Wasser wird das Holz zum Biegen geschmeidig gemacht.

Mit einer Seilwinde werden die Dauben zusammengezogen.

Anschließend setzt Angelo Gamba persönlich den Hobel an.

Mit all dem hat Giacomo Bologna natürlich nichts zu tun. Er bezieht seine Barriques hauptsächlich von einer alteingesessenen Faßmacherfamilie im Piemont. Nur wenige Kilometer von Rocchetta Tanaro entfernt hat Mario Gamba seine Werkstatt. Seit die Barriques in Mode gekommen sind, kann er sich vor Aufträgen nicht mehr retten. Dabei mußte auch er erst von seinen französischen Kollegen lernen, was es mit diesen Fässern auf sich hat. Je nach Herkunft haben die Eichenhölzer eine unterschiedliche Struktur und eine andere Zusammensetzung der Tannine, die sie später an den Wein abgeben. Gamba verarbeitet Eichenholz aus dem Allier, dem Tronçais, dem Limousin und aus Nevers. Das Wichtigste dabei ist, gut gelagertes Holz zu verwenden, da erst bei einer natürlichen Lagerung von achtzehn Monaten die Eigensäuren des Holzes, die dem Wein schaden, abgebaut sind. Bei der preiswerteren künstlichen Trocknung, die nur ca. drei Wochen dauert, wird das Holz zwar außen trocken, behält aber einen grünen Kern, der seine Säure an den Wein weitergibt. Das führt zu einem aufdringlichen Holzgeschmack im Wein. Je trockener aber das Holz ist, um so feiner wird das Aroma, das sich dann ja mit den Aromen des Weines verheiraten soll.
Bei Bolognas *Bricco dell'Uccelone,* den wir natürlich zum Essen im "Cascinalenuovo" tranken, gelingt das in einer sehr zart abgestimmten Form. Begonnen haben wir unser Mahl mit einer Gänsestopfleber aus italienischer Produktion, dazu elsässischen Traminer. Gänsestopfleber wird erst seit kurzer Zeit und in sehr kleinen Mengen im Piemont erzeugt, was ihrer Qualität keinerlei Abbruch tut. Diese hier war so fein, daß sie mit jeder französischen Foie gras hätte konkurrieren können. Dann gab es ein unbeschreiblich gutes Kalbsfilet, das nur kurz in der Pfanne mit Rosmarin und Knoblauch gebraten und mit einer Soße aus Petersilie, Rosmarin, Salbei, Thymian und kleinen Tomatenwürfeln serviert wurde.

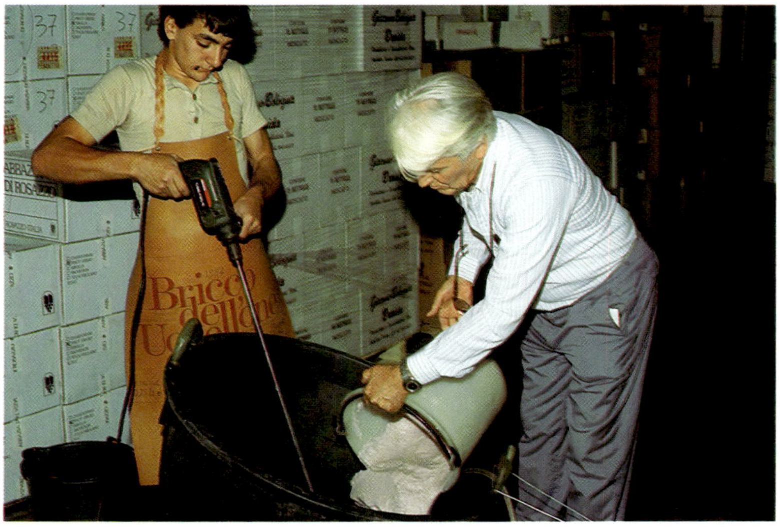

Das Klären oder Schönen des Weins mit Eischnee wird als letzte Handlung vor dem Abfüllen auf die Flasche von Bruno Orsini, dem Önologen von Giacomo Bologna, vorgenommen. Zusammen mit einem Helfer verrührt er den Eischnee mit etwas Wein und pumpt ihn dann in die Edelstahltanks.

Das Fleisch stammte von besonderen Kälbern, "vitello fassole" genannt. Den Züchter dieser Kälber besuchten wir nach dem Essen. Er ist vom selben Schlag wie die guten Weinmacher, engagiert und so kompromißlos wie nur möglich. Da die Kälber nur mit erstklassigem Futter ernährt und mit keinem der bekannten Mittel aus der Pharma-Industrie aufgepäppelt werden, ist das Fleisch unvergleichlich viel besser als alles, was man sonstwo als Kalbfleisch bezeichnet. Selbstverständlich ist es etwas teurer als gewöhnliches Kalbfleisch, was dem Züchter das Leben leider schwer macht, denn nur wenige sind bereit, diesen höheren Preis zu bezahlen, weil sie den Unterschied in der Qualität gar nicht erkennen.

Doch zurück zum Menü. Als dritter Gang kam auf weißen Tellern ein zart gelbes Käsefondue, auf dem eine Steinpilzkappe lag, die mit Spänen von weißen Trüffeln bedeckt war. Diesmal tranken wir einen Chardonnay von Angelo Gaja. Als Hauptgericht gab es einen saftigen Fasan, der in Wirsing gedünstet war. Dazu tranken wir den *Bricco dell'Uccellone*. Das abschließende Dessert bestand aus einem Torrone-Schaum mit Schokolade. Torrone ist eine Spezialität des Piemont, wobei wichtig ist, daß sie mit den besonders guten Haselnüssen aus den Langhe hergestellt wird. Zu diesem köstlichen Dessert bestellte Giacomo Bologna einen Malvasia von Carlo Hauner, ein außergewöhnlicher, trockener Dessertwein, der nach frischen Aprikosen duftete. Er wird auf der liparischen Insel Salina angebaut und vinifiziert.

Mit Bologna hatte ich das Gefühl, mit einem Gargantua durch das Schlaraffenland zu ziehen. In meiner Erinnerung gerate ich ins Schwärmen und bin versucht zu behaupten, daß ich die Symbiose von gutem Essen, guten Weinen, schöner Landschaft und gastfreundlichen Menschen nirgendwo reichhaltiger und eindringlicher erfahren habe als im Piemont. Aber schon während ich das

Im Restaurant von "Real Castello" in Verduno serviert eine der drei Schwestern, die das ehemalige königliche Schloß heute als Albergo Ristorante führen, die hausgemachten Taglierini.

niederschreibe, denke ich daran, welch beglückende Erlebnisse ich in dieser Hinsicht auch im Friaul und in der Toskana hatte. Von der Küche der Emilia-Romagna ganz zu schweigen.
Nach dem fürstlichen Menü fuhr ich zurück in das Schloß, in dem ich wohnte. Es steht in Verduno auf einem Hügel, umgeben von Weinbergen, in denen die Nebbiolo-Trauben für den Barolo und Barbaresco wachsen. Verduno ist nur wenige Kilometer von Alba entfernt. Bei gutem Wetter kann man im Umkreis von 20 km auf die besten Lagen dieser beiden großen piemontesischen Weine blicken. Das Schloß gehörte einst zum Königshaus von Savoyen. Heute ist es im Besitz der Familie Burlotto und wird von drei Schwestern geführt. Es gibt zehn Zimmer, die zwar romantisch mit alten Stilmöbeln ausgestattet, aber unbequem und ohne Komfort sind. In der Küche des Restaurants stehen Lisetta und Liliana Burlotto. Sie kochen einfach, ländlich, ohne Schnickschnack. Die hausgemachten Taglierini oder Gnocchi sind besonders fein. Das Ambiente des Restaurants ist stilvoll, von Patina überzogen und verströmt eine warme, wohltuende Atmosphäre, in der man sich in eine andere Zeit versetzt fühlt. Die Schwestern machen auch eigenen Wein, der hauptsächlich für das Restaurant bestimmt ist. Es sind im Jahr nur 3.000 Flaschen Barolo und etwa gleich viel Pelaverga, ein leichter, charmanter Rotwein, der nur in der unmittelbaren Umgebung von Verduno wächst.

Während meines Aufenthalts in Verduno besuchte mich Luigi Veronelli, der große italienische Wein- und Gastronomiekritiker, der auf der Durchreise in den Süden war. Sein Gastronomie-Führer, den er jedes Jahr herausgibt, ist eine zuverlässige Quelle der Inspiration für gutes Essen in Italien. Was Veronelli für die Entwicklung des italienischen Weines getan hat, kann man nicht hoch genug einschätzen. Eigentlich hat

Die Heimat des Barbera, Dolcetto, Barbaresco und Barolo ist glücklicherweise kein Platz für den Massentourismus. Wer sich auf die Reise dorthin begibt, tut es vielleicht, um in der Melancholie der herbstlichen Langhe bei gutem Essen und Wein den Spuren von Cesare Pavese zu folgen, dem großen piemontesischen Schriftsteller, der seine Heimat in wunderbaren Kurzromanen und Erzählungen beschrieben hat.

VERONELLI

Luigi Veronelli, Bergamo. Ursprünglich hat er Philosophie studiert und gelehrt. Durch Zufall wurde er vor mehr als 30 Jahren zum Wein- und Gastronomiejournalisten, der heute in Italien der bedeutendste seines Fachs ist. Veronellis unermüdlicher Kampf um mehr Qualität beim Wein und in der italienischen Küche hat viele Früchte getragen.

Ihr Urteil zählt sehr viel in Italien. Was bedeutet es für Sie, diese Macht zu haben?

Viel Freude. Denn diese Macht resultiert aus einer langjährigen Arbeit, die ich mit großer Leidenschaft gemacht habe. Ich liebe meine Arbeit. Wenn ich ein gelungenes Gericht probiere oder mehr noch, wenn ich einen Wein trinke, der mir seine Geschichte erzählt, bin ich ganz bei mir, und das ist meine Macht.

Der Wein galt früher in Italien als Nahrungsmittel. Heute gibt es Weine, die man als Luxusartikel bezeichnen könnte — was halten Sie von dieser Entwicklung?

Das ist mein Triumph. In Italien gibt es viele, die verzweifeln, weil der Konsum der Weine zurückgeht. Ich bin sehr glücklich über diesen Rückgang. Der Wein ist kein Nahrungsmittel — er ist es auch, aber er ist in erster Linie ein Gefährte, mit dem man lebt, mit dem man sich tröstet, mit dem man Freude hat. Er ist eine Persönlichkeit. Ich weiß, es ist etwas rhetorisch. Aber ich weiß auch, daß dir die Begegnung mit einem großen Wein ein starkes Gefühl gibt, vorausgesetzt, du trinkst ihn mit Intelligenz.

Was bedeutet, mit Intelligenz zu trinken?

Das bedeutet, einem Wein mit dem Wunsch zu begegnen, sein Wesen ergründen so wollen. Das heißt in erster Linie, ihn mit den Augen zu sehen. Es gibt keinen Wein, der nicht seine spezifische Farbe, seine spezifische Transparenz hat. Dann führt man ihn zur Nase. Das heißt, seine Duftnuancen aufzuspüren. Zum Schluß führt man ihn in den Mund, wie bei einer Kommunion. Trinkst du den Wein mit Intelligenz, dann erzählt er dir etwas. Je größer der Wein, desto länger und interessanter ist seine Erzählung. Mit Intelligenz zu trinken heißt also, die Fähigkeit zu besitzen, seine Botschaft zu verstehen.

Welche Kriterien könnte man dem Konsumenten an die Hand geben, um einen Wein beurteilen zu können?

In erster Linie muß man kritisch sein. Um das Wesen eines Weins zu begreifen, muß man ihn kennen. Man muß sich ihm widmen. Man muß versuchen, alles im Gedächtnis festzuhalten und sich dann nach und nach an seine Botschaft zu erinnern. Welchen Rat? Ich kann nur raten, sich dem Wein mit Liebe, mit Zuneigung, mit Interesse zu nähern.

Die guten Weine sind aber sehr teuer.

Ja. Das interessiert mich nicht. Ich sage immer wieder zu den italienischen Weinbauern: arbeitet mehr, produziert weniger, verkauft dafür teuer. Wein darf nicht in großen Mengen getrunken werden, weil er dann schadet. Der Wein muß eine wohltuende Funktion haben. Also, produziert weniger, opfert die Trauben, elimiert die Weine, deren Qualität euch nicht überzeugt und verlangt dafür mehr. Der Gewinn muß es euch erlauben, in Zukunft noch besser arbeiten zu können.

Glauben Sie nicht, daß die Mode des guten Essens und Trinkens heutzutage etwas übertrieben wird?

Nein, überhaupt nicht. Ich glaube, daß das gute Essen und Trinken das Leben glücklicher macht ... intensiver, wertvoller, es wird mehr ausgekostet. Ich bin der Meinung, daß jeder von uns die Vorteile und die Freuden des Lebens bewußter leben muß, ich glaube, daß das Essen und Trinken die beste Gelegenheit dazu bietet.

CESARE

Cesare Giaccone aus Albaretto Torre, der geniale eigenwillige Koch, ist ein Meister ganz außergewöhnlicher Kreationen.

er Philosophie studiert und gelehrt. Als sein Lehrer starb, fühlte er sich etwas verloren und wußte nicht, was er machen sollte. Zufällig lernte er den Herausgeber einer Zeitung kennen, der ihm vorschlug, über Wein und Essen zu schreiben. Er probierte es und hatte damit Erfolg. Das war 1956. Inzwischen ist Veronelli zu einer Institution der italienischen Eß- und Trinkkultur geworden. Überzeugt davon, daß man lebt, um zu genießen, um das Wesen der Dinge, die wir essen und trinken, zu ergründen, studiert der Hedonist und Philosoph Veronelli die Kunst des Lebens und lehrt, sie sozusagen als angewandte Philosophie über den Weg der Sinnesorgane zu riechen und zu schmecken. Dabei trifft er auf die Seele der Menschen, die bekanntlich im Bauch sitzt.

Um also philosophisch tätig zu werden, fuhren wir zum Abendessen nach Albaretto Torre. Dort bereitete uns Cesare das Ausgangsmaterial zum Philosophieren zu. Cesare ist ein außergewöhnlicher Mensch, seine Leidenschaft als Koch und Restaurateur ist grenzenlos und gänzlich unkontrolliert. Wenn er einen guten Tag hat, kocht er absolut genial, und man schwebt mit ihm durchs Paradies, vorausgesetzt, er kann den Gast leiden. Doch wenn er keine Lust hat oder den Gast nicht mag, bleibt man auf der Erde und einer hohen Rechnung sitzen. Wie ich bei der Tischbestellung heraushören konnte, war er auf Veronelli zu der Zeit nicht besonders gut zu sprechen, weil der etwas geschrieben hat, was ihm mißfiel. Nun ist Cesare ein Mensch, der tut, was ihm beliebt. Er kennt kein Taktieren, gleichgültig, ob es ihm schadet oder nützt. An diesem Abend hatten wir jedoch Glück. Cesare war nicht nachtragend und hatte gute Laune, vielleicht auch deshalb, weil uns ein gemeinsamer Freund verbindet. Es ist Eckart Witzigmann, der große deutsche Koch, den Cesare wie einen Gott verehrt. Wir starteten also zu einem Höhenflug gastronomischer Glückseligkeit, der mir unvergeßlich bleiben wird. Allerdings kann man solche Augenblicke auch mit den einfachsten Dingen aus Küche und Weinkeller erfahren. Ein frisch gebackenes Brot mit Knoblauch, etwas Olivenöl und Tomatenfleisch, dazu ein einfacher, sauberer Wein, reichen für mein Glück schon aus. Die irrwitzig teuren weißen Trüffeln, das weiße Gold des Piemont, brauche ich dafür jedenfalls nicht. Ich gebe jedoch gern zu, daß auch ich diese Schmarotzer-Pilze schon öfter genossen habe. Gute weiße Trüffeln findet man allerdings nicht leicht. Die Wahrheit ist, daß ein Großteil von überall herkommt, nur nicht aus dem Piemont, wo zweifelsohne die besten wachsen. Denn leider sind auch im Trüffelhandel Mafioso-Typen am Werk, die den Markt kontrollieren. Meinen Aufenthalt im Piemont habe ich natürlich trotzdem vorsorglich auf Ende Oktober gelegt, wenn die Trüffelsaison beginnt. Ein Barbaresco, mehr noch ein Barolo, kann dann durchaus nach weißen Trüffeln duften. Wenn

GAJA

Welche Rolle spielt für Sie das Image?

Ich glaube, daß das Image eine wichtige Rolle spielt. Es ist schwierig, sich ein Image zu machen. Das Image hängt von einer Reihe von Faktoren ab. Die Basis ist natürlich die Qualität. Aber sie allein genügt nicht. Entscheidend ist, daß das Produkt mit dem Namen einer Person in Zusammenhang gebracht wird, die gleichzeitig Bezugsperson ist. Ich bin es für meinen Betrieb, wie es Piero Antinori für seinen ist. Der ausländische Kunde, der Qualitätsweine sucht, sucht den Bezug zum Hersteller, zum Menschen. Das ist sehr wichtig. Deshalb muß diese Person eine Anlage zum Reisen haben, um ihre Botschaft und Philosophie den Kunden vermitteln zu können. Ebenfalls wichtig ist die Verkaufsstrategie. Für einen kleinen Betrieb wie den meinen ist es sehr wichtig, den Wein an die richtige Kundschaft zu verkaufen, das heißt an die qualifizierten Restaurants.

Ihre Weine sind die teuersten Italiens — könnte man sie nicht billiger verkaufen?

Wir sind der Meinung, daß der Markt, der Konsument den Preis bestimmt. Zum Glück gibt es Konsumenten, die an unserer Qualität interessiert sind, obwohl der Preis hoch ist.

Angelo Gaja, Barbaresco

diese noch dazu über gute Taglierini oder Agnolotti geschabt sind, wie bei *Guido* in Costigliole d'Asti, kann das eine Symbiose sein, die unvergleichlich raffiniert und harmonisch ist. Bei Guido wird bodenständige piemontesische Küche in feinster Form geboten. Natürlich findet man auf der Weinkarte alle bedeutenden Weine des Piemont, an der Spitze die von Angelo Gaja. Zum Beispiel den *Sori Tildin*, ein Barbaresco aus einer besonders guten Lage, der leider — wie alle seine Weine — teuer ist. Das ist schade, "darmagi", wie es auf Piemontesisch heißt. Als Angelo Gaja anstatt der traditionellen Nebbiolo-Traube französische Cabernet-Sauvignon-Reben anpflanzte, wollte das seinem Vater nicht einleuchten. Schade — darmagi — war sein Kommentar. *Darmagi* nannte der Sohn später auch den Wein, ein in Barriques ausgebauter herausragender Cabernet. In diesem Falle stehe ich allerdings auf der Seite des heute achtzigjährigen Vaters. Der Barbaresco von Gaja ist ein so ausdrucksstarker und charaktervoller Vertreter des Piemont, daß ich nicht auf die Idee käme, einen Cabernet von ihm zu trinken. Diese Mode, überall Cabernet anzupflanzen, ebenso wie Chardonnay, scheint mir eine gefährliche Nivellierung, auf den internationalen Markt hin konzipiert, insbesondere in Richtung Amerika, wo man wenig Verständnis für die ungeheuere Vielfalt und Eigenart der europäischen Weine hat und deshalb die ganze Angelegenheit gern vereinfacht sähe. Trotzdem muß ich zugeben, daß auch der Chardonnay von Gaja ein großer, wenn auch teurer Wein ist, der sich mit denen aus Burgund, ohne unbescheiden zu sein, messen kann. Angelo Gaja gehört zu den Pionieren der italienischen Weinmacher. Sein Vater hat die Trauben noch mit den Füßen gepreßt, während sie heute über die modernste Technik verfügen mit Pressen, die mit dem Traubengut schonend umgehen, compu-

Bartolo Mascarello, Barolo

tergesteuerten Edelstahlbehältern, aus denen nach der Gärung die Maische automatisch entfernt wird, und französischen Barriques. Das alles nützte natürlich wenig, wenn Gaja, der im Ort Barbaresco ansässig ist, nicht erstklassige Weinlagen besitzen würde, die er sorgfältig pflegt und auch nur daraus Trauben verwendet. Sein Credo ist die Qualität, was eigentlich kaum noch erwähnt werden muß. „Man erreicht sie durch Beschränkung in der Quantität", sagt er. „Wer zuviel produziert, verliert den Überblick und die Kontrolle." Der weltgewandte Angelo Gaja – er spricht perfekt englisch und französisch – vermarktet die 250.000 Flaschen, die er pro Jahr produziert, in durch und durch professioneller Form. Ständig auf Reisen hat er fast nie Zeit, und es scheint beinahe so, als würde ihn das selbstgeschaffene Image gelegentlich auffressen. Er ist eben aus dem Holz geschnitzt, aus dem Erfolgsmenschen sein müssen. Und wie man weiß, hat Erfolg in dieser Dimension seinen Preis.

Ein Weinmacher ganz anderer Art, der an Reisen und Image-Pflege kaum Gefallen findet, ist Bartolo Mascarello, der im klassischen Piemonteser Weinort Barolo seine bescheidene Produktion von 30.000 Flaschen pro Jahr macht. Ich habe Mascarello nie anders als mit einer Schirmmütze auf dem Kopf gesehen. Vielleicht auch eine Art von Image, das aber wenig kostet und die Weine nicht verteuert. Die Methoden seiner Weinerzeugung sind konservativ. Stahltanks und Barriques lehnt er ab. Vergoren wird bei ihm in Zementbehältern, danach reift sein kraftvoller und trotzdem eleganter Barolo auf traditionelle Weise in großen Fässern aus slowenischer Eiche. Die Gärung und der Maischekontakt dauern zwanzig Tage. In dieser Zeit wird der Most in Umlauf gebracht, damit er ständig mit den Schalen in Verbindung ist, aus

Mascarello

Wie weiß man, was ein guter Barolo ist?

Um ein Kenner zu werden, muß man lernen, einen Barolo zu trinken. Das ist besser, als Ihnen lange zu erklären, wie er sein muß. Sie müssen die Gegend kennen. Sie müssen die guten Produzenten kennen, und Sie müssen einen eigenen Keller haben. Ab und zu machen Sie dann zum passenden Essen eine Flasche Barolo auf – der übrigens kein einfacher Wein ist. Es ist ein strenger Wein. Und so lernt man langsam, langsam, was eine gute Flasche Barolo ist.

Das Image eines Weinproduzenten ist heutzutage sehr wichtig. Was tun Sie für Ihr Image?

Sie haben etwas Richtiges gesagt. Um heute eine Flasche Wein zu verkaufen, muß man fähig sein, sich, mehr noch als einen guten Wein zu machen, ein großes Image zu verschaffen. Um das zu haben, muß man nach Amerika, nach Deutschland, in die Schweiz, nach Rom, ins Aostatal fahren. Ich fahre nirgendwohin. Weder in die Schweiz, noch nach Deutschland oder ins Aostatal. Ich begnüge mich mit einem kleinen Image.

In seinem Faßkeller verkostet Bartolo Mascarello zusammen mit Christian Rischert einen Barolo aus der Lage Cannubi, der noch weitere vier Jahre im Faß lagern muß, bis er als Riserva auf die Flasche gefüllt werden kann.

MIGLIORINI

Valentino Migliorini, Monforte d'Alba

Sie haben einen neuen Wein kreiert, einen Verschnitt aus der Nebbiolo- und Barbera-Traube. Warum?
Weil der Barolo hier im Piemont in einer ziemlichen Krise steckte. Ich habe diesen Wein zwölf Monate in Barriques ausgebaut mit positivem Resultat. Die Extraktion von Tannin aus den Schalen ist geringer, lediglich dieses bißchen Edeltannin, das wir durch die kleinen Fässer erhalten, bleibt.
Ist der Wein dann leichter?
Er ist leichter und einfacher zum Trinken. Die Ernährung, die Küche von heute ist im allgemeinen leichter geworden, sagen wir aristokratischer, um den richtigen Ausdruck zu verwenden.

Migliorini, der in der Nähe von Piacenza ein Restaurant besitzt, hat als einer der ersten im Piemont einen neuen Wein kreiert, der sich sehr gut zu den Gerichten der neuen Küche eignet. Der Bricco di Manzoni entwickelt sich schneller als der traditionelle Barolo, ist weniger tanninhaltig und schneller trinkreif.

denen die Farbstoffe und das Tannin kommen. „Ein guter Barolo", sagt Mascarello, „entsteht für mich immer noch zu 80 % im Weinberg und zu 20 % durch gute Kellertechnik. Heute gibt es bei vielen die umgekehrte Tendenz. Sie machen den Wein vor allem mit der Technik." Mascarello wirkt für mich fast wie ein Monument aus einer vergangenen Zeit, mit Tugenden, die wir heute mehr denn je gebrauchen könnten. Er lebt gut, doch bescheiden, hat zum Beispiel kein Telefon, weil er keines will. Er macht einen guten Wein, den er zu einem vernünftigen Preis verkauft, läßt sich nicht von raschen Moden und Tendenzen unter Druck setzen und strahlt – wohl aus all diesen Gründen – eine Gelassenheit aus, die nur Menschen besitzen, die sich ein großes Stück innerer Freiheit bewahrt oder errungen haben. Bartolo Mascarello ist ein Beispiel für Lebenskultur. Die hysterische Konsumwelt unserer Tage hat bei ihm niemals die Türschwelle überschritten. Doch hat – um Mißverständnissen vorzubeugen – Mascarellos Lebensart nichts mit Idylle oder Rückzug zu tun. Er lebt einfach konsequent, so wie er es für richtig hält. Er will ein Handwerker sein, gute Arbeit machen, auch gute Bücher lesen, wie ich aus seinen Bücherregalen schließen konnte. Da man ihn nicht anrufen kann, muß man sich selbst zu ihm bemühen. Wenn er nicht zu Hause ist, findet man ihn entweder im Weinberg oder in seinem Stammrestaurant in Barolo, wo er jeden Mittag ißt.

Von der Spitzenlage Cannubi, in der einer seiner Weinberge liegt, habe ich mit Mascarello den 85er vom Faß probiert, ein großer Wein, dessen Farbe und Duft er so beschreibt: „Die Farbe des jungen Barolo ist zuerst ein leuchtendes Rubinrot, das dann langsam übergeht in den Ton von ‚rosso mattone' (ziegelrot). Ein junger Barolo duftet nach Veilchen, ein älterer nach verwelkten Rosen. Ein zehn- bis fünfzehnjähriger Barolo hingegen riecht nach Teer." (Im Französischen heißt das goût de goudron,

ein Geschmack, der sich nur bei hervorragenden, körperreichen Rotweinen findet.) Mascarellos Barolo ist keiner dieser marktgerecht getrimmten Weine, wie sie heute auch im Piemont gemacht werden. Weine ohne Ecken und Kanten, irgendwie weich, ausgewogen, unproblematisch — so wie sie der Durchschnittskonsument haben möchte. Körper täuscht diese Art von Wein meist durch eine undefinierbare, mulmige Fülle vor. Doch ein guter Barolo ist über lange Zeit ein widerspenstiger, strenger Wein. In seiner Jugend manchmal unausstehlich, weil er viele seiner besten Eigenschaften noch nicht unter einen Hut bringt, erreicht er mit der Reife des Alters die Harmonie, die nicht aus der Gleichförmigkeit geboren ist, sondern aus der Vielschichtigkeit von Härte und Feuer, Tiefe, Fleisch, Finesse, Eleganz und Aromareichtum. Ein traditioneller Barolo aus einem guten Jahrgang wird immer ein körperreicher, kraftvoller, sehr tanninhaltiger Wein sein. Da er seine samtige Geschmeidigkeit jedoch erst nach acht bis zehn Jahren erreicht und dann natürlich teuer ist — wenn man ihn nicht selbst eingelagert hat —, wird der Barolo häufig viel zu jung getrunken und dann von den Konsumenten als schwer oder abweisend empfunden. Dazu kommt das Dilemma, daß ein solcher Wein möglichst lange vor dem Genuß geöffnet werden muß, was bei einem Essen im Restaurant so gut wie unmöglich ist, es sei denn, man bestellt ihn einen Tag vorher.
Indessen sind durch die neuen Tendenzen und Entwicklungen, die sich in den Küchen Frankreichs, Deutschlands und Italiens abgespielt haben, Weine dieser Dimensionen generell etwas problematisch geworden. Die Gerichte dieser neuen Küche sind leicht und verlangen auch entsprechende Weine. Doch ein großer Barolo kann kein leichter Wein sein. Um diesen Widerspruch zu lösen und auch um den Barolo aus der Krise zu führen, in die er wegen seiner Eigenschaften in den letzten Jahren geraten war, haben sich im Piemont einige Weinmacher Gedanken gemacht, wie sie ihn und auch den Barbaresco leichter, der heutigen Küche angemessener erzeugen könnten.

Valentino Migliorini in Monforte d'Alba ist ein solcher Weinmacher, der daraus Konsequenzen gezogen hat. Neben seinem klassischen Barolo, der aus ersten Lagen kommt und nur in guten Jahren gemacht wird, kreierte er einen neuen Weintyp, den *Bricco di Manzoni.* Dieser Wein ist weniger tanninhaltig, schneller reif und in seiner Struktur leichter. Er besteht zu 80 % aus Nebbiolo-, zu 20 % aus Barbera-Trauben. Dieser Verschnitt ergänzt sich ideal, weil der Barbera einen hohen Säuregehalt und wenig Tannin, der Nebbiolo viel Tannin und wenig Säure hat. Der Bricco di Manzoni bleibt kürzere Zeit auf der Maische liegen als der Barolo, wird zuerst in mittelgroßen Eichenfässern ausgebaut und kommt anschließend acht bis zwölf Monate

Barolo und Barbaresco, beide Weine werden aus der Nebbiolo-Traube gemacht. Die Anbaugebiete jedoch sind getrennt. Die kleinere Barbaresco-Zone liegt nördlich von Alba, die des Barolo südlich davon. Im Bereich von Serralunga (auf dem Bild), La Morra, Monforte d'Alba, Barolo und Castiglione Falletto gibt es eine stattliche Zahl erstklassiger Hanglagen. Die Zahl der wirklich hochwertigen Barolos aber ist sehr begrenzt. Wichtiger als der Name einer berühmten Lage ist der des Erzeugers. Nur bei etwa einem Dutzend Weinmacher der ersten Garnitur findet man einen Barolo, der seinem berühmten Namen Ehre macht. Und auch hier können sich die Erzeugnisse in ihrer Struktur und Charakteristik stark unterscheiden.

in Barriques. Wie den *Bricco dell'Uccellone* von Giacomo Bologna könnte man auch den Bricco di Manzoni als einen modernen piemontesischen Wein bezeichnen. Doch hat die Medaille wie immer zwei Seiten. Diese modernen Weine sind zwar jünger trinkbar und dabei schon sehr elegant und angenehm, dafür aber schwächer in ihrer ganzen Struktur. Sie fallen viel schneller in sich zusammen als ein traditionell vinifizierter Barolo oder Barbaresco. Ist eine Flasche einmal geöffnet, kann so ein Wein schon nach wenigen Stunden seinen Charme und Glanz restlos verloren haben, selbst wenn die Flasche wieder luftdicht verschlossen wurde. Die Weine brauchen auch nicht lange vorher geöffnet zu werden. In den meisten Fällen sind sie sofort da, ideal also für die Gastronomie. Ihre Alterungsfähigkeit ist aber insgesamt begrenzter. Auch Aldo Conterno, der ebenfalls zu den Spitzenerzeugern des Piemont gehört, erzeugt einen dieser "modernen" piemontesischen Weine, den *Favot*. Er ist dennoch der Meinung, daß mit so einem leichten Wein ein traditioneller Barolo natürlich nie zu ersetzen sei. Allerdings sollte dieser schon zehn bis fünfzehn Jahre alt sein, damit er seine Schwere verliert, eleganter und geschmeidiger wird. Früher sei der Barolo erst nach acht bis zehn Jahren auf den Markt gekommen, heute geschehe das schon nach vier Jahren, Conternos Ansicht nach viel zu früh.

Bei Serralunga, wo es große Barolo-Lagen gibt, liegt einer der Weinberge von Bruno Giacosa, einem Klassiker unter den piemontesischen Weinmachern. Es sind alles Hanglagen, in denen zur Zeit der Weinlese – Ende Oktober – der Nebel hängt. Der Boden ist so naß und schwer, daß er kiloweise an den Stiefeln hängen bleibt, und das Arbeiten im Weinberg nicht gerade ein Vergnügen ist. Doch dieses Wetter ist genau richtig für die Nebbiolo-Trauben, deren Namen ja auch von nebbia – Nebel – abgeleitet wird. Die Trauben für den Barbaresco hat Giacosa schon früher geerntet. Da er selbst nur 5 ha Weinberge besitzt, muß er einen Großteil bei anderen Weinbauern dazukaufen. Das Lesegut von den erstklassigen Lagen wird getrennt vinifiziert, die Trauben der anderen Lagen werden verschnitten. Das Ergebnis sind große Weine und der Beweis, daß man dafür nicht unbedingt eigene Weinberge besitzen muß. Giacosa ist in Neive zu Hause. Ein wortkarger Mann, und – wie ein Barolo – lange Zeit verschlossen. Doch wenn er sich dann im Gespräch öffnet, bedächtig und langsam seine Sätze formuliert, merkt man sehr schnell, daß seine Zurückhaltung wohl nur ein Selbstschutz ist, hinter dem er seine Empfindsamkeit verbirgt. In mancher Hinsicht ist er mit einem Bartolo Mascarello verwandt. Ich traf mich mit ihm im Restaurant *Contea*, das im historischen Zentrum von Neive liegt. Giacosa ist der Besitzer des Hauses, das von Claudia und Tonino Verro geführt wird. Sie bieten eine einfallsreiche, tra-

GIACOSA

Bruno Giacosa, Neive

Was sind die Merkmale eines guten Barolo?
Ein guter Barolo muß viel Tannin und ein starkes Parfüm haben. Es ist ein anspruchsvoller Wein, der nur zu bestimmten Gerichten getrunken werden kann. Ein guter Barolo kann lange gelagert werden. Je älter er ist, desto besser.

Was sind die Hauptunterscheidungsmerkmale zwischen einem Barolo und einem Barbaresco?
Der Barolo ist strenger, härter, von seinem Charakter her ganz anders als der Barbaresco. Ein Barbaresco kann nach drei bis vier Jahren schon sehr gut sein. Ein Barolo gleichen Alters bringt seinen Charakter noch nicht voll zum Ausdruck. Zudem wächst der Barolo auf Böden, die weniger kalkhaltig sind als die des Barbaresco.

Bei Bruno Giacosa werden die Fässer nicht mit Wasser, sondern mit Wein gereinigt. Dafür muß sich ein "schlanker" Mitarbeiter mit viel Geschick durch das enge Spundloch ins Innere des Fasses zwängen. Die Kerze brennt während seiner Arbeit nicht aus romantischen Motiven, sondern um eventuelle Kohlendioxyddämpfe, die geruchlos und für den Menschen lebensgefährlich sein können, anzuzeigen. Bei Auftreten dieses Gases würde die Kerze erlöschen.

ditionelle Piemonteser Küche, wenn auch manche Einfälle gelegentlich etwas angestrengt wirken. Dessen ungeachtet habe ich da mit Giacosa hervorragend gegessen. Ganz besonders köstlich fand ich das Gericht "Ei im Nest", eine der schönsten Arten, die berühmten weißen Trüffeln zu essen. Dafür wird ein rohes Ei mit Sahne und Trüffeln im Wasserbad erhitzt und mit darübergehobelten Trüffelspänen serviert. Als Aperitif tranken wir einen Spumante, den Giacosa erst seit kurzer Zeit nach der Champagnermethode macht. Er besteht zu 100 % aus handverlesenen Pinot-Noir-Trauben, die Giacosa in der Gegend von Pavia kauft. Von diesem zarten, sehr feinduftigen und eleganten Spumante mit Flaschengärung gibt es im Jahr nur etwa 17.000 Flaschen. Als ich danach das Vergnügen mit einem 78er Barbaresco von Giacosa hatte, der ohne Frage ein großer Jahrgang, ein hinreißender Wein ist, bestand für mich kein Zweifel: Barolo und Barbaresco gehören zu den hervorragenden Weinen der Welt, wenn sie aus guten Lagen stammen und von exzellenten Weinmachern gekeltert werden.

Schräg gegenüber von Bruno Giacosas Weinkeller haust eine der kauzigsten Figuren der Gegend. Es ist Romano Levi, der zusammen mit seiner Schwester zurückgezogen in einem verwunschenen, kleinen Bauernhaus lebt mit einer museumswürdigen Schnapsbrennerei auf der Rückseite. Das Häuschen liegt verborgen in einem kleinen, wilden Garten hinter einem großen Eisentor, das immer verschlossen ist. Zur Legendenbildung über Romano Levi haben Journalisten aus aller Welt beigetragen. Auf sie wirkt der bescheidene, empfindsame Levi wie ein Magnet, denn wo gibt es noch Menschen, die ganz in sich selbst aufgehoben sind, die ohne Rücksicht auf irgendwelche Konventionen konsequent ihr Leben führen? Die Menschen im Ort halten ihn und seine Schwester zwar für etwas verrückt, trotzdem sind beide hoch geschätzt. Mit einem Text, den Levi geschrieben und an der Hauswand der Brennerei angebracht hat, charakterisiert er sich selbst am besten. „Ringrazio le bambine della Scuola Elementare di San Donato sulla Collina che sono venute a casa mia a togliere la polvere e le grandi ragnatele, perch il parroco potesse entrare a portare la benedizione". „Ich danke den Mädchen der Volksschule von San Donato sulla Collina, daß sie zu mir gekommen sind und den Staub und die großen Spinnweben beseitigt haben, damit der Pfarrer die Brennerei segnen konnte." Diese Brennerei wurde 1925 von Levis Vater eingerichtet. Seitdem hat sich nichts mehr verändert. Zwei Mitarbeiter machen die Schwerarbeit. Sie füllen Jutesäcke mit den Trestern und klettern mit den schweren Säcken eine Leiter hoch, um sie oben in den kupfernen Brennkessel zu füllen. Da die Hitze beim Brennen konstant bleiben muß, schürt der Meister das Feuer persönlich, und zwar mit getrockneten Trestern, die er im Vorjahr destilliert hat. Die Asche übrigens ver-

LEVI

In Romano Levis museumswürdiger Grappa-Brennerei hat sich seit ihrer Gründung 1925 nichts verändert. Aus Jutesäcken wird der Trester zum Brennen in den Kupferkessel gefüllt. Wenn die Grappa destilliert ist, schraubt der Meister persönlich den Kupferdeckel vom Brennkessel.

Die Etiketten für seine Grappa schreibt Levi alle selbst mit der Hand. Häufig zeichnet er auch mit feinen Strichen den Kopf einer geheimnisvollen Frau, der "donna selvatica". Niemand weiß, was es mit dieser donna auf sich hat.

Über Ihre Grappa wird viel geschrieben, auch im Ausland. Was denken Sie darüber?

Die Journalisten erfinden die schönsten Dinge über meine Grappa. Der eine schreibt, sie sei "morbido" (weich). Ich gehe in den Keller, probiere den Schnaps und denke mir, was zum Teufel ist "morbido"? Der nächste schreibt, meine Grappa sei "femminile" (weiblich) oder "rotonda" (rund). Ich gehe wieder in den Keller, probiere und denke mir wieder, was soll das bedeuten? Ich probiere meine Grappa jeden Tag, ich kann nicht glauben, daß sie wirklich gut ist.

Stören Sie die vielen Besucher nicht?

Einerseits möchte ich, daß niemand kommt, weil ich dann ungestört arbeiten könnte, andererseits — wenn niemand käme, das wäre nicht schön. Manchmal mache ich zwar ein böses Gesicht. Trotzdem, Gott sei Dank, kommen die Leute. Wenn niemand mehr käme, wüßte ich nicht, von was ich leben sollte. Wenn ich meine Grappa selbst verkaufen müßte, ich könnte das nicht, da zittern mir die Beine. Wenn ich mich an die Restaurants oder Vinotheken wenden müßte, um den Schnaps zu verkaufen, das könnte ich nicht.

wendet Angelo Gaja als Dünger für seine Weinberge. Perfektes Recycling. Die Trester, die Levi brennt, stammen von der Nebbiolo-, Barbera-, Dolcetto- und ein wenig von der Muscateller-Traube. Sie sollten so frisch wie nur möglich sein. Angelo Gajas Trester verarbeitet Levi extra — eine Laune von ihm. 6.000 bis 8.000 Flaschen im Jahr kommen auf diese Weise zustande, wobei Levi nicht im entferntesten so viel Grappa destilliert, wie er verkaufen könnte. Wer eine Flasche von ihm erwerben kann, darf sich glücklich schätzen.

In Levis "Atelier", wo er die Etiketten für jede einzelne Flasche Grappa von Hand malt und schreibt, herrscht ein wundersames Chaos aus Türmen von gestapelten Zeitungen, Papptellern und Bechern. Einfach wahllos zusammengewürfelter Krimskrams, durch den nur eine schmale Gasse zum gänzlich überladenen Schreibtisch führt. In einer Ecke steht ein Fernsehgerät aus den fünfziger Jahren, doch diese Ecke ist unerreichbar, zugebaut mit Papierstapeln. Seit zehn Jahren hat Levi keine Zeit mehr gehabt, den Fernseher einzuschalten. Inzwischen zweifelt er — sicher mit Recht — an der Funktionsfähigkeit der Bildermaschine. Ein monströser Kühlschrank, ebenfalls aus den fünfziger Jahren, funktioniert angeblich noch, wird jedoch nicht gebraucht, weil sich die Levis nie selbst was kochen. Sie lassen ein einfaches Essen aus dem Restaurant von nebenan kommen, deshalb die vielen Pappteller. Manchmal bringt auch die Frau von Bruno Giacosa ein Mittag- oder Abendessen zu ihnen. Inmitten dieser überquellenden Rumpelkammer sitzt Levi an seinem hoffnungslos überladenen Schreibtisch und malt auf dem noch verbliebenen, winzigen Platz mit farbiger und schwarzer Tusche zierliche Etiketten, beschriftet mit immer der gleichen Formel: "Grappa della donna selvatica", manchmal mit dem Zusatz "che scavalica le colline". Was es mit dieser wilden Frau, die sich in den Hügeln herumtreibt, auf sich hat, verrät mir Levi nicht. Mit einem listigen Lächeln macht er nur eine Geste, die bedeuten könnte: eine Vision, eine Sehnsucht. Der Grappa in der Flasche jedenfalls ist ein Destillat, das der wilden Frau in den Hügeln möglicherweise ähnlich ist. Es ist nicht ratsam, sich auf diese wilde ‚donna' allzu intensiv einzulassen. Levi ist es unerklärlich, daß so viele seine Grappa haben wollen, da er selbst nicht sehr viel davon zu halten scheint. Auf die Frage, ob er denn die Brennerei modernisieren wolle, antwortet er mit einem entschiedenen Nein. Er habe keine Lust und sei außerdem nicht fähig, etwas zu ändern. Der schlaue Levi hat wohl schon lange begriffen, daß gerade die Urtümlichkeit seiner Brennerei sein Kapital ist. Andere müssen für ihr Image Millionen investieren, Levi gewinnt es dadurch, daß er sich jede Investition strikt verbietet.

PIEMONT

Alba und die Langhe

Die berühmtesten piemontesischen Weine kommen aus der Gegend von Alba, das 50 km südlich von Turin liegt. Das Land um Alba wird durch den Tanaro in zwei Hälften geteilt: Langhe und Roero. Die großen Rotweine stammen aus den Langhe. Das weniger bekannte Anbaugebiet Roero bringt einfachere Rotweine hervor, aber einen besonderen Weißwein: den Arneis.

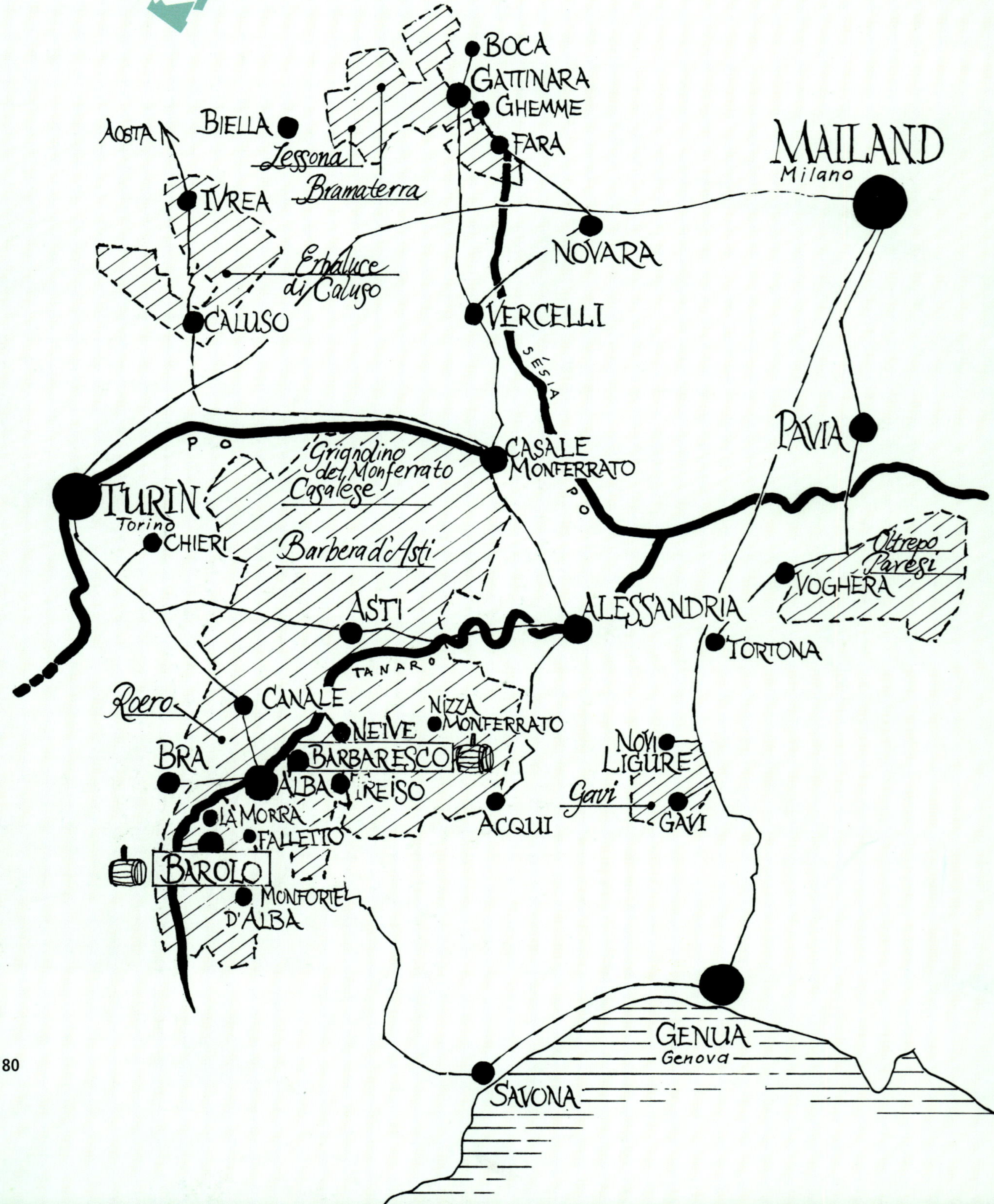

Die Weinsorten

Barolo (D.O.C.G.): Der Barolo gehört zweifelsohne zu den großen Rotweinen Italiens. Im Piemont sagt man, er sei "der König der Weine oder der Wein der Könige". Er ist ein sehr körperreicher Wein mit hohem Alkoholgehalt (mind. 13 Vol. %), der als äußerst langlebig gilt. Er braucht 6 bis 10 Jahre, bis er sich voll entfaltet hat, manche Barolo (wie die von Bruno Giacosa) erreichen erst nach 20 Jahren ihren Höhepunkt. Gekeltert wird der Wein aus der Nebbiolo-Traube, die zu den besten Rotweinreben der Welt gehört. Der Name kommt von nebbia (Nebel), denn wenn im Oktober die Trauben gelesen werden, hängt bereits der Nebel in den Weinbergen. Die Behauptung, daß der Nebel der Traube ihre besondere Qualität verleihe, erscheint wenig plausibel. Das Anbaugebiet des Barolo ist sehr klein, es umfaßt nur 1.200 ha, die Lagen sind auf 11 Gemeinden um Barolo verteilt. Die Mindestlagerzeit im Holzfaß beträgt 3 Jahre (Riserva 5 Jahre). Ein Barolo sollte unbedingt einige Stunden vor dem Trinken geöffnet werden.

Einige der herausragenden Barolo-Produzenten:

Bruno Giacosa, Neive; Bartolo Mascarello, Barolo; Giuseppe Mascarello, Monchiero; Aldo Conterno, Bussia di Monforte; Pio Cesare, Alba; Alfredo Prunotto, Alba; Bricco Rocche (Ceretto), Castiglione Falletto; Vietti, Castiglione Falletto; Domenico Clerico, Monforte; Rocche dei Manzoni, Monforte; Glicine, Neive; Cordero di Montezemolo, Annunziata.

Barbaresco (D.O.C.G.)
Der zweite große Rotwein aus dem Piemont ist der Barbaresco. Er wird aus der gleichen Traubensorte (Nebbiolo) wie der Barolo gekeltert; der Boden, die Vinifikation und die Art des Ausbaus sind jedoch anders. Das Barbaresco-Anbaugebiet liegt ganz in der Nähe von dem des Barolo, es ist aber kleiner und umfaßt nur 45 ha. Das Zentrum der Barbaresco-Produktion ist der gleichnamige Ort, außerdem wird er noch in Neive, Treiso und im Gemeindebereich von Alba angebaut. Gegenüber dem Barolo ist der Barbaresco weniger mächtig und hat meist etwas weniger Alkohol. Er muß nur 2 Jahre gelagert werden (davon 1 Jahr im Holzfaß, Riserva 4 Jahre) und kann früher als der Barolo getrunken werden. Der Barbaresco wird im allgemeinen mit dem Namen Gaja identifiziert. Er ist der bedeutendste Barbaresco-Hersteller und hat den Wein über die Grenzen Italiens hinaus bekannt gemacht. Gajas Weine sind hochklassig, aber auch teuer.

Weitere Spitzenerzeuger:

Bruno Giacosa, Neive; Pio Cesare, Alba; Vietti, Castiglione Falletto; Cantina Produttori del Barbaresco, Barbaresco; Giacosa Leone & Figli, Neive.

Barbera
Ist ein säurehaltiger Rotwein mit wenig Tannin, der aus der gleichnamigen Traubensorte gemacht wird. Der Barbera ist die häufigste Rebsorte im Piemont. Der größte Teil wird zu einem einfachen Tafelwein verarbeitet. Wird er jedoch entsprechend sorgfältig ausgebaut, kann es ein feiner Wein sein, wie Giacomo Bologna mit seinem Bricco dell 'Uccellone bewiesen hat.

Nebbiolo d'Alba
Aus der Nebbiolo-Traube, die jenseits des Tanaro wächst, darf kein Barolo oder Barbaresco gekeltert werden. Im Roero wird aus ihr ein leichterer, fruchtiger Wein gemacht, der als Nebbiolo d'Alba (D.O.C.) etikettiert wird. Der Nebbiolo ist ein einfacherer Wein, der mitunter sehr schön und preisgünstig sein kann.

Dolcetto
Der Dolcetto ist — anders als der Name vermuten läßt — ein trockener Rotwein, der aus der Dolcetto-Traube gekeltert wird. Er ist ein beliebter Wein für den täglichen Bedarf und wird jung getrunken. Nach dem Barbera die häufigste Rebsorte.

▷

◁PIEMONT

Arneis
Eine seltene Weißweinrebsorte, die nur im Roero-Gebiet kultiviert wird. Hier hat sie vermutlich auch ihren Ursprung. Der Wein, der nach der Rebsorte benannt ist, ist ein fruchtiges, fein-blumiges Gewächs, das manchmal etwas mager ausfallen kann.

Asti und Montferrat

Das Montferrat zieht sich von Asti Richtung Norden bis Casale Monferrato. Die Rebflächen sind hier überwiegend mit Barbera bestockt. 80 % des Barbera werden als billiger Tafelwein verkauft (Barbera del Piemonte). Die Winzer legen es hier hauptsächlich auf große Mengen an, nur wenige setzen auf Qualität. Um ihm etwas mehr Körper zu geben, wird der Barbera oft mit Weinen aus Süditalien verschnitten. Ein weiterer Wein aus dem Montferrat ist der Grignolino, ein leichter Rotwein für einen Sommerabend.

Moscato d'Asti
Dieser süße, perlende (frizzante) Wein ist neben dem Barbera das zweite Standbein der Wirtschaft der Provinz Asti. Der Moscato d'Asti wird aus der weißen Muskateller-Traube gekeltert; er ist das Ausgangsprodukt für die Herstellung vom weithin bekannten Spumante d'Asti, einem Schaumwein mit hoher, meist pappiger Restsüße. Die Produktionszentren sind Canelli und Santo Stefano Belbo.

Gavi

Gavi ist ein kleines Weißweingebiet mit D.O.C.-Status im Südosten des Piemont (48 km nördlich von Genua), benannt nach dem kleinen Ort Gavi, der im Zentrum des Anbaugebiets liegt. Dieser Weißwein wird aus der Cortese-Traube gekeltert und als Gavi oder Cortese di Gavi verkauft. Er gilt als bester Weißwein des Piemont. Berühmt wurde er durch Vittorio Soldati vom Gut La Scolca in Rovereto (bei Gavi). Sein Gavi di Gavi (Sonderbezeichnung für den Gavi von La Scolca) gilt als das Spitzenprodukt der Gegend, zumindest was den Preis anbelangt.

Kulinarische Besonderheiten

Aus der Gegend um Alba kommen nicht nur große Weine, sondern auch die besten weißen Trüffeln. Die Trüffelzeit beginnt im Oktober und geht bis in den Winter hinein, solange der Boden nicht gefroren ist. Besonders gut und besonders gefragt sind auch die Haselnüsse aus den Langhe, die hier in Plantagen kultiviert werden. Die Nußtorte (torta di nocciole), die daraus gemacht wird, schmeckt köstlich und wird in den meisten Restaurants zum Dessert gereicht. Besonders fein ist wegen der guten Haselnüsse auch der Torrone (eine Art Türkischer Honig), der in der Gegend von Alba gemacht wird. In Gallo d'Alba, wenige Kilometer von Alba entfernt, ist die fabbrica des berühmten Torrone Sebasto.

Restaurants

Es gibt viele hervorragende Restaurants zwischen Turin und Cuneo. Von der einfachen, bäuerlichen bis zur eleganten, bürgerlichen Küche ist alles geboten. Hier kann man sich wie im Schlaraffenland fühlen. „Il Cascinalenuovo", Isola d'Asti. Geschmackvolles, modernes Restaurant mit hervorragender Küche, gute Weine.

“Da Guido”, Costigliole d'Asti. Klassisch elegant, sehr feine Küche, hochklassige Weine.

“Gener Neuv”, Asti. Rustikal, familiär, sehr gute, feine, heimische Küche. Große Auswahl an Weinen.

“Contea”, Neive. Schönes, historisches Ambiente in einem alten Patrizierhaus. Sehr feine Küche (Übernachtungsmöglichkeit).

„Cesare", Albaretto Torre. Einfaches Ambiente. Das Essen bei Cesare kann ein großes Erlebnis sein. Seine Kreationen sind zum Teil verblüffend. Auswahl an besten Weinen der Gegend.

“Castello di Verduno”, Verduno. Schloß aus dem 18. Jh., familiäres Ambiente mit einfacher, ortstypischer Küche. Schöner Ausblick. Gut bedient ist man mit den Weinen aus eigener Produktion: Barolo und Pelaverga (Übernachtungsmöglichkeit).

“Da Felicin”, Monforte d'Alba. Schlichtes Ambiente, gute, bodenständige Küche. Schöner Ausblick auf die Langhe. Dem Restaurant ist ein ruhiges Hotel angeschlossen.

Bahnhofsrestaurant in Monchiero; sehr einfach, aber gut.

WACHAU

Entlang der Donau, von Melk bis vor die Tore von Krems, erstreckt sich über 32 km die Wachau, eine romantische alte Kulturlandschaft, in der bereits unter Kaiser Karl dem Großen begonnen wurde, die Wälder der Wachauer Berge bis zu einer Höhe von 400 m zu roden, Terrassen anzulegen und Rebstöcke zu pflanzen. Böden und Klima sind vor allem für die Rebsorten Grüner Veltliner und Riesling ideal. Die Wachau liegt noch im Einflußbereich des pannonischen Klimas. Starke Temperaturschwankungen zwischen Tag und Nacht begünstigen eine ausgeprägte Bukettbildung der Trauben. Die Urgesteinsböden mit Gneis, Granit und Schiefer in den Terrassenlagen bieten beste mineralische Nahrung für die Reben. Ein Dokument aus dem Jahre 1301, in dem ein Weinberg namens „Ritzling" bei Joching erwähnt wird, gibt den Wachauern Anlaß zu der Vermutung, der Riesling könnte seinen Ursprung in der Wachau und nicht im deutschen Rheingau haben. Doch für den Riesling von heute ist das ohne Bedeutung. Neben den Gewächsen von der Mosel und dem Rheingau gehört der Riesling aus der Wachau zu den edelsten Weißweinen der Welt.

Meine Lust am Essen steigert sich in einem guten Gasthaus oder Restaurant noch ganz erheblich, wenn mich am Ende eines Menüs verlockende Desserts erwarten. Im Restaurant Bacher in Mautern war die Speisekarte auch in dieser Hinsicht eine Verführung zur Todsünde der Völlerei. Ich mußte mich entscheiden zwischen: Marillenknödel im Topfenteig, Apfel im Strudelteig — eine Version des Wiener Apfelstrudels —, Vanilleeis im Nußmantel oder Sabayon mit Apfelschnaps, Mohr im Hemd in Schokoladenschaum und, sehr verlockend, Grießstrudel mit Zwetschgenröster. Nach langem Ringen mit meiner Begierde entschied ich mich schließlich für die Marillenknödel im Topfenteig. Beim Apfelstrudel bin ich zu voreingenommen. Bis jetzt ist mir noch keiner begegnet, einschließlich der vom berühmten Demel in Wien, der besser war als der von meiner Mutter. Bei den Bachers gibt es aber nicht nur gutes Essen, sondern — was für mich bei meinen Recherchen besonders wichtig war — eine sorgfältige und kluge Präsentation von Weinen der Wachau, dem Umland und vielen der besten Weine aus ganz Europa. Wenn ich in eine Weinregion komme, gilt meine erste Überlegung dem Restaurant, in dem ich essen werde. Denn welchen Weinliebhaber gelüstet es nicht danach, vor Ort Weine kennenzulernen, die vielleicht nur in der Region zu haben sind. Aber gleichgültig in welchem Land, immer wieder mußte ich feststellen, daß ausgerechnet in diesen Gegenden Restaurants mit einer wirklich durchdachten Weinkarte, die einen Einblick in die bedeutenden Erzeugnisse der Landschaft vermitteln könnten, sehr rar sind.

Das Dilemma ist, daß ein Gasthaus oder Durchschnittsrestaurant die Weine der Spitzenerzeuger in der Regel gar nicht bekommt. Viele der guten Weinmacher haben nur kleine Mengen von ihren Weinen, die so gefragt sind, daß sie ohnehin nur einen kleinen Kreis von Kunden bedienen können. Außerdem müssen sie natürlich auch um ihren guten Namen besorgt sein und können nicht riskieren, daß ihre Weine möglicherweise in schlechter Form präsentiert werden. Daß es in der Gastronomie nur wenige wirkliche Kenner gibt, wie beispielsweise Herr Wagner-Bacher, steht auf einem anderen Blatt. In der Wachau ist er der einzige, der auf seiner Weinkarte das vermittelt, was diese kleine Region an guten Weinen zu bieten hat. Knapp 20 km entlang der Donau, von Spitz im Westen bis Krems im Osten, erstreckt sich die Gegend, in der überwiegend auf steilen Terrassen die Rebstöcke für die Wachauer Weißweine stehen. Ohne Frage gehören diese zu den feinsten Gewächsen, vorausgesetzt, sie kommen von guten Erzeugern. Verglichen mit anderen Regionen ist die Anbaufläche des ältesten Weinbaugebietes Österreichs mit 1350 ha geradezu winzig, und die guten Weinmacher sind schnell aufgezählt. Auf der Weinkarte im Restaurant Bacher sind sie allesamt vertreten. Hier bin ich auch gleich zu Beginn meiner Recherchen auf einen Weißwein aufmerksam geworden. Der Sommelier hatte ihn mir als Aperitif kredenzt, aber nicht gesagt, um was für einen Wein es sich handelte. Und die Überraschung traf ins Schwarze. Der Wein verströmte einen so betörend feinen Duft, daß das Trinken eigentlich nur noch eine Bestätigung für meine Freude war, etwas Besonderes vor mir zu haben. Ich will es kurz machen. Dieser grandiose Riesling vom Jahrgang 86 kam aus der Winzergenossenschaft Dürnstein und war in Österreich bereits zum Wein des Jahres erkoren worden. Meine Ausrufe der Begeisterung hinkten also der Zeit hinterher, was meinen Genuß aber nicht beeinträchtigte.

Am nächsten Tag fuhr ich mit Herrn Wagner-Bacher zu einer Verkostung in diese Genossenschaft in Dürnstein, in der 860 Winzerfamilien zusammengeschlossen sind. Der größte Teil des in der Wachau angebauten Weins wird hier gekeltert. In ausgedehnten, alten Kellergewölben des ehemaligen Chorherrenstiftes Dürnstein, 1693 erbaut, werden die Weine, nach Sorten und Lagen getrennt, überwiegend in Holzfässern ausgebaut. Der traumhafte 86er Riesling Smaragd kam aus der Spitzenlage Achleiten, in der 38 Mitglieder der Genossenschaft Rebgärten haben. Er wurde im Holzfaß ausgebaut.

Direktor Wilhelm Schwengler ist ein entschiedener Vertreter dieser Methode. Er meint, daß die natürliche Weinstabilisierung wesentlich besser im Holzfaß verlaufe als im Stahltank, obwohl die in der Genossenschaft auch benutzt werden. Direkt über dem Weinkeller hat der Propst des Chorherrenstiftes, Hieronymus Übelbacher, 1714 vom großen Baumeister Jakob Prandtauer das Kellerschlössl errichten lassen. In diesem kleinen Denkmal barocker Lebenslust veranstaltet die Genossenschaft ihre Weinverkostungen. Entstanden ist die Winzergenossenschaft Wachau aus

Frau Bacher ist eine der besten Köchinnen Österreichs. Ihre herrlichen Desserts macht sie ganz im Stil und der Tradition des Landes in feinster und vollendeter Form.

In der Wachau gibt es noch viele stille, verborgene Plätze und schöne alte Gutshäuser wie dieses in der Nähe von Weißenkirchen. Die Obstschale auf dem Stuhl vor dem Haus zeigt an, daß auf dem Gut Obst verkauft wird.

dem fürstlichen Starhembergschen Herrschaftsweingut, dessen Ursprung wiederum auf salzburgische, bayerische und fränkische Stiftsbesitzungen zurückgeht. 1790 kamen dann noch die Besitzungen des Augustiner-Chorherrenstifts Dürnstein dazu. Als nach dem Anschluß Österreichs an Hitler-Deutschland der Fürst von Starhemberg seine Domäne, die eine der größten Europas war, verkaufen mußte, bot er sie den Pächtern an. Die griffen zu und schlossen sich 1938 in der Winzergenossenschaft Wachau zusammen. Wie sich nach dem Anschluß die Lage für die Winzer änderte, schilderte mir Franz Prager, einer der großen Weinmacher der Wachau. „Vorher hatten sie so gut wie nichts für ihren Wein bekommen. Dann, mit dem Hitler-Regime, ging es für sie zunächst aufwärts. Zum Teil wurden ihnen die Schulden erlassen, sie bekamen mehr bezahlt für den Wein, und sie waren den Händlern nicht mehr so ausgeliefert." In dieser Genossenschaft also habe ich eine Reihe von Weinen verkostet, die in ihrem Niveau sehr unterschiedlich waren. Neben dem bereits erwähnten grandiosen 86er Riesling Smaragd gab es noch einige andere Jahrgänge von Rieslingen, die ebenfalls herausragend waren. Dazu gesellten sich sehr gelungene Grüne Veltliner, Neuburger, Muskateller und ein Sankt Laurent aus dem Barrique. Doch waren auch Weine darunter wie beispielsweise ein 87er Weißburgunder Steinfeder, der gänzlich ausdruckslos und meilenweit von der Güte der vorherigen entfernt war. Diese häufig in Genossenschaften zu beobachtenden Qualitätsschwankungen sind eine große Schwäche solcher Unternehmen. Von einem guten Erzeuger erwartet man, daß er die Spitze dessen erreicht, was der jeweilige Jahrgang mitbringt. Es gibt sogar Weinmacher, die in schlechten Jahren auf eine Abfüllung in Flaschen ganz verzichten.

Direktor Wilhelm Schwengler, der eine zentrale Figur in der Weinregion Wachau ist, erzählt denn auch, daß das Zustandekommen eines Weins von der Güte dieses herrlichen Rieslings Smaragd aus der Lage Achleiten immer auch ein bißchen vom Zufall abhänge. So einen Wein könne man eigentlich nicht machen. 1986 habe es das Schicksal gut mit ihnen gemeint und ihnen diesen Wein sozusagen in den Schoß gelegt.

Auf den Böden und im Klima der Wachau gedeihen der Grüne Veltliner und der Riesling besonders prachtvoll. Die große Wasseroberfläche der Donau, das pannonische Klima, der geschlossene Waldgürtel auf den Höhen, die kargen Urgesteinsböden in den Terrassen und der Donauschwemmsand in den Flachlagen sind die prägenden Faktoren für die duftigen, aromatischen Weißweine dieser Region. In der Nacht fällt die kalte Luft vom Waldviertel in das Flußtal, wodurch hohe Temperaturunterschiede entstehen, da die Donau von ihrer gespeicherten Wärme abgibt. Diese Temperaturschwankungen, die vor allem in

KNOLL

Emmerich Knoll, Unterloiben

Ihre Weine sind besonders klar, sortenrein und ausdrucksstark. Machen Sie irgend etwas Besonderes?
Eigentlich nicht. An und für sich sollte das selbstverständlich sein. Das Wesentliche ist das Produkt, das aus dem Weingarten kommt. Die Kunst ist, dies möglichst ohne Abstriche zu erhalten. Man kann im Keller nichts dazumachen. Man kann nur schauen, daß man die Qualität, die man vom Weingarten reinbringt, erhält. Entscheidend ist, was man eben im Weingarten produziert. Da muß man das Augenmerk drauf legen.

Meinen Sie, daß man Qualität wirklich nur unter Begrenzung der Quantität machen kann?
Sicherlich ist die Quantität entscheidend, auch für die Qualität, wobei das natürlich auch vom Jahrgang abhängt. Bei optimaler Witterung kann man sehr wohl bei etwas höherer Quantität auch noch erstklassige Qualität erzielen. Aber speziell in schwächeren Jahren ist die Quantität ganz entscheidend, besonders für die Qualität. Da muß halt die Quantität reduziert werden. Das ist eine der Sachen, die man im Griff haben muß, wo vielleicht ein gewisses Gefühl dazugehört, um das richtig abschätzen zu können.

HIRTZBERGER

Franz Hirtzberger, Spitz

Wie stehen Sie zum Aufzuckern der Weine?
Wenn die Trauben genügend Reife haben, sollte man auf eine Aufzuckerung verzichten, weil das natürliche Aroma, das von der Traube in den Wein kommt, dadurch zerstört wird. Durch den Zucker wird lediglich Alkohol zugeführt, der das feine Aroma des Weins verdeckt, während das beim naturbelassenen Wein gut zum Vorschein kommt.
Wodurch wird das Aroma zerstört?
Alkohol ist ein sehr starkes Element, das diese Aromastoffe eben zudeckt. Wenn die Trauben von Natur aus einen hohen Zuckergehalt haben, ist das Aroma mit eingebunden. Der Alkohol kann das Aroma nicht stören. Störend wird es erst, wenn Zucker dem Wein beigegeben wird, das heißt Alkohol. Da entsteht meiner Meinung nach eine Disharmonie, die den Wein momentan wohl stärker und besser erscheinen läßt. Das Aroma hingegen verliert, und der Wein ist auch nicht so bekömmlich.

Spitz zwischen Tag und Nacht sehr ausgeprägt sind, begünstigen bei den Trauben die Aromabildung. Der Weinmacher Franz Hirtzberger, der hier zu Hause ist, erntet seine Trauben meistens erst Mitte November. Dadurch erhalten sie besonders feine Aromastoffe, denn diese bilden sich erst während der Reifung. Je später und je länger der Reifeprozeß ist, desto intensiver ist das Aroma. Hirtzberger ist auch felsenfest davon überzeugt, daß die Reinheit der Luft einen Einfluß auf die Weinqualität hat. Untersuchungen in der Schweiz haben beispielsweise ergeben, daß die Weine von Weinbergen, die in der Nähe von Straßen wachsen, nach Asphalt schmecken. Die Trauben können den Geschmack über die Beerenhaut aufnehmen.
Hirtzberger besitzt 7 ha Rebgärten. Der Durchschnittsertrag liegt bei 6.000 bis 7.000 l pro Hektar, in den flachen Lagen bis zu 8.000 l. In manchen Steilterrassen sind es hingegen nur 5.000 l. Seine Weine sind von erlesener Qualität, manche Jahrgänge mit einem geradezu betörenden Bukett, kraftvollem, aber nie schwerem Körper, bei den Spätlesen mit lange anhaltendem Abgang.

Emmerich Knoll in Unterloiben hat genau wie Hirtzberger 7 ha Rebgärten. Das meiste davon sind steile Terrassenlagen. Seine Weißweine sind von transparenter Struktur, elegant fruchtig, sehr säurebetont, mit ausgeprägtem Charakter. Selbst in schwachen Jahrgängen behalten sie immer ihren klaren Stil. Sie werden zum größten Teil noch in Holzbottichen vergoren. Vor der Pressung läßt Knoll die Trauben einen halben Tag liegen, damit der Most noch Aroma von den Häuten aufnehmen kann. Entrappt werden sie nicht, da Herr Knoll keinen Qualitätsunterschied feststellen konnte, ob er die Trauben nun mit oder ohne Stengel preßte. Unbeirrt vom schlechten Ruf des Grünen Veltliners als simplem Massenwein hat Emmerich Knoll auf 55 % seiner Rebfläche diese Rebsorte angebaut. Sie sei nur deshalb nicht gut angesehen, weil sie viel zu häufig in miserablen Lagen mit zu hohen Erträgen angebaut würde, meint er. Wobei er in seiner typischen Bescheidenheit sofort hinzufügt, daß man das mit der Lage aber auch nicht übertreiben solle, sie dürfe auf keinen Fall eine Marketing-Frage werden. Mit dem Marketing-Rummel könne er ohnehin nicht viel anfangen, und auch das Verkaufen liege ihm nicht, gesteht Knoll. Doch da er immer auf Qualität gesetzt habe, könne er heute mehr Wein verkaufen, als er erzeugt. Die Kunden müssen ihn sich allerdings selbst abholen. Spätestens nach einer Weinverkostung bei ihm weiß man, daß ein Grüner Veltliner, den man in der Regel eher als einen harmlosen, frischen Zechwein ansieht, ein großer Weißwein sein kann. Tatsächlich konnte ich mich, obwohl der Riesling die bei weitem wertvollere Rebsorte ist, bei einigen Spitzenerzeugern der Wachau nicht entscheiden, welcher von beiden nun der bedeutendere Wein ist.

SCHWENGLER

Wilhelm Schwengler, Dürnstein

Wie kam dieser Riesling Smaragd zustande?
Man kann immer einen guten Wein anstreben, aber daß alle Faktoren so zusammenwirken, daß ein Wein dieser Güte entsteht, das hängt schon auch ein bißchen vom Zufall ab. So einen Wein kann man eigentlich nicht machen, 1986 hat es das Schicksal gut mit uns gemeint. Es hat uns diesen Wein sozusagen in den Schoß gelegt, und wir haben ihn dankbar angenommen.
War es eine besondere Reife der Trauben, die diese Qualität brachte?
Natürlich war es eine optimale Reife. Der Wein hat 12,4%, das ist ein optimaler Alkoholgehalt für einen großen Wein. Hätte er noch mehr Öchsle gehabt, dann wäre der Alkohol zu hoch gewesen oder eben Restzucker verblieben. Das wollen wir nicht, das ist für die Wachau nicht typisch. Das ist dann auch kein großer Wein mehr, sondern mehr oder weniger ein Außenseiter.

Den absoluten Höhepunkt, sozusagen die Apotheose eines Grünen Veltliners, habe ich bei Franz Prager erlebt. Eines Abends lud mich dieser stille, bescheidene Altmeister unter den Weinmachern der Wachau zu sich ein und entkorkte ohne jede Vorankündigung, dafür mit einer gewissen Sorgfalt und verborgenen Nervosität, die mir verriet, daß es sich um keinen alltäglichen Wein handelte, die Flasche. Schon beim Eingießen in die Gläser konnte man an der Farbe erkennen, daß es ein älterer Wein war. Was dann aus dem Glas in die Nase strömte, versetzte mich in Euphorie. Wenn es möglich wäre, das Bukett eines Weines zu malen, hätte es eines Claude Monet bedurft. Dieser Wein hatte alles, wovon man träumt. Einen kraftvollen Körper, voller Spannung, Frische, Säure, Extrakt und feinster Aromen, im Mund die perfekte Balance, harmonisch vom Anfang bis zum Ende, und einen lange anhaltenden, großartigen Abgang. Von seiner Jugendlichkeit her hätte es ohne weiteres ein 86er sein können. Doch es war ein Grüner Veltliner Spätlese aus dem Jahre 1969, in Österreich einer der größten Jahrgänge des Jahrhunderts. Anschließend machte Herr Prager vom selben Wein noch eine zweite Flasche auf (wir waren zu viert). Interessanterweise schmeckte dieser Wein anders, eine Spur leichter und schlanker. Die Ursache dafür konnte auch Herr Prager nicht erklären. Möglicherweise stammte der Inhalt dieser Flasche aus einem anderen Teil des Fasses, oder es lag am Korken. Doch grandios war auch dieser Wein. Schließlich ging Prager noch einmal in den Weinkeller und entkorkte zum Vergleich einen Riesling Auslese aus dem gleichen Jahr.

Ich glaube nicht zu übertreiben, wenn ich behaupte, daß die Begegnung mit diesen beiden Weinen im Leben eines jeden Weinliebhabers einen unvergeßlichen Eindruck hinterließe. Schon an ihrem Bukett konnte ich mich nicht satt riechen. Durch den Mund liefen sie wie grandios parfümiertes, allerfeinstes Öl, schlank und jugendlich, dabei doch mit Volumen, groß strukturiertem Körper, Finesse, Eleganz, nirgendwo aufdringlich oder plump, ein äußerst distinguierter, kaum wahrnehmbarer Botrytis-Ton, ohne Firngeschmack. Im Abgang hatte der Riesling eine jugendliche Säure, eine Spur von Kohlensäure und Frische, die ihm einen unglaublichen Charme verlieh. Daß ein Riesling, den man den König der Weißweine nennt, eine solche Form erreicht, ist bei dieser edlen Sorte ja im Bereich des Möglichen. Daß aber auch ein Grüner Veltliner solche Höhen erklimmen kann, hat mich wirklich erstaunt. Am nächsten Tag traf ich Franz Prager noch einmal, diesmal in Joching bei seinem Freund Josef Jamek, dem Prinzipal der Weinmacher in der Wachau. Zum Weingut, das Josef Jamek von seinen Eltern geerbt und nach dem Abschluß der Weinbauschule 1938 übernommen hat, gehört ein Restaurant. Hier konnte er viele Kontakte knüpfen, die für die Vermarktung seiner Weine kostbar waren. Wie viele andere Winzer hatte Jamek nach dem Krieg die Weine aufgezuckert, süß gemacht, doch bereits Ende der fünfziger Jahre damit wieder aufgehört. Selbst hatte er diese süßen Weine nie gemocht, und so war die Entscheidung, nur noch trockene Weine zu erzeugen, ein konsequenter und logischer Schritt, mit dem er auf große Resonanz stieß. Als seine Weine dann in der Spitzengastronomie vertreten waren, überzeugte Jameks Erfolg auch seine Kollegen. Damit war der trockene Wein in der Wachau etabliert. Josef Jamek hat auch den Weg für die leichten Weißweine mit niedrigem Alkoholgehalt bereitet, die heute in der Wachau unter dem geschützten Namen "Steinfeder" auf den Markt kommen. Grundsätzlich wurde ein Most, der einen Zuckergehalt von nur 80 Öchsle hatte, aufgebessert, weil man sich einen Wein mit weniger als 10 % Alkohol einfach nicht vorstellen konnte. Damit machte Jamek als erster Schluß. Er bewies, daß man auch unter 10 % Alkohol sehr ansprechende Weine erzeugen kann, und brachte 1979 seine leichten, nicht aufgezuckerten Weine auf den Markt, die alsbald sozusagen salonfähig wurden.

Gut strukturierte Weine mit aromatischem Bukett bei nur 9,5 bis 10,7 % Alkohol zu machen, erfordert ein äußerst sorgfältiges, sauberes Arbeiten, denn diese Weine sind naturgemäß sehr fragil. Sie eignen sich vorzüglich als Begleiter zum Essen, unterstützen durch ihre Säure die Verdauung und sind einfach leichter verträglich als alkoholschwere Weine. Natürlich darf man sie nicht mit dem Reichtum und der Fülle einer Spätlese vergleichen. Nun könnte man auch auf den Gedanken kommen, daß hier aus der Not eine Tugend gemacht wurde. Weil man durch die klimatischen Bedingungen häufiger Trauben mit weniger Zuckergehalt erntet, erfand man die alkoholarmen Weine. Auch wenn es so wäre, würde es nicht dagegen sprechen. Es wäre im

Prager

Franz Prager, Weißenkirchen
Ein Altmeister unter den Weinmachern der Wachau.

Der Baumeister dieses kleinen Denkmals barocker Lebenslust war der berühmte Jakob Prandtauer. Die Innenräume sind zum Teil mit großartigen alten handkolorierten Stichen geschmückt. Hier veranstaltet die Winzergenossenschaft ihre Weinproben.

Josef Jamek, Joching

Gegenteil nur der Beweis, daß einige Winzer der Wachau mit ihren natürlichen Gegebenheiten besser und konsequenter umgehen, als das vielleicht anderswo der Fall ist.

Josef Jamek bevorzugt bei seinen Weißweinen eine zweite, die sogenannte malolaktische Gärung. Da sein Freund Prager diesen Säureabbau nicht macht, boten mir die beiden an, ihre Weine einmal miteinander zu verkosten und zu vergleichen. So saßen wir in Jameks malerischer Gartenlaube und probierten Jahrgänge von 1969 bis 1987. Bei der zweiten Gärung, die in Wirklichkeit gar keine Gärung, sondern nur ein Säureabbau ist, verliert der Wein seine spitze Säure, wird "weiniger", runder, gelegentlich auch breiter. Gegner behaupten zwar, sie mache den Wein müde, doch dem widerspricht Jamek, da die Kohlensäure, die beim Säureabbau frei wird, den Wein ja auch jung und spritzig erhält. Allerdings muß sie mit auf die Flasche kommen. Da es besonderer Vorsicht bedarf, diesen Säureabbau zu machen, und der Wein genau verfolgt werden muß, damit eventuelle Fehlentwicklungen sofort festgestellt werden können, verzichten viele darauf, vor allem, weil bei großen Mengen diese Kontrolle nicht einfach ist.

Andere Weinmacher, wie Prager beispielsweise oder auch Emmerich Knoll, wollen wiederum die Säure im Wein erhalten. Zum einen, weil sie säurebetonte Weine schätzen, zum anderen, weil diese Säure für das Altern der Weine sehr wichtig ist und — wie ich an den beiden 69er Weinen von Prager erlebt habe — zu grandiosen Ergebnissen führen kann. Doch auch hier trat Jamek den Gegenbeweis an, daß die zweite Gärung die Alterungsfähigkeit der Weine keineswegs einschränken muß. Er kredenzte einen Grünen Veltliner, Kabinett, Jahrgang '70, der jung und spritzig wie am ersten Tag war. Auch ein Grüner Veltliner von 1973, der nur 4,7 Promille Säure

JAMEK

Wie läßt sich die Bekömmlichkeit eines Weines definieren?

Bekömmlich ist für mich ein Wein, von dem ich trotz meiner siebzig Jahre am Abend eine Flasche trinken kann und am nächsten Tag keine Schwierigkeiten habe.

Und woran liegt es, daß sehr viele Weine nicht bekömmlich sind?

Ich möchte lieber andersrum antworten. Ein Wein ist bekömmlich, wenn er nicht angereichert ist und in puncto Schwefel die Mindestwerte, die nötig sind, nicht überschreitet.

Könnten Sie sagen, daß Ihre Weine in Ihrer Person irgendeine Entsprechung haben?

Ich glaube, daß jeder Wein wie der Kellerwirt dasteht und daß die Handschrift des Kellerwirts sich im Wein findet. Ich bin bemüht, Ihnen ausdrucksvolle, klare, nicht manipulierte Weine anzubieten. Wein soll nicht nur Ware sein, Wein soll ein Stück Seele des Kellerwirts sein.

hatte, schmeckte verblüffend jung und frisch. Die Verkostung von Jameks und Pragers Weinen zeigte, daß beide Methoden restlos überzeugend sind mit gewissen Vor- und Nachteilen bei den verschiedenen Jahrgängen. Was mir an den Jamek-Weinen vor allem in Erinnerung blieb, ist ihre besondere Bekömmlichkeit. Das hängt auch mit dem Schwefelgehalt zusammen. Qualitätsbewußte Weinmacher werden sich immer bemühen, den Schwefelgehalt im Wein so gering wie möglich zu halten. Doch selbst den Bio-Weinmachern sind bisher noch keine überzeugenden Beweise gelungen, daß hochwertige Weine ohne den Zusatz von Schwefel auskommen. In den Weißweinen ist in der Regel mehr Schwefel als in den Roten, während die süßen Weine am stärksten geschwefelt werden müssen. Eine wichtige Erfahrung, die ich mit den unterschiedlichsten Weiß- und Rotweinen in ganz Europa gemacht habe, ist die Frage der Bekömmlichkeit. Weine von wirklich großer Qualität – gleichgültig, ob es sich nun um sehr einfache oder sehr große Weine handelt – sind immer bekömmliche Weine. Ein guter Wein muß, sofern er maßvoll getrunken wird, das Wohlbefinden des Trinkers immer steigern, nicht mindern.

In der Wachau ist, wie in ganz Österreich, das Bewußtsein zum gehobenen Qualitätswein erst in den achtziger Jahren richtig in Bewegung gekommen. Ein Weinmacher wie Emmerich Knoll beispielsweise vertrieb noch bis 1974 seinen Wein ausschließlich offen, über die Gastwirtschaft seines Onkels. Die Edelrebsorte Riesling, heute das qualitative Aushängeschild der Wachau, war bis vor kurzem nur mit 8 % in den Weingärten vertreten. (Dabei glauben die Wachauer sogar, daß die Rebsorte in der Wachau ihren Ursprung hat.) Doch dann kam 1985, das Jahr der großen Wende in der gesamten österreichischen Weinszene. Der Glykolskandal trat ans Licht der Öffentlichkeit und erregte in der ganzen Welt Aufsehen. Die Verbraucher reagierten empört, und die Exporte gingen drastisch zurück. Der Schaden für einen großen Teil der österreichischen Weinwirtschaft war unübersehbar. Indessen läutete für die Qualitätserzeuger gerade der Skandal den entscheidenden Aufschwung ein. Insbesondere die Wachau, die mit ihren qualitativ hochstehenden Produkten an diesem Riesenbetrug nicht beteiligt war, wurde für ehrliche Arbeit in Form von steigenden Umsätzen und besseren Preisen belohnt.
Für einen jungen Weinmacher, der außerhalb der Wachau in Langenlois ein schönes Weingut von seinem Vater übernommen hatte, war das Jahr 1985 besonders erfreulich. Mit diesem Jahrgang brachte Wilhelm Bründlmayer einen Chardonnay zustande, der bei einer internationalen Chardonnay-Verkostung in Italien als Sieger hervorging. Damit wurde sein Name mit einem Schlag bekannt. Während eines kurzen Abstechers, den ich zu Bründlmayer machte, um den neuen Jahrgang seines Chardonnay aus

BRÜNDLMAYER

Wilhelm Bründlmayer, Langenlois

Sie haben das sogenannte Lyra-System für die Rebenerziehung in der Wachau eingeführt. Was ist denn überhaupt der Witz an diesem System?
Daß ein Stock nicht eine, sondern zwei belichtete Blattwände kriegt. Da sind zwei Laubwände dicht nebeneinander, und jeder Stock kriegt dadurch in etwa doppelt soviel Licht, das heißt doppelt soviel Energie. Die Qualität hängt ja davon ab, wieviel gut belichtete Blätter ich pro Weintraube habe.
Ist dieses System aufwendiger?
Es ist aufwendiger, ja. Erstmals seit den dreißiger Jahren sind wir mit diesem System mit den Arbeitskosten pro Hektar wieder höhergekommen.
Es schlägt sich also in der Qualität nieder?
Es schlägt sich in der Qualität nieder und beim Schädlingsbefall. Man hat weniger Schädlingsdruck.

Das Lyra-System in einem Rebgarten von Bründlmayer.

dem Barrique zu probieren, traf ich bei ihm Georg Riedel, den Glasfabrikanten aus Kufstein. Die Weingläser, die sein Vater, Professor Josef Riedel, entworfen hat, sind inzwischen international höchst renommiert. Was es mit diesen mundgeblasenen, ungemein formschönen, vor allem aber besonders funktionellen Weingläsern auf sich hat, demonstrierte Georg Riedel anhand eines jungen Grünen Veltliners von Bründlmayer. Er schenkte ihn in drei verschiedene Gläser ein, die jeweils für eine andere Art von Weißwein konzipiert waren, und ließ Bründlmayer daraus trinken. Wie der nun seine wahrgenommenen Geruchs- und

RIEDEL

Sie haben drei verschiedene Weißweingläser in Ihrem Sortiment. Können Sie erklären, für welche Weine die drei unterschiedlichen Formen konzipiert sind?

Das normale, rundlich geformte Glas ist für süße Weine geeignet oder für Weine mit wenig Säure, weil das Glas die Säure betont. Das Glas mit der Lippe hingegen betont die Frucht, wodurch die vorhandene Säure etwas in den Hintergrund gestellt wird. Ich bezeichne es auch als Säurespoiler. Es ist das ideale Glas für alle jungen Weißweine, die keine zweite Gärung durchgemacht haben, zum Beispiel für Rieslinge und für unseren österreichischen Grünen Veltliner.

Wilhelm Bründlmayer beim Probieren seines jungen Grünen Veltliners aus dem Glas für säurebetonte junge Weißweine.

Wodurch betont das Glas die Säure beziehungsweise die Frucht des Weins?

Das hängt damit zusammen, daß diese zarte Lippe den Wein auf die Zungenspitze führt. Die Zungenspitze ist sensibel für süß, das Zungenende ist sensibel für bitter, während man salzig und sauer am Zungenrand schmeckt. Das Geheimnis dieser Gläser ist, daß man durch das Fließen des Weines seinen Geschmack beeinflussen kann, weil eben unsere Zunge diese verschiedenen Geschmackszonen hat.

Was ist das Wesentliche an dem dritten, dem Chardonnay-Glas?

Das Chardonnay-Glas ist im Volumen wesentlich größer und vermittelt dadurch mehr Bukett. Die Chardonnays haben ja diesen zarten, buttrigen Ton. Sie sind meistens auch alkoholreicher und haben durch das Altern im Eichenfaß diesen wunderbaren Vanilleton. All das kommt in dieser Form besonders zum Tragen. Es ist ein Glas, das einen gewissen Kompromiß bietet, weil es den Wein auf die Mitte der Zunge führt und die Harmonie zum Chardonnay perfekt herstellt.

Geschmacksempfindungen bei den drei Gläsern, die denselben Wein enthielten, analysierte, war wirklich verblüffend. In jedem der Gläser stellte sich dieser Grüne Veltliner verschieden dar. Nur aus einem Glas kam er wirklich genauso, wie der Weinmacher seinen Wein kannte. In den beiden anderen erschien er verfälscht. Im einen schmeckte er wie ein "Allerweltswein", im anderen, das für den Chardonnay und verwandte Weine konzipiert ist, empfand Bründlmayer ihn "viel zu breit". Herr Riedel war mit diesem Testergebnis hochzufrieden. Denn Bründlmayer hatte sich für genau das Glas entschieden, das für junge, säurebetonte Weine wie dieser Grüne Veltliner gedacht ist. Neben dem Chardonnay und sehr feinen Grünen Veltlinern probierte ich bei Bründlmayer einen Rotwein, der noch im Faß war. Er hat ihn Cuvée Sankt Vinzent benannt nach seinem gerade geborenen Sohn. Ein sehr feiner Rotwein, der auf Lößboden gewachsen und ein Verschnitt aus den besten Fässern Spätburgunder und etwa 10% Merlot ist. Ebenfalls auf Lößboden gewachsen sind ein Grau- und Weißburgunder, aus dem Bründlmayer auch einen ausgezeichnet gelungenen Verschnitt gemacht hat. Seine Rieslinge und Grünen Veltliner wachsen hingegen auf Gesteinsböden. Übrigens erinnere ich mich auch mit großem Vergnügen an verschiedene Weine, die ich bei den Gebrüdern Jurtschitsch in Langenlois verkostet habe. Darunter zum Beispiel ein "Rotspon", im Barrique ausgebaut, den ich ohne Zögern zu den besten Rotweinen dieser Gegend zählen möchte. Dann ein hervorragender Riesling, Spätlese, aus dem Jahre '79 und ein sehr gelungener 86er Weißburgunder aus dem Barrique.

Auf der Rückfahrt in die Wachau habe ich noch einen Abstecher nach Oberstocksthal gemacht. Ein winziges Nest, an dessen Rand das stolze Anwesen der Familie Salomon steht. In jahrelanger, mühevoller Arbeit wurde dieses große Gut zu einer beinahe autarken Welt gestaltet. Hier werden Obst, Gemüse, Weizen, Raps und Wein angebaut, Schafe und Ziegen gehalten, Hühner, Gänse, Enten und Schweine aufgezogen. Im eigenen Restaurant, das Frau Salomon – die eine Tochter von Josef Jamek ist – mit viel Geschmack und Liebe eingerichtet hat, kocht sie selbst. Natürlich fast ausschließlich mit den selbsterzeugten Produkten, deren erstklassige Qualität die Basis für die Kochkunst von Frau Salomon sind. Zur Mittagszeit ist mir in diesem Schlaraffenland eine gebratene Ente in den Mund geflogen mit duftigen, lockeren Semmelknödeln und einem besonders schmackhaften Blaukraut dazu. Ein charaktervoller, reinsortiger Zweigelt hat dieses Essen begleitet. Spätburgunder, Grüner Veltliner und Riesling werden ebenfalls erzeugt. Aus dem eigenen Obst brennt Herr Salomon feine Schnäpse. Ich erinnere mich mit Wonnen an diese Oase, wo man für ein paar Stunden das Gefühl haben kann, in einer heilen Welt zu leben.

WACHAU

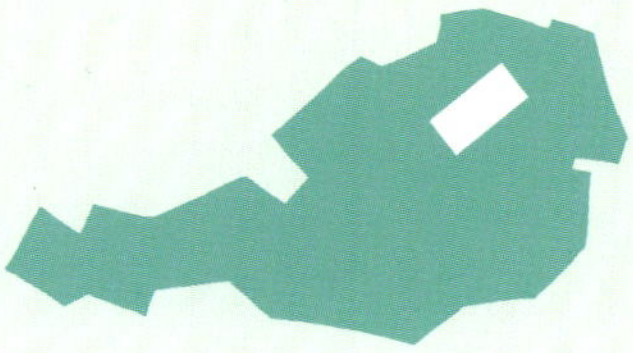

Die Wachau, eine malerische Flußlandschaft an der Donau, liegt zwischen den Städten Melk und Krems. Das gleichnamige Weinbaugebiet, das nur 20 km lang ist und von Schwallenbach im Westen bis Krems im Osten reicht, ist die renommierteste Weinzone Österreichs. Die Reben gedeihen vorwiegend in terrassierten Steilhängen entlang der Donau. Mit einer Rebfläche von rund 1.350 ha ist die Wachau eines der kleinsten Weinbaugebiete Österreichs. Den größten Anteil hat der Grüne Veltliner (57 %), die Rebsorte, die landesweit überwiegt. Mengenmäßig an zweiter Stelle steht der Müller-Thurgau (ca. 14 %). Eine immer stärkere Rolle spielt der Riesling in der Wachau, der in der Donauflußlandschaft mit ihren Urgesteinsböden optimale Bedingungen findet. Trotz seines verhältnismäßig geringen Anteils von ca. 8 % gründet der gute Ruf der Wachauer Weine in erster Linie auf dem Riesling. Der Grüne Veltliner er-

reicht in den guten Lagen einiger Spitzenerzeuger ein sehr hohes Niveau. In geringeren Mengen angebaut werden noch die Rebsorten Neuburger, Weißburgunder und Muskateller.
Der Rotwein spielt keine wichtige Rolle. Nur 9 % der Gesamtfläche sind mit blauen Rebsorten bestockt. Es sind: Blauer Burgunder (Spätburgunder), Sankt Laurent, Zweigelt, Blaufränkisch und Portugieser.

Die Qualitätsstufen

Die Qualitätsstufen entsprechen im wesentlichen den deutschen, bei den österreichischen Weinen sind in der Regel zwar höhere Mostgewichte (Zuckergehalt der Trauben) vorgeschrieben, was jedoch nicht automatisch auf eine bessere Qualität schließen läßt.
Tafel- oder Landwein ist die unterste Stufe, es folgen die einfachen Qualitätsweine — wobei der Kabinett in Österreich ein gehobener Qualitätswein ist — und schließlich die Qualitätsweine besonderer Reife und Lesart, was den deutschen Prädikatsweinen entspricht. Dazu gehören Spätlese, Auslese, Beerenauslese, Ausbruch, Trockenbeerenauslese.
Ein Teil der Wachauer Winzer hat sich zu dem Schutzverband "Vinea Wachau" zusammengeschlossen. Das Gütesiegel "Vinea Wachau Nobilis Districtus" ist eine Garantie dafür, daß alle Weine, die es tragen, ausschließlich aus Trauben von der Wachau gekeltert sind. Dieser Verband hat die Weine in drei eigene Qualitätskategorien klassifiziert: *Steinfeder, Federspiel* und *Smaragd.* Weine dieser Kategorien können aus allen Wachauer Weißweinsorten erzeugt werden. Es sind immer trokkene Weine, die nicht aufgezuckert (legales Zusetzen von Zucker vor der Gärung zur Erhöhung des Alkoholgehaltes) werden dürfen.
Steinfeder: ist die Bezeichnung für die Weine mit dem niedrigsten Alkoholgehalt, er darf 10,7 % Vol. nicht überschreiten. Die Steinfeder-Weine (benannt nach einem Wachauer Federgras) sind leicht, frisch und duftig.
Federspiel: heißen Wachauer Weine im Kabinett-Bereich mit einem Alkoholgehalt von maximal 11,9 % Vol.
Smaragd: ist die Bezeichnung für die wertvollsten Gewächse, die im Qualitätsbereich Spätlese, Auslese liegen (bis '86 wurde diese Kategorie Honifogl genannt). Diese Weine müssen einen Mindestalkoholgehalt von 12 % Vol. aufweisen.

Herausragende Weinmacher:

Josef Jamek, Joching; Weingut Prager, Weißenkirchen; Emmerich Knoll, Unterloiben; Franz Hirtzberger, Spitz; Weingut Nikolaihof, Mautern.
In den benachbarten Gebieten: Weingut Salomon, Krems-Stein; Weingut Wilhelm Bründlmayer, Langenlois; Weingut Sonnhof, Gebr. Jurtschitsch, Langenlois.

Tip: Im Kloster Und, einem ehemaligen Franziskanerkloster in Krems-Stein, können in den historischen Kellerräumen Weine aus der Wachau und allen anderen österreichischen Weinbaugebieten verkostet und auch gekauft werden.

Restaurant-Tips: Restaurant Bacher in Mautern. Elegantes Restaurant mit sehr feiner Küche. Gute Weinkarte mit einer großen Auswahl an österreichischen und hochkarätigen ausländischen Weinen.
Restaurant Jamek in Joching. Besitzer ist der bekannte Weinmacher Josef Jamek, der nicht nur seinem Wein, sondern auch seinen Gästen große Aufmerksamkeit entgegenbringt. Unprätentiöse, sehr gute Küche. Zum Teil werden Produkte aus dem biologischen Anbau von Jameks Tochter vom Gut Schloß Kirchberg in Oberstockstall verwendet.
Schloß Kirchberg, Oberstockstall (ca. 20 km östlich von Krems). Schloß Kirchberg ist ein großes landwirtschaftliches Gut, dem seit 1987 ein sehr liebevoll eingerichtetes Restaurant mit guter Küche angeschlossen ist. Es werden vorwiegend Produkte aus dem hauseigenen biologischen Anbau angeboten. Nicht nur Gemüse und Obst, auch das Fleisch (Gänse, Enten, Schafe) stammt aus der eigenen Zucht. Empfehlenswert sind auch die Weine des Hauses, die beim Bruder des Besitzers, in der Kellerei Salomon in Krems-Stein, abgefüllt werden. Nicht entgehen lassen sollte man sich die feinen Obstbrände von Fritz Salomon.
Florianihof in Joching. Angenehmes Restaurant mit feiner Küche. Gute Weinkarte.
Restaurant Prandtauerhof, Joching. Gute Küche, gute Auswahl an Weinen.
Restaurant Loibnerhof, Unterloiben. Gutbürgerliche, preiswerte Küche.

Mosel · Saar · Ru

WER

Im Abschnitt der Mittelmosel, hier auf dem Bild bei Trittenheim, windet sich der Fluß in Richtung Koblenz in vielen langen Bögen und Schleifen durch das Tal. Die Reben stehen an steilen Hängen windgeschützt und in klimatisch bevorzugter Lage. An manchen Stellen sind die Weinberge wie riesige Amphitheater angeordnet. Im Gebiet von Saar und Ruwer ist das Klima härter. Die Winzer haben es dort schwerer als ihre Kollegen von der Mittelmosel. Dafür werden sie in manchen Jahren mit besonders guten Weinen belohnt. In der Region Mosel-Saar-Ruwer können Rieslingweine entstehen, die zum Teil schon vor der Jahrhundertwende zu den großen Weißweinen der Welt gehörten.

Ein Mensch, der eine lustvolle Beziehung zum Essen und Trinken hat und dies als vitalen Ausdruck der Kultur eines Landes versteht, wird die Verluste, die wir uns auf diesem Gebiet durch die Zerstörung der Natur in nie gekanntem Ausmaß täglich zufügen, schmerzlich empfinden. Solange sich dieser Mensch noch nicht mit Gleichgültigkeit gepanzert hat oder in Resignation verfallen ist, wird er sich in seinem eigenen Interesse für die Erhaltung oder Wiedergewinnung dieser Kultur einsetzen. Das Besondere ebenso wie das Alltägliche unvergiftet und in authentischer Gestalt vorzufinden, ist eine Grundvoraussetzung für die Kultur, die ich meine. Das Fleisch von streßgeplagten, mit Medikamenten vollgestopften Tieren schmeckt schlechter als das von natürlich ernährten, zufriedenen Artgenossen. Und auch gestreßter Wein ist nur noch ein matter Abglanz seiner selbst. Das ist der Grund, warum Spitzenerzeuger so ungemein sorgfältig mit diesem Stoff umgehen: Kunstdünger und Herbizide im Weinberg vermeiden, Fungizide oder Kupfersulfat sparsamst verwenden. Schwefel in der geringst möglichen Menge einsetzen, den Wein im Keller sich so frei wie möglich entfalten lassen, ihn nicht kastrieren und vergewaltigen durch eine Vielzahl von Maschinen und wiederum Chemie, bis letztlich nichts mehr übrigbleibt als ein Surrogat von etwas, das zum Lebendigsten und Reichsten gehört, was der Mensch der Natur abgewinnen kann.
Ein Weinmacher, den ich fragte, wie vergiftet der Wein sei, gab mir zur Antwort, daß durch den Gärungsprozeß alle "Fremdstoffe" (feiner Ausdruck für die Schadstoffe) bis auf minimale Reste von der Hefe aufgenommen würden. Wenn sich die Hefe dann absetze beziehungsweise abgezogen würde, sei der Wein eigentlich ein reines Produkt, vorausgesetzt, er wurde natürlich und nach normalen kellertechnischen Methoden produziert. Aus einer dramatisch verseuchten Umwelt, in der die Wälder in Abgasen und saurem Regen ersticken und die Böden, Flüsse und Meere Giftdeponien gleichen, steigt also der Wein wie Phoenix aus der Asche strahlend und sauber hervor. "Die Botschaft hör' ich wohl, allein mir fehlt der Glaube", formulierte Joh. Wolfgang von Goethe.

Der Arzt Friedrich Teiwes, Internist und Kardiologe in Trier, der nebenbei auch Weinmacher geworden ist, meint zum Thema Giftstoffe, die angeblich bei der Gärung durch die Hefe absorbiert werden, ganz unzweideutig: „Das ist natürlich die Theorie der Winzer, die weiterhin gerne viel spritzen. Wir wissen, daß Alkohol ein ausgezeichnetes Lösungsmittel ist für die Medizin und im Haushalt. Deshalb können Sie sicher sein, daß alle diese Schadstoffe sich nicht etwa durch die Hefe absetzen, sondern sich bestens im Alkohol lösen. Die Hefen sind ja Bakterien, die froh sind, wenn sie überleben, während die chemischen Rückstände von Spritzmitteln Gift für sie sind. Diese reinigende Wirkung erfüllen sie also bestimmt nicht." Dr. Teiwes hat sich in Kanzem nahe Saarburg ein Schlößchen zum Wohnen gekauft. Das schöne alte Kellergewölbe in diesem herrschaftlichen Haus am Fuße des Kanzemer Altenbergs — eine Spitzenlage für Saarweine — animierte ihn dazu, es selbst mit dem Weinmachen zu versuchen. Eine kleine Rebfläche von 0,6 ha am Kanzemer Altenberg mit durchschnittlich fünfzigjährigen, wurzelechten Rebstöcken kaufte er mit dazu. In kurzer Zeit eignete sich Dr. Teiwes das nötige Wissen an und erzeugte schon 1985, also zwei Jahre später, einen ausgezeichneten Riesling. Leider, darf man in diesem Fall sagen, nicht mehr als 4.000 Flaschen. Er verkauft seinen Wein fast ausschließlich an Spitzenrestaurants. Dabei geht es ihm weniger ums Geld als um die Freude, daß der gute Wein Anerkennung findet. Ein Arzt als Weinmacher, das verpflichtet zur Qualität, besonders im Hinblick auf die Bekömmlichkeit. Über sie hat sich Dr. Teiwes Gedanken gemacht, aber auch über die Wirkung von Wein auf den menschlichen Organismus. Natürlich ist das ein ungeheuer komplexes Thema, bei dem vieles nur vermutet werden kann, weil gesicherte Erkenntnisse der Wissenschaft in weiten Bereichen noch fehlen. Auf die alte Frage, wie schädlich der Schwefel im Wein sei, antwortet er: „Es gibt keine günstigen Wirkungen des Schwefels. Die Schwefelmenge im Wein sollte deshalb so niedrig wie irgend möglich gehalten werden. Hohe Schwefeldosen sind ohne Zweifel schädlich."

Schwefel wird schon seit Urzeiten bei der Weinerzeugung verwendet. Geschwefelt wird im Weinberg, um die Reben vor Pilzkrankheiten zu schützen. Geschwefelt wird im Keller, damit sich in den Holzfässern keine Bakterien festsetzen. Mit Schwefel werden Gärungsvorgänge gesteuert, beispielsweise um eine zweite Gärung zu vermeiden. Mit Hilfe von Schwefel wird die

Den Höhepunkt seiner Karriere als Weinhandelsstadt erlebte das romantische Traben-Trarbach Ende des 19. Jahrhunderts. Einige prachtvolle Jugendstilbauten sind Zeugen des einstigen Reichtums.

TEIWES

Dr. med. Friedrich Teiwes, Kanzem

Ein Unverträglichkeitsfaktor für viele ist die Säure im Wein. Ist Säure schädlich?

Bei einem gesunden Menschen hat die Säure überhaupt keine schädliche Wirkung. Der Körper braucht Säure, sonst würden wir innerhalb kurzer Zeit an Bakterien sterben.

Kann Wein gesund sein?

Es gibt den Erfahrungswert "mäßig getrunken, alt geworden und keine Krankheiten bekommen". Mäßig heißt: Auf keinen Fall mehr als eine Flasche am Tag.

Haltbarkeit des Weins erreicht, wobei gilt: Je süßer der Wein, desto mehr Schwefel. Doch nicht allein der vielleicht zu hohe Schwefelanteil im Wein ist schuld an möglichen Beschwerden. Auch andere Faktoren können dafür die Ursache sein. Zum Beispiel wird gern behauptet, daß bei Weinen mit einer zweiten Gärung durch die dabei entstehenden Histamine Beschwerden wie Kopfschmerzen, Kreislaufstörungen und Durchfall auftreten können. Die deutschen Weinmacher haben eine besondere Abneigung gegen die zweite Gärung, weil sie, sobald ihr Verlauf nicht sehr genau kontrolliert wird, eben diesen unerfreulichen Nebeneffekt haben kann. In Frankreich und der Schweiz dagegen ist sie allgemein üblich, und so erfahrene Weinmacher wie Josef Jamek und Franz Hirtzberger in der Wachau, die diese Gärung ganz oder teilweise durchführen, erzeugen Weine, deren Bekömmlichkeit beispielhaft ist. Aber selbst diese Weine können Kopfschmerzen verursachen, wenn man zu viel davon trinkt. Denn die Hauptursache ist und bleibt die Menge des genossenen Alkohols. „Trinke ich wenig", sagt Herr Teiwes ganz schlicht, „habe ich wenig Kopfschmerzen, und trinke ich viel, habe ich größere Kopfschmerzen — ganz egal, ob ich einen Château Lafite oder einen Teiwes trinke."

Wie empfindlich der Chemiehaushalt des Körpers reagiert, wenn man sich in Streßsituationen befindet, habe ich an mir selbst beobachtet. Wenn ich durch Zeitdruck und Überlastung in starken Streß gerate und in diesem Zustand Wein verkoste, sind meine Geschmacksempfindungen ganz offensichtlich gestört. Zum Beispiel fiel mir auf, daß ich besonders bei Rotweinen eine unangenehme Süße auf der Zunge spüre, die die Weine in Wirklichkeit gar nicht haben. In solchen Situationen ist aber auch meine Zuwendung, die ich einem Wein entgegenbringen möchte, blockiert. Ich rieche und schmecke weniger als im ausgeruhten, entspannten Zustand. Ein besonderer Wein verlangt aber — ebenso wie ein außergewöhnliches Essen — eine entsprechende Aufmerksamkeit. Ohne sie ist eine Wahrnehmung des Besonderen nicht möglich. Wer einen Wein verkostet, braucht Ruhe und Konzentration, um dahinterzukommen, was in ihm steckt, was er mitteilen kann. Ein komplexer Wein hat viele

Mindestens einmal im Jahr muß der Schieferboden an den Steilhängen der Mosel umgegraben werden, um ihn aufzulockern und das Unkraut unterzupflügen. Hier geschieht es mit einem Pflug, der von einer kleinen beweglichen Motorseilwinde den steilen Hang hochgezogen wird. An anderen, noch extremeren Stellen kann diese Arbeit nur von Hand mit einer Harke bewältigt werden.

Nuancen. Will man sie erfassen und erleben — und das ist ja die Hauptfreude beim Weintrinken — erfordert das eine gewisse Anstrengung. Bei Musik schließen manche Leute die Augen, um besser zu hören. Ich tue es gelegentlich ganz unbewußt, um einen Wein besser erfassen zu können, um ihn ganz intuitiv zu erleben. Bei der Betrachtung der Weinlandschaft Mosel-Saar-Ruwer hingegen scheint es mir nützlicher, zunächst wenigstens die Augen offen zu halten.

Ein Riesling von der Mosel gehörte um die Jahrhundertwende zu den großen deutschen Weißweinen, für die auch im Ausland hohe Preise bezahlt wurden. Es war die glanzvollste Zeit dieser traditionellen alten deutschen Weinbauregion, deren großes Kapital immer die edle Riesling-Rebe war. Sie wächst an der Mosel auf Schieferböden, zum größten Teil in extrem steilen Hanglagen, deren Steigung bis zu 68 % beträgt. Es ist ungemein mühsam, diese Lagen zu bearbeiten, moderne Maschinen sind kaum einsetzbar, wodurch sich der Arbeitsaufwand enorm erhöht. In den Steillagen der Mosel veranschlagt man pro Hektar 3.600 Arbeitsstunden im Jahr. In einer Region wie der Rheinpfalz zum Beispiel sind es dagegen nur 600 Stunden. Es ist klar, daß sich dieser Mehraufwand nur dann lohnt, wenn große Qualität erzeugt wird. Doch in den sechziger Jahren hat man die Rebgärten von 5.000 auf 11.500 ha erweitert. Auf minderwertigen Böden in Flachlagen wurden Massenträger wie Müller-Thurgau und obskure, gänzlich charakterlose Neuzüchtungen, die nur auf Quantität getrimmt waren, gepflanzt. Ein Winzer erzählte mir voller Stolz, daß er über 300 hl pro Hektar erzielt. Bei den wenigen herausragenden Erzeugern der Mosel liegen die Erträge zwischen 50 und 80 hl. Für die überwiegende Mehrheit der Winzer scheint sich die Prophezeiung von Jesus Christus, die in den Schriften der Apokryphen überliefert ist, schon erfüllt zu haben. Dort heißt es: „Der Tag wird kommen, da wird ein Wein sein, der wird aus zehntausend Stöcken fließen. Jeder Stock wird zehntausend Triebe haben und jeder Trieb zehntausend Beeren und jede Beere, wenn sie gepreßt wird, soll fünfundzwanzig Maß Wein geben."

Um dem Rebsprößling genügend Wärme zu geben, werden die Schieferplatten des Bodens als Sonnenreflektoren und Wärmespeicher um den Sprößling herum angeordnet. Nach drei bis vier Jahren werden die Rebstöcke den ersten Ertrag bringen, der später bei durchschnittlich 55 bis 60 hl pro Hektar liegen soll.

In der Spitzenlage Brauneberger Juffer, in der die zwölf Jahre dauernden Flurbereinigungsarbeiten beendet sind, pflanzt Wilhelm Haag im Herzstück dieser Lage, der Juffer-Sonnenuhr, neue Riesling-Reben an.

Ruine eines römischen Bäderpalastes aus dem 4. Jahrhundert in Trier, das um 15 v.Chr. von den Römern unter Kaiser Augustus gegründet wurde.

1950 nahm der Riesling 90 % der Rebfläche ein, heute sind es nur noch ca. 50 %. Als reiner Riesling gilt er immer noch, auch wenn er bis zu 15 % mit anderen Rebsorten verschnitten ist und zusätzlich kräftig Süßreserve zugesetzt wird. Neben den legalen Möglichkeiten gibt es dann noch die illegalen, aber gängigen Manipulationen des Verschnitts, mit denen man sozusagen ins Uferlose einen Riesling vervielfachen kann. Da verkauft der Erzeuger X seinen Riesling, den er bereits in der höchsten zulässigen Menge mit einfacheren Rebsorten verschnitten hat, an den Erzeuger Y. Der probiert den Wein und sagt sich, daß noch etwas Müller-Thurgau fehle. Also gibt er noch mal die erlaubten 15 % dazu und verkauft den "Riesling" an den Erzeuger Z. Der meint ebenfalls, da müsse noch... Wohin solche Machenschaften letztendlich führen, hat sich gezeigt, als zu Beginn der achtziger Jahre die Justiz nach langem Zögern endlich ernsthaften Hinweisen nachging, die — wie sich bald herausstellte — mehr als begründet waren. Was da ans Tageslicht kam, gab dem ohnehin angeschlagenen Renommee des Moselweins den letzten Rest. Bis heute liegen die Schatten dieser Skandale über dem Moseltal. Nach einer maßlosen Produktion von Billigweinen ist nun "Gesundschrumpfen" die Devise. Ein Prozeß, der in der Praxis bedeutet, daß viele Weinbauern sich einen anderen Beruf suchen müssen oder auf ihren Böden statt Weinreben wieder — wie vorher — Kartoffeln und Obstbäume anbauen. Weit über 13.000 Weinbaubetriebe gibt es zur Zeit noch an Mosel-Saar-Ruwer. Niemand wird eine Vorhersage wagen, wieviel es in zehn Jahren noch sein werden. Daß bei diesem Schrumpfungsprozeß viele soziale Probleme zu lösen sind, weiß man schon lange.

Man braucht aber andererseits kein Prophet zu sein, wenn man den guten Weinmachern an Mosel-Saar-Ruwer schon jetzt eine glänzende Zukunft prophezeit. Die besten unter ihnen brauchen sich ja längst keine Sorgen mehr zu machen. Sie sitzen inmitten eines großen Schatzes, dessen Wert ihre Großväter bereits kannten und zu nutzen wußten. Dieser Schatz sind die in der ganzen Welt einmaligen Steilhanglagen mit ihren Schieferböden, auf denen die edle Riesling-Rebe die allerbesten Voraussetzungen hat, ganz besondere Ergebnisse hervorzubringen. Der große Ruf, den die Moselweine um die Jahrhundertwende hatten, kam ja nicht von ungefähr. Er beruht auf der unvergleichlichen Leichtigkeit der Moselrieslinge, die dabei trotzdem Körper und Struktur haben und betörende Buketts mit reichen Duftnuancen verströmen können. Mit subtilen, blumigen bis erdigen Tönen, dem Duft von exotischen Früchten, würzigen Kräutern und Beeren können diese Weine aufwarten. Mit ihrer Rasse, Eleganz und Finesse sind sie wahrhaft große Vertreter der königlichen Rieslingsorte. Die guten Jahrgänge der Spitzenerzeuger an der Mosel sind im Gesamtspektrum der deutschen Weinkultur feinste Perlen von außergewöhnlicher Erlesenheit. Einer Weinkultur, die schon vor Christus im Moselgebiet zu Hause war. In Trier, der römischen Kaiserstadt von einst, kann man sich stellenweise in das alte Rom versetzt fühlen, so viele Zeugnisse aus dieser Zeit sind noch erhalten. Die Sitten in bezug auf das Weintrinken waren übrigens im alten Rom zeitweise sehr streng. Den Frauen drohte bei Weingenuß die Todesstrafe, den Männern war er erst ab dem 35. Lebensjahr erlaubt. Später, in der Kaiserzeit, verkehrte sich diese fragwürdige Sittenstrenge wieder ins Gegenteil. Orgiastische Saufereien waren an der Tagesordnung und wurden zur Tugend erhoben. Im Mittelalter schlugen wiederum die Deutschen alle Saufrekorde der Römer.

Im Genuß das rechte Maß zu finden, ist, wie die Geschichte zeigt, zu keiner Zeit sehr leicht gewesen. Vom hedonistischen Kulturritual war der Schritt bis zur Trunksucht immer schon sehr kurz. Der griechische Philosoph und Moralist Epiktet hat es auf eine knappe Formel gebracht: „Der Weinstock trägt drei Trauben: die erste bringt die Sinnenlust, die zweite den Rausch, die dritte das Verbrechen." Ich halte mich lieber im hedonistisch-apollinischen Bereich der ersten Traube auf, habe aber auch herzliche Sympathien für Genießer, die sich gelegentlich an die zweite Traube wagen, den Sohn des Zeus, den Weingott Dionysos anrufen und sich mit ihm vereinen, um im zügellosen Rausch in die mystisch dunklen Tiefen der Ekstase zu entgleiten.

Bei einer Verkostung der Weine von Georg und Ingrid Immich, den Besitzern des Riesling-Weinguts Carl August Immich-Batterieberg in Enkirch, wurde meine "Sinnenlust" in angenehmster Weise geschürt. Dieser "Batterieberg" war zu Beginn des 19. Jahrhunderts von Georg-Heinrich Immich aus dem Schiefermassiv gesprengt worden. Unzählige Sprengladungen wurden

Das Weingut Carl August Immich-Batterieberg in Enkirch. Hier wird ausschließlich Riesling erzeugt. Die Ahnenreihe der Immichs, die Weinbau betrieben haben, läßt sich bis 1425 zurückverfolgen.

IMMICH

Georg Immich, Enkirch

Verwenden Sie Reinzuchthefen?

Nein, wir machen eine Spontangärung. Wir halten von den Zuchthefen nichts. Wir stehen auf dem Standpunkt, dem lieben Gott so wenig wie möglich ins Handwerk zu pfuschen.

Haben Sie noch wurzelechte Rebstöcke?

Wir haben noch 80 % wurzelechte Reben. Die höhere Qualität kommt von den wurzelechten Reben. Die amerikanische, gepfropfte Rebe ist sehr viel üppiger, mit ihr hat man im Sommer beim Aufbinden die meiste Arbeit, und sie läßt ganz früh die Trauben fallen. Das heißt, es ist mit diesen Reben sehr schwer, gute Spätlesen und Auslesen zu bekommen. Die wurzelechten sind sehr widerstandsfähig, haben zwar einen geringeren Ertrag, dafür ist die Qualität aber besser. Sie sind intensiver in der Aromabildung und besser im Körper.

dafür benötigt, daher der Name Batterieberg. Der blaue Devonschiefer dieses Weinbergs bringt Rieslinge von unverkennbarem Charakter und hoher Qualität hervor. Die Trauben werden selektiv im November geerntet. 80 % der Reben sind wurzelecht, das heißt, sie sind nicht auf amerikanische Wurzeln aufgepfropft. Große Teile der Weinberge an der Mosel wurden nämlich von der Reblaus verschont und konnten deshalb noch mit originären Reben bepflanzt werden. Die wurzelechten Rebstöcke bringen eine höhere Qualität als die amerikanisch gepfropften. Diese haben eine üppigere Vegetation, lassen aber sehr früh die Trauben fallen. Laut Herrn Immich ist es aus diesem Grund mit gepfropften Reben sehr schwer, gute Spätlesen und Auslesen zu bekommen. Dagegen haben wurzelechte zwar einen geringeren Ertrag, sind aber widerstandsfähiger und halten die Trauben viel länger, so daß sie intensivere Aromen bilden können. Die Rieslinge vom Weingut Immich bewegen sich häufig im Bereich der Spät- und Auslesen. 60 % der Weine werden trocken ausgebaut. Herr Immich meint aber, daß eine halbtrocken ausgebaute Auslese im Alter von zehn bis fünfzehn Jahren (sie können auch vierzig bis fünfzig Jahre alt werden) wesentlich feiner herauskomme als eine trockene.

Auffallend an den Weinen von Immich ist ihre fliegende Leichtigkeit, die zarte, aber ausgeprägte Struktur und das feine, blumige Bukett. Die Spät- und Auslesen sind niemals fett oder voluminös, sondern immer schlank, von feiner Eleganz, mit einem anhaltenden Abgang. Der unverkennbare Stil, der diesen Weinen eigen ist, zieht sich über die unterschiedlichen Jahrgänge hinweg durch alle Qualitätsstufen. Ich hatte das Vergnügen, neben anderen Jahrgängen auch eine Auslese von 1959 sowie eine von 1949 verkosten zu dürfen, und war bei beiden Weinen überrascht, wie jugendlich lebendig sie noch waren, von ihren anderen wahrhaft traumhaften Eigenschaften einmal ganz abgesehen. Die Weine der Immichs gehören für mich zu den absoluten Spitzenerzeugnissen an der Mittelmosel. Mit ihren spezifischen Charaktereigenschaften vertreten sie in idealtypischer Weise ihr Herkunftsgebiet. Vergoren und ausgebaut werden sie alle in Holzfässern. Hauptsächlich in den an der Mosel üblichen "Fuder", die 1.000 l fassen. Zur Erntezeit – meist erst im November – sind die Außentemperaturen niedrig und der alte Keller so kühl, daß eine langsame Gärung bei 12° bis 15° C gewährleistet ist. Die Möglichkeiten der Kühlung, die Edelstahlbehälter bieten, sind hier weniger interessant als beispielsweise in wärmeren Zonen. Weitere Eigenschaften dieser Behälter treffen neben wirtschaftlichen Fragen bei Weißwein in erster Linie Charakter und Stil. Absichten, die der Weinmacher umsetzen will. Die Reifung der Weine verläuft in diesen hermetisch verschlossenen Tanks anders als in Holzfässern,

TYRELL

Christoph Tyrell, Karthäuserhof

Wie waren diese Panschereien an der Mosel möglich?

Man hat versucht, mundgerechte Weine zu machen, die auf dem Markt leicht zu veräußern waren. Man hat den Markt, zum Beispiel den amerikanischen, nicht mit Informationen bedient, sondern nur mit mundgerechtem, süßem Wein, und so haben wir eben die Situation, daß gerade in Amerika das Motto für deutsche Weine "sweet and cheap" und das Image entsprechend schlecht ist.

Sie persönlich haben ein schweres Erbe von Ihrem Vater übernommen. Wie werden Sie damit fertig?

Bisher bin ich mit sehr viel Arbeit und einer ganz konsequenten Qualitätspolitik recht gut damit zurechtgekommen. Ich will damit nicht sagen, daß der Karthäuserhof für immer und ewig über den Berg ist. Aber wenn man konsequent versucht, gute Weine zu erzeugen – in allen Lebensbereichen des Weins, angefangen im Weinberg, über meine eigene Philosophie bis hin zur Kellertechnik –, zeigt es sich, daß man dann mit entsprechendem Fleiß und Auftreten einiges erreichen kann.

in denen der Wein mehr Sauerstoffberührung hat. Mit Edelstahlbehältern kann man einen reduktiven Ausbau des Weines besser steuern, zudem sind sie als Behälter neutral. Holzfässer sind es nicht. Der Wein aus dem Fuder A kann ganz andere Nuancierungen haben als der aus dem Fuder B. Es bleibt der Kunst des Weinmachers überlassen, ob er später einen Verschnitt aus den verschiedenen "Fässern" macht oder sie einzeln abfüllt. Bei einer späten Weinlese und niedrigen Temperaturen im Keller kommt es oft vor, daß die Weine nicht ganz durchgären und mit Restsüße stehen bleiben. Das trifft vor allem auf Weine mit hohen Mostgewichten zu. Durch Erwärmen eines Kellers oder auch durch Wärmeschlangen im Gärbehälter ließe sich das verhindern. Doch da die Mosel-Saar-Ruwer-Weine eine hohe Säure haben, meinen viele Weinmacher, daß diesen Weinen eine gewisse Restsüße als Puffer für die Säure ganz gut tue.

Dieses Thema hat aus der Sicht eines Anhängers durchgegorener Weine einigen Reizwert. Nach den Erfahrungen, die ich mit den Mosel-Saar-Ruwer-Weinen und ihren Spitzenerzeugern gemacht habe, weiß ich jedoch, daß ein dogmatischer Standpunkt auf diesem Sektor jederzeit von einigen der renommiertesten Weinmachern widerlegt werden kann. Man muß sich natürlich auf ihre Weine einlassen, intuitiv und vorurteilsfrei an sie herangehen und sich nicht schon vorher von den Angaben über Säure, Alkohol, Restzucker, Extrakt etc. beeinflussen lassen. Solche Werte sind ja sehr relativ und sagen wenig über die "Größe" eines Weins aus. Georg Immich beispielsweise bedient sich in einem gewissen Umfang auch der für mich recht fragwürdigen Süßreserve. Wilhelm Haag in Brauneberg lehnt sie gänzlich ab. Vom Standpunkt her ist mir in diesem Fall Wilhelm Haag viel näher als Georg Immich. Ihre sehr unter-

Ein Mitarbeiter von Wilhelm Haag spritzt organische Fungizide vorbeugend gegen Pilzkrankheiten der Reben, die jetzt Mitte Mai ihr erstes zartes Grün entfalten. Ende Mai, Anfang Juni wird die Blüte beginnen. Dann sind starke Regenfälle oder Nachtfröste für die Reben besonders gefährlich.

schiedlichen Weine schätze ich aber gleichermaßen. Worauf es ankommt ist, wie ein Weinmacher mit diesem unvergorenen Traubenmost umgeht.

Allerdings ist gerade an der Mosel, wo man so gerne die lieblichen, milden Weine erzeugt, die Süßreserve ein heikles Thema, denn mit ihr wird überall in Deutschland so viel verzerrt und gefälscht, daß Skepsis und Vorsicht in der Tat geboten sind. Am stärksten können mit der Süßreserve die Tafel- und Qualitätsweine manipuliert werden. Bei den Prädikatsweinen und Erzeugerabfüllungen macht das Weingesetz strengere Auflagen. Dies hinderte selbst den langjährigen deutschen Weinbaupräsidenten, Werner Tyrell, nicht, auf seinem renommierten Weingut Karthäuserhof verbotene Manipulationen über Jahre hinweg durchzuführen. Erst 1983 wurden sie von der Staatsanwaltschaft aufgedeckt. Bis dahin hatte es der Herr Präsident glänzend verstanden, als "Qualitätserzeuger" aufzutreten und den Moralapostel und Biedermann zu spielen. Doch still und heimlich mischte er seiner Süßreserve, die ihm noch immer nicht süß genug war, kräftig Zucker bei und verschnitt damit seine Prädikatsweine. (Nach dem deutschen Weingesetz ist das Zuckern der Süßreserve nur bei Tafel- und Qualitätsweinen erlaubt.) Nach Aufdeckung seiner Machenschaften wollte er den Karthäuserhof verkaufen, fand aber keinen Käufer. „Zum Glück", meint heute Christoph Tyrell, ältester von sechs Brüdern und einer Schwester. 1984 hat er, der studierte Jurist, das schwer belastete Weingut — der Vater verließ es 1986 — mit einem neuen Team und dem festen Willen übernommen, das kaputte Renommee des Karthäuserhofes wieder aufzubauen. Eine Aufgabe, die ihm noch heute große Anstrengungen abfordert. Durch eine Reihe von klaren, qualitätsfördernden Maßnahmen, die er konsequent durchführte, ist es Christoph Tyrell erstaunlich schnell gelungen, erstens gute Weine zu erzeu-

Ein alter Weinkeller mit Fudern, den traditionellen Eichenfässern mit etwa 1.000 l Inhalt, wie sie an Mosel-Saar-Ruwer verwendet werden.

Eine Weinverkostung besonderer Art im Eßzimmer des Karthäuserhofs. Edelsüße Spitzenweine von Mosel und Ruwer werden zusammen mit einer Gänsestopfleber, einem Pfirsichtörtchen und einem pikanten Gorgonzola verkostet, um herauszufinden, welche von den Beeren- und Trockenbeerenauslesen oder Eisweinen am besten zu diesen Gerichten passen.

gen und zweitens dafür auch Anerkennung zu ernten. Sein Credo heißt, reintönige, konturenklare, frische, durch Fruchtsäure geprägte Weine zu erzeugen, Weine, die ihm selbst schmecken. Einen Wein, der ihm persönlich nicht zusage, könne er auch nicht verkaufen, meint Christoph Tyrell. Den Anteil der trockenen und halbtrockenen Weine hat er beträchtlich erhöht. Gut 70 % werden trocken ausgebaut, der Ertrag pro Hektar liegt etwa bei 60 hl. Vergoren wird im Hochdrucktank und ausgebaut im Holzfaß. Tyrell verschneidet auch halbtrockene mit trockenen Weinen, die Süßreserve lehnt er aus verständlichen Gründen ganz ab. Eine trockene 88er *Riesling Spätlese,* die ich verkostet habe, darf man schon heute, und sicherlich erst recht in ein paar Jahren, zu den großen Weinen von Mosel-Saar-Ruwer zählen. Es hat mich persönlich sehr beeindruckt, wie hier jemand mit enormem Engagement einen Karren, der tief im Dreck steckte, herauszieht und wieder flottmacht. Die Mutter von Christoph Tyrell ist eine geborene Rautenstrauch. Diese Familie hat 1811 den Besitz erworben, der heute in der 6. Generation fortgeführt wird. Das Gutshaus ist umgeben von einem herrlichen Park und den Südwesthanglagen des Karthäuserhofberges. Es sind feinschiefrige, mineralische Verwitterungsböden, auf denen zu 90 % Riesling-Reben stehen. Neben den von Schubert'schen Weingütern ist der Karthäuserhof heute wieder das bedeutendste Weingut an der Ruwer.

Die Gewächse von der Ruwer unterscheiden sich von den Saar- und Moselweinen durch etwas kräftigere Körper und eine sehr betonte Säure, können in kleinen Jahrgängen aber auch schmal und dünn ausfallen. Die Saarweine hingegen sind etwas feiner strukturiert und können in guten Jahren unschlagbar sein, während die Mosel meistens ausgewogenere und reifere Weine mit mehr Substanz hervorbringt. Bei einem kleinen Festessen und -trinken, das Hubert Scheid, ein exzellenter Koch aus Wasserliesch bei Trier, Christoph Tyrell, Wilhelm Haag vom Weingut Fritz Haag in Brauneberg, Stuart Pigott — ein englischer Weinjournalist, der in Bernkastel lebt — und ich im Karthäuserhof veranstalteten, wollte ich gerne herausfinden, wie sich hochkarätige Moselweine mit einer hohen, edlen Restsüße zu einer Gänsestopfleber, dann zu einem gratinierten Pfirsichtörtchen und zum dritten zu einem Gorgonzola verhalten. Man weiß, daß die berühmten französischen Sauternes, Weine aus dem Bordelais, üblicherweise mit solchen und ähnlichen Kombinationen empfohlen werden. Ob das mit deutschen Weinen auch so funktionierte? Zu den kleinen Speisen probierten wir sechs verschiedene Rieslinge. Einen *64er Karthäuserhofberg, Feinste Auslese.* Einen *75er* und einen *76er Fritz Haag, Brauneberger Juffer, Auslese.* Einen 71er *Karthäuserhofberg, Beerenauslese.* Einen *75er Brauneberger Juffer Sonnenuhr, Beerenauslese,* wieder von *Fritz Haag* und schließlich einen *85er Karthäuserhofberg, Eiswein.* Es wäre langweilig, im einzelnen aufzuzählen, welcher der sechs hochkarätigen Weine jeweils am besten zu den Speisen gepaßt hat. Doch für uns war es ein spannendes Erlebnis, bei dem allen schnell klar wurde, wie herrlich sich solche Weine mit diesen und ähnlichen Gerichten kombinieren lassen, wie schwer es aber gleichzeitig ist, die jeweilige Idealkombination zu treffen.

Zunächst einmal ist es ganz davon abhängig, wie diese verschiedenen Auslesen und der Eiswein strukturiert sind, welche Säure, welche Süße, welchen Körper sie haben. Eine Regel läßt sich deshalb überhaupt nicht aufstellen. Wir waren uns jedoch zum Beispiel sehr schnell einig, daß zu der Foie gras, die ja immer schwer ist und intensiv schmecken soll, die massiveren Weine mit größerem Körper und viel Restsüße sehr viel weniger gut paßten als beispielsweise die zarte und feine *64er Auslese,* die noch einen Duft von frischem Heu und Zitronenmelisse hatte und damit einen gewissen Kontrapunkt zur Gänseleber setzte. Dies war viel reizvoller, als wenn man die ohnehin schon schwere Gänseleber mit einem mächtigen Sauternes oder einer vergleichbaren Beerenauslese zusammengebracht hätte. Auch zum Pfirsichtörtchen und zum Gorgonzola fanden wir ideale Kombinationen, die das Gericht entweder "still und diskret" begleiteten oder einen gegensätzlichen "spektakulären" Akzent setzten. Will man in einem Restaurant eine solche "Hochzeit" zwischen Wein und Gericht erleben, ist man auf den fachlichen Rat eines hervorragenden Sommeliers angewiesen. Denn entscheidend wichtig für eine gelungene "Hochzeit" dieser Art ist, daß der Wein, mehr als üblich, exakt auf das Gericht abgestimmt sein muß. Zur Zeit vollzieht sich in allen europäischen Weinzonen mehr oder weniger intensiv ein Generationswechsel. Die Väter treten ab, Söhne und Töchter dieser Kriegsgeneration übernehmen das Ruder. Damit verbunden ist eine Erneuerung der technischen und wissenschaftlichen Mittel im Weinbau. Es ist eine Zeit des Umbruchs, mit verlockenden Perspektiven für die Zukunft. Die jungen oder jung gebliebenen herausragenden Weinmacher, die ich in Europa getroffen habe, hatten alle eines gemeinsam: sie sind hoch qualifiziert, wissenschaftlich gebildet, umweltbewußt und engagiert. Man verständigt sich in einer Sprache, die frei ist von vielen alten verlogenen Sprüchen, in denen so oft Gott und die Natur vorkommen, dafür aber im Weinberg und Keller um so hemmungsloser gepfuscht wird. Ernst Loosen, der eigentlich Archäologe werden wollte, mußte sein Universitätsstudium abbrechen, weil sein Vater erkrankte. Da er bereits auf dessen Drängen ein dreijähriges Studium an der Weinbauschule in Geisenheim absolviert hatte, war er in der Lage, den elterlichen Betrieb zu übernehmen. Zunächst eher widerwillig, aus Pflichtgefühl, doch bald mit wachsender Leiden-

LOOSEN

Ernst Loosen, Bernkastel

Das Renommee der Moselweine ist schlecht, obwohl es hier große Rieslinge gibt. Was hat man falsch gemacht?

Falsch gemacht wurde, daß die Mosel nicht mehr für ihre Rieslinge, sondern mittlerweile für ihre Massenweine bekannt ist. Man hat die Rebflächen ausgeweitet und mit Massenträgern bepflanzt, die charakterlose, untypische Weine bringen. Die Lagen der typischen Riesling-Weine, wofür die Mosel um die Jahrhundertwende bekannt geworden ist, kann man nicht erweitern.

Macht es Ihnen Spaß, Wein zu machen?

Seit zwei, drei Jahren macht es mir Spaß. Ich bin zwar eigentlich Archäologe, aber seitdem ich dieses Weingut hier mit den richtigen Leuten mache, wie unser Kellermeister, macht es viel Spaß. Gerade hier, wo so viel kaputtgemacht wurde, gerade da macht es Spaß zu zeigen, daß die Mosel ein ganz großes Weinbaugebiet ist.

schaft für den Wein, den er ganz anders als sein Vater machen will. Ich kenne die Weine des Vaters nicht, doch die des Sohns habe ich probiert. Seine Jahrgänge '87 und '88 sind höchst bemerkenswert. Besonders die trockenen Spät- und Auslesen vom Jahrgang '88 haben einen enormen Stoff, ein herrliches Bukett, einen langen Abgang. Diese Weine sind ein erstaunlich reifes, souveränes Ergebnis für einen Mann, der noch sehr jung ist und das Handwerk eines Weinmachers erst seit kurzem betreibt. Freilich hat er das Glück, hervorragende Lagen zu besitzen. Unter anderem *Bernkastler Lay, Ürziger Würzgarten, Erdener Prälat.* Eine kleine Parzelle in der Renommierlage Bernkastler Doktor, die der Vater für viel Geld gepachtet hatte, wollte sein Sohn wieder loswerden, was ihm erst nach zähen Verhandlungen geglückt ist. Durch die übertriebene Höhe des Pachtgelds, die aus einer generellen Überbewertung dieser Lage resultiert, wäre der Wein aus diesem Rebgarten im Verhältnis zu seiner Bedeutung viel zu teuer geworden. Solch konsequente Einstellung eines jungen Weinmachers stimmt zuversichtlich im Hinblick auf eine Renaissance der deutschen Weinkultur.

Wilhelm Haag in Brauneberg ist nicht mehr so jung wie Ernst Loosen, aber nicht weniger kompromißlos in den Forderungen, die er an die Qualität seiner Weine stellt. Seit 1965 leitet er das Weingut Fritz Haag. Von den 5 ha Rebfläche, die er besitzt, entfallen zwei Drittel auf die berühmte Schiefersteillage *Brauneberger Juffer.* Und davon wiederum liegt der größte Anteil im Herzstück dieser Lage, der *Juffer Sonnenuhr.* 95 % sind insgesamt mit Riesling bestockt. Die noch vorhandenen 5 % Müller-Thurgau werden demnächst ebenfalls durch Riesling-Reben ersetzt. Die Begrenzung der Produktion im Weinberg und eine selektive Lese ist für Haag die erste Voraussetzung für Quali-

Der alte Teil von Piesport ist einer der schönsten Orte an der Mittelmosel. Hier hat man bei Flurbereinigungsarbeiten eine römische Großkelteranlage aus dem dritten Jahrhundert gefunden. Aus der Größe der Traubenbecken schließt man, daß die Rebfläche damals mindestens 10 ha betragen hat.

HAAG

Wilhelm Haag, Brauneberg

Warum ist es so schwer, den Winzern klarzumachen, daß sie weniger erzeugen sollten, damit sie bessere Qualität produzieren und letztlich vielleicht auch mehr Geld kriegen?

Ich glaube, diese Situation der letzten Jahre hat mit sich gebracht, daß überhaupt keine Preisentwicklung da war, wenn auch einige Winzer gemerkt haben, daß der Konsument, der noch bereit ist, deutsche oder speziell Mosel-Saar-Ruwer-Weine zu trinken, einen ausgewählten Geschmack hat und auch über diesen Geschmack einkauft. Die Folge ist schon, daß die Winzer sich in den letzten Jahren mehr um die Qualität bemühen. Das ist auch die Entwicklung, die kommen wird.

Letztendlich gibt es aber doch nur ein paar Leute, die hier wirklich Qualität erzeugen.

Ja, aber ich glaube, genau die paar braucht man und die anderen gucken sich das ab. Ich hoffe, hier entsteht ein guter Ehrgeiz.

tät. Sein Ertrag liegt zwischen 70 und 80 hl pro Hektar. Prädikatsweine werden im Holzfaß vergoren, die Qualitätsweine im Stahltank. Für die Qualitätsmoste verwendet er Reinzuchthefen, die Prädikatsweine werden mit natürlichen Hefen vergoren. Der Most wird durch Absetzen geklärt, nicht durch maschinelles Separieren. Vor der Abfüllung werden die Weine mit Eiweiß geschönt, die chemische Blauschönung lehnt Wilhelm Haag ab. Für überflüssig und stilwidrig hält er die Verwendung von Süßreserve. Das nachträgliche Süßen des Weines mit unvergorenem Traubenmost beraube ihn jeder Individualität, die feinen Unterschiede zwischen den Lagen, oft sogar zwischen den kleinen Parzellen, würden durch Süßreserve nivelliert. Wenn Haag eine Restsüße bei seinen Weinen behalten will, bedient er sich einer alten Methode. Die Gärung wird durch den Abstich unterbrochen, das heißt, der junge Wein wird von der Hefe getrennt. Das erfordert eine aufmerksame Kontrolle des Weines und die Fähigkeit, im richtigen Moment einzugreifen. Haag macht alle Arbeiten im Keller selbst und verbringt dort während der Lese oft seine Nächte.

Er ist, wie viele andere auch, der Meinung, daß der Mosel-Riesling am besten schmeckt, wenn die hohe Säure durch etwas Restsüße abgepuffert ist. Deshalb beläßt er auch seine trockenen Weine an der oberen Grenze der gesetzlich zulässigen 9 g Restsüße. Doch diese hat mich bei keinem der Weine vom Weingut Fritz Haag gestört. Selbst einen *81er Brauneberger Juffer, Kabinett,* mit 30 g Restsüße, empfand ich immer noch als sehr angenehm, säurebetont und verhältnismäßig "trocken". Das zeigt nur einmal mehr, wie relativ auch der Begriff trocken ist. Er hat beispielsweise für die badischen Weine einen ganz anderen Inhalt als für die der Mosel. Trocken ist eben nicht gleich trocken. Wir wissen, daß zum Beispiel Franz Keller in Oberbergen ein entschiedener Gegner einer so hohen Restsüße ist, wie sie das Weingesetz bei trockenen Weinen erlaubt. Damit hat er in den meisten Fällen sicherlich recht. Doch gerade herausragende Moselweine zeigen eben auch, wie schwer es ist, mit einem Gesetz Normen für alle aufzustellen. Nach meiner Erfahrung sprengen viele Weine, die man groß nennt, alle Normen und Regeln und werden gerade dadurch zu außergewöhnlichen Persönlichkeiten. Es ist beim Wein gelegentlich wie in der Kunst; man kann nicht per Gesetz verordnen, wie ein Buch, ein Bild, eine Komposition oder ein Film auszusehen hat. Manche behaupten, die besten Moselweine würden von der Saar kommen. Herr Zilliken, Besitzer des Weinguts Forstmeister Geltz Zilliken in Saarburg, interpretierte mir diese Behauptung so: „Die Saarweine haben im Durchschnitt ein niedrigeres Mostgewicht als die der Mittelmosel. An der Saar liegen die Weinberge etwas höher, das Tal ist offener, weniger windgeschützt, so daß die klimatischen Verhältnisse viel extremer sind als

ZILLIKEN

Hans Joachim Zilliken, Saarburg

Wie stehen Sie zur Süßreserve?
Generell kann man sie nicht verdammen, auch wenn ich persönlich sie nicht verwende. Man muß sie individuell behandeln. Der Hauptnachteil der Süßreserve ist ja, daß oft mit einem Gebinde alle Weine gesüßt werden und so eine Uniformierung der Weine erfolgt, wobei am Ende alle gleich schmecken. Verfällt man dann auch noch dem Fehler, für die Süßreserve eine Neuzüchtung zu nehmen, die dann besonders aromatisch ist, dann wird der Riesling-Charakter völlig verfälscht.

Was ist das ideale Alter für einen Saar-Riesling?
Es gibt zwei Altersphasen, in denen die Weine gut zu trinken sind: die Jungweine in den ersten und zwei bis drei Jahren und dann die ausgereiften Weine. Dazwischen ist eine Phase, in der die Weine regelrecht schlafen, in der sie nicht mehr den Jungweincharakter haben, aber auch keine Flaschenreife besitzen. Ein Saar-Riesling hat in der Regel ab dem siebten oder achten Jahr die optimale Flaschenreife, die den Wein erst voll zur Entfaltung bringt.

an der Mittelmosel. Dafür haben wir in guten Jahren die Chance, Spitzenweine zu machen, die die Gewächse von der Mosel übertreffen können. Doch solche Sternstunden müssen wir mit im Durchschnitt kleineren Jahrgängen bezahlen." Zilliken hat auch in kleinen Jahrgängen sehr schöne Weine zu bieten. Im allgemeinen sind sie feingliedrig, mit einer kräftigen, gut balancierten Säure, mit viel Spiel und Rasse. Unter seinen Rieslingen vom Jahr '88 hat mich eine trockene Spätlese besonders beeindruckt. Sie verfügt über eine elegante, rassige Säure, einen köstlichen Pfirsichton im Bukett und einen Körper, der filigran und kraftvoll zugleich ist.

Saar-Riesling eignet sich auch sehr gut für die Sekterzeugung. In Trier wurde 1983/84 eine Erzeugergemeinschaft gegründet, die Sekt nach der Champagnermethode produziert. Jeder Winzer, der Mitglied ist, kann dort zu einem günstigen Preis seinen Wein versekten lassen und ihn anschließend selbst vermarkten. Gründer und Leiter der Saar-Mosel-Winzersekt GmbH (SMW) ist Adolf Schmitt, der Präsident des regionalen Weinbauverbandes. Seine Qualitätsansprüche an den Grundwein, den die Winzer anliefern, sind hoch. Denn ein Sekt kann nur so gut sein wie sein Grundwein. Deshalb muß Adolf Schmitt, der sehr streng auswählt, rund 40 % der angebotenen Grundweine ablehnen. Wenn man weiß, daß 90 % der deutschen Schaumweine aus ausländischen Grundweinen hergestellt werden, ist die Erzeugung von Sekt aus sortenreinen erstklassigen Weinen mit Flaschengärung außerordentlich bemerkenswert. Der überwiegende Teil deutscher Sekte wird ja im Tankgär- oder im Transvasierverfahren hergestellt. Methoden, die sich nicht mit der klassischen und aufwendigeren Flaschengärung vergleichen lassen. Ich habe bei Herrn Schmitt trockene Mosel- und Saar-Rieslingsekte verkostet; sie haben ein duftiges Rieslingbukett, eine feine Kohlensäure und schmecken elegant und rassig. Zudem sind sie leicht, aber ausdrucksvoll und sehr bekömmlich. Auch Sekte aus dem Elbling, einer sehr alten Rebsorte, die heute fast nur noch an der Obermosel angebaut wird und süffige, aromatische Weine ergibt, waren angenehm zu trinken. Die Umsätze der Erzeugergemeinschaft sind in den letzten Jahren kontinuierlich gestiegen. Allerdings gilt das für die gesamte Schaumweinbranche, die vom wachsenden Wohlstand in Europa profitiert. Dieser Wohlstand bewirkt auch den enormen Schub hin zu den Qualitätsweinen. Weingüter, die immer schon Herausragendes erzeugt haben, hatten in der Zeit des Booms mit den Massenweinen — der ja noch lange nicht beendet ist — kein leichtes Leben. Sie mußten ihre Weine oft unter Wert verkaufen. Jetzt ist die Zeit gekommen, wo sie für die Ausdauer und ihre charaktervolle Arbeit den Lohn kassieren können. Die wendigen, schnellen Profitmacher, die über Jahrzehnte mit

PRÜM

Wie würden Sie Ihre Weine charakterisieren?
Wir haben viele Kinder, die ich in ihrer Verschiedenartigkeit liebe. Mit der Rieslingtraube in unseren Steillagen ist es möglich, frische, lebendige, faszinierende, ausdrucksstarke Weine auf die Flasche zu bringen. Ich glaube, das ist die Linie, die durch unsere Weine geht — bei allen Unterschieden in der Restsüße und der Alterung. Ich fände es nicht gut, eine Homogenisierung vorzunehmen, was in anderen Ländern passiert und ökonomisch große Vorteile mit sich bringt. Für mich ist attraktiver, wenn ich vor einer Frühlingswiese mit vielen verschiedenen Blüten stehe als vor einem Rapsschlag. Ein Rapsschlag ist aus der Entfernung wunderschön gelb, aber wenn man davorsteht und sieht immer die gleichen Blüten, das gleiche Gelb, dann kann das schon langweilig werden. Dagegen sind wir gefeit bei der Verschiedenheit unserer Weine, die den eben geschilderten Grundzug aufweisen.

Dr. Manfred Prüm, Bernkastel-Wehlen

minderwertigen Weinen abgesahnt haben, werden sich allerdings ebenfalls auf den vielfach mißbrauchten Begriff "Qualität" einschießen, ohne diese wirklich zu erzeugen. Mit entsprechender Aufmachung und Werbung wird in aller Welt der größte Schrott als Qualitätserzeugnis unters Volk gebracht. Nicht alles, was zum Beispiel den Namen einer großen Lage auf dem Etikett trägt, ist auch ein großer Wein. Im Gegenteil, hier ist besondere Vorsicht geboten, weil mit Lagennamen häufig genug Schindluder getrieben wird. Eine Wehlener *Sonnenuhr* ist nicht automatisch ein Wein von Bedeutung.

Einen nachhaltigen Eindruck, was sie sein kann, habe ich bei Johann Joseph Prüm in Bernkastel-Wehlen bekommen. Dieses traditionelle Weingut, dessen Ursprünge im 18. Jahrhundert liegen, blieb lange von Erbteilung verschont. Erst 1911 wurde das Stammgut unter sieben Geschwistern aufgeteilt. Als Folge dieser Teilung gibt es heute in Wehlen, Ürzig und Bernkastel mehrere Güter, die den Namen Prüm tragen. Das Weingut Johann Joseph Prüm wird heute von Manfred Prüm geleitet. Prüm besitzt neben 4,5 ha *Wehlener Sonnenuhr* auch noch Parzellen in den Lagen *Graacher Himmelreich, Bernkastler Lay, Bernkastler Badstube* und *Zeltinger Sonnenuhr* — eine Lage, die direkt an die Wehlener anschließt.

Der Anteil seiner Prädikatsweine ist sehr hoch: in mittleren etwa 75, in guten Jahren 100 %. Berühmt wurde das Weingut insbesondere durch die edelsüßen Weine, die der Vater des heutigen Besitzers konsequent aufgebaut hat. Seine "feinen", "feinsten" und "hochfeinen" Auslesen, Beerenauslesen und Trockenbeerenauslesen haben das Renommee des Hauses mitbegründet. Auf der

Weinkarte des Restaurants "Sonnenuhr" in Wehlen — eines der wenigen guten in dieser Region — fand ich eine Trockenbeerenauslese von Johann Joseph Prüm aus dem großen Jahrgang 1949, die für 5.000 Mark angeboten wurde.

Manfred Prüm ist, der Tradition der Familie folgend, nicht furchtsam im Umgang mit der Süße im Wein. Auch die Süßreserve ist für ihn „nicht so schlimm wie für den Teufel das Weihwasser. Es kommt nur darauf an, daß man sie hervorragend ausarbeitet." Als "Trocken-Trinker" bin ich Manfred Prüm natürlich mit einer gewissen Zurückhaltung entgegengetreten. Zu Beginn des Gesprächs waren wir deshalb vielleicht auch etwas auf Kollisionskurs und liefen Gefahr, aneinander vorbeizureden. Doch da ich wußte, welche Klasse die Weine von Prüm haben, konnten wir uns nach dem anfänglichen Schlagabtausch, den ich mit kleinen Provokationen schürte, recht schnell einig werden.
Eine *81er Riesling Spätlese, Zeltinger Sonnenuhr,* trocken, brachte dann einen geradezu seligen Frieden in die Runde. Der Wein war jung und frisch wie am ersten Tag, seine feine, reife Fruchtsüße verführerisch, ohne Spur von Aufdringlichkeit. Eine 81er Wehlener Sonnenuhr Auslese, lieblich (mit 30 g Restzucker), aber mit betonter Säure, war zwar nicht unbedingt mein Fall, aber ohne jeden Zweifel ein großartiger Wein, der noch lange liegen kann und immer noch besser wird.
Prüm baut nur einen geringen Teil seiner Weine für den deutschen Markt trocken aus. Der größte Anteil geht mit stattlicher Restsüße und auch Süßreserve nach England und Amerika. Ich würde mir wünschen, daß dieser herausragende Weinmacher sich noch intensiver den trockenen Weinen widmet, zum Wohle derer, die damit glücklicher werden als mit den halbtrockenen und lieblichen.
Ob süß oder trocken, die Weine von Manfred Prüm zeigen wieder einmal, daß Erzeugnisse, hinter denen ein Weinmacher steht, der weiß, was er will, der einen Stil realisieren kann, der ohne Wenn und Aber seinem Geschmack treu bleibt — kurzum, eine Persönlichkeit, die sich über das Medium Wein ausdrückt —, daß solche Weine immer begeistern können.
Nachdem ich auch noch eine *76er Auslese* mit langer Goldkapsel und eine *49er Feinste Auslese* (zwei der herausragenden Jahrgänge dieses Jahrhunderts) verkostet hatte, wäre ich in meiner euphorischen Stimmung, in die mich diese Weine versetzt hatten, durchaus fähig gewesen zu sagen: Laßt mich in Frieden mit den Theorien und Begriffen, nennt mir den Namen eines guten Weinmachers, stellt mir eine Flasche von ihm auf den Tisch und laßt uns dann zur Sache kommen.

Mosel

Mosel-Saar-Ruwer ist mit einer Rebfläche von 11.500 ha das viertgrößte deutsche Weinbaugebiet. Der überwiegende Teil der Rebberge liegt zwischen Koblenz und Trier, den Windungen des 200 km langen Flußverlaufs der Mosel folgend. Dieses Gebiet wird in Untermosel und Mittelmosel unterteilt; der Bereich Obermosel liegt südlich von Trier. Die Weinlagen an den beiden Seitenflüssen der Mosel werden in den Bereich Saar-Ruwer zusammengefaßt. Das Besondere des Weinbaugebiets Mosel-Saar-Ruwer sind die steilen Schieferlagen, in denen Riesling kultiviert wird. Da die Bearbeitung dieser Lagen äußerst mühsam und aufwendig ist, hat man in den 60er Jahren damit begonnen, den Weinbau auf flache Gebiete auszudehnen und so die Rebfläche um mehr als das Doppelte von ursprünglich 5.000 auf 11.500 ha vergrößert. Diese Lagen wurden mit Reben bestockt, die hauptsächlich auf große Mengen getrimmt sind. Den größten Anteil hat dabei der Müller-Thurgau, der heute 30 % der Gesamtproduktion von Mosel-Saar-Ruwer ausmacht.

Ungeeignet für den Rieslinganbau ist der Bereich Obermosel. Auf den dortigen Muschelkalkböden wird vorwiegend Elbling angebaut. Der Elbling ist ein einfacher, süffiger Weißwein, der auch zur Herstellung von Schaumweinen verwendet wird.

Sektherstellung

In Trier werden pro Jahr über 80 Millionen l Sekt produziert, das ist ein Viertel der deutschen Schaumweinproduktion. Neben den großen Sektfabriken wie Faber gibt es hier auch kleinere Schaumweinerzeuger, die nach der klassischen Champagnermethode arbeiten. Besonders die reinsortigen Rieslingsekte von Mosel-Saar-Ruwer können von beachtlicher Qualität sein. Entscheidend für die Qualität eines Schaumweins ist das Herstellungsverfahren.

Champagner-Verfahren (Méthode champenoise):

benannt nach der in der Champagne angewandten Methode, die im Deutschen als Flaschengärung bezeichnet wird. Der Sekt bleibt wäh-

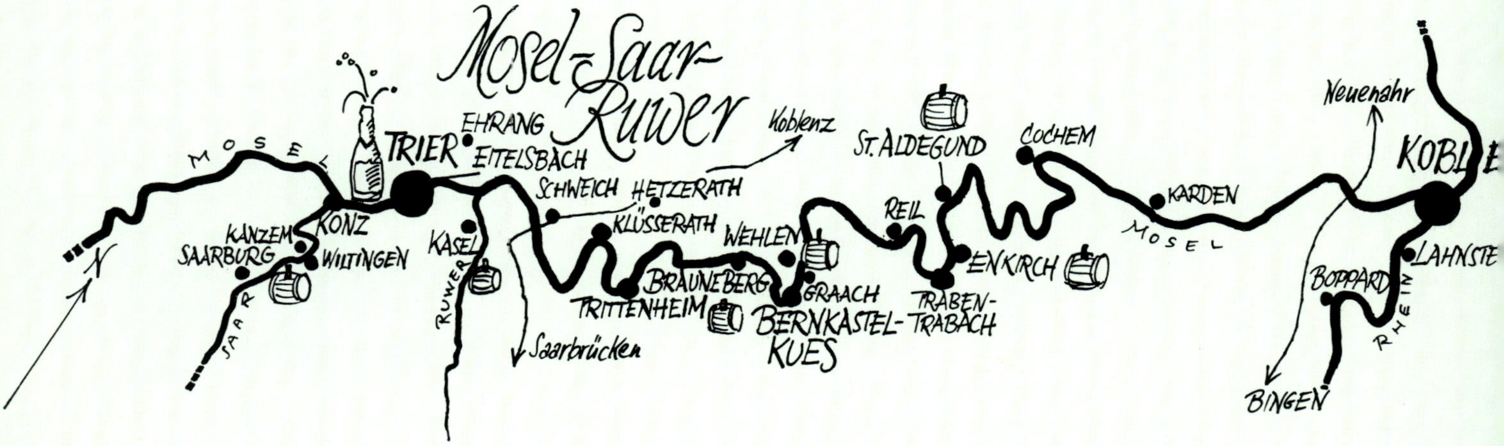

rend seiner ganzen Entwicklung in derselben Flasche. Der Grundwein (das Ausgangsprodukt für die Herstellung von Schaumweinen ist ein trockener Weißwein) wird nach dem Zusatz von Weinhefen und einer Zuckerlösung in die Flasche gefüllt, wo die zweite Gärung stattfindet. Durch diese entsteht die Kohlensäure; die Hefe setzt sich nach der Gärung als Depot am Flaschenboden ab. Die Flaschen werden mit dem Hals nach unten in sog. Rüttelpulte gestellt, die Hefe setzt sich durch Rütteln im Flaschenhals ab. Zur Entfernung der Hefe werden die Flaschen kopfüber in das Degorgiergerät gestellt, der Flaschenhals, in dem sich das Hefedepot befindet, wird vereist. Beim Öffnen des Kronkorkens wird der Eispfropfen durch den Eigendruck des Schaumweins herausgeschleudert. Je nach gewünschter Süße wird Dosagelikör (Zuckerlösung in einem reifen Wein) in genau dosierten Mengen dazugegeben. Anschließend werden die Flaschen mit einem Naturkorken versehen.

Transvasierverfahren:

Der Grundwein wird zuerst in der Flasche vergoren, dann in einen Tank umgefüllt und vor der Abfüllung in die Flasche filtriert. Die Gärung dauert nur 4 Monate (statt der 9 bis 12 Monate), durch die Umfüllung in Großraumtanks wird das Rütteln erspart. Das Herstellungsverfahren ist also gegenüber der Champagner-Methode wesentlich kürzer. Diese Schaumweine dürfen mit der Aufschrift Flaschengärung verkauft werden; so wird der Eindruck erweckt, als handle es sich um die Champagner-Methode. Schaumweinhersteller, die nach der aufwendigen Champagner-Methode arbeiten, bezeichnen dies als Betrug am Verbraucher.

Tankgärverfahren (oder Großraumgärung):

Es ist das billigste und schnellste Verfahren. Die Gärung findet nicht in der Flasche, sondern in einem Großraumtank statt. Bereits nach wenigen Wochen kann der Sekt filtriert und abgefüllt werden. Die Großraumgärung erfordert einen hohen technischen Aufwand, der sich nur bei sehr großen Mengen lohnt. Große Mengen können nur zu niedrigen Preisen verkauft werden. Die Folge: Für die Herstellung dieses Produkts werden billige Grundweine verwendet.

Restsüße

In den meisten Fällen handelt es sich bei den deutschen Weinen nicht um eine natürliche Süße. Die natürliche Süße kommt ausschließlich von überreifen, also stark zuckerhaltigen Trauben. Hat der Most einen sehr hohen Zuckergehalt, bleibt der Wein in der Gärung stehen, d.h. der Zucker verwandelt sich nicht vollständig in Alkohol, der Wein hat also eine natürliche Restsüße. Deshalb war früher die Restsüße nur besonders kostbaren Weinen wie Auslesen, Beerenauslesen, Eiswein vorbehalten. Es war also ein absolutes Qualitätsmerkmal. Heute gibt es Möglichkeiten, den Restzucker im Wein durch kellertechnische Eingriffe zu bestimmen. Eine Methode ist die Unterbrechung der Gärung. Die zweite Methode ist der Zusatz von Süßreserve, das ist ein unvergorener, steril gehaltener Traubenmost. Diese Süßreserve kann vom Winzer aus eigenen Trauben von der gleichen Lage und vom gleichen Jahrgang stammen, sie kann aber auch in einer Spezialkellerei gekauft werden. Weinmacher mit hohem Qualitätsanspruch verwenden nur eigene Süßreserve. Die Süßreserve ist ein viel diskutiertes Thema in der deutschen Weinszene. Das mag auch daran liegen, daß die "süße Welle" vorbei ist und heute der Trend erfreulicherweise zum trockenen, durchgegorenen Wein geht. Trotzdem sind nach wie vor viele Weinmacher der Meinung, die Verwendung von Süßreserve sei unentbehrlich (v.a. an der Mosel), weil sie den Wein abrundet. Andere sind strikt dagegen und bezeichnen es als Betrug am Verbraucher, denn auf diese Weise könne man ursprünglich schlechte Weine auf eine höhere Qualitätsstufe hieven.

Gute Erzeuger:

Joh. Jos. Prüm, Bernkastel-Wehlen; Carl August Immich-Batterieberg, Enkirch; Fritz Haag, Brauneberg; Rautenstrauch'sche Weingutsverwaltung Karthäuserhof, Trier-Eitelsbach; St. Jahannishof, Dr. Loosen, Bernkastel; Weingut Stein, St. Adelgund; Willi Schäfer, Graach; Vereinigte Hospitien, Trier; Bischöfliche Weingüter, Trier; Kanzemer Schlößchen, Kanzem; Forstmeister Geltz-Erben Zilliken, Saarburg; C. von Schubert'sche Gutsverwaltung, Grünhaus-Mertesdorf; Weingut Egon Müller-Scharzhof, Wiltingen.

BADEN

Mit schönen Landschaften, guten Produkten für die Küche und herausragenden Restaurants ist das kulinarische Weinland Baden von Karlsruhe bis zum Bodensee reich gesegnet. Wein gibt es im Überfluß. Ob in der Ortenau, am Kaiserstuhl oder im Markgräfler Land — beinahe jedes Weindorf hat seine eigene Winzergenossenschaft. Insgesamt 26.000 Voll- oder Nebenerwerbswinzer liefern ihre Trauben an die Genossenschaften, die sich gerne als die „Schrittmacher des Wohlstands und Fortschritts" in Baden sehen. Verständlich, wenn man weiß, wie groß Armut und Not der Weinbauern waren, bevor die Genossenschaften gegründet wurden. Im 19. Jahrhundert war Baden immerhin die größte Weinregion Deutschlands und wirtschaftlich im großen Maß vom Wein abhängig. Auch heute, wo Baden nur noch den dritten Platz unter den elf deutschen Weinbaugebieten einnimmt, ist der Wein für dieses Land immer noch ein bedeutender Wirtschaftsfaktor.

Möchten Sie einen trockenen oder lieber einen normalen Wein? fragte mich der Wirt von der Winzerstube in Niederrotweil am Kaiserstuhl. Ich glaube, besser als mit dieser Frage hätte der badische Wirt die zwiespältige deutsche Weinszene nicht charakterisieren können. Italienische oder französische Kollegen würden diese Frage niemals stellen, denn die Not mit den Begriffen, wie man die Art eines Weines definieren soll, gibt es nur in Deutschland. Noch vor dem Zweiten Weltkrieg waren auch hier die Weine größtenteils durchgegoren, also trokken. Eine Ausnahme bildeten die edelsüßen Weine, die mit hohem Zuckergehalt stehen blieben und deshalb ihre natürliche Restsüße behielten. Doch dies waren und sind in der Regel Gewächse im Bereich der Auslesen, die immer schon als besonders wertvolle Weine gehandelt wurden und das einstmals große Renommee der deutschen Weine entscheidend geprägt haben. Während des Zweiten Weltkriegs mußten die Deutschen lange auf Zucker verzichten. Als es ihn nach dem Krieg wieder gab, begann ein Ansturm auf alles Süße, ganz gleich wie teuer es war. Süß wurde zum Statussymbol. Wer sich Süßes leisten konnte, erwarb damit Sozialprestige. So lag es nahe, daß auch die Weine süß sein mußten, wollte man mit ihnen Eindruck machen. Zudem erinnerte man sich, daß vor dem Krieg die "wertvollen" Weine auch schon die süßen waren. Nun waren aber diese edelsüßen Weine weder vor noch nach dem Krieg massenhaft vorhanden, geschweige denn billig, so daß sie sich jeder hätte leisten können. Damals wie heute sind sie die Ausnahme, die ihren Preis hat. Wie also aus der Ausnahme die Regel machen, aus dem Besonderen das Massenhafte, war die Gretchenfrage für die Marktstrategen. Gewaltige Gewinne lachten, man brauchte nur den Markt zu bedienen. Die Lösung lag auf der Hand mit dem so lang entbehrten Zucker. Damit konnte man fast alles zaubern. Sogar Auslesen, die für jedermann erschwinglich waren. Als "Demokratisierung des Geschmacks" hat ganz ernsthaft einmal ein Journalist die massenhafte Hühnerhaltung bezeichnet, denn nun könne sich jeder ein Huhn leisten. Wenn es nicht ein Ausdruck von Dummheit wäre, müßte man es Zynismus nennen. Und nichts anderes war schließlich der vorläufige Höhepunkt solcher Zielsetzungen, der Glykolskandal in Österreich. Um die süßen Weine – die ja hauptsächlich für den deutschen Markt bestimmt waren – mit noch größerem Profit zu Dumpingpreisen fabrizieren zu können, nahm man statt Zucker oder billigen Mostkonzentraten einfach Glykol und konnte nun Auslesen für zwei Mark fünfzig im Supermarkt anbieten. Ich frage mich, was Verbraucher, die so etwas kaufen, sich eigentlich dabei denken. Von den süßen Weinen jetzt wieder wegzukommen, ist nicht einfach. Die Leute haben sich daran gewöhnt. In Amerika versteht man unter deutschem Wein etwas, das "sweet and cheap" ist, süß und billig.

Immerhin wird der Weg zum Wein, der diesen Namen auch verdient, in Deutschland schon seit einigen Jahren wieder deutlicher erkennbar. Zwar trinkt die überwiegende Mehrheit auch heute noch den "normalen" Wein, aber vielleicht nur deshalb, weil der Begriff "trocken" eher einen frugalen, wenn nicht sogar fehlerhaften, zumindest aber säuerlich-eckigen oder dürren Geschmack assoziiert. Der streitbare Franz Keller in Oberbergen am Kaiserstuhl ist einer der Pioniere des durchgegorenen Weines. Er bezeichnet sie schon lange so, „denn der Begriff trocken", meint er, „ist keine gute Aussage für einen Wein. Früher war es ein Fehler, wenn ein Wein auf Zunge und Gaumen einen trockenen Eindruck hinterließ. Ein guter Wein hat zwar keine Süße, dafür aber Extrakt und Frucht. Er ist harmonisch im gereiften Zustand, aber nicht trocken. Deshalb war es ein fürchterliches Eigentor, die Begriffe 'trocken' oder 'halbtrocken' einzuführen." Grotesker-

Eine der Lößhohlgassen, die so typisch für den Kaiserstuhl waren, bevor er flurbereinigt wurde. Diese hier hat man als Naturdenkmal unter staatlichen Schutz gestellt.

Das Besondere am Kaiserstuhl ist der Lößboden, der bis zu 30 m dick ist. Um der Erosion vorzubeugen, gruben schon die alten Römer und später die Alemannen in diesen Lößmantel Kleinterrassen und schufen so eine unvergleichliche Kulturlandschaft. Im Zuge der Flurbereinigung, die in den siebziger Jahren stattfand, wurden große Teile davon zerstört. Phantasielose Technokraten wandelten die Kleinterrassen mit ihren feingliedrigen Strukturen in gigantische Großterrassen mit bis zu 30 m hohen Böschungen um. Statt schmaler bewachsener Wege führen jetzt breite asphaltierte Autostraßen durch die Weinberge, auf denen die Winzer mit ihren Maschinen bequem zu ihren Rebstöcken gelangen können. Damit reduzierte sich die Zahl ihrer Arbeitsstunden auf die Hälfte, wenn dieser Eingriff sie auch durchschnittlich 30 % ihrer Rebflächen und rund 70.000 Mark pro Hektar kostete.

weise hat Franz Keller erst kürzlich in dieser Sache einen Prozeß verloren. Er darf den Begriff "durchgegoren" nicht mehr verwenden.

Nun – vielleicht sollte man sich in einer Welt, die ohnehin mit Begriffen, Sprüchen und Schlagworten bis zum Überdruß verkleistert ist, wieder mehr auf die eigene Nase und Zunge verlassen. Dazu muß man allerdings zuerst Erfahrung sammeln, was ein Wein von Qualität ist.
Jedenfalls kommt im gesegneten Land Baden mit seiner großen Vielfalt an Weinen und der ausgezeichneten Küche der gute Geschmack allemal auf seine Kosten. Franz Keller in Oberbergen ist ja nicht nur als einer der herausragenden Weinmacher am Kaiserstuhl ein Begriff, sondern auch als Wirt des "Schwarzen Adlers" schon seit Urzeiten ein hell leuchtender Stern am gastronomischen Himmel Deutschlands. Die Nähe Frankreichs und sein Einfluß auf die badische Küche ist evident und hat dazu beigetragen, daß es dort eine Fülle von herausragenden Restaurants gibt. Der "Schwarze Adler", in dem heute Christian Begyn, ein Elsässer, Küchenchef ist, war eines meiner ersten großen Restaurants, die ich betreten habe. Mit gewaltigem Respekt und Herzklopfen hatten meine Frau und ich uns damals in diesen soliden Tempel klassischer Küche gewagt. Doch schon nach kurzer Zeit war unsere Befangenheit einem wohligen Glücksgefühl gewichen, denn gefaßt auf komplizierte Dinge, von denen wir wenig verstanden, wurden wir mit einfachen Gerichten von größter Feinheit überrascht. An das, was wir damals gegessen und getrunken haben, kann ich mich nicht mehr erinnern, dafür um so mehr an die Freude, die wir dabei hatten, und an die Herzlichkeit und den Charme, mit dem Franz Keller meiner Frau einen Bund Veilchen an den Tisch brachte. Das ist schon lange her und wird doch wieder ganz lebendig während eines köstlichen Abendessens, bei dem ich Franz Keller gegenübersitze und nahezu Essen und Trinken vergesse, weil er so kompetent, offen und leidenschaftlich über sich, den badischen Wein und die Gastronomie zu erzählen weiß. Bei dieser Vitalität des Vaters läßt sich denken, daß sich die Übernahme des Weinguts durch den Sohn Fritz nicht ohne Konflikte und handfesten Streit vollzogen hat. Fritz Keller meint aber, „wo nicht konstruktiv gestritten wird, da entwickelt sich auch nichts."
Den "französischen" Stil haben Vater und Sohn gleichermaßen. Schon der Großvater von Fritz hatte in Paris, Nizza und London gelernt und war nach acht Jahren in das Dorf Oberbergen zurückgekehrt, um die seit Generationen im Familienbesitz befindliche Gastwirtschaft mit dem kleinen Weingut zu übernehmen. Als Ergänzung zu den Kaiserstühler Weinen hatte er immer schon einige Sorten großer Burgunder und Bordeaux-Weine in seinem Keller.

KELLER

Franz Keller, Oberbergen

Warum bezeichnen Sie Ihre Weine als durchgegoren und nicht als trocken?
Ein guter Wein ist nicht trocken. Ein guter Wein hat zwar keine Süße, dafür aber Extrakt und Frucht. Er ist harmonisch im gereiften Zustand, aber nicht trocken. Deshalb war es ein fürchterliches Eigentor, als einzige Möglichkeit der Weincharakterisierung die Begriffe "trocken" und "halbtrocken" einzuführen. Und schließlich hat dieser Begriff, der im Weingesetz von 1971 verankert ist, im Jahre 1979 seinen allerletzten Rest von Aussagewert verloren, denn mit der Novellierung des deutschen Weingesetzes schuf man die Möglichkeit, selbst einen Wein mit 9 g Restzucker als trocken zu bezeichnen, vorausgesetzt, daß er 7 g Säure hat. Man hat den Säuregehalt an den Zucker gebunden und gemeint, man könne die Kritik mancher Konsumenten, daß trockener Wein zu herb sei, dadurch aus der Welt schaffen, indem man den Zucker mit der Säure erhöht. Dabei wurde sauer mit trocken verwechselt.

War die Flurbereinigung am Kaiserstuhl wirklich notwendig?
Die Flurbereinigung war absolut notwendig. Nur hätte erkannt werden sollen, was man deutlich überschritten hat. Wenn man ein Berggefälle gegen Südwesten plötzlich mit Baggern zum Nordgefälle macht, wo die Sonneneinstrahlung weniger intensiv ist, dann kann man nur den Kopf schütteln. Ich habe dieses Vorgehen damals als "Überheblichkeit der Technokraten wider die Natur" bezeichnet. Inzwischen denkt man darüber nach. Nach elf oder zwölf Jahren sollen die schlimmsten Fehler mit einem genauso hohen finanziellen Aufwand wieder korrigiert werden.

Warum erzielt man in den kleinen Terrassen eine bessere Qualität als in den größeren?
Erstens ergeben sie geringere Mengen, und zweitens sind die physikalischen Voraussetzungen günstiger als auf Großflächen oder Hanglagen. Großflächen haben nur eine geringe Wärmespeicherung der Sonneneinstrahlung. In den kleineren Terrassen ist die Wärmespeicherung besser, so daß nachts mehr Wärme an die Reben abgegeben wird, und Sie wissen ja, die Rebe wächst nachts.

Heute ist der Handel mit französischen Weinen ein Bestandteil des Familienunternehmens. Fritz Keller, der ebenfalls in Frankreich in der Lehre war, baut natürlich auch einige der Rot- und Weißweine in Barriques aus, womit der Vater übrigens bereits 1979 begonnen hat.

Die Boden- und mikroklimatischen Verhältnisse am Kaiserstuhl sind hervorragend dazu geeignet, um gute Weine hervorzubringen. Besonders Rebsorten wie Ruländer — die man aus marktpolitischen Gründen jetzt Grauburgunder nennt — und die Weiß- und Spätburgunder gedeihen vorzüglich. Aber auch die anderen klassischen Weißweinsorten wie Riesling, Silvaner, Müller-Thurgau und vereinzelt Gewürztraminer fühlen sich dort sehr wohl.

Das Besondere am Kaiserstuhl ist der Lößboden. Durch Jahrtausende hindurch hat der Wind feines Gesteinsmehl aus den eiszeitlichen Schotterfluren des Rheins auf das Vulkangestein des Kaiserstuhls geweht und so einen Lößmantel geschaffen, der bis zu 30 m dick ist. Der Löß kann als Wand zwar fast senkrecht stehen, ist aber im Hang erosionsgefährdet, so daß es bei starkem Regen zu Einbrüchen und Abschwemmungen kommt. Als die Römer und später die Alemannen die Region landwirtschaftlich zu nutzen begannen, gruben sie, um der Erosion vorzubeugen, in diesen Lößmantel Kleinterrassen und schufen auf diese Weise eine großartige Kulturlandschaft. Als man in den siebziger Jahren hier eine Flurbereinigung durchführte, wurden große Teile dieser Kulturlandschaft gründlich zerstört. Phantasielose Technokraten gestalteten den Badenberg zu einem Monument technischen Größenwahns um und hinterließen ein Planierraupendenkmal, das durch seine Brutalität beeindruckt. Die Kleinterrassen mit ihren feingliedrigen Stukturen wurden in gigantische Großterrassen umgewandelt, mit bis zu 30 m hohen Böschungen.

Fritz Keller mit Christian Rischert im Weinkeller des Restaurants "Schwarzer Adler", wo natürlich neben den badischen auch die edelsten französischen Weine in reicher Auswahl gelagert werden.

BAUMGARTNER

Klaus Baumgartner, Oberbergen

Lohnt sich die Mehrarbeit in diesen steilen Hängen?
Ob sich die Arbeit lohnt oder nicht, ist mir im Prinzip zweitrangig. Ich bin von Natur aus Winzer mit Leib und Seele, ich habe den Betrieb vom Vater übernommen, kein Beruf würde mir besser gefallen als Winzer. Deshalb bin ich selbst in diesen Lagen, wo es schwer zu arbeiten ist, immer gern beim Arbeiten.
Hätten Sie nicht Lust, einen eigenen Wein zu machen? Warum liefern Sie an die Genossenschaft?
Ich meine folgendes: Schon mein Vater war in der Genossenschaft, ich bin auch drin, wir sind mit der Genossenschaft ziemlich eng verbunden. Es würde mir eigentlich weh tun, wenn ich jetzt sagen würde, ich fang' selber an und kehr' der Genossenschaft den Rücken. Eigentlich sind wir mit der Genossenschaft zufrieden, aber es gibt ja auch Bestrebungen von jüngeren Winzern, die es auf eigene Faust probieren. Es hat sich aber vielmals gezeigt, daß sie im einen oder anderen Fall doch nicht das erhoffte Ziel erreicht haben.

Dieser Eingriff kostete die Winzer durchschnittlich 30 % ihrer Rebflächen und pro Hektar rund 70.000 Mark. Dafür reduzierte sich die Zahl ihrer Arbeitsstunden in den Weinbergen auf die Hälfte, weil nun alles bequem mit Maschinen zu bearbeiten ist. Diesen Effekt hätte man allerdings auch mit kleineren Terrassen erreichen können, wie andere Lagen des Kaiserstuhls beweisen. Daß die Qualität der Trauben, zurückhaltend gesagt, durch die Flurbereinigung nicht besser wurde, interessierte damals wenig. Man war auf Massenerträge fixiert, nicht nur in Deutschland. Und man war davon überzeugt, mit den verbesserten, kellertechnischen Möglichkeiten allemal das wieder ausgleichen zu können, was in den Weinbergen nicht erreicht wird. Ein Irrtum, der zur Folge hat, daß mit hohem Kostenaufwand vieles korrigiert werden muß.
80 % aller badischen Weine werden von Genossenschaften erzeugt, die eine fast monopolartige Stellung haben. Praktisch hat jedes Dorf seine eigene Genossenschaft, insgesamt sind es 122, die im Jahresdurchschnitt 170 Millionen l Wein erzeugen. In Breisach wurde sogar eine Art Übergenossenschaft errichtet. Diese Zentralkellerei ist die größte Europas. Dort können 160 Millionen l Wein gelagert werden, das sind weit über 200 Millionen Flaschen. Allein die Genossenschaft von Oberbergen hat heute ca. 300 Mitglieder mit einer Rebfläche von rund 290 ha. 7,5 Millionen l Wein können allein in dieser Genossenschaft gelagert werden. Das entspricht etwa drei Ernten. Die durchschnittliche Jahresproduktion beträgt 2,7 Millionen Flaschen. Die riesige Lagerkapazität wurde geschaffen, um bei üppigen Ernten allzu hohe Preisschwankungen auf dem Markt zu vermeiden. Hier zeigt sich die besondere soziale Bedeutung der Genossenschaften für die badischen Winzer. Bevor 1882 in Hagenau die erste Genossenschaft gegründet wurde, befanden sie sich in einer erbärmlichen Abhängigkeit vom Weinhandel und waren ihm auf Gedeih und Verderb ausgeliefert. Überleben konnten sie nur, wenn sie sich gemeinsam stark machten. Und das gelang durch den Zusammenschluß in den Genossenschaften. Das Gefühl, in einer produktiven Gemeinschaft aufgehoben zu sein, ist noch heute in ganz starkem Maße bei vielen Genossenschaftswinzern vorhanden. Daß es nicht einfach ist, ein so individuelles Produkt, wie es Wein zumindest nach heutiger Sicht sein soll, in einer großen Gemeinschaft in solchen Mengen zu erzeugen, leuchtet ein.

Klaus Baumgartner aus Oberbergen ist Nebenerwerbswinzer und liefert seine Trauben an die Genossenschaft. Selber machen will er seinen Wein nicht, denn er fühlt sich mit der Genossenschaft ziemlich eng verbunden. In den noch verbliebenen Kleinterrassen hat Baumgartner einen kleinen Anteil an einer hervorragenden Südhanglage mit Ruländer-Reben. Gerade ist er dabei, mit einem kleinen Motorpflug Gras und Unkraut zwischen den Rebzeilen unterzugraben. Natürlich wäre die Arbeit wesentlich leichter, wenn er das Gerät nicht selbst schieben müßte, sondern hinter einem Traktor herziehen könnte. Ob sich die Arbeit lohnt, spielt für ihn erst in zweiter Linie eine Rolle. Er ist von Natur aus Winzer und das mit Leib und Seele. Ein anderer Winzer in Oberbergen, der auch Baumgartner heißt, zeigt sich weniger begeistert von solcher Mehrarbeit. Er klagt über die niedrigen Preise, die die Genossenschaften zahlen, sagt, daß sie sich gegenseitig unterbieten und in der Vermarktung zu schwerfällig seien. Ihr Geld bekämen die Winzer von der Genossenschaft in Raten. „Im Frühjahr '88 mußte ich noch auf die letzte Rate von '86 warten", erzählt er. Mit den hohen Kosten der Flurbereinigung ist er hingegen zufrieden. Vorher sei der Weinbau viel arbeitsintensiver gewesen, und wer sei heute schließlich noch dazu bereit, auf seine Freiheit zu verzichten? Man sieht, was dem einen recht ist, ist dem anderen billig. Herr Wolf-Dieter Salwey in Oberrotweil, einer der vergleichsweise wenigen herausragenden Einzelerzeuger am Kaiserstuhl, kritisiert an den Genossenschaften, daß sie keine klaren Vorstellungen von ihrer Kundschaft haben, nicht wissen, wo sie hingehören, wo ihre Basis ist. Seiner Meinung nach sollten sie sich zur Literflasche bekennen und einen guten Durchschnittswein produzieren. Salwey, der wie Franz Keller ein Verfechter der durchgegorenen Weine ist, macht diese seit 1976. Anfangs hatte er damit große Schwierigkeiten in der Gastronomie. Als es ihm zu dumm wurde, lieferte er seinen Kunden einfach trockene Weine, auch wenn sie liebliche wollten. Und siehe da, sehr schnell stellten sie sich um und verlangten schließlich nur noch durchgegorene Weine.

Für kleine Reste oder besonders gute kleine Lagen, die extra ausgebaut werden, wurden diese Ministahltanks konstruiert.

Die Winzergenossenschaft von Oberbergen verfügt über eine Lagerkapazität von insgesamt 7,3 Millionen l Wein. Diese riesige Menge kann in Stahl- und Betontanks oder großen Holzfässern aufbewahrt werden. Man hat diese Lagerkapazität geschaffen, um bei großen Ernten beispielsweise starke Preisschwankungen auf dem Markt durch entsprechendes Abwarten ausgleichen zu können.

Ein Anzeichen dafür, wie sich beim Konsumenten der Geschmack langsam ändert, ist der Ruländer. 1968/69, in der Zeit, als die süßen Weine Hochkonjunktur hatten, war er geradezu der Inbegriff des lieblichen Weins. Dieser Stempel haftet ihm immer noch an, und deshalb verkauft er sich heute schwerer. Aus diesem Grund bietet man ihn meistens als Grauburgunder an, weil die Verbraucher in der Regel nicht wissen, daß Ruländer und Grauburgunder dasselbe ist. Doch nicht nur der Name hat sich geändert, sondern auch der Anteil des trocken ausgebauten Ruländers, der in zunehmendem Maße steigt. Die Weißweine von Salwey – seinen Ruländer, sprich Grauburgunder, baut er auch in Barriques aus – lassen durchgehend einen klaren Stil erkennen, der sich selbst bei schwachen Jahrgängen nicht ändert. Es sind säurebetonte, frische und spritzige Weine, die ihre Sorte immer ausdrucksstark repräsentieren. Ein Spätburgunder aus dem Barrique überzeugte mich dagegen weniger – wie so viele deutsche Rotweine. Mit den Rebsorten Silvaner, Riesling, Weiß- und Grauburgunder, Muskateller und Spätburgunder erzeugt Wolf-Dieter Salwey ca. 80.000 Flaschen pro Jahr. Er kauft noch Trauben dazu, denn selbst hat er nur 10,5 ha Rebfläche, was bei den Besitzverhältnissen am Kaiserstuhl schon eine Menge ist. In seinen Weinbergen experimentiert er mit alternativen Düngungsmethoden. Auf diese Weise erzielt er gesunde Reben und schafft zusammen mit einem stark reduzierten Ertrag in guten Hang- oder Terrassenlagen, dem richtigen Boden für die jeweilige Rebsorte und der selektiven Ernte von reifen und gesunden Trauben die Grundvoraussetzungen für gute und hochwertige Qualität. Was in den Trauben nicht ist, kann im Keller nicht mehr werden, es sei denn in den bekannten, manipulierten Formen.

Diese Erfahrung machen jetzt so manche, die gerne bei der Mode mit den Barriques mitschwimmen und absahnen möchten. Doch diese kleinen Eichenholzfässer sind mehr als eine Mode. Sie sind ein Gradmesser für die Qualität des Materials, das man in sie hineinfüllt. Schmächtige, magere Weine haben dort nichts verloren. Es ist kein Zufall, daß viele, wenn nicht die meisten großen Weine der Welt in Barriques ausgebaut werden. Ein unselbständiger, kraftloser Wein bricht in diesen Fässern zusammen, wird zum Eichenholzsaft. In der Genossenschaft von Königschaffhausen – und nicht nur dort – ist man mit dieser Tatsache schon vertraut. Dort habe ich einen Weißen und einen Grauen Burgunder, die im Barrique ausgebaut wurden, verkostet. Ein kraftvoller, harmonisch balancierter, herausragender Wein, der jedem Weinerzeuger Ehre machte. Doch so ganz sicher scheint man sich nicht zu sein, ob das der richtige Weg ist. Als ich mit dem Kellermeister, Herrn Helmut Staiblin, den Barrique-Keller mit den nagelneuen Fässern aus Frankreich anschaue, fällt mein Blick auf eine Wand aus Holz-

SALWEY

Wolf-Dieter Salwey, Oberrotweil

Wie würden Sie den Charakter Ihrer Weine beschreiben?
Wenn ich kurz vor der Ernte durch den Weinberg gehe und die Beeren probiere – was ich da schmecke, das muß man nachher im Wein wiederfinden. Dieses Traubenbukett muß in seiner ganzen Reinheit im Wein enthalten sein.
Was ist der Grund für die offensichtlichen Schwierigkeiten mit dem Rotwein in Deutschland?
Für einen guten Rotwein müssen Sie ein völlig gesundes Traubengut haben. Bei unseren Witterungsverhältnissen zur Zeit der Weinlese kann es sehr schwierig sein, ein gutes und gesundes Lesegut nach Hause zu bringen.
Ist das für den Weißwein nicht genauso wichtig?
Nein, der Rotwein vergärt ja mit der Schale, der Farbstoff löst sich aus der Schale. Wenn das Lesegut vom Botrytis-Pilz befallen ist – der für den Weißwein im Prinzip positiv ist –, zerstört das beim Rotwein den Farbstoff. Dann ergibt es keine leuchtend roten, sondern eher braune Weine. Es braucht während der Ernte also Witterungsverhältnisse, die keine Fäulnis auslösen.

kisten. Nach dem Sinn dieser Wand gefragt, antwortet der freundliche Kellermeister zu meinem Erstaunen, das sei von oben so angeordnet worden, um die Stahltanks zu verdecken, die sich dahinter befänden ... Die Hauptrebsorte der Königschaffhausener Genossenschaft ist der Müller-Thurgau mit 50 %. Danach folgen Ruländer und Spätburgunder mit ca. 25 % und der Gewürztraminer mit etwa 3 %. In noch kleineren Mengen werden Riesling, Weißburgunder und Silvaner angebaut. Die Jahresproduktion beträgt rund 1,2 Millionen Flaschen.

Die ganze Vielfalt der badischen Weinszene von Karlsruhe bis zum Bodensee zu beschreiben, würde den Rahmen dieses Buches sprengen. Wollte man all die guten Gasthäuser bis hin zu den hochklassigen Restaurants, die es in diesem gesegneten Land gibt, durchprobieren, müßte man sich sehr viel Zeit nehmen. Das gleiche gilt für die Weine. Über die sieben badischen Anbaugebiete mit all ihren Genossenschaften und Einzelerzeugern, der großen Sortenvielfalt auf sehr unterschiedlichen Bodenverhältnissen ließe sich spielend ein dickes Buch verfassen. Müßte ich nach meinem Geschmack entscheiden, würde ich mir, grob gesagt, aus der Ortenau den Riesling holen, der auf Granitverwitterungsböden gewachsen ist. (An einen 83er Riesling, Kabinett, von der Winzergenossenschaft in Oberkirch erinnere ich mich noch heute. Ich habe ihn zu einem Essen im durch und durch soliden und schönen Restaurant "Ritter" in Durbach getrunken.) Schlank ausgebaute Weiß- und Grauburgunder suche ich mir am Kaiserstuhl und den spritzigen Gutedel aus dem Markgräflerland, wo ich erst einmal im "Hirschen" in Sulzburg einkehren würde. Dieses Restaurant ist wie ein komfortables, bürgerliches Wohnzimmer eingerichtet. Man betritt es und ist zu Hause. Paul Steiner und seine französische Frau Claude sind die Gastge-

Mit einem Fadenzähler wird ein Rebblatt nach Schädlingen abgesucht. Durch frühzeitiges Erkennen solcher Schädlinge können die allgemeinen Vorbeugungsmaßnahmen im Weinberg gezielter eingesetzt werden.

Erwin Wellenreiter ist Küfer und Weinmacher in Oberrotweil am Kaiserstuhl. Vom Faßmachen allein könnte er heute nicht mehr leben. Die 30 000 Flaschen Wein, die er aus seinen 3 ha Rebflächen erzeugt und selbst verkauft, sichern ihm aber ein gutes Auskommen.

DÖRFLINGER

Hermann Dörflinger, Müllheim

Was halten Sie von den Genossenschaften?
Die Genossenschaften sind zu groß, und sie sind so groß, weil sie von der EG erst ab mindestens 100 ha bezuschußt werden. Deshalb haben alle die Weinberge ins Flachland ausgedehnt. Der Winzer, der viel produziert und wenig Öchslegrade hat, ist unterm Strich finanziell doch besser dran als der, der wenig produziert und hohe Öchslegrade hat. Die Winzergenossenschaften machen den Fehler, daß sie sich jetzt alle auf Besonderheiten kaprizieren, anstatt die Durchschnittsqualität zu heben.

ber. Die Küche ist ebenfalls deutsch-französisch. Eine ideale Mischung, jedenfalls für die Kochkunst, die Steiner exzellent beherrscht. Seine Weinkarte verrät schon auf den ersten Blick, daß er ein Weinnarr ist. Feinstes aus dem badischen Land, aber auch aus Italien und Frankreich, steht zur Wahl.

Schon bei der ersten Begegnung mit Steiner wurde ich von ihm kurzerhand zu Weinmachern verschleppt, die er besonders schätzt. Hermann Dörflinger zum Beispiel. Ein Weinmacher, dessen Gutedel zeigt, was man aus dieser einfachen Rebsorte machen kann. Dörflinger arbeitet mit Stahltanks und schönen, alten Holzfässern, die zum Teil kunstvoll geschnitzte Fronten haben. Auf einem Faß aus dem Jahre 1929 lese ich die in Holz geschnitzte Ermahnung „Erst denke, dann trinke, denn es ist Wein." Dörflinger macht kein Hehl aus seiner Meinung, daß die Leute das Weintrinken lernen müssen. Seit er das Weingut von seinem Vater vor fünfzehn Jahren übernommen hat, macht er nur mehr durchgegorene Weine. Den Hauptanteil beansprucht der Gutedel, mit 50 %. Dann gibt es noch Gewürztraminer, Weißburgunder, Grauburgunder, Weißherbst, Spätburgunder und Nobling, das ist eine Züchtung aus Silvaner und Gutedel. Weil Dörflinger eine Flasche nach der anderen zum Verkosten öffnet und uns seine Weine schmecken, sind wir bald ziemlich lustig. Steiner erzählt, daß er sich ursprünglich in seiner Heimatstadt Stuttgart niederlassen wollte, aber — dabei kippt er das Gläschen Gutedel weg — daß die Schwaben sich für seine Küche als zu sparsam erwiesen hätten. Im Endeffekt — Dörflinger schenkt uns einen Riesling ein — möchten sie immer nur geschmälzte Maultaschen essen. — Sehr gut, der Riesling. — Dörflinger setzt gleich noch eins drauf und erzählt, wie er mit schwäbischen Kollegen im Burgund unterwegs war, um herauszufinden, was an den berühmten Weinen eigentlich dran sei. Da hätten die Schwaben bei jeder Flasche Burgunder, die auf den Tisch kam, nachgerechnet, wie viele Flaschen Trollinger sie dafür kaufen könnten. Richtig nett, wie die beiden "Völker" miteinander umgehen. Auch die Schwaben nehmen kein Blatt vor den Mund und erzählen über ihre Nachbarn gern folgende Geschichte: Wenn ein Badener Eier auf seinen Karren lädt, zerstampft er sie mit den Füßen, damit er noch mehr aufladen kann. Deswegen werden die Badener von den Schwaben "Gelbfüßler" genannt. Als Bayer blieb ich in dieser Sache natürlich neutral — obwohl mein Großvater aus Baden stammt — ,dachte aber insgeheim an die ressentimentgeladenen Sprüche, die wir gegen die Preußen auf Lager haben. Vorurteile sind ja das beste Mittel, um andere Menschen, Völker und Nationen nicht kennenzulernen. Trotz vieler Reisen in die fernsten Länder bleiben manche Köpfe mit dicken Brettern vernagelt. Ich bin in verschiedenen deutschen Weinregionen Kellermeistern und Weingutsbesitzern begegnet, die keine

Ahnung hatten, was jenseits ihrer Gartenmauer geschieht, und unerschütterlich an ihrer Überzeugung festhielten, daß ihr Rotwein von keinem französischen übertroffen würde, daß die Weine ihrer Kollegen in Frankreich vielmehr von den Medien hochgejubelt und überschätzt würden. Einer lobte seinen blaßroten Rebensaft über alle großen Burgunder hinweg und befand, daß gerade dessen Leichtigkeit jeden dieser Weine übertreffe. Dem konnte ich allerdings nicht widersprechen. Manche Argumente auf meine Einwände waren so absurd und borniert, daß es mir besser schien, den Glauben dieser Herren nicht anzutasten. Es waren darunter Leute, die hunderttausend und mehr Flaschen pro Jahr erzeugen.

Im Grunde ist die Identifikation mit dem eigenen Produkt, der Heimat, dem Boden, den eigenen Wurzeln gerade bei Weinmachern eine große Tugend. Nationalität und Tradition sind im Weinbau noch keine entleerten Begriffe. Nur so können originäre Weine mit unterschiedlichem Charakter entstehen und die Eigenarten eines Landes und seiner Geschichte widerspiegeln. Rebsorten und die daraus gekelterten Weine sind Zeugen der Geschichte einer Weinregion. Es wäre traurig, wenn das Besondere einer internationalen Uniformiertheit geopfert würde. Aber das darf Weinmacher nicht hindern, Augen und Ohren für das zu öffnen, was andernorts geschieht. Die guten unter ihnen verdanken

Oberbergen am Kaiserstuhl hat wie viele Orte in Baden eine eigene Winzergenossenschaft, der 300 Mitglieder mit einer Rebfläche von 290 ha angehören. Die Jahresproduktion liegt bei 2,7 Millionen Flaschen einfacher Weine, unter denen besonders die Weiß- und Grauburgunder angenehm auffallen. Bekannt wurde Oberbergen weit über die Grenzen Badens hinaus durch Franz Kellers Spitzenrestaurant "Schwarzer Adler", dem ein eigenes Weingut angeschlossen ist.

STEINER

Wie sind Sie auf Ihre Weinkarte gekommen, die ja wirklich alles Exklusive umfaßt, sowohl aus Baden als auch aus Italien und Frankreich?

Weil ich viel Spaß am Wein habe. Da probiert man, es gefällt einem, dann kauft man's. Irgendwo muß man ja sein Hobby finanzieren. Da sagt man, gut, eine Flasche trinke ich, und zehn verkaufe ich. Natürlich braucht man heute in einer guten Gastronomie diese hochwertigen Weine. Ein kleiner Wein in einer guten Gastronomie ist gar nicht gefragt. Wenn ich heute einen Rotwein für 25 Mark auf der Karte anbiete, ohne Namen, den trinkt heute ja keiner mehr. Die Leute wollen nur noch das Beste, sie sagen sich, wenn ich jetzt schon einen Rotwein trinke, wenn ich jetzt schon hier bin, dann trinke ich etwas Hochwertiges, was Gutes, was Außergewöhnliches.

ihren Erfolg der Tatsache, daß sie die Leistungen der anderen kennen und sie in ihrer Bedeutung einzuordnen wissen. Und die besten unter ihnen konnten dadurch ihre spezifischen Eigenarten oft erst richtig entdecken und vertiefen.

Gerade das badische Land ist ein gutes Beispiel für den großen Nutzen, den man aus der Begegnung mit der Kultur anderer Nationen ziehen kann. Die unmittelbare Nachbarschaft mit Frankreich und seiner Weinkultur, die immer noch der Maßstab für die Beurteilung von großen Weinen ist, ebenso wie mit seiner Küche trug zum Ausschöpfen der eigenen Fähigkeiten bei. Selbst die Flurbereinigung am Kaiserstuhl ist ein Ergebnis geschichtlicher Prozesse in der Begegnung von Völkern, ebenso die Genossenschaften. Das Realteilungsrecht, das Napoleon in Baden eingeführt hat, war schließlich eine der Hauptursachen für die im 19. Jahrhundert dort herrschende Armut. Denn in der Folge kam es zu einer ungeheuren Zersplitterung der Besitzverhältnisse, von deren verheerender Auswirkung Franz Keller, der streitbare Weinmacher aus Oberbergen am Kaiserstuhl, sehr anschaulich zu berichten weiß.

„Die Söhne der Winzer und Bauern", erzählt er, „konnten dort, wo es im 19. Jahrhundert alternative Arbeitsplätze gab, ein Handwerk lernen oder in die Industrie abwandern. Am Kaiserstuhl gab es aus strategischen Gründen keine Industrialisierung. Im Bereich der französischen Artillerie wurde kein Geld investiert, und so kam es, daß die ursprünglich schon kleinen Besitzungen unter den Erben immer noch mehr aufgeteilt und zersplittert wurden. Die durchschnittliche Rebfläche eines Oberbergener Weinbaubetriebs betrug damals 50 Ar, einen halben Hektar. Die Leute lebten von ihren selbsterzeugten Produkten. Sie hatten einen Kartoffel- und einen Weizenacker und Obst. Aber alles eben nur in Mengen, die nicht vermarktbar waren. Es war zuviel zum Sterben und

Hans Paul Steiner (links im Bild), der exzellente Koch und Weinkenner aus Sulzburg, verkostet mit Hermann Dörflinger in dessen Keller Weine des neuen Jahrgangs. Dörflinger ist einer der besten Erzeuger trockener Markgräfler Weine. Steiner führt sie auf der Weinkarte seines Restaurants.

zuwenig zum Leben. Dann kam die Evolution zu Beginn der zwanziger Jahre unseres Jahrhunderts, als echte Pioniere anfingen, die Genossenschaften zu gründen. Den Anfang hatte schon vierzig Jahre früher Heinrich Hansjakob in Hagenau am Bodensee gemacht. Sie hatten große Probleme und keinerlei Unterstützung wie später in der Nachkriegszeit, aber sie haben sich durchgesetzt. Das war die einzige Möglichkeit, am Kaiserstuhl die Armut zu vermindern und in Grenzen zu halten. In den dreißiger Jahren stagnierte dann alles. Den Herbst '35 werde ich nie vergessen – es ist der erste in meinem Leben, an den ich mich erinnere –, als am Kaiserstuhl kilometerlang die Traubenwagen standen, deren Inhalt nicht verkauft werden konnte. 28 Pfennige kostete der Liter Wein beim Winzer, 28 Mark der Hektoliter. Der Markt hatte keine Kapazitäten. Gab es kleine Ernten, wurden die Preise für die Weine hochgetrieben, waren es große Ernten, sagte man den Winzern, wir haben keinen Platz. Große Ernten, gute Qualitäten versauerten, und das gab den ersten, mächtigen Schub zur Gründung der Genossenschaften. Der nächste Schritt war die Korrektur der Geländeverhältnisse, also eine Flurbereinigung. Denn die Zersplitterung war auch vom wirtschaftlichen Standpunkt her nicht mehr vertretbar. Immer wieder aufgeteilt zwischen fünf und mehr Kindern, waren es am Ende Parzellen von 400 qm, manchmal sogar nur mehr von zweieinhalb. Das erste Flurbereinigungsprojekt wurde übrigens schon während des Zweiten Weltkrieges realisiert. 1942 haben zwei echte Pioniere gegen den Widerstand der Winzer eine Flurbereinigung am Oberrotweiler Henkenberg durchgesetzt. Heute würde man solchen Leuten ein Denkmal setzen, damals hat man sie denunziert, damit sie in den Krieg eingezogen wurden."

Dieser knappe Rückblick in die Geschichte mag verdeutlichen, wie sehr nicht nur geologische und klimatische Bedingungen einen Wein prägen, sondern auch die wirtschaftlich-sozialen Entwicklungen über Jahrhunderte hinweg. Bei so lange und fest gewachsenen Strukturen etwas zu verändern, braucht es mutige Pioniere, die über den Tag hinaus eine Zukunftsperspektive haben. Wer heute die badische Weinszene aufmerksam und kritisch durchwandert, kann großartigen Erzeugnissen begegnen, die sich in der Tat vor keinem französischen Weißwein verstecken müssen. Im Gegenteil. Manche davon würde ich vergleichbaren französischen Erzeugnissen sogar vorziehen, insbesondere als Essensbegleiter, da ich meine, daß die Bekömmlichkeit eines Weins für das Wohlbefinden während des Essens, aber auch danach wichtig ist. Ich will von einem Wein nicht "überwältigt" werden und schon beim zweiten Gang mit der Müdigkeit und einem alkoholisierten Kopf kämpfen müssen.

BADEN

Das Weinbaugebiet Baden erstreckt sich über 400 km Länge, vom unteren Taubertal rheinaufwärts bis zum Bodensee. Mit ca. 14.000 ha Rebfläche ist es nach Rheinhessen und Rheinpfalz das drittgrößte der 11 deutschen Weinbaugebiete. Baden gehört nach der EG-Weinmarktordnung als einziges deutsches Gebiet der Weinbauzone B an. Das bedeutet, daß für nahezu alle Qualitätsstufen höhere Mostgewichte (Naturzuckergehalt des Mostes) vorgeschrieben sind als in den Weinbauzonen A im restlichen Bundesgebiet. Baden wird in folgende Bereiche unterteilt: Bodensee, Markgräflerland, Kaiserstuhl-Tuniberg, Breisgau, Ortenau, Badische Bergstraße/Kraichgau, Badisches Frankenland. Die großen Unterschiede in Höhen- und Bodenverhältnissen bedingen eine beachtliche Sortenvielfalt.

Die Weißweine haben mit 80 % den größten Anteil an der Gesamtproduktion. Die meistverbreitete Rebsorte ist der Müller-Thurgau. Der Großteil der Weine, die daraus gekeltert werden, zählen zur Kategorie der einfachen Schoppenweine, Silvaner, Weißburgunder und Traminer sind über das ganze Anbaugebiet verstreut, während der Riesling vorwiegend in der Ortenau kultiviert wird. Er heißt hier auch Klingelberger, benannt nach der Lage in Durbach, in der im 18. Jahrhundert der erste Riesling Badens gepflanzt wurde. Auch für den Traminer hat man in der Ortenau eine eigene Bezeichnung, er wird Clevner genannt. Den Grauburgunder oder Ruländer findet man hauptsächlich

am Kaiserstuhl, der Gutedel ist die typische Rebsorte des Markgräflerlandes. Sie nimmt gut 40 % der Anbaufläche ein. Der Gutedel ist ein leichter, süffiger Wein für den täglichen Bedarf. Spätburgunder wird vorwiegend in der Ortenau und am Kaiserstuhl-Tuniberg kultiviert, die im übrigen die bedeutendsten Anbaugebiete Badens sind.
Der Spätburgunder wird nicht ausschließlich zu Rotwein verarbeitet, ein nicht unbeachtlicher Teil davon wird als Weißherbst (Rosé) gekeltert.

Qualitätsstufen

Alleiniges Kriterium für die verschiedenen Qualitätsstufen der deutschen Weine ist der Zuckergehalt des Mostes (Mostgewicht). Andere, für die Qualität ebenso wichtige Faktoren wie Säuregehalt, Extraktstoffe etc. werden nicht berücksichtigt. In Deutschland gibt es drei Qualitätsstufen: Tafelwein, Qualitätswein bestimmter Anbaugebiete und Qualitätswein mit Prädikat.
Tafelwein: Unterste Kategorie, dieser Wein darf vor der Gärung mit Zucker angereichert werden, um ausreichend Alkohol zu erzielen. Solche Weine unterliegen keiner Prüfung und werden deshalb nicht selten mit Weinen aus anderen Gebieten und Ländern verschnitten. In der Regel sind es anspruchslose Billigweine.
Qualitätswein bestimmter Anbaugebiete (Q.b.A.): Darf nur aus einem der 11 deutschen Weinbaugebiete kommen. Muß ausschließlich aus amtlich dafür zugelassenen Trauben bestehen. Auch diese Weine dürfen angereichert werden. Vor der Abfüllung werden sie einer analytischen Prüfung unterzogen, um auf dem Etikett eine amtliche Prüfnummer zu erhalten.
Qualitätswein mit Prädikat: Ist die oberste Qualitätsstufe. Die Prädikate sind Kabinett, Spätlese, Auslese, Beerenauslese, Trockenbeerenauslese und Eiswein. Für alle Stufen sind Mindestmostgewichte festgesetzt (nach Anbaugebiet verschieden), keiner dieser Weine darf mit Zucker angereichert werden. Das Prädikat wird durch eine amtliche Prüfung mit der Prüfnummer erteilt.
Weinsiegel: Die Vergabe von Medaillen, Kammermünzen und Gütezeichen hat in der Bundesrepublik geradezu inflationären Charakter. Solche Auszeichnungen sind keine Garantie für eine besondere Qualität; in der Regel verbergen sich dahinter Durchschnittsweine. Speziell für badische Weine gibt es das Badische Gütezeichen. In der BRD gibt es außerdem noch Weinsiegel, die nach einer entsprechenden Prüfung vergeben werden. Das gelbe Weinsiegel bekommen nur trockene Weine, das grüne halbtrockene und das rote die lieblichen bzw. süßen Weine. Als trocken bezeichnet man bei Weinen das Gegenteil von süß. Trockene Weine dürfen bis zu 4 g Restzucker pro Liter haben. Sogar Weine mit 9 g Restzucker dürfen noch als trocken verkauft werden, vorausgesetzt, die Säure liegt bei 7 g pro Liter. Als halbtrocken dürfen Weine bezeichnet werden mit einem Restzuckergehalt von maximal 18 g/l, wobei der Säuregehalt um nicht mehr als 10 g/l darunter liegen darf. Der Restzuckergehalt von Weinen der Geschmackskategorie lieblich liegt zwischen 18 und maximal 45 g/l.

Einzelerzeuger, bei denen ich ausgezeichnete Weine verkostet habe:

Am Kaiserstuhl: Franz Keller, Oberbergen; Weingut Salwey, Oberrotweil; Markgräflerland: Weingut Dörflinger, Müllheim; Hartmut Schlumberger, Sulzburg-Laufen; Ortenau: Weingut Freiherr von Neveu, Durbach; Gräfl. Wolff-Metternich-sches Weingut, Durbach.

Genossenschaftsweine:

Für nähere Informationen über die Genossenschaften und deren Weine kann man sich an folgende Adresse wenden:
Weinwerbezentrale badischer Winzergenossenschaften
Keßlerstraße 5, 7500 Karlsruhe 5
Tel. 07 21/55 70 28

Restaurant-Tips:

Kein anderes deutsches Weinbaugebiet hat kulinarisch so viel zu bieten wie Baden. Die Zahl der guten bis sehr guten Restaurants ist groß. Sie sind in allen einschlägigen Restaurantführern zu finden. Bei der Suche nach interessanten Weinen bieten die Weinkarten dieser Restaurants eine gute Orientierungsmöglichkeit.
Großartig gegessen habe ich: Am Kaiserstuhl bei Franz Keller, im "Schwarzen Adler"; in der "Rebstock-Stube" in Denzlingen; im Markgräflerland im "Hirschen" bei Paul Steiner in Sulzburg; in der Ortenau im "Ritter" in Durbach.

BURGUND

Wie mit einem goldenen Vlies überzogen erscheinen die Weinberge an der Côte d'Or, wenn die Sonne ein letztes Mal im Spätherbst die gelben Rebblätter bescheint. Vom "Goldenen Hang", dem Herzstück des Burgund, zwischen Dijon und Santenay, kommen die berühmtesten Burgunderweine. Keine andere Weinzone vergleichbarer Größe bringt so viele verschiedene weiße und rote Weine hervor wie die Côte d'Or. Die Vielfalt der Lagen, der Weine, der Weinmacher und Händler ist einzigartig in der Welt.

Mitte November, wenn der Wein in den Fässern ist, die kurz geschnittenen Reben ihre goldfarbenen Blätter verlieren und das nackte Rebholz wie ein rotbraun leuchtender Teppich die Hänge und Ebenen der Côte d'Or bedeckt, wird im Burgund gefeiert. "Les Trois Glorieuses" – "Die Drei Glorreichen" werden diese Tage pathetisch genannt. Drei Tage lang wird mächtig gegessen und getrunken in den Orten mit den weltberühmten Namen. Gäste aus der ganzen Welt reisen an, um mitzufeiern und die jungen Weine zu verkosten, die meist gerade erst die alkoholische Gärung durchgemacht haben und dann langsam in die zweite, die "malo-lactique", übergehen. In Meursault, dem Ort, der für seine großen Weißweine berühmt ist, wird im Schloß gefeiert. Jedes Jahr laden die Winzer der Gemeinde wichtige Kunden und Freunde zu einem üppigen Essen ein. Die Weine dazu bringen Gastgeber und Gäste selbst mit. Nicht zu knapp und nur die besten aus Burgund, versteht sich. Im ebenerdigen Gärkeller des Schlosses, den man zum Festsaal umgestaltet, sitzen zur Mittagszeit, an langen, schmalen Tischreihen dicht gedrängt, Hunderte von Winzern mit ihren Gästen. Die köstlichsten Burgunder werden entkorkt. Der Nachschub steht in Kisten und Tragkörben unter den Tischen. Bis der erste Gang des Menüs serviert wird, sind die Gesichter der heiteren Trinker vom Wein schon gut angewärmt. Zwischen den zahlreichen Gängen wird gesungen und geschunkelt, damit man etwas Bewegung hat und Platz schafft für das Kommende. Dieses Mittagessen endet erst, wenn es draußen schon dunkel ist. Dann verteilen sich die alkoholschweren, fröhlichen Autofahrer, von freundlichen Polizisten aus dem Schloßhof gelotst, auf den verkehrsreichen Straßen der Côte d'Or. Über 45 km, unterhalb von Dijon im Norden bis Puligny- und Chassagne-Montrachet im Süden, erstreckt er sich, der "Goldene Hang", der diesem Namen alle Ehre macht, denn er beschert den Burgundern großen Reichtum. Aus diesem kleinen Gebiet entlang der Route Nationale kommen die berühmtesten weißen und roten Burgunderweine. Die Vielfalt der Lagen, der Weine, der Weinmacher und -händler ist einzigartig in der Welt. Keine andere Weinzone vergleichbarer Größe bringt so viele und so verschiedene große Weine hervor wie die Côte d'Or, die sich unterteilt in die Côte de Nuits im Norden und die Côte de Beaune im Süden.

Sehr vergröbert gesagt, kommen von der Côte de Nuits die großen roten und von der Côte de Beaune die großen weißen Burgunder. Bei dieser pauschalen Einteilung sind natürlich eine Reihe von Ausnahmen zu berücksichtigen. Ebenso die Tatsache, daß neben den großen und schon legendären Weinen der Côte natürlich eine Flut von mittelmäßigen bis miserablen Erzeugnissen unter dem glorreichen Banner der großen Namen flott mitmarschiert. In

Puligny- und Chassagne-Montrachet rühmt man sich, die größten Weißweine der Welt zu machen. Das gleiche behaupten die von Meursault, aber auch der Rest der Welt hat inzwischen nicht geschlafen, und so bekommen schon heute – aber stärker noch in den nächsten Jahren – nicht nur die Erzeuger von weißen, sondern auch die von roten Burgundern große Konkurrenz. Doch das kann nur gut sein, denn es wird den Kurs der Weine wieder etwas zurechtrücken. Viele Weinliebhaber interessieren sich nämlich nur wenig für die Preise der Weine. Offensichtlich sind sie bereit, auch Phantasiesummen zu bezahlen, wenn sie nur in den Besitz einer Flasche Montrachet, zum Beispiel von der Domaine de *La Romanée-Conti,* kommen. Wer im Burgund Weine direkt von Spitzenerzeugern kaufen will, ob bei weltbekannten oder solchen, die nur Eingeweihte kennen, braucht nicht nur eine dicke Brieftasche. Dazu muß er sehr gute Beziehungen haben, um überhaupt empfangen zu werden. Und wenn ihm das gelungen ist, braucht er noch mal viel *fortune,* um vielleicht ein paar Flaschen käuflich erwerben zu dürfen. Doch darf er beileibe nicht den Fehler machen, schon vorher nach dem Preis zu fragen. Bei einem großen Burgunder wird nicht über Geld geredet. Man kann sich glücklich schätzen, wenn man ihn überhaupt zu Gesicht bekommt.

Monsieur Camus in Gevrey-Chambertin, einer der dortigen Spitzenerzeuger, der mich darüber aufklärte, bereitete mir auch das Vergnügen, mich als seinen Gast zu einer Flasche *Charmes-Chambertin* von 1978 einzuladen. Ein großer Jahrgang, ein großer Wein. Aber noch lange nicht der größte. Doch auch dafür hatte Monsieur Camus einen passenden Spruch: „Im Burgund hat man nie den besten Wein getrunken, es gibt immer einen besseren." Ohne den Burgundern zu nahe treten zu wollen, kann man den Spruch auch umdrehen, und er bliebe genauso wahr: „Im Burgund hat man nie den schlechtesten Wein getrunken, es gibt immer einen schlechteren." Wer sich in diesem Eldorado von Luxusprodukten und Massenerzeugnissen nicht auskennt und irgend etwas kauft, kann trotz des hohen Alkoholgehaltes der Burgunderweine nach dem Trinken sehr ernüchtert vom Tisch aufstehen.

Die Gemeinde Gevrey-Chambertin zum Beispiel, die einige der ruhmreichsten Rotweine der Côte d'Or hervorbringt, erzeugt andererseits in maßloser Überproduktion eine Flut von Weinen. In den letzten Jahren wurden die Weinfelder in den flachen Lagen im westlichen Teil der Gemeinde immer wieder erweitert. Mit einem klangvollen Namen lassen sich auch minderwertige Weine noch gut verkaufen. Wer allerdings schon ein Rendezvous mit einigen der wahrhaft hochkarätigen Weine dieses weltberühmten Ortes hatte, der weiß natürlich, daß der Glanz des Namens

"Les Trois Glorieuses" nennen die Burgunder pathetisch die drei Tage Mitte November, an denen sie die neue Ernte feiern. An vielen berühmten Orten der Côte d'Or finden große Bankette statt. Im Château de Meursault wird jedes Jahr ein großes Festessen mit Gästen aus aller Welt veranstaltet.

Camus

Monsieur Camus, Gevrey-Chambertin

Warum benutzen Sie noch eine alte Presse?
Warum, besser gesagt, eine traditionelle Presse? Wie Sie wissen, müssen die großen Rotweine mit sehr viel Vorsichtsmaßregeln erzeugt werden. Und die beginnen schon beim allerersten Anfang mit einer Presse, die die Trauben nicht knetet, sondern sie sanft preßt. Wissen Sie, der Burgunder ist wie eine junge Frau. Man darf ihn in keinem Fall vor den Kopf stoßen.

Was ist Ihre Philosophie des Weinmachens?
Ich denke, unsere Philosophie ist, uns durch unsere Urgroßväter inspirieren zu lassen, das heißt, die alten Methoden wieder aufzunehmen. Denn diese sind es, die heutzutage die besten Ergebnisse erzielen. Die Appellation d'Origine geht von der Tradition aus. Man muß also vor allem die Tradition erhalten, wenn man das Produkt erhalten will.

Gevrey-Chambertin zwar manche Flecken hat, aber doch so viel große, echte Substanz, daß man um seine Leuchtkraft nicht fürchten muß. Charles Rousseau, einer der großen Weinmacher von Gevrey-Chambertin, verhalf mir zu diesem Rendezvous. In seinem Keller, wo die kleinen Eichenholzfässer gestapelt sind, die an der Côte d'Or Pièce genannt werden im Unterschied zum Barrique im Bordelais (das Barrique hat 225 l Inhalt, das Pièce 228 l), begannen wir mit einem einfachen Gemeindewein und schritten dann zu den *Pièces* mit den *Premiers Crus,* wo ich bei einem *Clos-St-Jacques* schon glaubte, es wäre der feierliche Höhepunkt dieser Verkostung. Doch Monsieur Rousseau, sichtlich amüsiert, hatte seine größten Geschütze noch in petto, nämlich die beiden *Grands Crus Chambertin* und *Chambertin-Clos-de-Bèze.*
Der *Chambertin* war ja Napoleons Lieblingswein und mußte bei allen Schlachten, die er schlagen ließ, mitgeführt werden. Bei Waterloo soll er keinen dabeigehabt haben, was das Histörchen als Ursache für seine Niederlage anführt. Das wird wiederum von der Tatsache widerlegt, daß er bei seinem Rußlandfeldzug mit dem *Chambertin* sehr wohl ausgestattet war und auch verlor. Vielleicht lag es doch an was anderem. Jedenfalls war der Kaiser, wenn man der Überlieferung Glauben schenkt, alles andere als ein Gourmet, sondern eher ein wahlloser Fresser, der den *Chambertin* vielleicht nur deshalb zu seinem Lieblingswein erkoren hatte, weil es ein sehr männlicher Wein ist, während der *Clos de Bèze* mehr "femininen" Charakter zeigt.
Für einen ungeübten Chambertin-Trinker, wie ich es bin, ist es schwierig, sich eine Vorstellung davon zu machen, wie diese beiden fürstlichen Grands Crus, die bei meiner Begegnung noch im Stadium von Neugeborenen waren, aussehen, wenn sie ausgereift sind. Nach Monsieur Rousseaus Meinung brauchten sie mindestens noch zwanzig, vielleicht sogar dreißig bis vierzig Jahre, um das zu werden, was man bei einem guten Jahrgang von ihnen erwarten kann. Meine Chancen, diese Erfahrung noch machen zu können, stehen also nicht sehr gut, denn im Falle der vierzig Jahre müßte ich über neunzig werden, um das noch zu erleben. Schade! Denn schon jetzt verrieten diese großen Gewächse in höchst verlockender Weise, wieviel Substanz in ihnen steckt, wenngleich der *Chambertin* noch ungemein hart war, der Clos de Bèze nur etwas entgegenkommender.

Charles Rousseau besitzt von diesen beiden Grands Crus, die aneinandergrenzen, zusammen 2 ha. Sein Besitz von insgesamt 13 ha Weinbergen ist an der Côte d'Or schon überdurchschnittlich groß. Meist verteilt er sich auf viele verschiedene Parzellen. In Puligny-Montrachet zum Beispiel sind es bei der Familie Carrillon – die hervorragende Weißweine erzeugt – vierzig verschiedene Parzellen bei insgesamt 12 ha. Die große Zer-

Auf einem Hektar stehen an der Côte d'Or etwa 10 000 Rebstöcke. Mit dieser vergleichsweise dichten Bepflanzung wird einerseits der Ertrag des einzelnen Rebstocks niedrig gehalten, wodurch sich die Qualität der Trauben erhöht, andererseits werden die meist winzigen, wertvollen Parzellen so ökonomisch wie möglich genutzt. Die Böden sind in ihrer Zusammensetzung auf kleinem Raum sehr unterschiedlich und vielschichtig. Wo sie eisenhaltig sind, entstehen "nervöse" Weine, sagt man, während Kalk Finesse und Geschmeidigkeit bringt.

Während der drei "Glorreichen Tage" Mitte November ist die Weinstadt Beaune, das Zentrum der Côte d'Or, hoffnungslos von Gästen aus aller Welt überfüllt. Wer nicht frühzeitig ein Hotelzimmer bestellt hat, wird kaum eine Unterkunft finden.

splitterung der Weingärten hat sich vor allem in den letzten 200 Jahren durch die enormen Veränderungen in den Besitzverhältnissen und der Erbteilung vollzogen. Hinzu kommt, daß die Côte d'Or ohnehin schon durch die Vielfalt der unterschiedlichen Lagen sehr klein parzelliert ist. Für die kommende Generation sieht Monsieur Rousseau durch die überaus hohe Erbschaftssteuer schlechte Zeiten heraufziehen. Wenn er an seinen Sohn übergibt, muß ein Teil der Weinberge verkauft werden, um die Steuer zahlen zu können. Dadurch wird die Domäne möglicherweise so klein, daß sie nicht mehr rentabel ist. Schon heute zeichnet sich ab, daß finanzstarke Gesellschaften, für die solche Beträge keine Rolle spielen, sich an der Côte d'Or einkaufen können. Dies wäre dann bald das Ende mancher Spitzendomäne.

Vor der Französischen Revolution gehörten fast alle Weinberge der Kirche: den Bischöfen, den Klöstern, insbesondere dem Kloster von Citeaux und der Abtei in Bèze. Nach der Revolution wechselten die Besitzverhältnisse zwischen Adeligen und reichen Bürgern häufig. Dann kam Mitte des 19. Jahrhunderts die Reblaus. Die Schäden waren verheerend, die Weinberge wertlos, so daß fast alle vor dem 1. Weltkrieg zum Verkauf angeboten wurden. Nun begannen viele Winzer, auch der Vater von Monsieur Rousseau, Weinberge zu kaufen, da sie billig zu haben waren. Viele konnten sie im Laufe eines Jahres abbezahlen und einen Betrieb aufbauen.

„Die Reblauskrise", meint Monsieur Rousseau, „war die zweite Revolution an der Côte d'Or". Und diese zweite Revolution, durch die einfache Winzer in den Besitz später sehr wertvoller Weinberge kamen, prägt noch heute das soziale Gesicht dieser Landschaft. Ganz im Gegensatz zum Médoc-Gebiet, wo reiche Schlösser und armselige Dörfer in hartem Kontrast nebeneinanderstehen, sind die Orte im Bereich der Côte d'Or bäuerlich geprägte, wohlhabende Dörfer und das Zentrum Beaune eine reiche Händlerstadt. Zur Zeit der "Trois Glorieuses" ist Beaune mit Touristen, Weinhändlern und -fachleuten aller Art hoffnungslos überfüllt und nirgendwo ein freies Hotelbett zu finden. Wer nicht am besten schon ein Jahr vorher reserviert hat, steht im Regen. Manchmal scheint in diesen kurzen Novembertagen aber auch die Sonne und beleuchtet mit ihrem zarten, pastelligen Licht die »goldenen Hänge« so märchenhaft, daß man schon allein vom Anblick der Weinberge berauscht sein kann.

Nüchtern sind in diesen "Glorreichen Tagen" ohnehin nur wenige. Dabei geht es ja nicht nur ums Feiern, sondern in erster Linie werden Geschäfte gemacht. In Beaune, dem Sitz riesiger Weinfirmen mit einem Labyrinth von Kellern unter der Stadt, treffen sich Händler und Fachleute aus der internationalen Weinszene bei der traditionellen Weinauktion im Hospice de Beaune, wo jedes Jahr

die Weine dieses berühmten "Krankenhauses" versteigert werden. Die Ergebnisse dieser Versteigerung sind ein Preisbarometer für den Jahrgang der Côte d'Or. Danach begegnen sich dieselben Leute wieder auf den zahlreichen anderen Festivitäten, wo die Burgunderweine reichlich fließen. Will man dies alles durchstehen und den Ring nicht vorzeitig verlassen, muß man schon eine sehr gute Kondition mitbringen. Die Burgunder sind ja bei aller Finesse und Grazie, die sie haben können, sehr mächtige, schwere Weine, die für meinen Geschmack häufig viel zu massiv chaptalisiert werden. (Chaptalisieren ist in Frankreich die diplomatische Bezeichnung für das, was man in Deutschland Anreichern und in Österreich Aufbessern nennt: schlicht das Aufzuckern des Mostes vor der Gärung.)
Mit dem Begriff "schwer" stoße ich bei Daniel Senard, dem Bürgermeister von Aloxe-Corton, und seinem Sohn Philippe erwartungsgemäß auf Widerspruch. Schwer, meinen sie, seien die Burgunder nicht. Lieber würden sie sagen, stark alkoholhaltig, feurig und körperreich, weshalb sie vielleicht den Ruf haben, schwer verdaulich zu sein. „Man muß sie eben mäßig trinken", sagt der Vater lachend, „es sind Qualitätsweine, die man eigentlich nur probiert, verkostet, und das ist eine Kunst. Im übrigen heißt es bei uns, die Burgunder seien die Weine für die gesunden Menschen und die Bordeaux die Weine für die Kranken."
Die Senards haben insgesamt 8 ha Weinberge im Bereich des berühmten (was ist im Burgund nicht berühmt) Corton-Hügels. Das entspricht einem mittleren Besitz in dieser Zone. Die Gemeinden Aloxe-Corton, Gevrey-Chambertin und Pommard erzeugen wohl die mächtigsten Weine der Côte d'Or. Sie alle brauchen bei guten Jahrgängen mindestens zehn bis zwanzig Jahre Reifezeit. Dann kann ein roter Corton – ich meine hier immer die großen Gewächse im Bereich der Grands Crus und Premiers – ein ungemein reicher Wein sein. Wenn es dazu ein alter Corton ist, kann er, wie Philippe Senard sagt, mit wilden, animalischen Düften und Aromen von Leder und Fell aufwarten. Bei den jungen Corton-Weinen sind es mehr die Düfte von Früchten wie Johannisbeeren, Himbeeren, Erdbeeren.

Auf dem Corton-Hügel, der sich in markanter Form von den anderen Hängen abhebt, wächst auch einer der ganz großen Weißweine der Côte d'Or. Es ist der *Corton-Charlemagne,* neben dem *Montrachet* wohl der größte. Vergleichen kann man sie jedoch nur in ihrer Bedeutung, nicht in ihrer Art. Obwohl beide (wie fast alle Weißweine der Côte d'Or) Chardonnays sind und zum Bereich der Côte de Beaune gehören, verkörpern sie zwei ganz verschiedene Welten. Ein *Montrachet* ist feingliedrig, distinguiert, finessenreich, elegant. Ein *Corton-Charlemagne* hingegen ein kraftstrotzender, sehr alkoholstarker,

Senard

Philippe Senard, Aloxe-Corton

Was bedeutet für Sie, Weine zu machen?
Ich denke, daß Weine machen einer Lebenskunst gleichkommt. Nicht jeder kann Wein machen. Man muß Traditionalist sein und gleichzeitig offen für mögliche Neuerungen, die die Technik und die önologischen Institute entwickeln. Während wir das, was unsere Väter und Großväter machten, respektieren, sind wir zugleich für alle Experimente offen, nicht nur für die in Frankreich, sondern auch aus anderen Ländern. Und wer wirklich diese Lebenskunst anstrebt, der wird sie mit der Qualität untermauern.

Die Versteigerung ist einer der Höhepunkte der „Drei Glorreichen Tage" an der Côte d'Or. Die Ergebnisse werden als eine Art Preisbarometer für den jeweiligen Jahrgang der Côte d'Or-Weine betrachtet. Die Erlöse dienen wohltätigen Zwecken.

Das Hospice de Beaune kam im Laufe der Jahrhunderte durch Schenkungen wohltätiger Spender in den Besitz von 53 ha Rebgärten. Durch gute Lagen, strenge Disziplin im Weinberg und konsequente Arbeit im Keller entstehen hochklassige Weine, die jedes Jahr faßweise versteigert werden. 500 Pièces à 228 l sind es in diesem Jahr.

Zum hundertjährigen Jubiläum des Pasteur-Instituts hatte das Hospice ein Extrafaß gestiftet, das außerhalb der Konkurrenz versteigert wurde und dessen Erlös dem Institut zugute kommen sollte. Als man bei der phantastischen Summe von 400.000 Francs angekommen war, klatschten alle Anwesenden begeistert in die Hände und sangen den Refrain eines Weinlieds, das in diesen drei Tagen immer wieder an der Côte d'Or intoniert wird. Die fröhliche Stimmung trieb die Gebote noch einmal in die Höhe. Schließlich erhielt den Zuschlag ein Unbekannter aus Luxemburg, der 605.000 Francs für das Fäßchen mit 228 l geboten hatte.

Solange die kleine Kerze brennt, kann geboten werden. Wenn sie erlischt, wird der Zuschlag erteilt.

im Geruch und Geschmack ungemein fülliger, verschwenderisch ausladender Wein. Natürlich nur, wenn er von einer guten Domäne kommt und ein guter Jahrgang ist. Andernfalls kann man auch bei einem *Corton-Charlemagne* herb enttäuscht werden. Seit langem schon versucht Senard ein Stück von der Grand-Cru-Lage Corton-Charlemagne zu kaufen, doch wäre sie nicht nur phantastisch teuer (1 ha ca. 1 Million DM), noch würde niemand auch nur den kleinsten Teil davon verkaufen. Denn heute sind diese Weine so gefragt, egal, was sie kosten, daß eine Parzelle in dieser Lage wertvoller ist als Gold im Tresor. Senard behilft sich, indem er einen weißen Pinot gris als Aloxe-Corton ausbaut. Ein cremiger, beinahe fetter Weißwein, mit reichem Duft und einem Geschmack, der den ganzen Mund voll macht. Senard erzeugt aber so wenig davon, daß es mir nicht gelungen ist, eine Flasche zu erwerben. Diese Frustration wurde mir noch des öfteren auch bei anderen Erzeugern zuteil. Ich durfte verkosten, aber nichts kaufen. Bei den großen Weinen ist die Zahl der Flaschen bei vielen so knapp, daß sie Mühe haben, ihre langjährigen Stammkunden zu beliefern. Selbst bei dem besonders liebenswürdigen und herzlichen Monsieur Rousseau in Gevrey-Chambertin ist es mir nicht gelungen, von seinem köstlichen *Clos de Bèze* ein paar Flaschen zu ergattern. Weil ich darüber traurig war, schenkte er mir zum Abschied eine Flasche davon. Sie liegt nun in meinem Weinkeller, und mir bleibt nur übrig zu beten, daß ich den Reifepunkt des Weins noch erlebe.

Ach, wie soll ich bloß auf knappem Raum dem überfließenden Reichtum der Côte d'Or, die ja nur ein kleiner Teil, wenn auch der wertvollste, des gesamten Burgund ist, halbwegs gerecht werden? Viele hundert verschiedene Appellationen, von den Gemeindelagen bis zu den Grands Crus, zählt sie, und es ist eine Lebensaufgabe, zum Kenner all dieser Lagen zu werden, mit ihren unterschiedlichen Böden, Jahrgängen, Weinmachern und vor allem den Händlern, die neben den Domänen mit eigener Abfüllung noch einmal ein Kapitel für sich sind. Nicht nur die Weinkeller von Beaune sind ein Labyrinth, auch alles andere ist verwirrend vielfältig. Sicher ist, daß, wer Burgunderweine liebt, "seinen" Wein finden wird, wenn er mit genügend Ausdauer danach sucht. Picasso, der über sich und seine Malerei sagte: „Ich suche nicht, ich finde", hätte trotz seines Genies vermutlich Schwierigkeiten gehabt, seinen Wein im Burgund zu finden, ohne zu suchen. Und da ich mich nach der Definition von Monsieur Senard eher zu den "Kranken" zählen müßte, weil ich reichlicher Bordeaux als Burgunder trinke, suche ich bei den Weinen der Côte d'Or auch mehr die sogenannten "femininen" als die "virilen" Weine. Ein *Musigny,* und hier meine ich den Grand Cru, der aus der Gemeinde Chambolle-Musigny kommt, gehört für

Monsieur Jean-Claude Wallerand verkostet mit seinem Kollegen Michel Santé bei einem Spitzenerzeuger von Puligny-Montrachet die jungen Weine. Die Sommeliers verwenden dabei Spezialgläser, die Duft- und Aromastoffe des Weins extrem konzentrieren.

FAIVELEY

François Faiveley,
Nuits-Saint-Georges

Sie haben die Möglichkeit gehabt, entweder ein Industrieunternehmen zu leiten oder dieses Weingut zu führen, das heißt, Weine zu machen. Warum haben Sie sich so entschieden?

Weil mein Herz in Burgund liegt. Ich liebe die Erde, lebe gerne hier und könnte niemals in einer großen Stadt wie New York, Paris, Berlin oder München leben. Man lebt gut hier. Ich mache gerne Wein. Man lebt mit der Natur. Man erlebt die Jahreszeiten. Es gibt hier den Herbst, den Winter, den Frühling, und ich bin ein Teil davon. Die Industrie ist eine andere Welt.

Sie wollen einen sehr guten Wein machen?

Ja, ich versuche es.

Kann man das bei einer solchen Menge?

Ja, ich denke, ja. Es ist eine philosophische Frage. Ich denke, es ist besser, wenig zu produzieren und dies sehr gut zu machen. Und ich gebe gerne diesen Satz aus der orientalischen Philosophie wieder: Man kann nicht viermal am Tag essen, man ißt nur zweimal am Tag. Man kann nicht drei Autos auf einmal fahren und in vier Betten schlafen. Ich will sehr aromatische Weine machen. Ein Weinmacher hat einmal gesagt: Wenn man eine Cuverie besucht, und es riecht dort sehr gut, dann ist es ein Unglück, denn nicht die Cuverie soll gut riechen, sondern der Wein. Ich versuche, meine Weine sehr lange bei niedriger Temperatur zu fermentieren, um sehr aromatische Weine zu machen. Wenn Sie sehr langsam fermentieren, dann machen Sie den Wein für die Nase desjenigen, der ihn trinkt, und nicht für die Nase desjenigen, der ihn fabriziert.

Im Burgund arbeitet man nach traditionellen Methoden. Wäre nicht eine Modernisierung notwendig?

Im Gegenteil. Es gibt eher wieder eine Rückkehr zu alten Verfahren. Ich selber fange wieder damit an, eine Flaschenabfüllung direkt vom Faß zu machen, ohne zu filtern. So hat man das auch früher gemacht. Wir werden weiterhin unsere Weine in Eichenholzfässern ausbauen. Was man durch moderne Methoden allerdings wesentlich verbessert hat, ist die Vinifikation. Früher haben wir die Weine in Eichenholzfässern vergoren, das war nicht gut. Heute macht man die Gärung in Edelstahltanks, das ist ein großer Fortschritt. Die größte Verbesserung, die wir heute kennen, ist die Temperaturkontrolle während der Gärung. Es gibt nichts Revolutionäres in der Weinbereitung.

Warum sind im Burgund die Weine so teuer?

Alle Luxusprodukte sind teuer. Die Rebfläche des Burgund beträgt $^1/_{10}$ der Rebfläche des Bordeaux. Wenn Sie die kleine Anbaufläche von Meursault und Puligny-Montrachet sehen und bedenken, wieviele wohlhabende Menschen in aller Welt diesen Wein haben wollen, so ist es normal, daß er teuer ist. Außerdem, ein gutes Handwerk kostet viel.

In den ausgedehnten, alten Kelleranlagen von Faiveley liegen viele wertvolle Burgunder von fast allen Lagen der Côte d'Or. Es ist eine Schatzkammer burgundischer Luxusprodukte.

mich zu den größten Erlebnissen, die ich im Burgund haben kann. Im allgemeinen, sagt man, wird dieser Wein von Frauen bevorzugt. Mag sein. Vielleicht, weil er so berauschend feinduftig, edel, elegant, nervig, von großer Finesse im Geschmack ist und dabei doch einen kraftvoll gebauten Körper hat, schmiegsam, zart und verführerisch raffiniert.
Bei Jean-Marie Roumier, der nur 0,3 ha von diesem Grand Cru besitzt – das macht nicht mal 1.000 Flaschen pro Jahr – konnte ich den *Musigny* mit dem zweiten *Grand Cru* von Chambolle, den *Bonnes Mares* und den *Les Amoureuses* – dem für mich besten Premier Cru dieser Gemeinde – vergleichen. Wir probierten die jungen Weine aus den Fässern. Der *Musigny* war mit deutlichem Abstand der größte von den dreien. Danach kam gleich der *Les Amoureuses* und dann erst der zweite *Grand Cru Bonnes Mares,* von dem Jean-Marie Roumier immerhin 2,5 ha besitzt. Von den 10,71 ha, die der *Le Musigny* insgesamt umfaßt, besitzt die Domaine *Comte Georges de Vogüé* mit 7,14 ha beinahe Dreiviertel des gesamten Grand Cru. Also schon fast ein Monopol. Zum Zeitpunkt meines Besuches war die alte, traditionsreiche Domäne in einem etwas desolaten Zustand. Der erfahrene Kellermeister war gerade in Pension gegangen, der Graf lag von einer schweren Krankheit getroffen im Hospital. Es hätte mich gereizt, die drei genannten Lagen zwischen den beiden Domänen zu vergleichen, doch es gab niemanden auf dem Gut, den ich hätte ansprechen können.

Mehr Glück hatte ich bei Faiveley in Nuits-St-Georges. Ich traf den jungen, ungemein sympathischen Erben dieses renommierten Hauses, François Faiveley, der mit 26 Jahren den Betrieb übernommen hat und der größte Grundbesitzer im Burgund ist. Gescheit, sensibel und charmant, wirkt er sehr bescheiden, obwohl er enorm reich ist und in vielen bedeutenden Lagen Anteile hat. Etwa 30 % Trauben werden von anderen Winzern noch dazugekauft. Das ergibt eine Jahresproduktion zwischen 350.000 und 400.000 Flaschen.
Auch vom *Corton-Charlemagne,* den Monsieur Senard so gerne hätte, besitzt Faiveley eine Parzelle, die ca. 2.400 Flaschen im Jahr ergibt. Doch die sind immer schon verkauft, nach bevor die Trauben dafür geerntet werden. Seit François Faiveley den Betrieb leitet, hat er ihn fünfmal vergrößert und damit seinem Vater bewiesen, was er kann. Das reiche ihm, mehr wolle er nicht, sagt er. Zuvor hatte er sich entscheiden müssen, ob er das Industrieunternehmen Faiveley, wo unter anderem der Hochgeschwindigkeitszug TGV hergestellt wird, oder das Weinhaus leiten wolle. Inzwischen wissen die Auguren der Côte d'Or zu berichten, daß er heute auch die Industrie Faiveley mit beaufsichtigt.

ROUMIER

Christophe Roumier, Chambolle-Musigny

Warum wollen Sie die traditionellen Verfahren weiterführen?
Ich glaube, wenn man Qualitätsweine, Weine, die altern sollen, erzeugen will, muß man die Weinlesemaschine verbannen. Die Weinlese bleibt Handarbeit, und das, solange wir Arbeitskräfte haben, die für diese Arbeit ausgebildet sind. Was die Weinzubereitung betrifft, möchte ich weiterarbeiten mit den bewährten Methoden. Diese verlangen vielleicht mehr persönlichen Einsatz, mehr Aufmerksamkeit, erzielen aber sehr gute Ergebnisse.

Bei unserem Gespräch und der Verkostung einiger Weine öffnete François Faiveley als Krönung einen seiner *Corton* vom Jahrgang 1971. Ein grandioser Wein! Die Pinot-Noir-Rebe, mit der alle roten Weine der Côte d'Or reinsortig hergestellt werden, hat einen ganz besonderen Geruchs- und Geschmackston, der unverwechselbar aromatisch, manchmal allerdings etwas aufdringlich ist. Bei minderwertigen Erzeugnissen kann diese Traubensorte parfümiert erscheinen oder sogar unangenehm faulig riechen. Ein Pinot Noir ist einem Cabernet Sauvignon oder Merlot jedenfalls nirgendwo ähnlich. Da ich einen guten Eindruck machen und nicht als Trottel dastehen wollte, traute ich mich zuerst nicht, mit meinem spontanen Eindruck herauszurücken. Aber dann sagte ich doch zögernd, daß ich beim ersten Schluck von diesem Corton nicht mehr sicher gewesen sei, ob ich einen Bordeaux oder einen Burgunder trinke. Zunächst überrascht von meinem "Bekenntnis", bestätigte Faiveley zu meiner Erleichterung die Empfindung. Er kennt dieses Phänomen. Bei großen Bordeaux und gewissen großen Burgundern kann es im Alter eine Annäherung geben, so daß sie sich ähnlich werden. Eine vergleichbare Erfahrung habe ich später mit einem alten *Château La Louvière* aus dem Graves-Gebiet gemacht, der einem Burgunder sehr ähnlich war. In Zukunft möchte Faiveley die großen Weine in seinen Kellern so lange lagern, bis sie trinkfertig sind, und sie erst dann verkaufen. Viele Konsumenten, sagt er, seien dazu gar nicht imstande. In Paris besäßen heute nur wenige Leute einen geeigneten Weinkeller. Bei Faiveley in Nuits-St-Georges aber gibt es sehr schöne alte Keller, die mit den größten und wertvollsten Köstlichkeiten der Côte d'Or gefüllt sind. Bei ihrem Anblick überfällt einen Liebhaber von Burgunderweinen ein verständlicher Besitzerrausch. Wollte ich alle berühmten Lagennamen und Jahrgänge aufzählen, die ich dort entdeckte, hätte ich fast alle Weine der Côte d'Or beisammen.

Henry Jayer erzeugt Weine der absoluten Spitzenklasse. Sein Richebourg gehört zum größten, was Vosne-Romanée und darüber hinaus die gesamte Côte d'Or zu bieten haben.

JAYER

Henry Jayer, Vosne-Romanée

Was ist der Charakter Ihrer sehr berühmten Weine?
Ich versuche sehr bezeichnende, sehr charakteristische Weine zu machen, die ein bißchen ein Abbild von mir sind. Und ich liebe sehr starke, kräftige, farbintensive Weine.

Wird der Charakter eines Weines schon von der Arbeit in den Weinbergen bestimmt?
Oh ja. Wenn ich einen Weinstock schneide, habe ich schon das Bild des künftigen Weins im Kopf.

Es gibt Menschen, die versuchen, Wein auf den Geschmack des Käufers hin zu machen. Was halten Sie davon?
Nicht viel. Man muß seine Weine so machen, daß sie einem selbst gefallen. Und die Kunden müssen zu einem kommen, weil sie den Wein mögen. Wenn sie ihn nicht mögen, gehen sie woanders hin.

Als ich Faiveley nach seiner Philosophie des Weinmachens fragte, nannte er mir als Vorbild nur einen Namen: Henry Jayer. Henry Jayer ist an der Côte d'Or eine fast legendäre Figur. Da es mir gelungen war, Monsieur Jayer kennenzulernen und seine Weine zu verkosten, wußte ich, wovon Faiveley sprach. Allerdings kann er Jayers Credo, beim Wein alles selbst zu machen, damit man die Übersicht und Kontrolle behalte, und deshalb nur kleine Mengen zu erzeugen, nicht übernehmen, da er bei der Größe seines Betriebes delegieren muß. Aber es ehrt ihn, daß er weiß, wie große Qualität entsteht und sie auch macht, wo immer es geht, obwohl er mehr als das Zehnfache von Jayer erzeugt.

Monsieur Jayer wohnt in einem anspruchslosen, neu gebauten Haus am Rande von Vosne-Romanée. Unter dem Haus ist der kleine Gär- und daneben der Faßkeller untergebracht. Alles ist sehr einfach, wenig attraktiv. Nichts deutet darauf hin, daß hier eine der angesehensten Persönlichkeiten der Côte d'Or seine bescheidene Menge von großartigen Weinen macht. Neben den Gärbehältern aus Zement steht die moderne, pneumatische Presse, die Eichenholzfässer sind die üblichen Pièces, allerdings jedes Jahr neu. Auch das ist nichts Besonderes. Dafür sind die Weine von außergewöhnlicher Klasse, um die sich berühmte Restaurants in Frankreich und Deutschland reißen. Doch nur ganz wenige Stammkunden können sich glücklich schätzen, einige Flaschen zugeteilt zu bekommen. Neue Klienten kann Jayer nur dann in seine Kartei aufnehmen, wenn ein anderer ausscheidet, das heißt, wenn er stirbt. Der Besitzer eines berühmten deutschen Drei-Sterne-Restaurants erzählte mir, daß er Jayer besuchen wollte, aber nicht einmal von ihm empfangen wurde. So ist es mir bei *Romanée-Conti* ergangen. Dort pflegt man allerdings, im Unterschied zu Jayer, der alles andere als arrogant ist und nur zu wenig Zeit hat, um sich allen Besuchern, die ihn sehen wollen, zu widmen, den traditionellen Hochmut, der ja auch seinen Ausdruck in den aberwitzigen Preisen findet, die für Weine aus diesem Haus verlangt werden.

Was nun das Besondere an den Weinen von Jayer ist, kann ich mir nicht anmaßen zu beurteilen. Dazu fehlt mir mit den Weinen aus Vosne-Romanée die Erfahrung. Nur wer langjährige Vergleichsmöglichkeiten hat, wird darüber befinden können. Einer der besten Sommeliers von Frankreich, Monsieur Jean-Claude Wallerand, der mich bei meinen Recherchen in selbstloser Weise und mit Begeisterung unterstützt hat, weiß hingegen genau, wovon er spricht, wenn er den *Richebourg* von Jayer über alle anderen stellt. Es sind nur 0,35 ha, die Jayer von dieser Grand-Cru-Lage in Vosne-Romanée bearbeitet. Das ergibt ca. 5 Pièces à 228 l, etwa 1.500 Flaschen pro Jahr. Die Hälfte davon erhält der Besitzer des Rebgartens, der in Paris lebt, die andere gehört Monsieur Jayer. Diese 750 Flaschen verteilt er an seine Stammkunden. Darüber hinaus hat er eigene Weingärten in den Lagen *Echézeaux, Gros Parentoux* und *Aux Brûlées.*

Als wir in Henry Jayers Pièce-Keller der Reihe nach Weine bis hinauf zu dem von mir mit Spannung erwarteten *Richebourg* verkosteten, beobachtete mich dieser warmherzige alte Herr aufmerksam mit seinen leuchtend jungen Augen. Es schien, als wollte er, noch bevor ich etwas sagen konnte, schon an meinem Gesicht die Reaktionen auf seine Weine ablesen. In dieser Haltung sah ich bereits das ganze Geheimnis seiner Kunst. Es ist die Freude, der Ernst, der Charme und die Sinnlichkeit, mit der Jayer sein Handwerk betreibt. Weil er mit dem, was er macht, einverstanden und identisch ist, strahlt aus ihm das Glück, und er findet seine Persönlichkeit in dem, was er der Natur mit hoher Professionalität abgewinnt, wieder. Mein Genuß an jedem seiner Weine fiel wohl zu seiner Zufriedenheit aus, aber das allein genügte ihm nicht. Nachdem ich den *Richebourg* verkostet und meiner Begeisterung Ausdruck verliehen hatte, kündigte er zum Vergleich noch einen Wein an. Er öffnete eine Flasche, sagte aber nicht, was es war, und ließ mich raten, wobei in seine Augen ein listiger Ausdruck kam. Bei mir dürfte es eher der eines ertappten Schülers gewesen sein, der seine Lektion noch nicht gelernt hatte. Konnte ich diese Prüfung überhaupt bestehen? Ich nahm meinen Mut zusammen. Eine innere Stimme sagte mir, daß es ein Wein sein mußte, den ich schon verkostet hatte, nur aus einem älteren Jahrgang. Und ich hatte mehr Glück als Verstand.

Zufrieden mit mir nahm Monsieur Jayer mich mit in den Weinberg, in dem der *Parentoux*, den ich erraten hatte, wächst, zeigte mir den *Richebourg* nebenan und erklärte mir, wie er die Reben schneidet. Die Blätter waren jetzt schon abgefallen, doch an den nackten Rebzweigen hingen noch eine Menge unreifer Trauben, die natürlich nicht geerntet worden waren. Gelegentlich, erklärte Jayer, würden diese Trauben von Köchen in guten Restaurants verwendet, da man daraus einen vorzüglichen Essig machen könne. Mit dem Schnitt der Reben beginnt man, sobald sie keine Blätter mehr haben. Denn dann ist der Saft im unteren Teil des Rebstocks gespeichert. Jayer und seine Frau machen die laufenden Arbeiten im Weinberg selbst. Nur ab und zu hilft noch der Neffe und dessen Frau. Für die Ernte steht Jayer eine von ihm geschulte Mannschaft von zwanzig Personen zur Verfügung. Sie haben gelernt, am Weinstock selbst auszusortieren und keine faulen und unreifen Trauben zu ernten, so daß in die Gärbehälter nur vollkommen reife, gesunde und unbeschädigte Trauben kommen. Bei der Ernte werden noch die alten Holzbutten benutzt, weil bei ihnen die geringste Gefahr für eine Verletzung der Trauben besteht.

GIRARDIN

Alethe Girardin, Pommard

Sie sind eine der wenigen Winzerinnen. Wie sind Sie Winzerin geworden?

Ich habe nach dem Abitur zwei Jahre Jura studiert, aber es gefiel mir nicht. Ich bin nach Pommard zurückgekehrt und habe nachgedacht und mit meinem Vater gearbeitet, wozu ich nie gezwungen wurde. Es hat mir gefallen, und so bin ich geblieben.

Warum gibt es so wenig Frauen in diesem Beruf?

Es ist ein schwieriger Beruf. Körperlich sehr schwer. Und dann ist es so, daß in der Landwirtschaft sehr wenige Frauen an der Spitze eines Betriebes bleiben. Nicht, daß die Frauen nicht arbeiten würden. Sie arbeiten mit ihren Männern. Sie machen es, weil sie mit einem Weinbauern verheiratet sind. Wenn dieser stirbt, führen sie den Betrieb weiter. Frauen wie ich, die sich diesen Beruf freiwillig aussuchen, sind selten.

An den Hängen der Gemeinde Vosne-Romanée sind die berühmtesten Lagen der Côte de Nuits dicht beisammen. Etwas unterhalb von der Stelle, wo Jayer seine Reben schneidet, liegt der *Richebourg*. Daneben angrenzend der *Romanée,* darunter gleich der legendärste von allen Grands Crus der Côte de Nuits, der *Romanée-Conti.* Diesen kleinen Weinberg von nur 1,8 ha gibt es seit über 700 Jahren. Allein seine Geschichte könnte ein Buch füllen. Der Ertrag aus diesem weltberühmten "Monument" der Côte d'Or reicht im Durchschnitt gerade für etwa 7.000 Flaschen im Jahr. Man kann sich leicht vorstellen, zu welchem Phantasiepreis eine Flasche davon verkauft wird. Ein Romanée-Conti ist eines der Prestige-Objekte der Reichen dieser Welt, ein Kultgegenstand, der sich, was seinen Preis betrifft, in irrationalen Sphären bewegt und sachlichen Wertungen entzieht. Etwas "preiswerter" sind die anderen Grands Crus der Gemeinde zu haben. Neben dem *Richebourg* kann man wählen zwischen einem *Romanée* oder einem *Romanée St-Vivant,* einem *La Tâche, Grands Echézeaux* oder *Echézeaux.* Für die "unteren Schichten" der Weinliebhaber stehen dann noch zwölf verschiedene Premiers Crus zur Verfügung. Und das Fußvolk kann sich an den Weinen mit der einfachen Gemeinde-Appellation laben.

Wie große Weine entstehen, läßt sich übersichtlich und eindrucksvoll an der Côte d'Or nachvollziehen. Die teilweise sehr altertümlichen, traditionellen Methoden der Weinerzeugung, die im Burgund noch verbreitet sind, legen die Frage nahe, ob es nicht längst an der Zeit wäre, vieles zu modernisieren, wie das gerade jetzt sehr intensiv im Bordelais geschieht. Dort ist heute selbst bei renommiertesten Châteaux die Weinlese mit Maschinen kein Tabu mehr. Für die großen Gewächse der Côte d'Or ist das vorerst kein Thema, schon allein aus wirtschaftlichen Überlegungen. Die Flächen wären hier für eine Erntemaschine viel zu klein. Auch die Gärbottiche aus Holz werden noch von vielen benutzt, weil die Anschaffung von Stahltanks sehr teuer ist. Henry Jayer dagegen hat die Inox-Behälter noch nicht ausprobiert. Seine Gärgefäße sind aus Zement. In ihnen wird sein Wein, sagt er, besser, weil die Fermentierung auf regelmäßigere Art vor sich geht als im Holz

Die Einfahrt zum Clos de Vougeot, dem Sitz der Weinbruderschaft Les Chevaliers du Tastevin, wo das ganze Jahr über große Bankette abgehalten werden. Es ist eine der touristischen Attraktionen der Côte d'Or.

Mit diesen riesigen alten Holzpressen haben die Mönche, in deren Besitz Clos de Vougeot früher war, die Trauben gepreßt. Ganz im Gegensatz zu ihrem monströsen Aussehen haben die Pressen das Traubengut äußerst zart und schonend behandelt.

und der Gärprozeß so lange wie möglich ausgedehnt werden kann, damit ein starker, farbintensiver, voller Wein entsteht. Jayer benutzt beim Abfüllen der Weine auf die Flasche auch keine elektrischen Pumpen und Filteranlagen. Er verwendet wie in alten Zeiten einen zweischnäbligen Hahn und füllt damit, nur mit Hilfe der Schwerkraft, die Flaschen. Das ist für den Wein die schonendste Art, bei der er am wenigsten kastriert wird. "Eine große Lage garantiert noch keinen guten Wein." Dieser Satz von Jayer paßt beispielhaft auf den *Clos de Vougeot.* Er umfaßt insgesamt 50 ha, eine ausgedehnte Fläche, die unter mindestens achtzig Besitzern aufgeteilt ist und besonders extreme Qualitätsunterschiede aufweist. Von wenigen großartigen (es ist ein Glücksfall, sie zu finden) bis zum bedeutungslosen und ärgerlichen Wein ist bei diesem Grand Cru alles möglich.

Vor Jahrhunderten haben die Mönche von Citeaux dieses mächtige Anwesen geschaffen. Heute stellt das ehemalige Kloster, das inmitten seiner Weinberge vor allem zu einem Rummelplatz für Touristen geworden ist, Sitz und Eigentum der Chevaliers du Tastevin dar. Die Vereinigung setzt sich in erster Linie aus Persönlichkeiten der Côte d'Or zusammen. Domänenbesitzer und Weinhändler, die jedes Jahr weitere Ehrenmitglieder in ihren Reihen aufnehmen. Es sind dies Leute aus aller Welt, die sich um den burgundischen Wein verdient gemacht haben, aber vielfach auch nur Prominente, deren Name ein guter Werbeträger für die berühmten Weine ist. Für sie findet an einem der "Drei Glorreichen Tage" im November das große feierliche Festmahl der Chevaliers du Tastevin statt, das mit einem anspruchsvollen Menü, bestehend aus fünf Gängen, für 600 Personen aufwartet. Als ich als Zaungast in der Küche zusah, wie die berühmten Burgundischen Oeufs au Meurette, pochierte Eier in Rotweinsoße, gemacht werden, bestand das Menü weiter aus Wildpastete, Hechtsoufflé und

Les Chevaliers du Tastevin im Clos de Vougeot. Jedes Jahr werden verdienstvolle oder prominente Persönlichkeiten feierlich in die Weinbruderschaft aufgenommen. Die so Ausgezeichneten fühlen sich geehrt, und das Spektakel bringt den Burgunder-Weinen viel Publicity.

einem Kalbsbraten. Vor dem Hauptgang gab es ein Sorbet und am Ende Käse und Dessert. Natürlich werden dazu sehr gute weiße und rote Weine der Côte d'Or gereicht.
Ein Heer von Kellnerinnen und Kellnern wird engagiert, um jeden der Gänge gleichzeitig für alle auf den Tisch bringen zu können. Diese Küchen- und Service-Schlachten sind auf die Minute genau geplant. Nichts darf dem Zufall überlassen bleiben. Wenn jedoch draußen im Saal die Stimmung steigt, Redner oder Musikanten die Zeit überziehen, dann geraten Küche und Service mit ihrem exakten Timing und ihrer genau einstudierten Choreographie der Kellner und Kellnerinnen ins Schleudern. Da indessen die Gäste bereits eine Menge alkoholreichen Burgunder getrunken haben und in Stimmung gebracht wurden, fällt ihnen meist nicht mehr auf, daß das Hechtsoufflé vielleicht schon etwas müde auf den Tisch kommt. Im Gegensatz zur Paulée von Meursault, die mittags abgehalten wird, findet das Bankett der Chevaliers du Tastevin am Abend statt. Die Etikette ist streng, Smoking und Abendkleid Pflicht. Aber schon nach den ersten Gläsern löst sich die steife Haltung der Gäste, die auch hier recht eingepfercht an langen Tischen sitzen müssen. Schon allein dadurch ist eine "feine Haltung" gewährleistet, weil keinerlei ausladende Armbewegungen beim Handhaben von Messer und Gabel möglich sind. Natürlich wird auch in anderen Orten der Côte d'Or gefeiert. In Pommard, dem Ort der Côte de Beaune, wo vergleichbar mächtige Rotweine wie in Aloxe-Corton erzeugt werden, auch wenn es keine Grand-Cru-Lage gibt, findet das stimmungsvolle Bankett in den schönen Kellerräumen des Rathauses statt. Das Menü wurde in diesem Jahr von Jean Crotets, einem der besten Köche im Burgund, zubereitet. Es war ein bacchantisch-lustvolles, heiteres Fest, das mich für manche Enttäuschung im Bereich der kommerzialisierten Welt der Côte d'Or entschädigt hat. Die Tochter des Bürgermeisters von Pommard, Madame Alethe Girardin, ist eine der wenigen Weinmacherinnen in Frankreich. Sie arbeitet noch mit einer alten Holzpresse und vergärt in Holzbottichen, weil sie glaubt, daß sie nur auf diese Art Weine machen kann, die nicht ölig oder weich sind, sondern hart wie vor fünfzig Jahren. Die Weine jedenfalls, die ich von Madame Girardin verkostet habe, waren von herausragender Qualität und so "männlich", wie man es von einem Pommard erwartet. Einen "femininen" Charakter oder das, was man damit zu umschreiben versucht, konnte ich nicht entdecken, dafür Kraft, Tiefe und Charme. Je mehr Frauen in dieser faszinierenden Welt des Weinmachens auftreten werden, je schneller wird das Klischee von "femininen" oder "maskulinen" Weinen der Vergangenheit angehören, denn Frauen machen keine anderen Weine als Männer, sie werden nur beweisen, daß die heute noch fast ausschließlich von Männern besetzte und geprägte Welt des Weines auch die ihre ist.

Burgund

Côte d'Or

Das Weinbaugebiet Burgund (Bourgogne) wird in die Bereiche Chablis, Côte d'Or, Côte Chalonnaise, Mâconnais und Beaujolais unterteilt. Wir beschränken uns auf das Herzstück des Burgund, die Côte d'Or, die eine Rebfläche von rund 6.500 ha umfaßt. Wenn von den großen Burgundern die Rede ist, sind die Weine von der Côte d'Or, dem "Goldenen Hang", gemeint. Neben einer großen Menge von mittelmäßigen bis schlechten Weinen bringt dieser schmale, 50 km lange Landstrich zwischen Dijon und Santenay auch viele Gewächse hervor, die zu den größten der Welt zählen. Im Gegensatz zum Bordeaux werden die Weine der Côte d'Or reinsortig ausgebaut: die Roten aus der Pinot Noir –, die Weißen aus der Chardonnay-Traube. Die Côte d'Or wird in die Bereiche Côte de Nuits im Norden und Côte de Beaune im Süden unterteilt.

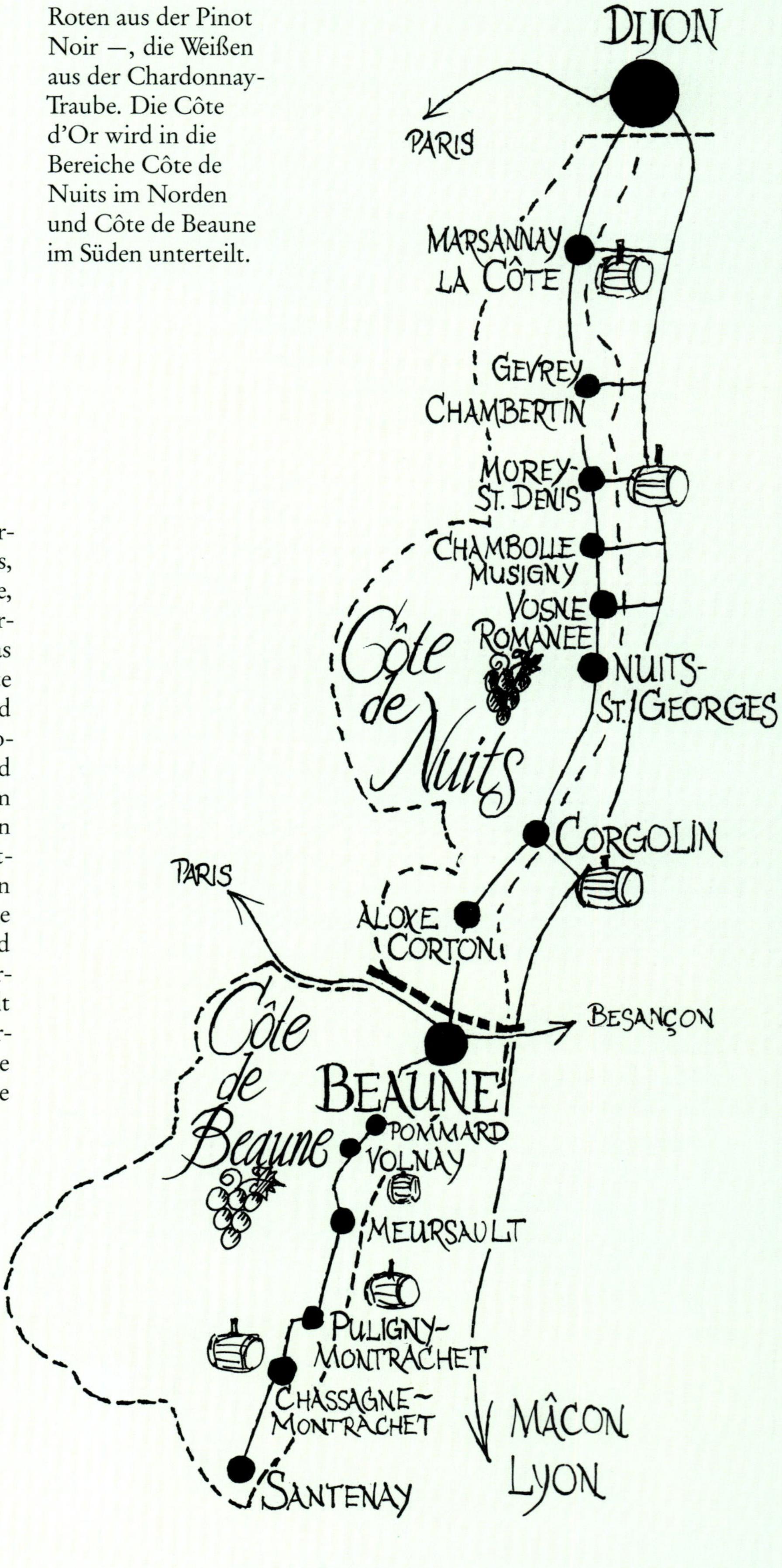

Côte de Nuits

Die Côte de Nuits beginnt unterhalb von Dijon und reicht bis zum südlich von Nuits St-Georges gelegenen Corgoloin. Während die Weißweine hier eine nebensächliche Rolle spielen, bringt dieser Teil der Côte d'Or die Mehrzahl der großen Burgunder Rotweine hervor. Allein Gevrey-Chambertin kann mit 9 Spitzenlagen (Grands Crus) aufwarten, die berühmteste, Chambertin, ist Bestandteil des Ortsnamens geworden. An zweiter Stelle steht Vosne-Romanée mit 7 Grands Crus, darunter der legendäre La Romanée-Conti, für den geradezu exorbitante Preise bezahlt werden. La Romanée-Conti ist zusammen mit La Tâche (ein weiterer Grand Cru dieser Gemeinde) im alleinigen Besitz der Domaine de la Romanée-Conti. Das ist eine Ausnahme; die anderen Grands Crus der Côte d'Or sind in viele, zum Teil sehr kleine Parzellen aufgeteilt. Ebenfalls in den Ortsnamen mit eingeflossen ist die Grand-Cru-Lage Musigny, in der Gemeinde Chambolle-Musigny. Bonnes Mares, die zweite Spitzenlage dieses Orts, reicht in das Gebiet der Nachbargemeinde Morey-St-Denis hinein, die noch 3 weitere Grands Crus aufzuweisen hat. Vougeot hat einen einzigen Grand Cru, den Clos de Vougeot (Clos ist ein Rebgarten, der von mindestens drei Mauern eingefaßt sein muß). Diese Lage umfaßt jedoch 52 ha Rebfläche, die sich ca. 80 Besitzer teilen.

Côte de Beaune

Die südliche Hälfte der Côte d'Or ist die Côte de Beaune, benannt nach der Stadt Beaune, der Metropole des Weinhandels. Während die Côte de Nuits die legendären roten Burgunder hervorbringt, kann diese Gegend mit weltberühmten Weißweinen aufwarten. Die ganz großen Weißweine der Côte d'Or kommen aus Puligny-und Chassagne-Montrachet. Der Grand Cru Le Montrachet gilt für viele als das Größte, was es an Weißweinen auf der Welt gibt. Aloxe-Corton ist die einzige Gemeinde, die mehr Grands Crus als Premiers Crus hat. Die Rotweine von Corton sind ebenso bedeutend wie die Weißen. Aus dieser Gemeinde stammt einer der berühmtesten Weißweine der Welt: der Corton Charlemagne. Mengenmäßig die größte Weißweinproduktion an der Côte de Beaune hat Meursault. Obwohl hier hochklassige Gewächse erzeugt werden, hat Meursault keine Grands Crus. Das gleiche gilt für Pommard und Volnay. Das geographische Zentrum der Côte d'Or ist die Stadt Beaune, die über die größte Rebfläche der Zone verfügt. Sie ist das Handelszentrum für Burgunderweine. Große Weinfirmen haben hier ihren Sitz; ihre Keller (caves) zählen zu den Touristenattraktionen von Beaune. Ihren Höhepunkt findet die Touristensaison jedes Jahr am dritten Wochenende im November, wenn "Les Trois Glorieuses" (Die Drei Glorreichen Tage) gefeiert werden. Unter anderem finden große Bankette und Essen statt, beispielsweise im Château de Vougeot oder im Hospice de Beaune, wo am Sonntag die große Versteigerung der Hospiz-Weine stattfindet, bei der Hunderte von Fässern (Pièce) unter den Hammer kommen.

Qualitätsstufen

Cru heißt Wachstum oder Gewächs und bezeichnet im Burgund eine klassifizierte Lage. Die Weine werden hier also ausschließlich nach der Lage bewertet, die sie hervorbringt. In den Spitzenlagen liegt der Hektarhöchstertrag im Durchschnitt zwischen 30 und 45 hl. (Zum Vergleich: In Italien oder Deutschland liegt er im Durchschnitt zwischen 80 bis 120 hl). Cru hat nicht in allen französischen Weinbaugebieten die gleiche Bedeutung. Im Bordeaux z.B. bezieht sich Cru auf ein Château mit den dazugehörigen Weinbergen, auf ein individuelles Weingut also.

Im Burgund werden die Weine in 5 Qualitäten eingeteilt:
Grands Crus: Das sind die hochklassigsten Gewächse, die aus Lagen mit einer eigenen Appellation stammen. Auf dem Etikett erscheint nur der Lagename (z.B. Romanée-Conti, Charmes-Chambertin, Corton-Charlemagne). Ab Dezember 1988 muß die Bezeichnung Grand Cru auf dem Etikett stehen. ▷

◁ BURGUND

Zu dieser Kategorie zählen auch die beiden Appellationen Côte de Nuits Villages und Côte de Beaune Villages. Es handelt sich in der Regel um einen Verschnitt von Weinen aus verschiedenen Dörfern dieser beiden Zonen. Die Appellation Côte de Nuits Villages dürfen insgesamt

Premiers Crus: An der Côte d'Or gibt es einige Hundert davon. Im Unterschied zu den Grands Crus erscheint hier Lagename und Weinort auf dem Etikett (z.B. Gevrey-Chambertin (Ort), Clos St-Jacques (Lage) oder Chambolle-Musigny, Les Amoureuses).

Gemeindeappellation: Die nächste Stufe sind die Weine mit Gemeindeappellation (Appellations communales). Sie werden unter dem Ortsnamen, ohne Lagenbezeichnung, auf den Markt gebracht, z.B. Gevrey-Chambertin, Vosne-Romanée (nicht zu verwechseln mit einem Romanée oder Romanée-Conti, beides Grands-Crus-Lagen im Ort Vosne-Romanée!), etc.

Distriktweine: Unter den Weinen mit Gemeindeappellation stehen in der Hierarchie die sog. Distriktweine (Appellations regionales), z.B. Côte de Beaune oder Côte de Nuits.

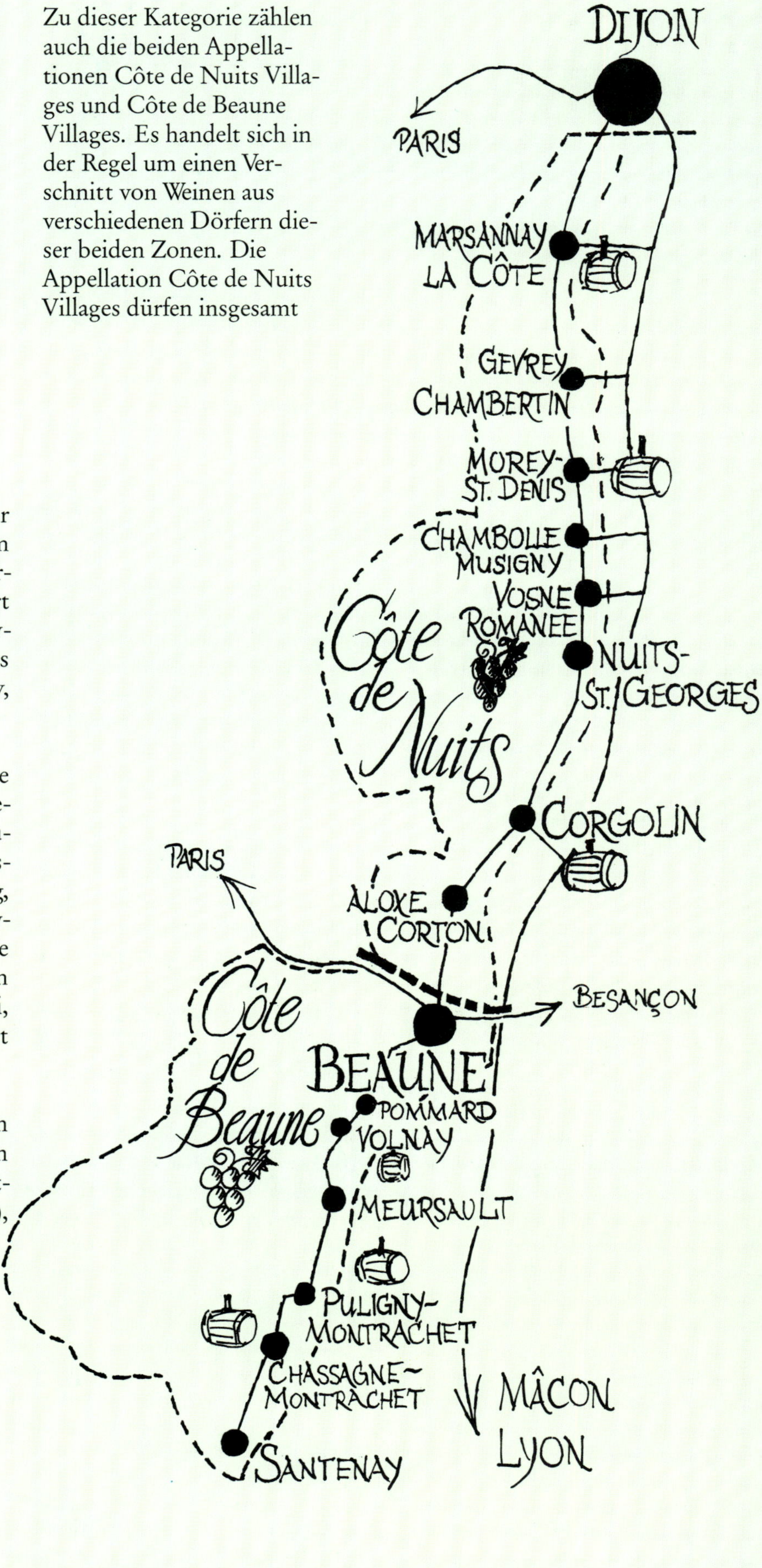

5 Gemeinden in Anspruch nehmen, wobei vier davon keine eigene Gemeindeappellation haben. Die Appellation Côte de Beaune Villages umfaßt hingegen 16 Dörfer, die alle eine eigene Gemeinde-Appellation haben.
Gebietsweine: Die niedrigste Stufe stellen die Gebietsweine mit der Appellation Bourgogne dar. Dazu gehören folgende Weine: Bourgogne Grand Ordinaire gilt für die einfachsten Rot-und Weißweine und Rosés. Bourgogne-Passe-Tout-Grains, ein Rotweinverschnitt aus Gamay und Pinot Noir. Bourgogne Aligoté wird aus der gleichnamigen Traube gekeltert. Es kann ein erfrischender, feiner, spritziger Weißwein sein. Das Hauptanbaugebiet dieser Rebsorte ist das Chalonnais. Kaum noch zu finden ist heute der Melon de Bourgogne, ebenfalls ein Weißwein. Der Bourgogne Blanc kann aus Chardonnay oder Pinot Blanc gekeltert werden, der Bourgogne Rouge wird aus den Rotweinsorten des jeweiligen Gebiets erzeugt.

Handelshäuser und Domänen

Im Burgund ist der Name des Erzeugers nicht immer mit dem Abfüller identisch. Der Weinbergbesitz vieler Winzer ist so klein, daß es nicht lohnt, die Weine selbst zu keltern und abzufüllen. Sie verkaufen die Trauben oder den Wein an sog. négociants. Die meisten dieser Händler oder Handelshäuser füllen den Wein nicht nur ab, sondern bauen ihn selbst aus. Handelt es sich also nicht um eine Erzeugerabfüllung einer bestimmten Domäne, steht auf dem Etikett der Name des négociant. Hat das Handelshaus den Wein auch selbst ausgebaut, erscheint neben négociant der Begriff eleveur.

Auswahlkriterien

Das komplizierte Benennungssystem der Burgunderweine mit ihren unzähligen Lagenamen ist eine Wissenschaft für sich. Sie zu durchdringen erfordert viel Zeit und Erfahrung. Man muß allerdings kein Fachmann sein, um festzustellen, daß das Prädikat Grand Cru noch lange keine Garantie für einen guten Wein ist, obwohl es in der Regel der teuerste ist. Die Tatsache, daß sich eine Grand-Cru-Lage in den meisten Fällen mehrere Besitzer teilen und deshalb Weine von unterschiedlichster Qualität dabei herauskommen, wird bei diesem Klassifizierungssystem nicht berücksichtigt. Das eklatanteste Beispiel dafür ist die Grand-Cru-Lage Clos de Vougeot, die sich rund 80 Besitzer teilen. Nur wenige davon schaffen es einen Wein zu erzeugen, der dem Ruf eines Grand Cru gerecht wird. Was sind also die Kriterien bei der Auswahl eines Burgunderweins? Sich auf die Klassifizierung auf dem Etikett zu verlassen, kann zu herben Enttäuschungen führen, vor allem dann, wenn der Wein teuer war. Man kann zwar davon ausgehen, daß die guten Weine nicht billig sind, aber es gibt auch viele teure, die schlecht sind. Es genügt also nicht, sich allein auf die guten Lagen zu konzentrieren. Es kann durchaus sein, daß ein Wein mit Gemeindeappellation besser ist als ein Grand Cru. Von überraschender Güte können offene Weine sein, die in Restaurants angeboten werden — das ist natürlich ein Glücksfall. Als erster Annäherungsversuch empfiehlt es sich, sich über die Charakteristika der Weine zu informieren und für sich zu entscheiden, ob man beispielsweise einen mächtigen Corton-Charlemagne oder lieber einen filigraneren Montrachet haben möchte. Hat man das Gebiet genauer eingegrenzt, kann man dort gezielt nach guten Erzeugern suchen, denn das einzige verläßliche Kriterium bei der Auswahl eines Weins — das gilt für alle Weinbaugebiete — ist der Name des Erzeugers. Wenn man einen Wein getrunken hat, der einem schmeckt, sollte man sich in erster Linie den Namen merken. Beim Beurteilen des Weins verläßt man sich am besten auf den eigenen Geschmack, wie der Bürgermeister von Aloxe-Corton, selbst Erzeuger von großen Weinen, empfiehlt: „Das Etikett ist wichtig, aber es ist nicht das Wichtigste. Man muß die Weine probieren und dabei dem eigenen Geschmack vertrauen. Sobald Sie den Wein gefunden haben, der Ihnen gefällt, gibt es keinen Grund, ihn nicht zu kaufen."

BORDEAUX

Ein armer, steiniger Boden ist die Grundlage für die großen, reichen Weine des Médoc. Um in diesem Kiesgeröllboden, der die obere Schicht bildet, nicht zu verhungern, müssen die Rebstöcke, auch die von Château Latour, einem der glanzvollsten Namen dieser Region, tief ins Erdreich eindringen. Je tiefer sie wurzeln, desto vielschichtiger sind die Stoffe, die sie in sich aufnehmen, und desto reicher sind später die Weine. Auch die durch die Nähe des Atlantik niemals ins Extreme ausartenden klimatischen Bedingungen tragen zu der Einzigartigkeit der Bordeaux-Weine bei. Hinzu kommt, daß jedes der berühmten Châteaux sich strengen Regeln unterwirft, um den hohen Qualitätsmaßstäben zu entsprechen. Ein Opfer für den guten Namen, der eben nur so lange Gold wert ist, wie er für große Leistungen bürgt.

Nicht durch ihre mittelalterliche Schönheit ist die Stadt weltberühmt geworden, sondern durch den Wein, der ihren Namen trägt. St-Emilion, dieses städtebauliche Kleinod, das unter Denkmalschutz gestellt wurde, ist von 5.000 ha Rebland umgeben. Mehr als tausend Weingüter erzeugen in diesem Gebiet Wein. Viele davon in nicht nennenswerter Qualität zu überhöhten Preisen. Manche in ausdrucksvoller Form und zu einer angemessenen Summe. Und nicht wenige in überragender, großartiger Weise; die Stars eben von St-Emilion, die berühmten Châteaux, die mit ihrem Namen die Region in der ganzen Welt bekannt gemacht haben und dementsprechende Star-Gagen für sich in Anspruch nehmen. Ein *Château Ausone*, der erste unter den Großen, kostet je nach Jahrgang immer ein paar hundert Mark, falls man ihn überhaupt auf dem Markt findet. Der *Cheval Blanc* liegt manchmal noch darüber. *Figeac, La Gaffelière, Pavie, Canon, Belair, Magdelaine, Beauséjour (Duffau-Lagarrosse), Clos Fourtet und Trottevieille,* diese *Premiers Grands Crus Classés* von *St-Emilion,* sind auch nur für Wohlhabende erschwinglich. Unter der dann folgenden Menge von *Grands Crus Classés* oder den sogenannten "offenen" *Grands Crus* — eine Klassifizierung, die jedes Jahr nach einer Verkostung neu vergeben wird — einen guten Wein zu einem gerechten Preis ausfindig zu machen, ist eine mühevolle Aufgabe. Viele *Grands Crus Classés,* zur Zeit 64 an der Zahl, verdienen diese Auszeichnung, streng genommen, nicht, wobei der Begriff Grand Cru sehr subjektiv in jeder Region anders definiert wird. Die Inflation der "vorübergehenden" *Grands Crus,* die im darauffolgenden Jahr wieder verschwinden können, entwertet diese Klassifizierung zusätzlich und vergrößert das Labyrinth der Weinszene von St-Emilion, die ja nicht nur aus *Grands Crus* besteht. Unzählige bescheidene Reihenhäuschen, die sich großspurig Château nennen, kommen hinzu.

St-Emilion, das romantische mittelalterliche Städtchen, liegt inmitten seiner Weinberge, die überwiegend mit der frühreifen Merlot-Rebe bepflanzt sind. Fast alle bedeutenden Châteaux der Zone liegen dicht bei der Stadt. Nur zwei — Cheval Blanc und Figeac — machen eine Ausnahme. Sie befinden sich weiter nördlich, an der Grenze zum Gebiet von Pomerol.

Am Tage der "Jurade de St-Emilion", Mitte September, wimmelt es in den engen und stellenweise steilen Gassen des Städtchens noch mehr von internationalen Touristen als in der übrigen Zeit des Jahres. Es beginnt am Morgen mit einem feierlichen Hochamt in der Kirche von St-Emilion, zu dem die Mitglieder der "Jurade", dieser ältesten Weinbruderschaft des Bordelais, mit rot-weißen Talaren würdevoll verkleidet wie Professoren, Richter oder Geistliche schreiten. Danach werden von den "Geschworenen", wie sich die Weinbrüder selbst pathetisch titulieren, mit weihevollem Brimborium neue Mitglieder aufgenommen, und anschließend marschieren alle zu einem großen Bankett, das sozusagen fließend in das abendliche Festessen übergeht. Dazwischen allerdings müssen die "Geschworenen" eine wichtige Verpflichtung erfüllen. Noch einmal werfen sie sich in ihre Talare, schreiten durch die Stadt und erklimmen über viele Treppen (gut für die Verdauung) die Plattform eines mächtigen rechteckigen Turmes, von wo aus man die ganze Stadt überblicken kann. Einer der "Geschworenen" – an der mächtigen Stimme erkannte ich Monsieur Hébrard von *Cheval Blanc* – heißt das versammelte internationale Publikum willkommen (Deutsche waren außer mir offensichtlich keine da, denn sie wurden nicht begrüßt) und ruft dann den offiziellen Beginn der Ernte aus. Alle Jurats nehmen daraufhin die knallroten "Doktorhüte" vom Kopf und winken damit dem "Volk" zu. Die Situation hat etwas altertümlich Komisches, zugleich wirkt sie im Rahmen des musealen Städtchens so familiär und heiter, daß man sich dabei ganz heimelig fühlt.

Der Hügel, auf dem St-Emilion erbaut wurde, ist ein Teil der Côte, auf deren Hängen die Rebstöcke der großen und typischen Weine dieser Region wachsen. Auf den stark kalkhaltigen, mit Lehm vermischten Böden überwiegt die für die Weine von St-Emilion charakteristische Rebsorte Merlot. Daneben stehen Cabernet Franc und in kleinen Mengen Malbec und Cabernet Sauvignon. Château Ausone ist in diesen Hang wunderbar zierlich und harmonisch eingebettet, umgeben von den Weingärten, die auf der Vorderseite zum Tal hin steil abfallen. Im herrlichen Park von Château La Gaffelière, das am Fuße des Hanges unterhalb von Ausone liegt, hat der Besitzer des Schlosses, Comte Léo de Malet-Roquefort, erst vor kurzer Zeit eine große Entdeckung gemacht. An einer Stelle seines Parkes fand er knapp unter dem Humus durch Zufall Spuren eines Mosaikfußbodens. Unter Aufsicht der Denkmalsbehörden ließ er Ausgrabungsarbeiten durchführen, die schon heute mit ziemlicher Sicherheit erkennen lassen, daß an diesem Platz das Haus eines sehr wohlhabenden Römers gestanden haben muß. Möglicherweise das von Ausonius, dem römischen Dichter, der als Sohn eines Arztes etwa 310 n. Chr. in Bordeaux geboren wurde.

Die Mitglieder der Jurade, der ältesten Weinbruderschaft des Bordelais, schreiten durch St-Emilion zum Hochamt in der Kirche. Danach werden feierlich neue Mitglieder in die Bruderschaft aufgenommen.

Am späten Nachmittag, wenn das mittägliche Festessen beendet ist, steigt die gesamte Weinbruderschaft auf den hohen Turm von St-Emilion, von wo aus einer der Geschworenen, wie sich die Mitglieder nennen, den offiziellen Beginn der Ernte ausruft.

Der Barrique-Keller von *Château Ausone* liegt unter einem Plateau neben dem Schloß. Er war ehemals ein Steinbruch, aus dem über Jahrhunderte die Kalk- und Sandsteine für den Bau der Häuser von St-Emilion geholt wurden. Der Keller sieht aus, als sei er für Fritz Langs Film "Die Nibelungen" gebaut. Der Hort der Nibelungen, der vom Zwerg Alberich bewacht wird, könnte im Labyrinth dieses Steinbruchs versteckt sein. Tatsächlich hütet, hegt und pflegt man hier einen Schatz, der vielleicht nicht weniger wertvoll ist als das Gold, das nach dem Tode von Siegfried an die Könige von Burgund überging. Nur ca. 30.000 Flaschen Wein pro Jahr ergeben die 7 ha Rebland von *Château Ausone,* flächenmäßig das kleinste der großen Châteaux im Bordelais. Doch was für ein Wein ist das! Wäre ich ein wohlhabender Mann, würde in meinem Weinkeller immer eine Kiste von dieser Köstlichkeit stehen. Dann hätte ich jeden Monat eine Flasche zur Verfügung. Aber eigentlich wäre das schon zu viel. Die Hälfte reichte, denn Weine dieser Größe sollte man nur zuweilen genießen. Nicht weil sie so teuer sind (offensichtlich können sich genügend Leute so einen Wein leisten, ohne mit der Wimper zu zucken), sondern weil sich diese von Natur aus raren Kostbarkeiten nicht vermehren lassen. Die zwangsweise auferlegte Enthaltsamkeit nehme ich also gern auf mich, sie steigert nur meine Sehnsucht nach Ausone und all den anderen himmlischen Brüdern und Schwestern, auf daß sie irgendwann einen glücklichen Augenblick lang wieder zum großen Festerlebnis werden. Eine von den 30.000 Flaschen *Château Ausone* würde mir unbescheidenerweise pro Jahr schon genügen, und selbst wenn ich nur alle zwei oder drei Jahre eine bekäme, wäre ich zufrieden. Daß aber bei der Fülle von großen Weinen, die es allein im Bordelais und erst recht in ganz Europa gibt, ein Jahr nicht tausend Tage hat und ich kein wohlhabender Mann bin, ist schon sehr bedauerlich.

In den Jahrzehnten vor 1975 war das *Château Ausone* übrigens keineswegs auf der Höhe seiner Möglichkeiten. Erst als die Besitzer den jungen Pascal Delbeck engagierten, der grundlegende Änderungen in den Weinbergen und im Keller durchführte, wurde der Wein wieder zu dem, was er heute ist. Ein Wein, den Monsieur

DELBECK

Pascal Delbeck, Château Ausone und Château Belair

Wie kommt ein so außergewöhnlicher Wein wie der Château Ausone zustande?

Selbstverständlich ist für die Qualität dieses Weins der Boden und die Güte des Ausgangsmaterials entscheidend, ferner die Vergangenheit des Weinbergs und die Tatsache, daß er sich seit langem im Besitz einer Familie befindet. Dann ist natürlich auch die Vermittlung wesentlich. Es ist wie bei einem Orchester: Wenn es von einem guten Dirigenten dirigiert wird, spielt es besser. Der Boden und der Verschnitt - das macht die Qualität. Mein Großvater, ein großer Weinhändler, sagte: Die erste Lektion, die man in seinem Leben zu lernen hat, ist, bescheiden bleiben vor der Natur. Und ich glaube, daß die Tatsache, auf der gesamten Tonleiter der Weinbereitung zu arbeiten, eine gute Lektion für Bescheidenheit ist. Das verhindert, daß man hochnäsig wird.

Die Barrique-Keller von Château Belair sind wie die von Château Ausone in einem ehemaligen Steinbruch von St-Emilion untergebracht. Von hier wurden die Kalksandsteine für den Bau der Häuser von St-Emilion geholt.

Arcaute von *Château Clinet* in Pomerol "intellektuell" nennt, und damit meint, daß der *Ausone* sehr subtil und vielschichtig ist, sich nicht sofort öffnet und barocke Lust vermittelt, sondern erforscht und verstanden werden will. Die insgesamt nur 700 ha Rebfläche von Pomerol grenzen nahtlos an das Gebiet von St-Emilion. In dieser winzigen Zone, die keine Klassifizierung kennt, sind noch einmal ein paar der ganz großen Namen versammelt. Der bekannteste unter ihnen ist wohl *Château Pétrus,* das einen Triangel mit zwei weiteren Großen, *Château L'Evangile* und *Vieux Château Certan* bildet.

Nur eine schmale Landstraße trennt das Pomerol-Gebiet vom *Château Cheval Blanc* auf dem Boden von St-Emilion. Doch dieser Boden ist es, der das berühmte Château ganz wesentlich von den anderen Emilion-Châteaux unterscheidet. Ähnlich wie bei den großen Châteaux des Médoc ist er stark kiesgeröllhaltig, indessen die Landschaft hier nur sanfte, wellenförmige Erhebungen aufweist. Auch der Verschnitt der Rebsorten ist für einen St-Emilion, wo der Merlot überwiegt, ungewöhnlich. 60 % sind Cabernet Franc, der in dieser Gegend auch Bouchet genannt wird, 35 % Merlot und 5 % Malbec. Natürlich sind diese Anteile von Jahr zu Jahr etwas unterschiedlich. Seltsamerweise gedeiht der Cabernet Sauvignon auf den Böden und im Mikroklima von *Cheval Blanc* nicht gut. Wohl drängte die Weinbehörde (I.N.A.O.) in den siebziger Jahren Monsieur Hébrard, auch Cabernet Sauvignon anzupflanzen. Aber Hébrard hat das mit einer humorvollen Drohung abgeschmettert. Lieber wollte er Mais in der Parzelle anbauen und den als *Premier Grand Cru Classé* von St Emilion an der Straße verkaufen, als auf seinem Boden Cabernet Sauvignon anbauen. Worauf man es von behördlicher Seite unterließ, ihn weiter zu bedrängen.

Cheval Blanc ist der berühmteste St-Emilion, aber der am wenigsten typische. Seine Größe besteht unter anderem darin, daß dieser *Grand Cru Classé A* höchste Qualität sehr konstant hervorbringt. Auch in schwächeren Jahren. Doch gerade bei kleinen und schwierigen Jahrgängen beweist sich die Klasse eines Weinguts. Dann nämlich stellt sich heraus, wer den Mut und das Geschick

Für den Ausone werden jedes Jahr neue Barriques eingesetzt. Der Wein wird nie gefiltert, sondern von Hand alle drei Monate von einem Faß ins andere umgezogen, wodurch der Trub vom Wein getrennt wird. Dieses Umziehen geschieht in äußerst schonender Weise. Am Anfang läuft der Wein nur durch die Schwerkraft von einem Faß in das andere. Ist der Pegel dafür dann zu niedrig, wird der Wein vom Kellermeister mit einer Art Luftpumpe aus dem Faß hinausgedrückt.

Auf Château Figeac (oben) in der Region St Emilion, wird ein Wein erzeugt, der durch seinen hohen Cabernet-Anteil den Weinen des Médoc sehr ähnlich ist.

Château Chasse Spleen, in der Gemeinde Moulis, ist einer der herausragenden Crus Bourgeois am linken Ufer der Gironde. Verantwortlich für den Wein ist Madame Bernadette Villars. Das Château befindet sich im Besitz mehrerer Firmen.

zur konsequenten und verlustreichen Auslese des Traubenguts hat, damit trotz allem das Bestmögliche daraus wird. Nicht selten verzichten berühmte Weingüter ganz auf die Herausgabe eines Jahrgangs beziehungsweise deklassieren ihn zu einem namenlosen Produkt, wenn er ihren Qualitätsmaßstäben nicht entspricht. Damit bringen sie ein Opfer für den guten Namen, der eben nur so lange Gold wert ist, wie er für große Leistungen bürgt. Wer sich diesen strengen Regeln nicht anpassen kann oder will, wird bald von den oberen Plätzen verschwunden sein. Auch der größte Name bleibt davon nicht verschont, wie die Geschichte der Châteaux des Bordelais immer wieder zeigt. Jahrelange Krisen einzelner Châteaux waren und sind keine Seltenheit. Die Ursachen für Mißerfolge sind zahlreich. Sie fangen an beim Wetter, das Frost und Hagel bringen kann, und reichen über Fehlentscheidungen, die bei der Ernte oder der Weinbereitung getroffen werden, und

Château Pichon-Longueville-Comtesse-de-Lalande von der Rückseite. Der Wein von Pichon Lalande wird gerne als untypischer Pauillac bezeichnet, weil er „femininer“ erscheint als sonst üblich. Das hängt aber nicht damit zusammen, daß Pichon-Lalande im Besitz einer Frau ist, sondern ist das Ergebnis eines speziellen Rebsortenverschnitts. Ein weiterer Grund mag sein, daß ein Teil der Weinberge des Château gar nicht in Pauillac, sondern in der Gemeinde von St-Julien liegt.

Schwankungen des Marktes bis hin zu den Jahrgängen, die ganz wesentlich über den Wert eines Weins entscheiden. Qualität zu erzeugen ist aber noch nicht alles. Image und eine kluge, seriöse Marktpolitik gehören dazu. Diese Politik wird im Bordelais weitgehend durch die Handelshäuser betrieben. Die führenden Châteaux verkaufen in der Regel ihre Weine nur an Handelshäuser oder über Makler und Kommissionäre, die fast alle ihren Sitz in Bordeaux haben. Der Markt für diese Weine ist eine komplizierte Welt für sich. Wer als Einkäufer in Bordeaux Erfolg haben will, muß geschickt, diplomatisch und frankophil sein — oder Engländer, denn England ist geschichtlich mit dieser Region und ihren Weinen seit Jahrhunderten eng verbunden. Ein Händler, der glaubt, daß er nur bei den guten Jahrgängen zugreifen kann, ist auf dem Holzweg. Er muß auch in schlechten Jahren von den Châteaux kaufen, damit er in den guten nicht mit leeren Händen dasteht.

Zurück nach St-Emilion, das 30 km östlich von der Hauptstadt Bordeaux liegt. Der *Premier Grand Cru, Château Figeac,* steht immer etwas im Schatten seines Nachbarn *Cheval Blanc.* Das fürstliche Anwesen wird heute vom Besitzer, Monsieur Thierry de Manoncourt, und seiner Familie bewohnt. Monsieur Manoncourt leitet alle Arbeiten im Weinberg und im Keller selbst. Die Rebfläche von *Figeac* ist mit 40 ha um 3 ha größer als die von *Cheval Blanc.* Durchschnittlich ergibt das etwa 200.000 Flaschen pro Jahr. Wie *Cheval Blanc* hat auch *Figeac* einen überwiegend kiesgeröllhaltigen Boden und einen ungewöhnlichen Rebsortenverschnitt, der den Charakter des Weins prägt. Durch die beiden Flüsse Isle und Dronne wurden diese Kieselschichten in früher Zeit aus dem Zentralmassiv herangeschwemmt. Doch im Gegensatz zu *Cheval Blanc* stehen auf diesem ärmlichen Boden auch Cabernet-Sauvignon-Reben, die gut gedeihen. Monsieur Manoncourt macht einen Verschnitt von 35% Cabernet Sauvignon, 35 % Cabernet Franc und 30 % Merlot. Auf meine Frage, was den Charakter seines Weins ausmache, meint er, daß man ihn erst durch mehrere Jahrgänge hindurch finde. Er versuche, vor allem Finesse zu erreichen. Aus diesem Grund hat sein Verschnitt eine andere Zusammensetzung, als sie bei den St-Emilions üblich ist. Bei diesen werden zwischen 50 und 60 %, vereinzelt sogar bis 90 % Merlot kultiviert. „Ich bin der einzige am rechten Ufer der Gironde, der diesen Verschnitt macht", sagt Monsieur Manoncourt. Zum Vergleich: *Château Ausone,* den man als typischen Vertreter eines großen St-Emilion bezeichnen kann, hat einen Verschnitt von 50 % Merlot und 50 % Cabernet Franc. Der Nachbar von *Ausone, Château Pavie,* wo ebenfalls große Weine erzeugt werden, verwendet etwa 55% Merlot, 25 % Cabernet Franc und 20 % Cabernet Sauvignon. Letztlich ist es für einen Weinliebhaber aber nicht sehr wichtig, dies alles zu wissen. Denn selbst wenn der Verschnitt gleichbleibt, können die Weine eines Château von einem Jahrgang zum anderen so unterschiedlich ausfallen, daß sie nicht wiederzuerkennen sind. Nicht wenige Male habe ich große und professionelle Weinverkoster, von denen manche wahrlich über einen phänomenalen Geruchs- und Geschmackssinn, vor allem aber ein computerartiges Gedächtnis verfügen, bei Blindverkostungen völlig schiefliegen sehen.

Als Laie tut man deshalb sicher gut daran, sich einfach darauf zu konzentrieren, was der jeweilige Wein zu bieten hat, und diese Eigenschaften zu genießen. Nichts finde ich öder als einen Kreis von "Weinkennern", in dem jeder Schluck Wein analysiert und mit Fachausdrücken zerlegt wird. Wobei ich natürlich das Vergnügen ausnehme, einen Wein zu erkennen und ihn mit anderen Erzeugern oder Jahrgängen zu vergleichen. Es macht auch Freude, einen Wein zu trinken, von dem man genau

HEBRARD

Jacques Hébrard, Château Cheval Blanc

Worin unterscheidet sich der Boden von Cheval Blanc von dem anderer Châteaux?
Wir haben keine Kalkböden, sondern ziemlich kompakte Tonerde, welche die Feuchtigkeit sehr gut hält, manchmal sogar etwas zu viel. Deshalb mußte eine Drainage gemacht werden. Die Besonderheit des Cheval Blanc liegt also an der Besonderheit des Bodens.
Warum werden gerade im Bordeaux so viele große Weine gemacht?
Es ist amüsant, aber es liegt an unseren ärmlichen Böden, auf denen sonst nichts wachsen würde. Die Reben müssen sehr tief wurzeln, damit sie genug Nahrung bekommen. Je mehr die Rebe leidet, desto besser ist der Wein.

weiß, woher er stammt, Landschaft, Lage, das Weingut und seinen Besitzer kennt. In manchen Jahren gibt es bei bestimmten Weinen interessante Entstehungsgeschichten, die dem Trinken noch mehr Spannung verleihen. Da schlägt ein Wein bei einem Jahrgang plötzlich völlig aus seiner Art, ändert seinen Charakter, weist Duft und Geschmacksnoten auf, die er vorher nie hatte, und die ganz atypisch für ihn sind. Der '87er Pomerol von *Château Clinet* (Durchschnittsalter der Rebstöcke 35 Jahre, Rebsorten: 75 % Merlot, 15 % Cabernet Sauvignon, 10 % Cabernet Franc) überraschte bei der Verkostung mit ganz ungewöhnlichen, exotischen Blüten und Mango-Düften im Bukett. Ein herrlicher Wein, aber nicht als ein Pomerol dieses Château zu erkennen. Selbst der Besitzer wußte nicht, wie diese einmaligen Duftnoten zu erklären sind.

Die Natur erzeugt eben in manchen Jahren höchst unterschiedliche Charakteristika in den Duft- und Aromastoffen der Trauben. Sehr viel hängt dabei vom Zeitpunkt der Ernte ab. Besonders bei den Rotweinen, die im Gegensatz zu den Weißen als bodenbetonter bezeichnet werden können, kommt das häufiger vor. Jeder Jahrgang hat ja ohnehin seinen ganz besonderen Ausdruck. Und die guten Weinmacher bemühen sich immer, den Eigenarten eines Jahrgangs zu folgen, sie zu betonen. Nichts ist langweiliger als uniforme Weine, die technisch in die gleiche Richtung getrimmt werden, bei denen die spezifischen Eigenarten eines Jahrgangs wegstilisiert sind, um eine Standardqualität zu erreichen. Der Jahrgang ist und bleibt eines der wichtigsten Kriterien für Charakter und Bedeutung eines Weines. Daran wird sich nichts ändern, solange man Wein als ein "Naturprodukt" bezeichnen will. Viele Weinmacher und -händler würden natürlich gerne aus den Zwängen des guten oder schlechten Jahrgangs und seiner Risiken herauskommen. Es ist nicht einfach, einen Jahrgang

Über die Garonne und die Gironde ist die Stadt Bordeaux mit dem Atlantik verbunden. Das ist wohl der Hauptgrund, weshalb unter den ältesten und wichtigsten Handelsfirmen der Stadt viele englischen oder holländischen Ursprungs sind. In letzter Zeit allerdings haben die einst mächtigen Handelshäuser und Maklerfirmen dieser großen Seehandelsmächte an Bedeutung etwas verloren, denn viele Châteaux sind dazu übergegangen, ihre Weine überwiegend selbst zu vermarkten.

im Jungweinstadium zu beurteilen. Da irren sich auch hochrangige Experten häufig. Jahrgänge, denen eine große Zukunft prophezeit wird, können sich enttäuschend entwickeln. Umgekehrt werden aus kleinen Jahrgängen später oft große Weine. In einem Jahr sind die Weißen, beziehungsweise die Roten besser, im anderen sind beide ausgeglichen. Hinzu kommt, daß jede Weinregion, ja selbst bestimmte Lagen, ihre eigenen Jahrgänge haben können. Auch bei den schlechten Jahrgängen gibt es immer wieder Ausnahmen.

Bei einem Winzer in Morey-St-Denis im Burgund habe ich einen Jahrgang verkostet, der allgemein als schlecht klassifiziert war. Doch dieser Wein war großartig. Darauf erzählte der Winzer folgende Geschichte: Nach dem offiziellen Erntebeginn, wo wirklich alles dafür sprach, schnell zu ernten, war er trotzdem das enorme Risiko eingegangen, bei einer bestimmten Lage noch zu warten. Als alle anderen schon fertig waren, hörte es plötzlich auf zu regnen, die Sonne schien tagelang, und er konnte bei strenger Selektion reife Trauben ernten. Bei *Château Pétrus* im Pomerol hat man vor einiger Zeit mit einer spektakulären Aktion von sich reden gemacht. Die Erde war naß und schwer, die Arbeit im Weinberg beschwerlich. Da ließ man einen Hubschrauber sehr tief über die Rebzeilen fliegen, wobei durch den Wind der Rotorblätter das Laub zu Boden fiel. Mit dieser Maßnahme erreichte man zweierlei. Einmal wurde dem Erntetrupp die Arbeit erleichtert, da die Trauben schneller und einfacher zu erreichen waren. Das ist wichtig, denn manchmal geht es aufgrund der Wetterlage um Stunden, ja um Minuten. Zum andern konnte jetzt noch der letzte Sonnenstrahl ungehindert bis zu den Trauben vordringen. Bei anderen Châteaux wird das Entlauben von Erntetrupps per Hand gemacht, aber *Château Pétrus* läßt sich für sein Image, einer der teuersten Weine der Welt zu sein, eben viel einfallen.

Das milde Klima in weiten Teilen des Bordelais ist ideal für den Weinbau. Die Jahreszeiten sind ausgewogen, extreme Witterungsbedingungen wie in manchen weiter nördlich oder südlich gelegenen Weinregionen gibt es nicht. Trotzdem fallen natürlich auch hier die Jahrgänge sehr unterschiedlich aus. Wesentliche Klimafaktoren sind der nahe Atlantik und im Médoc die Mündung der Gironde. Man sagt, daß die guten Lagen im Médoc die sind, von denen aus man die Gironde sehen kann.

Im *Château L'Evangile* fing das Jahr 1984 vielversprechend an, doch dann gab es während der Blütezeit im Juni eine sehr kalte Nacht, die den Reben so geschadet hat, daß ein schwacher Jahrgang daraus wurde, und nicht nur bei diesem Château. Im *Vieux Château Certan,* dem Nachbarn von *L'Evangile,* unterscheiden sich der 86er und 87er vollkommen. Der erste ist noch ganz unausgeglichen und hart, in seiner Charakteristik eher einem St-Estèphe von der linken Seite der Gironde ähnlich als einem Pomerol. Der zweite ist näher an einem geschmeidigen, weichen St-Emilion. Die Ursache dafür war, daß beim Jahrgang '86 der Cabernet dominierte, weil es in dem Jahr mit dem Merlot Probleme gab, während es beim 87er genau umgekehrt war. Zwei gänzlich verschiedene Weine vom selben Château, übrigens eines der besten von Pomerol. Monsieur Charles Rousseau aus Gevrey-Chambertin meinte einmal, daß es durch die moderne Kellertechnik keine schlechten Jahrgänge mehr so wie früher gebe. Heute habe man das besser im Griff. Und Monsieur Henry Jayer aus Vosne-Romanée sagte: „Man macht drei oder vier große Jahrgänge im Laufe seines Winzerlebens."

Hundert Meter von der Kirche von Pomerol entfernt treffe ich Monsieur Jean-Michel Arcaute, den Mitbesitzer von *Château Clinet,* in seinem Weinberg. Gerade werden in dieser Spitzenlage die Merlot-Trauben geerntet. Natürlich von Hand und nur – wie bei *Château Pétrus* – am Nachmittag, wenn die Sonne den Morgentau von den Trauben genommen hat. Aus Qualitätsgründen sollen sie nicht feucht oder naß sein. „Hier ist alles auf Qualität ausgerichtet", sagt Monsieur Arcaute. „Das Entblättern hat mich den Preis einer halben Ernte gekostet. Also bezahle ich meine Ernte eineinhalbmal. Aber ich rechne nicht. Heute ist es schön. Hätte es am Nachmittag geregnet, hätte ich die Truppe angehalten und die Leute natürlich voll bezahlt. Ich

Alle großen Weine des Bordelais wachsen auf sehr kargen Böden, die aber in der Tiefe eine vielschichtige Struktur haben. Im Gebiet von St-Emilion und Pomerol überwiegen Kalk-Lehmböden. Im Médoc sind es überwiegend Kiesgeröll-Sand-Lehm-Kalk-Schichten, aus denen sich die Reben eine mineralstoffhaltige Nahrung holen. Besonders wichtig ist, daß der Boden entweder von Natur aus gut entwässert ist oder durch Drainagen dafür gesorgt wird, daß Wasser abfließen kann, denn feuchter Grund ist Gift für die Reben.

kann es mir erlauben, mich solchen Ansprüchen zu beugen. Wir haben einen außergewöhnlichen Boden, also ein großes Potential. Folglich müssen wir das Äußerste tun, um eine maximale Qualität zu erhalten. Auf allen Ebenen, also auch bei der Ernte." Auf einem anderen Weingut im Gebiet von Entre-Deux-Mers, das ebenfalls im Besitz der Familie Audy-Arcaute ist, wird mit der Maschine geerntet. Da es sich um einen einfachen Wein handelt, würde er bei Handlese viel zu teuer. Eine Staffel von Handlesern ist schwer zu disponieren, außerdem geht es zu langsam. Eine Maschine hingegen erntet schnell und kann, wenn es das Wetter erfordert, sofort eingesetzt werden. Sie braucht weder Unterkunft, noch muß man sie bewirten. Zudem ist sie immer bereit. Tag und Nacht. Das sind die Gründe, warum man nicht nur im Gebiet von Entre-Deux-Mers, sondern fast überall im Bordelais mit der Maschine erntet. Eine selektive Handlese können sich nur noch die Spitzenchâteaux leisten, denn nur diese großen Weine können ja auch zu einem entsprechenden Preis verkauft werden.

Damit die Maschine besser an die Trauben herankommt, müssen die Reben höher gezogen werden als normal. Dies kann in bestimmten Gegenden zu einem weiteren qualitätsmindernden Effekt führen. Zum Beispiel bei steinigen Böden, die ihre am Tag gespeicherte Wärme nachts nur dann an die Reben abgeben können, wenn diese niedrig gezogen sind. Hinzu kommt, daß die Trauben mit der Maschine von den Rebstöcken geschlagen beziehungsweise gerüttelt werden. Dabei lösen sich natürlich auch Blätter und Rebholz. Beim Weißwein fällt das vielleicht weniger ins Gewicht als beim Rotwein, bei dem die Schalen mitvergoren werden. Wo mit der Hand gelesen wird, kann man selektiv an verschiedenen Tagen ernten und genau bestimmen, welche Trauben man haben will und welche nicht. Die Maschine hingegen nimmt beim ersten Durchlauf alles mit. Sie bleibt also allemal ein Kompromiß, auch wenn sie technisch noch so perfekt ist. Monsieur Arcaute jedenfalls glaubt, daß er im Frühjahr bei den Blindverkostungen in Pomerol alle Weine herausfinden könne, die mit der Maschine geerntet wurden. Der Unterschied sei eindeutig. Allerdings sind im Preis-Leistungs-Verhältnis alle diejenigen Winzer benachteiligt, die aufgrund der landschaftlichen Gegebenheiten nicht mit Erntemaschinen arbeiten können. Wie soll auch ein guter Winzer an der Mosel, der in Steilhanglagen alles von Hand machen muß, mit einem Bordelaiser Winzer konkurrieren? Erntet doch der Kollege im Bordelais in den Flachlagen mit der Maschine, die von einem Mann bedient werden kann, pro Tag spielend mehr als ein Moselwinzer mit zwanzig Personen. Dennoch bekommt dieser für seinen Wein nicht viel mehr als der französische Konkurrent. Und den Qualitätsunterschied merkt wahrscheinlich nur ein Kenner.

ARCAUTE

Jean Michel Arcaute, Château Clinet

Für die Qualität Ihres Weins scheuen Sie weder Mühe noch Kosten?
Das Entblättern hat mich den Preis einer halben Ernte gekostet. Also bezahle ich meine Ernte eineinhalbmal. Aber ich rechne nicht. Heute ist es schön. Hätte es am Nachmittag geregnet, hätte ich die Truppe angehalten und die Leute natürlich voll bezahlt. Ich kann es mir erlauben, mich solchen Ansprüchen zu beugen. Wir haben einen außergewöhnlichen Boden, also ein großes Potential. Folglich müssen wir das Äußerste tun, um eine maximale Qualität zu erhalten. Auf allen Ebenen, also auch bei der Ernte.

Pomerol ist ein winziges Weinbaugebiet, das unmittelbar an St-Emilion angrenzt. Selbst erfahrenen Weinkennern fällt es gelegentlich schwer, einen Pomerol von einem St-Emilion zu unterscheiden.

BORIE

Jacques Borie, Château La Rivière

Monsieur Jacques Borie zeigt Christian Rischert auf seinem Château La Rivière die neu erworbenen Stahltanks, in denen die Maische automatisch im Tank umgewälzt wird.

Weinernte mit der Maschine auf Château Bonnet im Gebiet von Entre-Deux-Mers. Das Ernten mit der Maschine ist eine zweischneidige Angelegenheit. Einerseits lassen sich mit ihr bei schwierigem Wetter sehr schnell große Flächen abernten, andererseits kann das Lesegut nicht höchsten Qualitätsansprüchen genügen.

Wer aber kann sich die "handverlesenen" Weine der bekannten oder berühmten Châteaux des Bordelais leisten, wenn selbst die unbekannten schon stolze Preise verlangen? Die großen Namen aus St-Emilion und Pomerol sind nur für reiche Weinliebhaber erschwinglich, desgleichen die des Médoc. Die große Mehrheit der Weintrinker, die Qualität schätzen, wird sich aus der unübersichtlichen Schar der unbekannten Weinproduzenten das Beste heraussuchen müssen. Ein mühsames Unterfangen, auch wenn man sich dabei auf einschlägige Fachbücher und Zeitschriften stützen kann. Das Problem der Jahrgänge beziehungsweise die Frage, wie konstant ein Weinerzeuger arbeitet, macht die Sache in diesem Bereich noch schwieriger. Ich habe viele Produzenten gefunden, die in einem Jahr einen beachtlichen Wein zu bieten hatten, im Jahr davor oder danach aber nicht annähernd die Qualität erreichten, auch wenn der Jahrgang gleichwertig, manchmal sogar besser war. Dies sind die Weinerzeuger mit den Zufallstreffern. Jeder Weinjournalist wird ein Lied davon singen können. Einen preiswerten, guten Wein zu finden ist immer und überall ein abenteuerliches Unternehmen, selbst wenn man theoretisch bestens ausgerüstet ist. Wer die Gelegenheit hat, sich an Ort und Stelle umzusehen, dem kann ich nur empfehlen, nicht nur die aktuelle Fachliteratur, sondern auch den Besitzer, Kellner oder Sommelier eines gut geführten Restaurants zu Rate zu ziehen. Auf diese Weise habe ich schon in vielen Weinregionen überraschende Entdeckungen gemacht.

Auf dem Weg von St-Emilion ins Médoc-Gebiet, links von der Gironde, sollte man nicht versäumen, sich in dem kleinen Weingebiet Fronsac umzusehen. Dort werden Weine erzeugt, die denen aus St-Emilion und Pomerol im Charakter sehr ähnlich sind, aber – zur Zeit wenigstens noch – günstiger eingekauft werden können. Das prachtvolle *Château La Rivière* bei St-Michel-de-Fronsac ist eines der führenden Weingüter dieses Gebiets. Im Jahre 1962 wurde das majestätische Anwesen von Monsieur Jacques Borie gekauft, der vorher in Afrika, an der Elfenbeinküste, im Kakao- und Kaffeegeschäft tätig gewesen war. Damit erfüllte er sich seinen Traum, eines Tages in seine Heimat nach Fronsac zurückzukehren und Wein zu machen. Monsieur Borie arbeitet mit rechteckigen Stahltanks, deren Konstruktion brandneu ist. In dieser Anlage wird das Umwälzen der Maische und des Weines während der alkoholischen Gärung automatisch gemacht. Rotierende Stahlschienen sorgen dafür, daß die Beerenhäute ständig in Kontakt mit dem Wein bleiben und ihm ihr Tannin und die Aromastoffe abgeben. Früher, erzählt Monsieur Borie, habe man das mit den Füßen gemacht, wobei nicht wenige durch das giftige Kohlendioxyd, das bei der Gärung entsteht, umgekommen seien. Zum Château gehören ausgezeichnete Hanglagen mit zum Teil siebzig- bis hundertjährigen Rebstöcken. Es sind Weine mit Körper und satter Frucht, Weine, wie Monsieur Arcaute aus Pomerol sagen würde, die sich schnell hingeben und nicht kompliziert sind. Es empfiehlt sich, hier nach sehr guten Jahrgängen zu suchen.

Weil es in der Umgebung der großen Châteaux im Médoc auf weiter Flur kein zumutbares Hotel gab, mußte ich im sogenannten Centre d'Exposition in Bordeaux, einem Hotelreservat am Rande der Stadt, Quartier nehmen. In dieser öden, trostlosen Gegend, in der im Stil der international bekannten Profitarchitektur ein Betonklotz neben den anderen geknallt wurde, in ein Zimmer gepfercht, das man nur als Zelle bezeichnen kann, sah ich den "Kulturereignissen", die mich im Médoc erwarteten, wenig gefaßt entgegen. Denn noch immer bin ich nicht abgebrüht und gleichmütig genug, um solche Konglomerate moderner Brutalität aus Beton und Kunststoff schadlos hinzunehmen. Der Kontrast zwischen der erlesenen Kultur der großen Weine des Médoc und diesem schrecklichen Ausstellungszentrum könnte nicht größer und deprimierender sein.
Die Frage, was man in einer Welt, die so aussieht, mit edlen, fein geschliffenen Weinen anfangen soll, drängt sich an diesem Platz massiv auf. Ein anderes Bedürfnis, als einen Hamburger einzuschieben und eine Cola aus der Büchse zu schlucken, kann dort nicht aufkommen, vorausgesetzt man ist nicht völlig schizophren in seinen Empfindungen.
Um mich von der Depression, die diese Zivilisationswüste bei mir auslöste, zu befreien und mir Mut für die Begegnung mit den Weinen des Médoc zu machen, setzte ich mich ins Auto und fuhr nach Lacanau ans Meer. Und plötzlich war alles wie verwandelt. Ich fühlte mich frei und leicht. Über dem Atlantik hingen schwere weiße und dunkelblaue Wolken. Das Meer erschien in vielfältigen Grün-Schattierungen, die vom Weiß der gewaltigen Wogenkämme durchschnitten waren. Ein dramatisches Licht ließ das Bild fast unwirklich erscheinen. Ich setzte mich in den goldfarbenen Sand der Dünen und wurde nicht müde zu schauen. In der Ferne vermischten sich die Wolken mit dem grün bis schwarz gefärbten Wasser und dem rotgoldenen Sand zu einer nebelhaften Farbmischung, wie man sie auf Bildern von Turner sehen kann. Es roch nach Salzwasser, Tang und Fisch, ein Geruch, der einem in dieser Intensität nur am Atlantik begegnet. Weit verstreut saßen Menschen im Sand, schauten aufs Meer, spielten mit ihren Kindern, hüpften in den Wellen. Auf einmal erschien mir alles wieder lebendig und harmonisch. An diesem Platz fühlte ich mich zu Hause. Hier ist alles flüchtig, dem Sein näher als dem Haben. Eine paradiesische Vorstellung.

Wieder zurück in der Zelle meines Hotels legte ich mich aufs Bett und versuchte unter Aufbringung aller meiner Phantasiekräfte, mir die Weine der Médoc-Châteaux vorzustellen. In Gedanken erlebte und genoß ich sie, quer durch die guten und großen Jahrgänge dieses Jahrhunderts, und verglich sie mit denen des vorigen Jahrhunderts. Ich konnte abwägen, wann die Weine besser waren, vor der Reblauskatastrophe oder nachdem man die Reben auf amerikanische Wurzeln aufgepfropft hatte. Ich studierte im Geiste die unterschiedlichsten Jahrgangsbeurteilungen und stellte mit Verblüffung fest, daß es zwischen 1811 und 1900 von "Jahrhundertjahrgängen" nur so wimmelte, während danach bis in die heutige Zeit die großen Jahrgänge immer spärlicher werden. Woran liegt das? Hat sich das Klima geändert? Sind die Beurteilungen strenger geworden? Oder haben die Böden keine Kraft mehr? Immerhin sind 1928 und '29 wieder zwei große Jahrgänge. Ich versuchte mir vorzustellen, wie zum Beispiel ein *Château Haut-Brion* von 1929 geschmeckt haben könnte. Doch hier war die Phantasie nicht mehr notwendig. Vor einigen Jahren hatte ich das Glück, daß bei Freunden eine Flasche dieses *Premier Grand Cru Classé* vom Jahrhundertjahrgang 1929 geöffnet wurde. (Nebenbei bemerkt, ist der *Haut-Brion* kein Médoc, sondern ein Graves-Wein, der allerdings als einziger aus diesem Gebiet 1855 bei der legendären Klassifizierung der Bordeaux-Weine in die Liste mit aufgenommen wurde.) Der Wein, der am Boden der Flasche ein Depot von gut 5 cm hatte, lief beim Dekantieren in die Karaffe fast wie eine passierte, rote "Gemüsesuppe". Dieses Bild benutzte Monsieur Delmas, einer der größten Weinfachleute des Bordelais, der heute Direktor von *Haut-Brion* ist. Auf meine Frage nach seiner Einstellung zum viel diskutierten Thema der Filtration von Weinen antwortete er, daß seiner Meinung nach der Wein keine "Gemüsesuppe" sei und er deshalb heute den *Haut-Brion* filtriere. Inwieweit dies im Hinblick auf den amerikanischen Markt geschieht, wo jedes Depot im Wein verpönt ist, lasse ich dahingestellt sein. Mich hat die Ablagerung im 1929er nicht gestört. Es war der pure Wein. Göttlich, erlaube ich mir zu sagen. Allerdings tat es mir leid um die 5 cm weniger Wein, die noch ein schönes Gläschen ergeben hätten.

Am Rande des Weinfelds entlang der Straße nach Margaux hat ein kleiner Winzer seinen Lastwagen abgestellt. Auf der Ladefläche stehen Holzbottiche, in die der Winzer über einen holzgefaßten Eisenrost die Trauben rubbelt. So werden diese von den Stielen befreit.

Die Debatte um das Filtrieren ist alt. Bereits die Römer filtrierten mit Hilfe von fein gewebten Stoffen, um dem Wein eine brillante, leuchtende Farbe zu geben. Der große Kenner und Genießer Horaz (65-8 v. Chr.) reklamierte aber schon damals, daß der Wein dabei an Kraft verliere, und nannte es "Kastrieren" des Weines. Nach wie vor gibt es renommierte Erzeuger, wie zum Beispiel Henry Jayer im Burgund, die nicht filtrieren, weil sie wie Horaz der Meinung sind, daß dem Wein dabei ein Teil von seiner Substanz entzogen werde. Die unterschiedlichen Auffassungen, die große Weinmacher hier vertreten, zeigen nur einmal mehr, wie subtil die Materie Wein ist und wieviel Können die Hohe Schule des Weinmachens erfordert. Unbestritten sind noch immer die Franzosen die großen Meister dieses Kunsthandwerks, das heute mehr denn je auch von wissenschaftlichen Forschungen und Erkenntnissen beeinflußt ist. Der erste Wissenschaftler, der im 19. Jahrhundert Forschungen über den Wein anstellte, war Louis Pasteur. Er entdeckte, daß die Gärung des Weins durch Bakterien verursacht, die Entwicklung aber vom Sauerstoff gesteuert wird, und leitete damit unsere moderne Weingeschichte ein. Heute arbeiten die französischen Weinmacher nicht anders als anderswo. Im Gegenteil, manches erscheint eher überaltert. Aber ihre bewundernswert gelassene, souveräne Art im Umgang mit der Materie gibt ihnen, abgesehen von besonderen Boden- und Klimaverhältnissen, eine Überlegenheit, die sich deutlich in den Weinen zeigt. Daß manchem Nichtfranzosen der Hochmut und Chauvinismus, den sie dabei häufig an den Tag legen, mißfällt, steht auf einem anderen Blatt. Aber wo auf der Welt gibt es so viele überragende Weine wie in Frankreich, und seien es nur die von Burgund und Bordeaux? Die unzähligen prachtvollen Châteaux des Bordelais sind Zeugen dafür, wie bedeutungsvoll die Rolle ist, die der Wein allgemein in Frankreich spielt. Spanien ist der große Newcomer in Europa. Italien erzeugt mehr Wein als Frankreich. Deutschland hat ein enormes Potential, aber der Maître de Plaisir ist Frankreich. Und keiner der Weinmacher, die ich dort getroffen habe, machte auf mich den Eindruck, als wolle er sich auf seiner Tradition und den errungenen Lorbeeren

Weinernte auf dem Premier-Grand-Cru-Château Haut-Brion. Es ist das einzige Château aus dem Graves-Gebiet, das 1855 in die berühmte Klassifikation aufgenommen wurde.

DELMAS

Worin besteht der Unterschied zwischen Haut-Brion und den anderen Premiers Grands Crus des Médoc?

Es gibt keine Überlegenheit. Es gibt einen historischen Unterschied. Haut-Brion war der erste Cru der Klassifizierung, die wir gut kennen. Es war also der erste Grand Cru im Jahre 1860, der auch unter seinem Namen verkauft wurde. Er ist also Zeuge und der Ausgangspunkt der Grands Crus des Bordeaux. In Haut-Brion begann man auch vor Jahrhunderten mit der Weinbautechnik, dem Ausbau des Weins im Faß. Da kam auch das Umziehen und Schönen auf. Haut-Brion ist ein wenig der Pionier der Premiers Grands Crus im Bordeaux. Der andere Unterschied: Dieser Cru ist fast ein Übergang zwischen den Grands Crus des Médoc und denen von Pomerol und St-Emilion. Im Médoc besteht der Verschnitt aus Cabernet Sauvignon und etwas Merlot und sehr wenig Cabernet Franc, und in St-Emilion haben wir viel Merlot. Also befindet sich Haut-Brion etwa in der Mitte dieser Verschnitte.

Wie muß ein großer Wein sein?

Grundlegend für einen großen Wein ist seine Fähigkeit zu altern. Diese Voraussetzung muß er erfüllen. Dann ist ein großer Wein etwas Harmonisches, Ausgewogenes und jederzeit Schönes. Wenn Ihnen jemand sagt, daß ein Wein morgen gut sein wird, müssen Sie vorsichtig sein. Ein großer Wein ist immer gut. Von seiner Jugend bis ins hohe Alter.

Jean-Bernard Delmas, Châteaux Haut-Brion und La-Mission-Haut-Brion

ausruhen. Bei allen fand ich großes Selbstbewußtsein, Passion und kämpferischen Geist, und nirgendwo anders ist die Mischung aus bäuerlicher und intellektueller Kultur, die so wichtig ist, um das kunstvolle Handwerk des Weinmachens zu beherrschen, stärker ausgeprägt als bei den Franzosen.

Diese Mischung verkörpert für mich in idealer Weise Monsieur Jean-Bernard Delmas. Er kam auf *Château Haut-Brion* zur Welt, wo schon sein Vater *régisseur* war. An seiner Seite lernte er, studierte danach Önologie und ist nun seit dreißig Jahren Direktor von *Haut-Brion,* dessen Geschichte eindrucksvoll deutlich macht, welchen gesellschaftspolitischen Hintergrund Châteaux dieser Größenordnung im Bordelais haben können. Zu Beginn des Jahrhunderts lagen Weinberge und Schloß noch weit draußen vor den Toren der Stadt. Inzwischen hat sich der Moloch Bordeaux so weit ins Land hinausgefressen, daß *Château Haut-Brion* mit seinen Weinbergen heute wie eine Enklave von den Häusern der Stadt eingeschlossen ist. Es gehört der Gesellschaft Domaine Clarence Dillon S.A. an, die 1983 auch die Nachbarchâteaux *La-Mission-Haut-Brion, La Tour-Haut-Brion* und *Laville-Haut-Brion* erworben hat. Mit der Klonenforschung, die heute auf *Château Haut-Brion* betrieben wird, will man optimale Reben für die eigenen Weinberge entwickeln. Die Ergebnisse werden in einem Computer gespeichert und verglichen. Im Jahr 2000 möchte man die gesamte Rebfläche von *Château Haut-Brion* mit diesen ausgewählten Klonen bepflanzt haben. Die Bodenbeschaffenheit der Weingärten ist, ähnlich wie die der Premiers Crus im Médoc, stark kiesgeröllhaltig. Von insgesamt 50 ha sind 44 mit Rebstöcken bepflanzt, deren durchschnittliches Alter dreißig Jahre beträgt. Davon sind 55 % Cabernet Sauvignon, 25 % Merlot und 20 % Cabernet. *Haut-Brion* war

HAUT-BRION

Weinernte auf Château Haut-Brion

Die Ursprünge von Haut-Brion, einem der prächtigsten Châteaux im Bordelais, gehen bis in die Mitte des 16. Jahrhunderts zurück. Jean de Pontac, der unter fünf aufeinanderfolgenden Königen Beamter gewesen war und als reichster Bürger der Stadt Bordeaux im Alter von 101 Jahren starb, begründete den Besitz Haut-Brion. Schon 1663 führte ein Nachfahre von Pontac die Techniken des Faßabfüllens und des Abziehens auf dem Château ein, was für eine Alterung des Weins ganz wesentlich war. Im 18. Jahrhundert erbte der Comte de Fumel das Schloß. Er vergrößerte es zu seiner heutigen Form und ließ einen großen Park anlegen. Am 25. Mai 1787 stattete Thomas Jefferson, der damalige Botschafter der Vereinigten Staaten, dem Schloß einen Besuch ab. Er galt als großer Weinkenner und skizzierte schon damals eine Rangordnung der Bordeaux-Weine, in der er Haut-Brion als eines der größten Châteaux einstufte. Das war zwei Jahre vor Ausbruch der französischen Revolution. Nach dem Sturm der Bastille in Paris übergab der Comte de Fumel die Festung von Trompetée, deren Gouverneur er war, den Bürgern von Bordeaux als eine versöhnliche Geste. Außerdem ließ er das goldene Familiengeschirr einschmelzen, zur Unterstützung der Armen von Bresac, Bordeaux und des Ortes Fumel.
Das vergaßen ihm die Bürger nicht, und so ernannte ihn die Verfassunggebende Nationalversammlung 1790 zum Bürgermeister von Bordeaux. Doch als vier Jahre später die Revolution zu einer Schreckensherrschaft ausartete, wurde Comte de Fumel trotz seiner wohltätigen Haltung vom Revolutionskomitee hingerichtet. Dies wiederum löste große Unruhe in der Bevölkerung aus und führte dazu, daß vier Tage später das Revolutionskomitee seinerseits aufgelöst, verhaftet und hingerichtet wurde. Joseph de Fumel wurde rehabilitiert und die beschlagnahmten Güter einschließlich Haut-Brion gingen an die Familie zurück. Als diese dennoch 1801 Frankreich verließ, verkaufte sie Haut-Brion an keinen geringeren als Charles-Maurice de Talleyrand, eine der großen Persönlichkeiten im Frankreich des 19. Jahrhunderts.
Der Außenminister Napoleons I. hatte zwar wenig Zeit, sich in seinem Château in Bordeaux aufzuhalten, dafür war der Wein, der auf seinem Schloß erzeugt wurde, eine willkommene Bereicherung für die glanzvollen Empfänge, die der große Koch Marie-Antoine Carem für Talleyrand organisierte. Schon ein paar Jahre später verkaufte Talleyrand das Weingut wieder an einen Pariser Bankier, der es bald weiterverkaufte, bis es 1840 von einem Monsieur Amédée Larrieu erworben wurde. Dieser beschloß erste entscheidende Modernisierungen bei der Weinbereitung und wurde schließlich durch die Klassifizierung im Jahr 1855 belohnt. Château Haut-Brion wurde als "erstes Gewächs", als Premier Cru eingestuft.
In der zweiten Hälfte des 19. Jahrhunderts schränkte eine Reihe von Krankheiten die Produktion auf Haut-Brion stark ein. 1852 war es der echte Mehltau, 1875 die Reblaus, 1881 wieder der Mehltau. In den Jahren 1851 bis 54 und 1881 bis 84 konnten nur noch 20 % der sonst üblichen Menge geerntet werden. Die Ausrottung der Reblaus verursachte enorme Kosten. Neue Reben mußten auf amerikanische Wurzeln gepfropft und frisch gepflanzt werden. 1873 starb Amédée Larrieu. Dessen Sohn hinterließ Haut-Brion seinem Neffen, der es 1922 an die Familie Gibert verkaufte. 1935 schließlich erschien der immens reiche New Yorker Finanzmakler Clarence Dillon, der schon immer ein französisches Weingut erwerben wollte. Ursprünglich soll er sich für Château Cheval Blanc interessiert haben, das damals angeblich zum Verkauf stand. Doch als Dillon Cheval Blanc besichtigen wollte, lag dichter Nebel über Bordeaux. Dillon bekam nicht Château Cheval Blanc, sondern Château Haut-Brion zu sehen und kaufte es. Als er im Alter von 96 Jahren starb, erbte es sein Sohn Clarence Douglas Dillon, der 1954 Botschafter der Vereinigten Staaten in Paris und unter Kennedy Finanzminister war. Dessen Tochter Joan heiratete im Jahre 1967 Prinz Charles von Luxemburg und nach dessen Tod 1978 Philippe de Noailles, Herzog von Mouchy. Heute wird die Gesellschaft Domaine Clarence Dillon S.A. vom Herzog und der Herzogin gemeinsam geleitet.

Durch die ständige Ausdehnung der Stadt Bordeaux ist heute Château Haut-Brion von den Neubauten der Stadt förmlich eingeschlossen.

Auch das bezaubernd schöne Château La-Mission-Haut-Brion, das unmittelbar neben Château Haut-Brion an der viel befahrenen Straße von Bordeaux nach Arcachon liegt, ist von der Stadt bereits umzingelt. Gleich dahinter hat man eine neue Bahnlinie gebaut, die auch von Frankreichs schnellstem Zug, dem TGV, befahren wird.

Der märchenhafte Innenhof von Château La-Mission-Haut-Brion.

außerdem das erste Château im Bordelais, das 1961 mit Stahltanks zu experimentieren anfing, damals noch ein riskantes Unternehmen, denn niemand hatte sichere Erkenntnisse darüber, wie der Wein sich in diesem Material verhalten würde. Heute sind diese Gärbehälter aus Edelstahl in der ganzen Welt eingeführt, wenngleich im Bordelais noch viele Châteaux nach herkömmlicher Art mit Holzbottichen arbeiten. Nach der zweiten Gärung wird der Wein in neue Eichenfässer gefüllt. Dort bleibt er zwischen 26 und 30 Monaten, wobei er alle drei Monate vom Trub gezogen wird. Geschönt wird mit Eiklar. Im Laufe der Reifung gehen 15 % des Weins durch die Verdunstung und das Abziehen verloren.
Auf *Château Haut-Brion* wird auch ein sehr exklusiver Weißwein erzeugt, der zu gleichen Teilen aus den Rebsorten Sauvignon Blanc und Semillon verschnitten ist und in neuen Eichenfässern vergoren wird. Pro Jahr sind es nur ca. 10.000 Flaschen, die zu einem sehr hohen Preis auf den Markt kommen. Tatsächlich ist das Besondere am Graves-Gebiet, daß hier neben den Roten auch ausgezeichnete Weißweine entstehen. Wie bei *Haut-Brion* sind die meisten ein Verschnitt aus Sauvignon und Semillon. Es gibt aber auch reinsortige Sauvignon-Weine. Herausragende, trockene weiße Graves werden an erster Stelle von der *Domaine de Chevalier* produziert. Aber auch von *La Louvière, Château de Fieuzal, Malartic-Lagravière, Château Carbonnieux* und einigen anderen kommen in guten Jahren hochrangige Weißweine.

Von den roten Graves, die denen des Médoc nicht nachstehen, ist ohne Zweifel *Château Haut-Brion* der größte, nicht nur, weil er 1855 als *Premier Cru* klassifiziert wurde. Die damals aufgestellte Rangordnung ist ja aus heutiger Sicht keineswegs unangefochten. Aber man betrachtet sie wie ein Denkmal, das man aus Gründen der Pietät, in erster Linie aber aufgrund seiner kommerziellen Bedeutung nicht antasten möchte. Außerdem ist niemand sicher, ob sich bei einer neu vorgenommenen Klassifizierung Entscheidendes ändern würde beziehungsweise weniger zweifelhafte Einschätzungen herauskämen. Als einzige Korrektur wurde 1973 *Mouton-Rothschild* vom zweiten in den Rang eines "1. Gewächses" befördert. Dem gingen aber jahrelange Kämpfe des einflußreichen Baron Rothschild voraus.

Die weltberühmten Orte des Médoc mit den klangvollen Namen sind meist nur Ansammlungen von ziemlich armseligen Häusern, die oft im scharfen Kontrast zu der Pracht der Schlösser des Médoc stehen.

Château Margaux ist ein kleines Reich für sich. Das Personal lebt in einem eigenen, abgeschlossenen Dorf, das zwischen Schloß und Kirche liegt. In dem dazugehörigen kompletten landwirtschaftlichen Betrieb liefern Kühe den organischen Dünger für die Weinberge. Es gibt sogar eine Küferei, in der gut ein Drittel der jährlich benötigten Barriques hergestellt werden.

Die weltberühmten Orte des Médoc sind wie die Landschaft, in der sie hineingestreut liegen, öde und langweilig. So auch der Ort Margaux, wo ich mit dem Direktor von *Château Margaux* verabredet bin. Hier stehen Hütten und Paläste dicht beisammen, und man fragt sich, warum die Dörfer so arm sein müssen, wenn daneben so reiche Schlösser aufragen. So seltsam es klingen mag, die Ursache dafür ist der Wein. Nur für ihn ist der armselige Kiesgeröllboden ideal, für sonst nichts. Die unattraktive Landschaft, das große Auf und Ab im hiesigen Weingeschäft, die häufig wechselnden Besitzverhältnisse der Châteaux, bei denen internationale Geldleute kamen und gingen, meist nicht in den Schlössern wohnten und kaum Beziehung zu der armen Bevölkerung hatten, sind Ursachen dafür, daß keine organisch gewachsenen und harmonisch strukturierten Orte existieren, wie man sie beispielsweise im Burgund findet. Auch das stolze *Château Margaux* ist eine abgeschlossene Welt für sich ohne Verbindung zum gesichtslosen Ort Margaux. Eine lange, von Platanen gesäumte Allee führt zum Schloß, das abgeschirmt hinter einem hohen Eisengitter majestätisch in einem prachtvollen Park steht. Gewöhnliche Sterbliche haben in der feinen Welt von *Margaux* wenig verloren. Als Plebejer gebe ich deshalb nur zögernd zu, daß ich einige heimliche Begegnungen mit dem Wein des erhabenen Château hatte. Begegnungen, die Momente höchsten Genusses bedeuteten. Die feine, finessenreiche und seriöse Art, die speziell ein *Château Margaux* haben kann, ist unglaublich und wohl kaum von einem anderen Margaux zu übertreffen.

Monsieur Pontallier, der Direktor, lud mich ein, den *86er Margaux* und den zweiten Rotwein des Château, *Pavillon Rouge,* zu verkosten. Dieser Jahrgang verspricht wahrhaft Großes. Frühestens in acht bis zehn Jahren wird der *86er Margaux* seinen ganzen Reichtum, alle seine Facetten und Nuancen, seine Reife und seinen Charme voll entfalten. Glücklich diejenigen, die dann eine Flasche von diesem *Premier Grand Cru* öffnen können. Auch *Château Margaux* hat im Laufe der Jahrhunderte viele verschiedene Eigentümer erlebt und mit ihnen eine wechselnde Bedeutung der Weine. In den fünfziger Jahren kam es in den Besitz des berühmten Bordeaux-Weinhändlers Pierre Ginestet, der aber keine glückliche Hand hatte, so daß zu Beginn der siebziger Jahre die Weine von *Château Margaux* nicht mehr denen eines *Premier Cru* entsprachen. Ginestet war gezwungen, *Margaux* zu verkaufen, was er 1977 dann auch tat. Nachdem es der immens reiche André Mentzelopoulos erworben hatte, betrachtete man skeptisch, was dieser branchenfremde Ausländer mit dem französischen Kulturdenkmal *Margaux* anstellen würde. Zunächst einmal investierte Mentzelopoulos große Summen in Weinberg und Keller des Château. Als Berater wurde der weltberühmte Önologe Professor Emil Peynaud gewonnen. Und im Jahr 1978 bereits zeigte sich das Ergebnis, als *Margaux* wieder einer der ganz großen Weine dieser Welt war. Nach André Mentzelopoulus' Tod 1980 übernahmen seine Frau Laura und die Tochter Corinne das Imperium, in dem *Margaux* nur ein Zacken in der Krone des gesamten Firmenbesitzes ist. Heute ist der noch junge Direktor, Monsieur Paul Pontallier, zusammen mit seinem Kollegen, Monsieur Philippe Barres, für die Weinerzeugung verantwortlich. Es wird noch in Holzbottichen vergoren, aber auch Edelstahltanks wurden angeschafft. In der eigenen Küferei wird etwa ein Drittel des jährlichen Bedarfs an Eichenfässern hergestellt. Die Angestellten von *Margaux* wohnen in einem eigenen kleinen Dorf. Auf den Kies-, Lehm- und Ton-Kalkböden der Weinberge stehen für den Rotwein die Rebsorten Cabernet Sauvignon (75%), Merlot (20%), Petit Verdot und Cabernet Franc gemischt (5%). Aus der Rebsorte Sauvignon Blanc wird auch ein trockener Weißwein erzeugt.

Immer waren die großen Châteaux des Médoc in der Hauptsache Objekte für Personen oder Gesellschaften, die ihr Vermögen mit anderen Geschäften gemacht hatten und nun etwas zum Spielen oder Repräsentieren suchten. Es war und ist ein großes kulturelles Prestige, ein Weingut zu besitzen, und umgekehrt bedeutet der Reichtum und der herrschaftliche Anspruch, den die Châteaux im

SICHEL

Peter Sichel, Château Palmer

Was ist das Schwierigste, einen großen Wein zu machen?
Es gibt zyklische Märkte. Manchmal läuft alles sehr einfach, und manchmal gibt es keine Nachfrage. Ich kenne viele Besitzer, zum Beispiel aus dem Süden oder aus kleinen Châteaux hier, die nicht den Ruf von Palmer haben, aber wunderbare Weine machen. Und ich sage oft: Einen guten Wein zu machen, ist sehr viel leichter, als ihn bekannt zu machen.

Was fasziniert am Weinmachen?
Historisch gesehen gehören die großen Schlösser des Médoc oft Leuten, die ihr Geld woanders verdienten und dann ein Schloß gekauft haben, um sich zu verwirklichen. Da sie keine Musik machen können oder malen, finden sie ihre Verwirklichung darin, einen großen Wein zu machen - und so soll es auch bleiben.

Besteht die Gefahr, daß die Weine immer uniformer werden?
Ja, absolut. Zum Beispiel sind aktuell in Mode der Cabernet Sauvignon und der Chardonnay. Wenn sich nun jeder darum reißen würde, Weine aus Cabernet Sauvignon und Chardonnay zu machen, würde sich die Weinwelt auf diese Weise reduzieren. Man muß die eigene Persönlichkeit und den Charakter wahren.

Bordelais demonstrieren, einen wesentlichen Bestandteil für das Image der Weine. „Wir verkaufen nicht nur den Duft und den Geschmack einer Flüssigkeit in einer Flasche, sondern auch eine Stimmung, eine Tradition, eine Kultur", sagt Monsieur Sichel von *Palmer.* Und das alles hat natürlich seinen Preis. Monsieur Sichel ist zusammen mit der Familie Mähler-Besse Eigentümer von *Château Palmer,* das von 1814 an, als es der englische General Charles Palmer kaufte, bis heute eine Vielzahl von Besitzern gesehen hat. „Es ist ein Privileg, der Besitzer eines großen Weinbergs zu sein", führt er weiter in dem Gespräch mit mir aus. „Wir verstehen uns als Behüter unserer Erde. Großen Wein zu machen ist aber auch eine Selbstverwirklichung. Dabei muß man sich Prioritäten setzen: Will man so viel Geld wie möglich aus dem investierten Kapital ziehen, oder will man etwas für sich selbst realisieren? Jedesmal, wenn wir ein Faß nach unseren strengen Maßstäben deklassieren – damit das Etikett den Namen *Palmer* verdient –, kostet uns das eine Million Francs. Wenn man das Glück hat, sich das erlauben zu können, ist das eine persönliche Befriedigung. Ein Finanzmanager dagegen muß für sein Unternehmen maximale Rendite erwirtschaften und kann sich so etwas nicht gestatten." Viele anonyme Kapitalgesellschaften aus aller Welt, die heute mehr und mehr große Châteaux als Geldanlage aufkaufen, werden weniger an einer Selbstverwirklichung im Sinne von Monsieur Sichel als vielmehr an einer saftigen Rendite interessiert sein. Wie großartig der Leiter eines Château auch immer sein mag, wenn er als Partner den Aufsichtsrat einer Versicherungsgesellschaft hat, wird er sich schwer tun, einen charaktervollen Wein zu erzeugen. In einer solchen Konstellation erreicht er bestenfalls einen hohen Qualitätsstandard, die große, einmalige Persönlichkeit wird diesen Weinen jedoch fehlen.

Château Palmer wurde in der Klassifikation von 1855 als 3. Gewächs eingestuft. Das Schloß selbst ist nur noch repräsentative Fassade. Es wird nicht mehr bewohnt.

Interessanterweise unterscheidet Monsieur Sichel zwischen Charakter, Persönlichkeit und Qualität eines Weins. „Die ganze französische Weinkultur basiert auf der Bedeutung des Bodens, das heißt, wir denken, wissen, glauben, daß es bestimmte Böden gibt, die dem Wein den Ausdruck und Geschmack verleihen, der ihn so einzigartig macht. Das ist wie bei uns Menschen, wir werden mit einem bestimmten Charakter geboren, der mit unserer Herkunft zu tun hat. Im Falle unseres Weins ist die Herkunft der Boden. In Frankreich fing man vor hundert Jahren damit an, diese Böden zu identifizieren und sie in das System der *Appellation Contrôlées* etc. einzuteilen. Das war eine enorme Arbeit. Den Charakter bezieht der Wein also aus seinem Boden, seiner Herkunft. Die Persönlichkeit hingegen hängt von der Umgebung ab. Diese rührt von zwei Dingen her. Zunächst von dem Verschnitt – der Merlot zum Beispiel hat eine viel offenere Persönlichkeit als der Cabernet – und dann von den Klimabedingungen des Jahres. Das heißt, wenn also in gewissen Jahren die Reifung fehlt, ist die Persönlichkeit eher verschlossen, während sie in heißen Jahren eher warm und großzügig ist. So viel zum Unterschied zwischen Charakter und Persönlichkeit. Und das dritte ist die Qualität. Da können Sie einen wunderbaren Boden haben und einen großartigen Jahrgang, aber wenn Sie nicht in der Lage sind zu vinifizieren, zerstören Sie dieses Potential. Denn die Qualität wird weder von der Erde noch vom Klima bestimmt, sondern vom Menschen." Als ich einwende, daß der Mensch durch immer mehr Technik auch immer mehr Einfluß auf den Charakter und die Persönlichkeit nehme, das heißt, daß die Weine die Tendenz haben, immer uniformer zu werden, nickt Monsieur Sichel. „Der Mensch entwickelt die Technik und neigt dazu, seine Umgebung beherrschen zu wollen. Er läßt mehr die Technik spielen als die Natur. Das führt tatsächlich zu einer Uniformierung des Charakters und der Persönlichkeit, und dem müssen wir widerstehen, was schwierig ist, denn wir neigen dazu, mehr Reben anzupflanzen, damit die Erträge höher werden. Wir möchten ergiebigere Weine machen, die gefälliger sind usw. Das alles kann mit moderner Technik und Klonenselektion gemacht werden. Aber dann verlieren wir das Einzigartige an unserem Wein, seinen Charakter."

Die Weine der verschiedenen Gemeinden im Médoc haben alle ihren spezifischen Charakter. Die Margaux beispielsweise lassen sich kaum messen mit den Weinen aus der Appellation St-Estèphe, die ihrerseits nicht vergleichbar sind mit einem St-Julien oder Pauillac. Das ist auch der Name der Gemeinde, aus der drei der insgesamt fünf *Premiers Grands Crus* kommen. Manche Leute halten von diesen fünf *Château Latour* für den König. Für mich gibt es viele Könige und Königinnen im Bordelais. Hochmütige, arrogante, verkrüppelte, fette, magere, liebenswürdige, kluge und weise, eben wie Könige sein können. Bei *Latour* wird man aber ohne Zweifel von einem mächtigen Herrscher empfangen. Zum Beispiel von den Jahrgängen '86 und '87 *Latour* und '75 und '79 *Les Forts de Latour,* dem zweiten Wein des Château, die mir Monsieur Sommer, der Direktor, in feierlicher Weise zur Verkostung reicht. Insbesondere der 86er *Latour* ist ein König, der mich tief beeindruckt, dem ich mich mit Freuden unterwerfe und ihm gehorche, wenn er mir befiehlt: Genieße mit allen Sinnen, die du hast, nur selten wirst du Begegnungen dieser Art erleben. Ich würde meinen, daß der 86er *Latour* eine noch längere Entwicklungszeit braucht als der *Margaux* des gleichen Jahrgangs. Es ist ein Wein mit einem großartigen Körper, einer profunden Tiefe, satt und kraftvoll, mit einer schwarz-roten Farbe und einem reichen Bukett von Cassis und Waldfrüchten. Bei den Stahltanks, in denen der *Latour* vergoren wird (neben *Haut-Brion* war

GAUTREAU

Jean Gautreau,
Château Sociando-Mallet

Wie wünschen Sie sich Ihren Wein?
Sociando-Mallet will Weine machen, die lange haltbar sind. Echte Médocs, mächtig von der Struktur und intensiv in der Farbe. Sociando-Mallet liegt am Ufer der Gironde. Eine alte Redewendung im Médoc lautet: Um einen großen Wein machen zu können, muß die Rebe durch den Steinboden wachsen, und die Blätter müssen die Gironde sehen. Bei uns ist das der Fall.

Entspricht Ihr Wein Ihrer Persönlichkeit?
Es ist eine Eigenart der Weinmacher, daß sie den Wein machen, den sie lieben. Der Wein spiegelt immer die Persönlichkeit desjenigen wider, der ihn macht. Es gibt im Médoc berühmte Beispiele dafür. Mein Freund vom Château Haut-Marbuzet, der überschwenglich ist, macht einen überschwenglichen Wein. Meine Weine sind hingegen viel strenger. Ich liebe mächtige, klassische Médoc-Weine. Zweifellos entspricht das meinem Temperament.

Wie sind Sie zum Wein gekommen?
Ich war Angestellter in einer Maison du Vin. Als ich dann durch Zufall das Château Sociando-Mallet kaufte, ergriff mich die Leidenschaft zum Rebstock, wie man im Médoc sagt. Ich lebe nur noch für meinen Wein. Und ich glaube, daß es vielen Weinmachern so geht wie mir. Man kann

nur dann einen großen Wein machen, wenn man sich ihm total hingibt.

Was ist der Einfluß des Bodens und was ist Ihr Einfluß?

Der Boden hat sicher viel mehr Einfluß als ich. Der Charakter des Weines kommt aus dem Boden. Ich mache natürlich alles, um diesen Charakter zu betonen. Mein Wein soll streng, mächtig und lange lagerfähig sein. Ich bin bestimmt zu etwas gut, aber mein Boden hat mehr Macht als ich.

Was halten Sie von der Klassifikation von 1855?

Ich bin nicht dafür, daß man dieses System ändert. Es ist zwar absolut veraltet, aber jeder ist damit einverstanden. Die Klassifikation von 1855 ist wie ein Monument, ein Denkmal. Es ist ein Stück Weingeschichte und muß als solches erhalten bleiben.

Latour das erste Château, das mit den Edelstahlbehältern gearbeitet hat), erläutert Monsieur Sommer, daß die Tradition des Bordeaux von einer Gegend zur anderen wechselt. „Das Médoc", sagt er, „hat den Ruf, Weine zu machen, die altern können. Einmal weil in dieser Gegend der Wein immer auf besondere Weise vinifiziert wurde, um eine maximale Extraktion von Tannin zu erhalten, zum andern, weil die fürs Altern zuständige Rebsorte Cabernet Sauvignon im Médoc vorherrschend ist. Die Weine können sich sehr lange halten, haben gleichzeitig aber auch das Handicap, daß sie lange brauchen, um zu reifen, um zu einem Wein zu werden, der angenehm schmeckt." Den Grundvoraussetzungen der *Grands Crus* folgend, will Monsieur Sommer einen Wein mit hoher Tanninkonzentration machen. „Schon deshalb", sagt er, „ist das Prinzip unserer Vinifikation ganz anders als das im traditionellen Bordeaux. Wir fermentieren bei sehr hohen Temperaturen, bei etwa 30° C. Darüber hinaus lassen wir den Wein 15 bis 21 Tage auf der Maische."

Man kann einwenden, daß diese Methode gegen den Zeitgeist geht, der für schneller konsumable und leichtere Weine ist. Doch dem widerspricht Monsieur Sommer. „Diese Tendenz ist für einen *Grand Cru* von keinerlei Bedeutung. Ein *Grand Cru* hat internationale Geltung. Er ist kein Konsumartikel, sondern ein Wein für Kenner, die warten können, bis er sich optimal entwickelt hat. Deswegen stellt sich auch nicht die Frage, von heute auf morgen den Typus zu ändern und aus kommerziellen Gründen einen Wein zu machen, den man schneller trinken kann. Denn ein leichterer Wein mit einer schnelleren Entwicklung wäre nicht mehr der *Château Latour,* wie man ihn kennt. So gebietet der Respekt vor der Tradition, weiterhin diesen Wein im Sinne seiner Marke und Bedeutung zu erzeugen." Meine Frage, ob der Charakter eines großen Château-Weins etwas mit dem Charakter der Menschen zu tun habe, die ihn machen, bringt den bescheidenen Monsieur Sommer beinahe in Verlegenheit: „Oh mein Gott", sagt er, „alles, was im Zusammenhang mit einem *Premier Cru Classé* steht, bereitet dem Verantwortlichen große Lust und spornt ihn an, sich auf beste Weise um das Produkt zu kümmern. Und sicher kann es dabei zu einer Art Fixierung und Beziehung zwischen dem Weinmacher und dem Wein kommen, denn der Einfluß, den er auf die Vinifikation hat, ist enorm. Trotzdem bleibe ich dabei: die Erde und das Potential der Natur sind die Hauptsache. Und erst danach kommt der Mensch und bestimmt die Richtung."

Die Rebstöcke auf *Latour* haben ein durchschnittliches Alter von vierzig Jahren. Die ältesten unter ihnen sind siebzig Jahre alt. Stirbt ein Rebstock, wird er ausgerissen und durch einen neuen ersetzt. Deshalb stehen in einer Rebzeile oft ganz unterschiedliche Stöcke.

DE LENCQUESAING

Trauben von Stöcken, die noch keine zehn Jahre alt sind, werden nicht für den großen Wein von Latour verwendet. Sie werden separat gelesen, da sie in der Regel früher reif und niedriger in der Qualität sind und den Trauben beigemischt, aus denen der zweite Wein des Château, *Les Forts de Latour,* erzeugt wird. *Château Latour* ist heute überwiegend in englischem Besitz. Die Verbindung mit England hat über Jahrhunderte hinweg eine lange Tradition. Zuerst in Form von feindlichen Auseinandersetzungen zwischen Frankreich und England, später, im 18. Jahrhundert, nach dem Abklingen der Feindseligkeiten durch starke Handelsbeziehungen, die zwischen dem Bordelais und den englischen Handelshäusern entstanden. Die englische Aristokratie und reiche Bourgeoisie, die einen verwöhnten Luxusgeschmack hatten, dürstete es nach den edlen Bordeauxweinen. Das brachte den Handel in Schwung. Es war die Zeit, in der im Graves- und Médoc-Gebiet große Güter entstanden, unter ihnen auch *Latour,* die sehr bald Weine von hoher Qualität und nicht minder hohen Preisen erzeugten. 1714 kostete ein Faß *Latour* vier- bis fünfmal so viel wie ein geläufiger Wein. 1729 war es schon das dreizehnfache und 1776 das zwanzigfache. Man sieht, die hohen Preise für große Weine sind keine Erfindung unseres Jahrhunderts.

Unmittelbar angrenzend an *Château Latour* stehen die Rebstöcke von *Château Pichon-Longueville-Comtesse-de-Lalande.* Ein Wein, der als "zweites Gewächs" eingestuft und in seinem Charakter etwas weicher, fruchtiger und geschmeidiger ist als die Pauillac im allgemeinen und die des Nachbarn *Château Latour* im besonderen. Dieser "feminine" Charakter kommt durch einen höheren Merlot-Anteil, als er in Pauillac üblich ist, zustande. Vielleicht aber auch dadurch, daß ein Teil der Weinberge von *Pichon-Lalande* im Gebiet von St-Julien liegt. Bei *Latour* sind es 80 % Cabernet Sauvignon, 15 % Merlot und 5 % Petit Verdot und Cabernet Franc gemischt. Bei *Pichon-Lalande* dagegen nur 45 % Cabernet Sauvignon, dafür 35 % Merlot, 12 % Cabernet Franc und 8 % Petit Verdot. Bei meinem Besuch auf *Pichon-Lalande* wurde mit Hochdruck am neuen Gärkeller mit computergesteuerten Edelstahltanks gearbeitet. Es war der letzte Moment vor der Ernte, die am folgenden Tag begann. Trotz vorhandener Erfahrung mit Stahlbehältern herrschte große Nervosität, denn Fehler konnte man sich nicht erlauben. Ein ganzer Jahrgang stand auf dem Spiel. Und *Pichon-Lalande* ist einer der ganz großen Namen. Doch der alterfahrene *régisseur* Monsieur Jean-Jacques Godin blieb in der Hektik gelassen: „Wenn etwas nicht klappt mit der neuen Anlage, habe ich zum Ausweichen die alte vorbereitet. Wir gehen kein Risiko ein." Madame de Lencquesaing, die resolut-charmante Besitzerin von *Château Pichon-Longueville-Comtesse-de-Lalande,* weiß über die Risiken, die mit

Madame de Lencquesaing, Château Pichon-Longueville Comtesse de Lalande

War es früher schwieriger, ein Weingut zu führen?

In früheren Zeiten kannte man die Krankheiten des Weins noch nicht so wie heute. Man konnte ihn noch nicht so machen, daß er sich lange hielt. Also waren die Weine entweder sehr groß – davon gab es aber sehr wenig –, oder sie waren mittelmäßig, und man lief Gefahr, viel davon zu verlieren. Es gab hier zwar prunkvolle Perioden, aber sie waren sehr kurz. Häufig waren die Besitzer der Weinberge von der Armut bedroht. Immer wieder wurden die Besitztümer verkauft. Meistens zuerst die Möbel, Stück für Stück, danach das Schloß, schließlich der Boden. Deshalb sind auch die Dörfer sehr arm geblieben.

Duboscq

Henri Duboscq, Château Haut-Marbuzet

Nimmt ein Wein die Persönlichkeit seines Besitzers an?
Ich bin davon überzeugt, daß das eigentliche Genie eines Weins aus der Erde kommt. Um einen großen Wein zu machen, muß man nur das Privileg haben, einen göttlichen Boden zu besitzen. Die Auffassung, die ich von einem guten Weinmacher habe, ist die, daß er ausgehend von dem Boden, den er hat, den Wein macht, den er liebt. Deshalb ähnelt ein Wein immer dem, der ihn macht, denn dieser liebt ihn bedingungslos. Was mich betrifft, bin ich als Persönlichkeit genau das Gegenteil des Bodens von St-Estèphe. Der Boden von St-Estèphe ist nüchtern, distinguiert und männlich, während ich überschwenglich und zärtlich bin. Also schlage ich mich mit Händen und Füßen mit meinem Boden und bringe ein Produkt hervor, das in seiner Jugend die Ausnahme in St-Estèphe ist. Und die Puristen, Konservativen begreifen diesen St-Estèphe nicht. Sie beurteilen ihn als Transsexuellen. Sie sind verwirrt, weil dieser St-Estèphe männlich ist — eben ein St-Estèphe —, aber gleichzeitig ein Schmeichler, ein Werber, weil er von mir ist. Nein, er ist kein Transsexueller, sondern ein Macho mit weiblicher Sensibilität. Für mich ist ein Weinmacher ein Lieferant für Wollust im edelsten Sinne.

dem Besitz eines Weinguts im Médoc verbunden sind, viel zu erzählen. Glanz und Elend liegen dabei dicht beisammen. Als sie 1978 in das Schloß einzog, entdeckte sie auf dem Dachboden Berge von Material, das bis ins 17. Jahrhundert zurückreicht. Manche Dokumente sind noch von Ludwig XV. unterschrieben. Die Familie Pichon hatte schon zu Beginn des 17. Jahrhunderts Besitzungen im Médoc, das sich erst zu dieser Zeit zu entwickeln begann. St-Emilion, Pomerol, Entre-Deux-Mers und die Gegend um Bordeaux — die jetzt Graves heißt — waren schon lange vorher kultivierte Weinbaugebiete. Das Médoc aber war zu dieser Zeit noch unbekannt, eine wilde Gegend, in die kein Mensch ging. Erst als man merkte, daß der Boden ideal für den Rebenanbau war, begann man, das Land durch Verlegen von Drainagen zu entwässern. Denn das Entscheidende bei einem Weinberg ist der Wasserhaushalt, der durch Lage und Art des Bodens reguliert wird. Das ist neben der Bodenzusammensetzung und dem Einstrahlungswinkel der Sonne einer der Hauptgründe, weshalb Hanglagen besser sind als Flachlagen. Reben lieben keine wasserreichen Böden. Sie müssen mit ihren Wurzeln tief in die Erde gehen und dort nach Nahrung suchen. Nur so können sie die für die Trauben wichtigsten Mineralstoffe und Spurenelemente finden. Deshalb muß in vielen Fällen mit künstlich angelegten Drainagen dafür gesorgt werden, daß das Regenwasser aus dem Boden abfließen kann. „Die Geschichte dieser Gegend vermittelt viel Weisheit, was die Führung der Besitzungen angeht", erklärt Madame de Lencquesaing. „Schon mein Vater war der Ansicht, daß die Verwaltung eines großen Weinbergs genauso riskant sei wie der Besitz von Rennpferden. Man gewinnt ein Rennen, dafür verliert man viele andere. Er bezog sich auf die Krisen der zwanziger Jahre, die er selbst miterlebt hatte. Es gab da sehr schöne Jahrgänge, aber kein Geld, da man sich mitten in der Rezession befand, die dem Ersten Weltkrieg folgte. In den dreißiger Jahren gab es nur einen großen Jahrgang, den 34er. Der 37er war gut bis mittelmäßig. Die Besitztümer aber mußten weitergeführt werden, ohne daß Geld hereinkam. Dann kam der Krieg, und danach wieder die Öffnung des Handels. '45 war auch gleich ein großer Jahrgang."

Der Ort Pauillac an der Gironde ist, wie die anderen Dörfer und Städtchen, häßlich und langweilig. Wie im gesamten Médoc ist auch hier die Gastronomie kümmerlich und steht in einem verblüffenden Kontrast zum Glanz der Weine. Lediglich in Margaux gibt es ein gutes, nicht zu teures Restaurant mit einer hervorragenden Weinkarte. Ansonsten findet man, außer in der Stadt Bordeaux, eine kaum nennenswerte Küche. In der Gegend von St-Emilion ist die Gastronomie vom Tourismus verdorben, und man muß Glück haben, an solchen Plätzen nicht einfach "abgespeist" zu werden. In einem kleinen

Ort im Gebiet von Entre-Deux-Mers fand ich ein einfaches Restaurant, wo es solides Essen gab, vor allem aber eine sehr interessante Weinkarte, auf der mir ein Wein aus St-Estèphe vom Jahrgang 1985 auffiel. Viel zu jung, dachte ich, aber das Château, von dem er stammte, machte mich neugierig. So riskierte ich, den Wein zu bestellen, nachdem auch die Besitzerin des Restaurants meinte, daß er zwar noch jung, aber trotzdem schon sehr schön zu trinken sei. Tatsächlich war ich schon von der Farbe und dem Bukett des Weins begeistert. Und auch im Mund hielt er, was er Auge und Nase versprochen hatte. Daraufhin nahm ich mir vor, das *Château Haut-Marbuzet* zu besuchen und fand in seinem Besitzer einen Mann, der mit großem Enthusiasmus und leidenschaftlichem Temperament über seinen Wein sprach. Hier trat eine Passion zutage, die sich mir, ohne Monsieur Duboscq vorher zu kennen, schon durch seinen Wein offenbart hatte. Das mag vielleicht übertrieben klingen. Aber wirklich war mir beim Trinken dieses St-Estèphe – eigentlich ein Wein, der in der Jugend besonders streng und verschlossen ist – eine lustvolle Offenheit

entgegengekommen, die mich verblüfft hatte. Dahinter mußte ein unkonventioneller Mensch stecken. Und so war es auch. Als ich Monsieur Duboscq in einen seiner Weinberge, wo gerade geerntet wurde, begleitete, erlebte ich einen charmanten und wortgewandten Weinmacher, der mir mit atemberaubendem Tempo und leuchtenden Augen seine Theorien darlegte. Um den betont persönlichen Charakter seines Weines zu erhalten, riskiert Monsieur Duboscq außergewöhnlich hohe Temperaturen bei der alkoholischen Gärung. Ein gewagtes Spiel, denn der Wein kann dabei schnell kaputtgehen. „Ich scheue das Risiko nicht", bekennt er, „aber ich behaupte, daß ein Weinmacher, der den Wein machen will, den er liebt und der ihm ähnlich ist, sein eigener Financier sein muß. Wie sollte ich einem Finanzmann auch erklären, daß ein, zwei Fässer verlorengegangen seien, weil ich wollte, daß mein Wein mir ähnlich ist?" Daß die Leidenschaft eines Weinmachers zum Vabanquespiel werden kann, zeigt die Geschichte des berühmten *Château Cos d'Estournel,* das im 19. Jahrhundert auf dem Boden von St-Estèphe erbaut wurde. In seiner seltsamen Er-

Das Château Cos d'Estournel ist mit seiner viktorianisch-orientalischen Architektur die eigenwilligste Erscheinung im Médoc. Es wurde nicht erbaut, um darin zu wohnen, sondern nur, um den Wein von Monsieur Estournel zu beherbergen. Das Bauwerk ist ein Zeugnis für die Leidenschaft eines Mannes, dessen Lebensweg vom Reichtum in eine tiefe Armut führte.

scheinung ist es das zu Stein gewordene Zeugnis der spleenigen Leidenschaft eines Mannes, der Weinmacher, Pferdezüchter und Händler war. Monsieur Estournel, der Pferde im Orient kaufte und sie mit seinem Wein bezahlte, wollte diesem an seinem wenig romantischen Ursprungsort einen exotischen Rahmen geben. Inspiriert durch seine Orientreisen ließ er seinen Besitz in einen Märchenpalast umbauen, der ausschließlich als Kulisse für den Wein dienen sollte, nicht aber um selbst darin zu wohnen. Es entstand ein seltsames, originelles Stilgemisch aus orientalischer, viktorianischer und asiatischer Architektur. Als Estournel einmal einen Teil seines Weins von einer Reise in den Nahen Osten wieder mitbrachte, weil es nicht genug Pferde dafür gegeben hatte, stellte er zu Hause überrascht fest, daß der Wein durch die lange Reise reifer und harmonischer geworden war und die Bordeaux-Händler einen hohen Preis dafür zahlten. So beschloß er, seine Weine in Zukunft vor dem Verkauf erst auf Schiffen reisen zu lassen, und hatte damit großen Erfolg. Der heutige Mitbesitzer, Bruno Prats, ein bekannter Name auch im Vermouth-Geschäft, hat alles unternommen, um den Besitz so zu erhalten, wie ihn Louis-Gaspar d'Estournel mit enormem Aufwand errichten ließ. Und natürlich scheut Monsieur Prats auch keine Anstrengung, um einen Wein zu erzeugen, der dem großen Namen des Château Ehre macht. Bei der Klassifizierung von 1855 wurde *Cos d'Estournel* als "2. Gewächs" in der Rangordnung des Médoc eingestuft.

Leider hat Gaspar d'Estournel dies nicht mehr erlebt. Er hatte es zwar geschafft, den Wein und den Namen von *Cos d'Estournel* berühmt zu machen, dabei aber sein ganzes Vermögen verloren. Sein Lebensabend verlief mehr als traurig. 1852 mußte er seinen Besitz verkaufen. Obwohl er dafür viel Geld bekam, sah er es nie wieder, da er hohe Schulden wegen der Steinmetz- und Verschönerungsarbeiten an seinem Château hatte. Über 90 Jahre alt, verbrachte er den Rest seiner Tage einsam, erniedrigt und ohne einen Pfennig in der Tasche auf einem Nachbarchâteau, das ihm einst auch gehört hatte. Nun stellte ihm der neue Besitzer aus Mitleid eine kleine Kammer zur Verfügung und sorgte dafür, daß er etwas zu essen bekam. Monsieur Prats glaubt, daß für Gaspar d'Estournel der Ruf von *Cos d'Estournel* und nicht sein eigener gezählt habe. Deswegen sei er trotz allem glücklich gewesen. Ich möchte dies bezweifeln. *Cos d'Estournel*, der Märchenpalast mit seinen Weinschätzen, ist sein Leben, sein Traum gewesen. Und nun mußte er in seinem Schloß Pomys wie ein Bettler leben, bis ihn der Tod befreite. Kein guter Schluß für ein Märchen. Aber ein guter Anfang: In einem schönen Schloß im Médoc lebte, versteckt in einer dunklen Kammer, ein bettelarmer Mann. Eines Tages nahm er seinen ganzen Mut zusammen und

MESLIER

Pierre Meslier, Château d'Yquem

Was ist die Besonderheit von d'Yquem?

Das Besondere an d'Yquem ist, daß es nicht genügt, wenn die Trauben goldgelb und reif sind. Wir warten, bis die Botrytis Cinerea, dieser Pilz, den Saft in der Traube konzentriert. Dank eines besonderen Mikroklimas in der Gegend von Sauternes – Ende September, Oktober, November gibt es morgens Nebel, mittags Sonne – kann sich die Botrytis Cinerea auf den reifen Trauben entwickeln. Wenn der Pilz vor der Reife kommt, dann entsteht die Rohfäule, und das ist ganz schlecht. Die Wahrscheinlichkeit, daß sich die Botrytis Cinerea auf den reifen Trauben entwickelt, ist aber in unserer Gegend sehr hoch. Das Problem ist, daß dieser Pilz die Beeren nicht zur gleichen Zeit befällt. Einige Beeren könnten schon heute geerntet werden, doch der Großteil ist noch nicht vom Pilz befallen. Da also die Beeren nicht alle zur gleichen Zeit die gleiche Konzentration mit einem

potentiellen Alkoholgehalt von 20% Vol. erreichen, müssen wir Beere für Beere ernten. Das heißt, wir wiederholen den Erntevorgang mehrmals. In einfachen Jahren kommen wir vier- oder fünfmal zu jedem Rebstock, zu jeder Traube zurück, in schwierigen Jahren bis zu elfmal. Die Ernte dauert im allgemeinen bis Ende November. In manchen Jahren ernten wir noch im Dezember. Manchmal ist es katastrophal wenig. Wenn wir so ernten würden wie für einen normalen Weißwein, also wenn die Trauben gerade reif sind, würden wir einen Ertrag von mindestens 40 bis 45 hl pro Hektar haben, das heißt etwa eine Flasche pro Rebstock. Aber mit unserer Methode erzielen wir nur 8 bis 9 hl pro Hektar, das heißt, daß ein Weinstock pro Jahr nur ein Glas Château d'Yquem ergibt.

Yquem ist das führende Château im Sauternes. Für ein einziges Fäßchen von diesem Luxuselixier hat im 19. Jahrhundert der Bruder des russischen Zaren 20.000 Goldfranken geboten.

verließ sein Gefängnis. Er schlich sich hinaus ins Freie und rannte davon, so schnell er nur konnte. Und in seinem Herzen war Jubel und Zuversicht, denn er hatte eine herrliche Idee. Er wollte den besten und teuersten Wein der Welt machen.

Nach der Logik, daß die besten Weine auf dem Markt auch die höchsten Preise erzielen, verfuhren die Weinmakler von Bordeaux, die 1855 beauftragt wurden, die Auswahl der Weine für die Klassifizierung in fünf Kategorien vorzunehmen. Sie orientierten sich dabei nach Listen, in denen über Jahre hinweg die erzielten Preise notiert waren. Auf diese Weise wurden die Ränge der Châteaux ermittelt. Die mit den höchsten Preisen landeten ganz oben, die mit den niedrigsten ganz unten. Der Anlaß für dieses Unternehmen war die Weltausstellung in Paris, auf der die Weine des Départment Gironde vorgestellt werden sollten. Nach Bekanntwerden der Liste gab es erwartungsgemäß viel Kritik und Proteste. Doch im Laufe der Zeit gewöhnte man sich an diese Klassifizierung, wenn es heute auch dem Konsumenten überlassen bleibt, sich selbst zu orientieren, welcher Wein seinen Preis wirklich wert ist und sich dabei nicht nur auf ein Etikett zu verlassen. Das ist wahrlich leichter gesagt als getan. Prestige-Trinker haben es da einfacher. Sie handeln nach der Logik der Weinhändler von Bordeaux und kaufen das Teuerste, weil es das Beste sein muß. Und je mehr reiche Leute das Bedürfnis nach diesen Prestige-Objekten haben, um so teurer wird der Wein. 1855 mußte man für ein "2. Gewächs" nur 20 % weniger bezahlen als für einen Premier Cru. In unseren Tagen beträgt die Differenz bereits 60 %. Wer jedoch auf Prestige keinen Wert legt, sollte sich vielleicht bei den vierten oder fünften Gewächsen, insbesondere

aber unter den vielen, nicht klassifizierten Bordeaux umsehen. Für die Prestige-Käufer aber, denen selbst die *Premiers Grands Crus Classés* des Médoc noch zu gering sind, haben die Weinhändler von Bordeaux einen einzigen Wein noch darüber plaziert: *Château d'Yquem,* den *Premier Cru Supérieur* aus Sauternes.

Sauternes ist ein Weinbaugebiet im Süden von Bordeaux, am unteren Ende der Graves-Zone. Hier werden auf mehr als 250 Weingütern die berühmten, edelsüßen Weißweine erzeugt, die man in ihrer Art mit den deutschen und österreichischen Beeren-und Trockenbeerenauslesen oder auch einigen besonderen italienischen edelsüßen Weinen vergleichen kann. Das führende Château in Sauternes ist *d'Yquem.* Ein Name, der bereits Legende ist. Berühmt war der *d'Yquem* schon im 17. Jahrhundert. Seit dem 18. Jahrhundert ist das Château im Besitz der Familie Lur-Saluces. Der sehr teure *d'Yquem* gilt in den internationalen Luxuskreisen als der wertvollste und edelste süße Weißwein der Welt. Sieht man von Mode und Geschmacksfrage einmal ab und betrachtet nur die Art der Erzeugung des Weins, erscheint der hohe Preis keineswegs abwegig. Das weithin sichtbare, ruhmreiche Château *d'Yquem* thront auf der Kuppe einer sanften Erhebung, umgeben von seinen Weinbergen. Die Reben der Sorten Semillon und Sauvignon wachsen auf einem Boden aus Lehm und Kiesgeröll. Etwa 80 ha Rebfläche stehen im Ertrag. Weitere 20 ha bleiben permanent als Regenerationsböden längere Zeit brach liegen beziehungsweise werden mit neuen Rebstöcken bepflanzt, die durch ständige Veredelung laufend verbessert werden. Die Semillon-Rebe hat einen Anteil von 80 %, die Sauvignon Blanc 20 %. Die Semillon ist für die Süße und den Körper des *d' Yquem* zuständig, die Sauvignon-Traube mehr für die Aromen. Der Ertrag pro Hektar ist äußerst gering. Auf einem Boden, der spielend 50 bis 60 hl und mehr pro Hektar hergäbe, werden bei *d'Yquem* nur ca. 8 bis 9 hl pro Hektar eingebracht.
Das Besondere an *d'Yquem*", erklärt mir Monsieur Pierre Meslier, der Direktor von *Château d'Yquem,* „das Besondere ist, daß es nicht genügt, die Trauben goldgelb und reif werden zu lassen. Wir warten, bis der Botrytis-Pilz den Saft in der Traube konzentriert. Das Problem ist, daß dieser Pilz die Beeren nicht zur gleichen Zeit befällt. Da also die Beeren nicht alle zur gleichen Zeit die gleiche Konzentration mit einem potentiellen Alkoholgehalt von 20 % Vol. erreichen, müssen wir Beere für Beere ernten." Das Lesen der einzelnen Beeren kann man als Präzisionsarbeit bezeichnen. Sie wird überwiegend von Frauen durchgeführt, die schon seit Jahren für *d'Yquem* arbeiten. Das Risiko, daß durch Wettereinflüsse die Ernte stark beeinträchtigt, in manchen Jahren sogar ganz vernichtet wird, ist groß. Aus den eingebrachten Trauben gewinnt man in drei Preßvorgängen einen dickflüssigen Most, der in neuen

Comte de Lur-Saluces

Alexandre Comte de Lur-Saluces, Château d'Yquem

Seit wann wird in Yquem Wein hergestellt?
Das ist eine schwierige Frage. Man vermutet, daß schon in romanischer Zeit hier Wein war. Sichere Spuren, die auf das Weingut Yquem hinweisen, gibt es seit dem Ende des 16. Jahrhunderts. Das Gut gehörte der französischen Krone. Später kam es in den Besitz der Familie, aus der ich stamme.

Gibt es Château d'Yquem nur für einen privilegierten Kreis?
Es ist ein Kreis von Liebhabern, von kultivierteren Leuten, die den Wein schätzen und an der Entwicklung des Weins teilhaben - wenn ich das so ausdrücken darf. Aber selbstverständlich kann der Sauternes nur ein großes Luxusprodukt sein.

Zu welchem Essen sehen Sie Ihren Wein?
Ich habe ihn nie so sehr als einen Dessertwein aufgefaßt. Meiner Meinung nach ist das Dessert der delikateste Punkt beim Essen. Die besten Desserts sind meistens die, die am wenigsten gezuckert sind, zum Beispiel ganz einfache Obstkuchen. Die Säure der Frucht bringt die Harmonie zum Wein. Sonst paßt er zu Foie gras, zu Fisch mit Saucen, Seezunge, Hummer, Languste, zu weißem Fleisch, Geflügel, Fasan. Darüber hinaus zitiere ich Alexandre Dumas, der ein Rezept hat für Kartoffelsalat mit etwas Sauternes.

Eichenholzfässern vergoren wird. Jedes Jahr werden zu 100 % neue Barriques verwendet. Bei einem Alkoholgehalt von ca. 14 % Volumen bleibt die Gärung meist stehen, so daß ein Rest von 5 bis 6 % unvergorener Zucker erhalten bleibt. In den dreieinhalb Jahren seiner Gesamtausbauzeit macht der Wein fünfzehn Umzüge durch. Ca. 20 bis 22 % der Menge verdunsten während der Lagerung. Deshalb muß zweimal in der Woche aufgefüllt werden. Ein guter Jahrgang eines *d'Yquem* kann ohne weiteres zwei Jahrzehnte auf der Flasche reifen und viele Jahrzehnte alt werden.

Wenige Monate nach meinem Besuch wurden Gerüchte laut, daß es auf *Château d'Yquem* eine Tiefkühlanlage gebe, mit deren Hilfe den Trauben das Wasser entzogen wird, um so den Zuckergehalt in den Beeren zu konzentrieren. Auf natürliche Weise geschieht das beim Eiswein, für den das deutsche Weingesetz während der Ernte eine Temperatur von mindestens 7° C unter Null vorschreibt. Die *Yquem*-Verehrer sind natürlich geschockt und ratlos, denn gerade von diesem hochrenommierten Château erwartet man alles andere als billige Manipulationen, durch die aus einer hochwertigen Trockenbeerenauslese ein technisch fabrizierter Eiswein würde — falls sich das Gerücht als wahr herausstellen sollte. Aber noch will es niemand so recht glauben, daß bei *d'Yquem* — und wenn dort, dann mit Sicherheit auch bei anderen Châteaux in Sauternes — die Zuckerkonzentrationen in den Beeren statt durch den Botrytis-Pilz mit Hilfe des Gefrierschranks erzeugt wird. Stellungnahmen liegen nicht vor, Graf Lur-Saluces hält sich bedeckt.

Manche *Premiers Crus* des Bordelais, die heute fünfzig Jahre alt sind, werden zwischen 10.000 und 20.000 Mark pro Flasche gehandelt. Noch ältere Raritäten können auch ein paar hunderttausend Mark kosten. Dabei geht es nicht mehr um den Wein — denn der ist in den meisten Fällen längst jenseits von gut und schlecht —, sondern nur um irrationale Kulttrophäen, mit denen ein lukrativer Spekulationshandel betrieben wird. Im Bereich des Irrationalen ist es aber völlig gleichgültig, was das Objekt der Begierde ist. Dazu kann alles gemacht werden. Wichtig ist nur, daß man es erwerben und besitzen kann. Der Antagonismus dabei ist, daß sich die Materie Wein nicht besitzen läßt. Wein kann nur Genuß verschaffen — für einen flüchtigen Augenblick. Danach ist er nicht mehr existent. Genießt man ihn nicht rechtzeitig, löst er sich von selbst auf, stirbt und verflüchtigt sich, ohne die Aufgabe, für die er von Menschen geschaffen wurde, zu erfüllen — nämlich jenen Freude und Trost zu spenden, die wissen, daß sie wie der Wein sterblich sind und sich verflüchtigen werden, vielleicht auch ohne ihre Aufgabe, für die sie geschaffen wurden, erfüllt zu haben.

BORDEAUX

Die Hafenstadt Bordeaux, an der Garonne im Südwesten Frankreichs nahe der atlantischen Küste gelegen, ist die Hauptstadt des Département Gironde, welches das gesamte Weinbaugebiet Bordeaux umfaßt. Benannt ist dieser politische Verwaltungsbezirk nach dem Fluß Gironde, einer Art Mündungstrichter, in dem sich Dordogne und Garonne wenige Kilometer nördlich von Bordeaux vereinen. Das Bordelais ist das größte Qualitätsweinbaugebiet Frankreichs. Hier wird ungefähr ein Viertel der französischen A.O.C-Weine (Appellation d'Origine Contrôlée) hergestellt. Die Rebfläche umfaßt rund 100.000 ha. Im Gegensatz zum Burgund werden die Rotweine des Bordeaux nicht aus einer, sondern aus verschiedenen Traubensorten gekeltert. Es ist meist ein Verschnitt von Cabernet Sauvignon, Cabernet Franc, Merlot und geringen Anteilen von Petit Verdot oder Malbec.

Jedes Château (Bezeichnung für Weingut im Bordelais) hat seinen eigenen Verschnitt. Die Bordeauxweine reifen in Eichenholzfässern von 225 l (barriques), grob gesagt zwischen 12 und 30 Monate, nach Jahrgang und Weingut verschieden. Die Tatsache, daß das Bordelais einige der größten Rotweine der Welt hervorbringt, ist darauf zurückzuführen, daß hier eine Reihe von Faktoren (Klima, Boden, Lage etc.) auf ideale Weise zusammenwirken. Hinzu kommt die jahrhundertealte Tradition und Erfahrung im Weinbau (1760 hatte die Rebfläche des Bordeaux schon etwa den heutigen Umfang). Die wichtigsten Weinbaugebiete des Bordelais sind Médoc, Graves, St-Emilion, Pomerol, Sauternes. Daneben gibt es noch die Zonen Lalande de Pomerol, Côtes de Bourg, Fronsac, Entre-Deux-Mers, Haut-Benauge, Côtes de Blaye, Ste-Croix-du-Mont, Loupiac, Cadillac, Premières Côtes de Bordeaux, St-Macaire, Côtes de Castillon, St-Foy de Bordeaux, Néac und Graves de Vayres.

Appellation d'Origine Contrôlée

Auf die Herkunft sollte man bei den Bordeaux-Weinen in jedem Fall achten, weil es denselben Château-Namen mehrere Male geben kann. Das *Château Beychevelle* in St-Julien zum Beispiel hat nichts mit der *Domaine de Beychevelle* in St-André-de-Cubzac zu tun. Berühmte Château-Namen wie *Lafite* oder *Latour* gibt es in verschiedenen Variationen. *Château Belair* beispielsweise gibt es zwölfmal. Neben der genauen Herkunftsbezeichnung empfiehlt es sich also auch auf den Namen des Château zu achten.

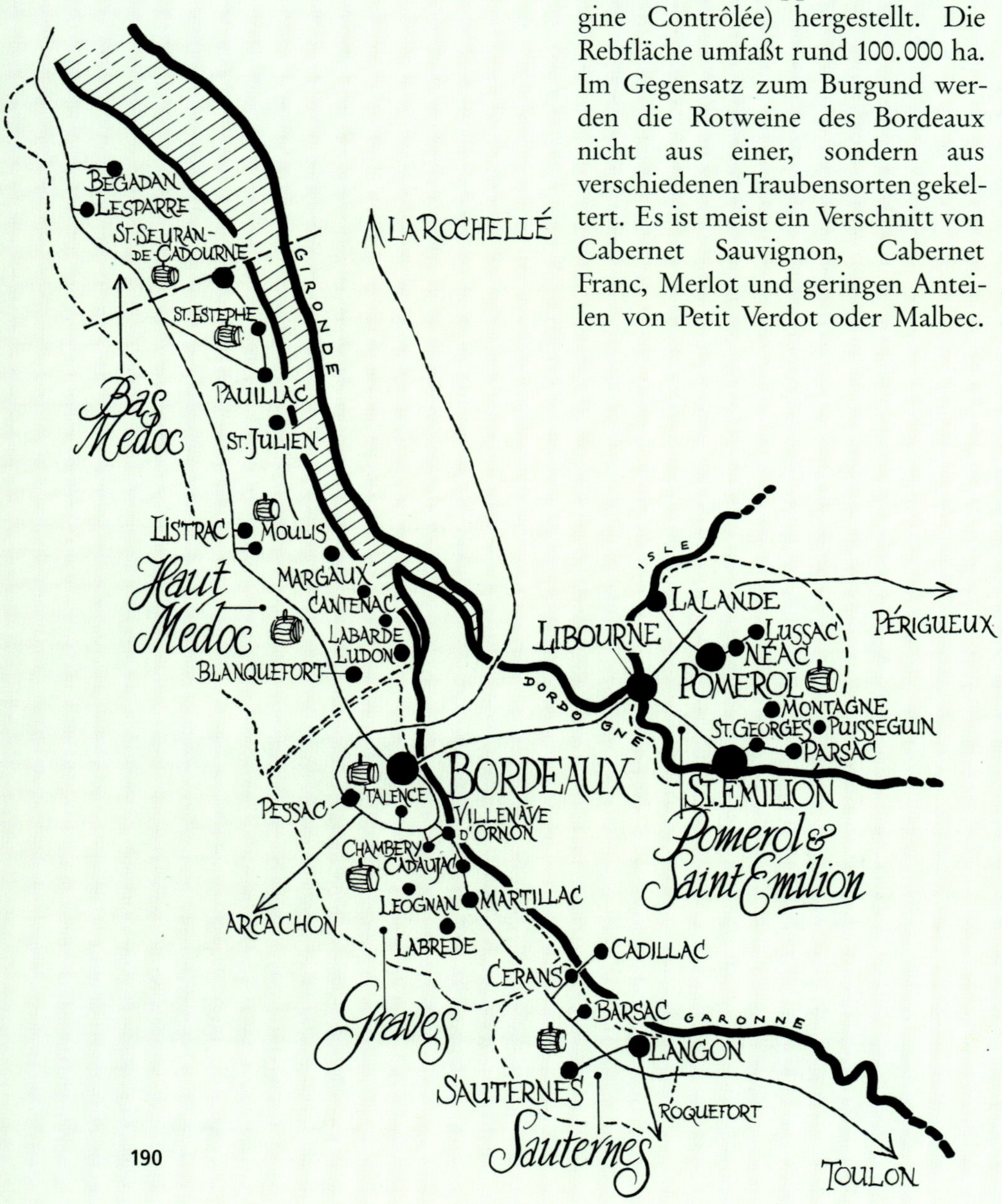

In St-Emilion gibt es beispielsweise mindestens 5 Châteaux, die *Figeac* als Bestandteil ihres Namens führen. Ein Wein mit einer Appellation d'Origine Contrôlée (amtlich kontrollierte Herkunftsbezeichnung) muß bestimmten gesetzlichen Vorschriften entsprechen: nicht nur das Gebiet ist genau eingegrenzt, sondern auch Traubensorten, Höchstertrag, Anbau-, Weinbereitungsmethoden und Mindestalkoholgehalt sind vorgeschrieben. Das Institut National des Appellations d'Origine (I.N.A.O.) überwacht die Einhaltung der Vorschriften. Nach den 1855 klassifizierten Gewächsen, die noch gesondert aufgeführt werden, folgen in der offiziellen Hierarchie die Weine mit Gemeindeappellation; z.B. ein Wein mit der Appellation Margaux (Ort im Médoc) ist höherrangig als ein Haut-Médoc (Gebietsunterteilung des Médoc). Dieser wiederum rangiert vor der Appellation Médoc. Es folgen die Appellation Bordeaux Supérieur und Appellation Bordeaux, die beiden untersten Stufen. Hierbei handelt es sich oft um billige Verschnittweine. Diese Rangordnung gilt für alle Weinzonen des Bordeaux.

Médoc

Das Médoc ist ein schmaler Landstreifen nordwestlich der Stadt Bordeaux, der sich über 75 km an der Gironde entlangzieht. Die zahlreichen Châteaux des Médoc (über 1.500) erzeugen fast ausschließlich Rotweine, von denen einige zu den größten der Welt gehören. Die dominierende Rebsorte auf den insgesamt 10.000 ha Rebfläche ist Cabernet Sauvignon. Cabernet Franc, Merlot und Petit Verdot werden in kleineren Mengen kultiviert. Das Gebiet wird unterteilt in das nördlich von St-Seurin-de-Cadourne gelegene Bas-Médoc und in das Haut-Médoc im Süden. Die weltberühmten Châteaux befinden sich im Haut-Médoc. Sechs Orten in dieser Zone wurde eine eigene Gemeindeappellation zugesprochen: St-Estèphe, Pauillac, Margaux, St-Julien, Listrac und Moulis.

Klassifizierung der Médoc-Weine

Im Bordeaux ist der Begriff Cru nicht auf eine bestimmte Lage bezogen, wie das im Burgund der Fall ist, sondern auf ein Weingut mit den dazugehörigen Rebbergen. Cru bezeichnet im Bordeaux sowohl den Wein als auch das Weingut (Château), das ihn erzeugt. Die erste offizielle Klassifizierung erfolgte bereits 1855. Der Großteil der damals ausgesuchten Weine sind Gewächse aus dem Médoc. An zweiter Stelle stehen Sauternes und Barsac, mit 25 klassifizierten Châteaux. Im Graves-Gebiet wurde lediglich ein Weingut, *Château Haut-Brion,* in das Klassement mit einbezogen.
Die Gewächse wurden in fünf Kategorien eingestuft: Premier Cru, Deuxième Cru, Troisième Cru, Quatrième Cru, Cinquième Cru. Bewertungsmaßstab war der Preis, den die Weine damals auf dem Markt erzielten. Die Klassifizierung von 1855 ist heute noch gültig (die einzige Veränderung erfolgte 1973, als *Château Mouton-Rothschild* von den Deuxièmes zu den Premiers Crus aufrückte). Dies bedeutet jedoch nicht, daß diese Klassifizierung den heutigen Gegebenheiten tatsächlich noch gerecht wird. Aus dem häufigen Besitzerwechsel resultierende Qualitätsänderungen so mancher Châteaux und neu dazugekommene Weingüter bleiben unberücksichtigt. Die Klassifizierung von 1855 ist sicherlich nicht ideal, aber bis jetzt ist es nicht gelungen, eine bessere einzuführen.

Crus Bourgeois: 1932 wurde im Médoc die Qualitätsbezeichnung Crus Bourgeois eingeführt. 444 Güter wurden in diese Kategorie eingestuft. 1966 und 1976 hat der Verband der Bourgeois-Weingüter des Médoc eine neue Liste erarbeitet. Die Zahl der Crus Bourgeois ist inzwischen auf 240 gesunken. Sie liegen in der Rangordnung unter den 1855 klassifizierten Châteaux, wenngleich einige Crus Bourgeois heute bedeutender sein können als mancher Cru Classé. Obwohl die Crus-Bourgeois-Châteaux in drei Kategorien eingeteilt sind —, Crus Grand Bourgeois Exceptionnels, Crus Grand Bourgeois, Crus Bourgeois —, darf nach den heutigen Vorschriften der EG nur noch Crus Bourgeois auf dem Etikett stehen.

Klassifizierung von 1855:

Premiers Crus (1. Gewächs)
Château Lafite-Rothschild, Pauillac
Château Latour, Pauillac
Château Margaux, Margaux
Château Mouton Rothschild, Pauillac
Château Haut-Brion, Pessac (Graves)

Deuxièmes Crus (2. Gewächs)
Château Rausan-Ségla, Margaux
Château Rauzan-Gassies, Margaux
Château Léoville-Las-Cases, St-Julien
Château Léoville-Poyferré, St-Julien
Château Léoville-Barton, St-Julien
Château Durfort-Vivens, Margaux
Château Gruaud-Larose, St-Julien

Château Lascombes, Margaux
Château Brane-Cantenac, Cantenac
Château Pichon-Longueville-Baron, Pauillac
Château Pichon-Longueville-Comtesse-de-Lalande, Pauillac
Château Ducru-Beaucaillou, St-Julien
Château Cos d'Estournel, St-Estèphe
Château Montrose, St-Estèphe

Troisièmes Crus (3. Gewächs)
Château Kirwan, Cantenac
Château d'Issan, Cantenac
Château Lagrange, St-Julien
Château Langoa-Barton, St-Julien
Château Giscours, Labarde
Château Malescot St-Exupéry, Margaux
Château Boyd-Cantenac, Cantenac
Château Cantenac, Cantenac
Château Palmer, Cantenac
Château La Lagune, Ludon
Château Desmirail, Margaux
Château Calon-Ségur, St-Estèphe
Château Ferrière, Margaux
Château Marquis d'Alesme-Becker, Margaux

Quatrièmes Crus (4. Gewächs)
Château St-Pierre, St-Julien
Château Talbot, St-Julien
Château Branaire-Ducru, St-Julien
Château Duhart-Milon, Pauillac
Château Pouget, Cantenac
Château La Tour-Carnet, St-Laurent
Château Lafon-Rochet, St-Estèphe
Château Beychevelle, St-Julien
Château Prieuré-Lichine, Cantenac
Château Marquis-de-Terme, Margaux

Cinquièmes Crus (5. Gewächs)
Château Pontet-Canet, Pauillac
Château Batailley, Pauillac
Château Haut-Batailley, Pauillac
Château Grand-Puy-Lacoste, Pauillac
Château Grand-Puy-Ducasse, Pauillac
Château Lynch-Bages, Pauillac
Château Lynch-Moussas, Pauillac
Château Dauzac, Labarde
Château Mouton-Baron-Philippe, Pauillac
Château du Tertre, Arsac
Château Haut-Bages-Libéral, Pauillac
Château Pédesclaux, Pauillac
Château Belgrave, St-Laurent
Château Camensac, St-Laurent
Château Cos-Labory, St-Estèphe
Château Clerc-Milon, Pauillac
Château Croizet-Bages, Pauillac
Château Cantemerle, Macau

Graves

Das Anbaugebiet Graves liegt am linken Ufer der Garonne, südlich und westlich der Stadt Bordeaux. Die Anbaufläche ist ca. 2.700 ha groß. Im Unterschied zum Médoc haben hier die Weißweine einen wichtigen Anteil. Sie stammen vorwiegend von der Sauvignon-Blanc- und Semillon-Rebe. In geringen Mengen wird auch Muscadelle angebaut. Die Rotweine – sie machen mehr als die Hälfte der Produktion aus – werden aus den gleichen Trauben (Cabernet Sauvignon, Cabernet Franc, Merlot, Malbec) wie im Médoc gekeltert. Die Appellation Graves Contrôlée können Weiß- und Rotweine führen. Weine mit der Appellation Graves Supérieures müssen mindestens 12 % Alkohol aufweisen; sie haben oft eine Restsüße.

Klassifizierung der Graves-Weine

Außer dem *Château Haut-Brion* wurden bei der Klassifizierung von 1855 keine anderen Gewächse im Graves-Gebiet berücksichtigt. Seit 1959 haben die Châteaux dieser Zone eine eigene Klassifikation. 13 rote und 8 weiße Graves wurden dabei als Crus Classés deklariert. Sie sind alle gleichrangig, auf eine Einstufung in verschiedene Qualitätskategorien wurde verzichtet.

Crus Classés: Rotweine
Château Bouscaut, Cadaujac
Château Haut Bailly, Léognan
Domaine de Chevalier, Léognan
Château Carbonnieux, Léognan
Château de Fieuzal, Léognan
Château Malartic-Lagravière, Léognan
Château Olivier, Léognan
Château La Tour Martillac, Martillac
Château Smith Haut Lafitte, Martillac
Château Haut-Brion, Pessac
Château Pape Clément, Pessac
Château La Mission Haut-Brion, Talence
Château La Tour-Haut-Brion, Talence

Crus Classés: Weißweine
Château Bouscaut, Cadaujac
Domaine de Chevalier, Léognan
Château Carbonnieux, Léognan
Château Malartic-Lagravière, Léognan
Château Olivier, Léognan
Château La Tour Martillac, Martillac
Château Laville-Haut-Brion, Talence
Château Couhins-Lurton, Villenave d'Ornon

St-Emilion und Pomerol

39 km östlich von Bordeaux liegt die mittelalterliche Stadt St-Emilion, nach der das umliegende Weinbaugebiet benannt ist. Die dominierende Rebsorte auf den 5.000 ha Anbaufläche ist Merlot. An zweiter Stelle steht Cabernet Franc – Cabernet Sauvignon spielt hier im Vergleich zum Médoc eine weniger

große Rolle. Alle Gewächse mit der Appellation St-Emilion sind Rotweine. Die Weine aus den Gemeinden Montagne, Puisseguin, Lussac, Parsac und St-Georges – mit etwa 3.000 ha Rebfläche – werden ebenfalls als St-Emilion A.O.C. verkauft. Die meisten großen Weine bringen jedoch die kalkhaltigen Böden in der unmittelbaren Umgebung der Stadt St-Emilion hervor. Im Nordwesten schließt sich Pomerol, das kleinste der A.O.C.-Gebiete des Bordeaux (700 ha), an St-Emilion an. Die Bereiche Lalande und Néac werden in der Appellation Lalande-de-Pomerol zusammengefaßt (die A.O.C. Néac ist heute trotzdem noch erlaubt).

Die Klassifizierung

St-Emilion und Pomerol sind bei der Klassifizierung von 1855 unberücksichtigt geblieben. Im Jahre 1954 erfolgte die offizielle Einstufung der Weine von St-Emilion, die 1985 leicht verändert wurde. Die höchste Qualitätsbezeichnung Premier Grand Cru Classé wurde 11 Gewächsen zuerkannt. Eine Sonderstellung wurde dabei den Spitzenchâteaux *Ausone* und *Cheval Blanc* eingeräumt, sie bilden die Klasse A, während der Rest in Klasse B eingeordnet wurde. Weitere 63 Weingüter wurden als Grand Cru Classé deklariert. Außerdem gibt es noch ca. 100 Grands Crus (ohne den Zusatz Classé), eine Qualitätsbezeichnung, die für jeden Jahrgang neu vergeben wird.
Für die Weine aus dem Pomerol gibt es bis heute keine Klassifizierung. Das berühmteste Weingut dieser Zone ist *Château Pétrus*, einer der teuersten Weine der Welt.

Premiers Grands Crus Classés A
Château Ausone
Château Cheval Blanc

Premier Grands Crus Classés B
Château Beauséjour Duffau-Lagarosse
Château Belair
Château Canon
Château Clos Fourtet
Château Figeac
Château La Gaffelière
Château Magdelaine
Château Pavie
Château Trottevieille

SAUTERNES

40 km südöstlich von Bordeaux liegt das kleine Dorf Sauternes, das durch seine edelsüßen Gewächse weltweit bekannt geworden ist. Außerhalb des Gemeindegebiets von Sauternes werden diese Weine noch in Bommes, Fargues, Preignac und Barsac erzeugt. Letzteres hat eine eigene Appellation. Die Sauternes werden aus den Traubensorten Sauvignon, Semillon und in geringen Anteilen aus Muscadelle gekeltert. Vergleichbar sind diese Gewächse mit einer deutschen Beeren- oder Trockenbeerenauslese. Die Trauben für den Sauternes werden sehr spät gelesen, nämlich erst dann, wenn sie von der Edelfäule befallen sind. Dieser Schimmelpilz (Botrytis cinerea) bewirkt, daß die Beeren schrumpfen und sich der Zuckergehalt entsprechend konzentiert. Der Ertrag ist sehr gering. Das Gesetz erlaubt maximal 25 hl pro Hektar; oft wird jedoch nicht mehr als 9 hl pro Hektar erzielt – das entspricht in etwa einem Glas Wein pro Rebstock. Der führende Hersteller von Sauternes-Weinen ist *Château d'Yquem.* Die Gewächse dieses Hauses wurden bei der Klassifizierung von 1855 als einzige über die Rotweine des Médoc gestellt und als Premier Cru Supérieur deklariert. 11 Gewächse wurden als Premier Cru und 14 als Deuxième Cru klassifiziert.

Klassifizierung

Premier Cru Supérieur
Château d'Yquem, Sauternes

Premiers Crus
Château La Tour Blanche, Bommes
Château Lafaurie-Peyraguey, Bommes
Château Clos Haut-Peyraguey, Bommes
Château de Rayne-Vigneau, Bommes
Château Suduiraut, Preignac
Château Coutet, Barsac
Château Climens, Barsac
Château Guiraud, Sauternes
Château Rieussec, Fargues
Château Rabaud-Promis, Bommes
Château Sigalas-Rabaud, Bommes

Deuxièmes Crus
Château Myrat, Barsac
Château Doisy-Daëne, Barsac
Château Doisy-Dubroca, Barsac
Château Doisy-Védrines, Barsac
Château d'Arche, Sauternes
Château Filhot, Sauternes
Château Broustet, Barsac
Château Nairac, Barsac
Château Caillou, Barsac
Château Suau, Barsac
Château de Malle, Preignac
Château Romer, Fargues
(seit 1977 an Romer-du-Hayot verpachtet und gleich klassifiziert)
Château Romer-du-Hayot, Fargues
Château Lamothe (Despujols), Sauternes
Château Lamothe (Guignard), Sauternes

Rioja

Die wilde und karge, aber stellenweise auch liebliche und sanfte Schönheit der Rioja strahlt eine große Kraft aus. Sie schmeichelt und protzt nicht mit pittoresken Motiven, sondern verführt durch ihre Ruhe und Würde, die aus einer tiefen und doch heiteren Gelassenheit kommt, wie sie Landschaften mit alter Geschichte und Tradition manchmal in sich tragen. Aus dieser kleinen Weinregion im Norden Spaniens kommen die bedeutendsten Rotweine des Landes. Ausgestattet mit modernster Technik haben sich hier große, zum Teil multinationale Bodegas etabliert. Doch die bäuerlichen Strukturen des Rioja sind dabei nicht verloren gegangen. Neben mittleren und kleinen Familienbetrieben mit internationalem Renomee gibt es immer noch viele Weinbauern, die ihren einfachen Wein selbst machen. Sie arbeiten in alter traditioneller Manier. Nicht wenige von ihnen pressen ihre Trauben noch mit den Füßen.

Als ich zum ersten Mal in die Rioja kam und mit einem totalen Blick von oben die Hauptstadt Logroño sah, war ich enttäuscht. Neu gebaute Wohnsilos ragten aus dem Kessel heraus, in dem Logroño liegt. Irgendwo dazwischen würde das Hotel sein, in dem ich wohnen mußte. Und da ich auf meinen vielen Reisen immer wieder feststellte, daß schöne Hotels noch rarer sind als gute Weine, habe ich das Fürchten gelernt. Logroño ist eine expandierende Stadt. Das läßt sich leicht am Umland erkennen. Schnell errichtete, rechteckige Steinklötze, Zweckbauten, wie man solche Kisten nennt, wurden in Wildwucherung einfach in die Landschaft gestellt, dazu ein Gewirr von mächtigen Hochspannungsleitungen als Signale des Fortschritts. Auch im Innern von Logroño sind große Teile der Altstadt einer spekulativen Bauwut zum Opfer gefallen. Stellenweise hat sich dadurch ein reizvolles Nebeneinander von Alt und Neu ergeben, vieles andere ist dabei jedoch schonungslos vernichtet worden. Insgesamt wirkt die Provinzstadt mit nicht viel mehr als 100.000 Einwohnern wie ein entkorkter Champagner oder besser Cava, wie man in Spanien den perlenden Schaumwein nennt. Das vitale und junge Innenleben ist faszinierend und ansteckend. Hier spürt man, vielleicht mehr als in den überfüllten Metropolen Madrid und Barcelona, die Aufbruchstimmung, die heute in Spanien allgemein herrscht. Aber ebenso gibt es Arbeitslosigkeit und Armut, denn Wunder können trotz ihres Jahrhunderte alten Katholizismus auch die Spanier nicht vollbringen.

Schon in den siebziger Jahren gab es in Spanien einen Industrieboom, der die Landflucht zur Folge hatte. In der Rioja verkauften viele Bauern ihre Weinberge und gingen nach Vitoria, Logroño oder Bilbao, um in Fabriken zu arbeiten. Doch als sich bald darauf die Krise in der Industrie einstellte, die bis heute andauert, bereuten es die meisten von ihnen und wären froh, wenn sie wieder zurück aufs Land könnten. Damals, als sie ihren Boden verkauften, hatten sie nicht gewußt, welche Bedeutung die Landwirtschaft und in der Rioja ganz besonders der Weinbau in Zukunft haben würde. Große Firmen dagegen hatten recht gute Vorstellungen von den künftigen wirtschaftlichen Entwicklungen. Sie wußten, daß der EG-Beitritt Spaniens bevorstand und sich für die landwirtschaftlichen Produkte des Landes und insbesondere für die spanischen Weine ganz neue, vielversprechende Märkte öffnen würden. Sie nutzten also die große Gelegenheit und kauften die Weinberge sofort auf. Domecq aus Jerez, einer der größten Sherry- und Branntweinerzeuger der Welt, erwarb über Nacht 1000 ha Rebland von kleinen und kleinsten Bauern. In Elciego, einem Ort mit fast tausend Jahren Geschichte, wo auch Marqués de Riscal, eine der ältesten und traditionellsten Bodegas der Rioja, ihren Sitz hat, setzte Domecq einen nüchternen, phantasielosen Neubau in die herrliche Landschaft, eine Bodega, in der zur Zeit etwa 5 Millionen Flaschen Wein im Jahr erzeugt werden. Von den 1000 ha Rebland wurde nach ein paar Jahren allerdings knapp die Hälfte davon wieder verkauft, denn ganz so schnell, wie man sich die Expansion vorgestellt hatte, lief es dann doch nicht. Dabei konnte das weniger gute Land abgestoßen werden, das man im Erwerbsfieber, ohne sonderlich auf die Qualität des Bodens zu achten, mitgekauft hatte. Eine Bewässerung der Weinberge ist in Spanien generell zwar nicht erlaubt, doch Domecq durfte in der Rioja eine Versuchsanlage errichten. Mit diesem Tropfsystem ist nicht nur die Bewässerung der Reben möglich, sondern auch eine Flüssigdüngung, die in Zukunft an Bedeutung gewinnen wird. Seit 1975 versucht man außerdem, die Guilot-Erziehung der Reben einzuführen, da Domecq mit diesem System höhere Erträge und bessere Qualität zu erreichen glaubt.

Die Erträge in der Rioja Alta und Alavesa sind in der Tat sehr niedrig, stellenweise nur 35 hl pro Hektar. Traditionellerweise wurden die Rebstöcke sehr niedrig gezogen, zudem wachsen die Rebzweige mit dichtem Blattwerk trichterartig nach oben, so daß die einzelnen Stöcke ziemlich viel Platz brauchen und bei der Ernte schwer an die Trauben heranzukommen ist. Durch diese Erziehung sind die Abstände zwischen den Rebstöcken auch so groß, daß meist nicht mehr als drei- bis fünf-

Der überwiegende Teil des Reblandes in der Rioja ist durch jahrhunderte lange Erbteilung in kleine und kleinste Parzellen zersplittert und dadurch oft wenig wirtschaftlich. Doch gerade durch die kleinen Flächen und Mischkulturen erhält die Rioja ihre lebendige Schönheit im Gegensatz zur Eintönigkeit der Monokulturlandschaften.

ELIZALDE

Javier Elizalde, Logroño

Wie war der Anfang in den siebziger Jahren?

Als Domecq in die Rioja kam, gab es ein Problem. Das war die durchschnittliche Größe der Weinberge. Wir mußten versuchen, größere Einheiten herzustellen. Zum Beispiel mußten hundert verschiedene Parzellen gekauft werden, um einen geschlossenen Besitz herzustellen. Um diese vielen Parzellen zu kaufen, benötigte man vor allem Geschwindigkeit. Geschwindigkeit war die direkte Bezahlung. Verhandelt wurde am Vormittag. Am Nachmittag wurde bar bezahlt. Am Abend machte man die Umschreibung beim Notar. Manchmal kam es vor, daß die Umschreibungen in den Notariaten die ganze Nacht durch bis in den Morgen dauerten. Um 1000 ha zu erwerben, mußten wir mit fünftausend Besitzern verhandeln.

Auf dem höchsten Punkt des Hügels, auf dem das traditionelle alte Dorf Elciego erbaut ist, hat Domecq seine Bodega, einen kalten Zweckbau, errichtet.

tausend pro Hektar gepflanzt werden können (im Burgund sind es bis zu zehntausend). Die Guilot-Erziehung, bei der die Reben höher und schlanker gezogen werden, ließe nicht nur mehr Stöcke pro Hektar zu, sondern ermöglichte jederzeit eine maschinelle Ernte. Diesen Aspekt erwähnte Javier Elizalde, der Chef der Handelsabteilung von Domecq, allerdings nicht. Übrigens traf ich dort trotz der 5 Millionen Flaschen – andere große Bodegas der Rioja erzeugen noch mehr – auf sehr gute Weine. Ein Marqués de Arienzo Gran Riserva von 1976 gefiel mir von allen am besten. Ein bemerkenswert eleganter Wein mit feinem Bukett, der zeigt, wie nahe manche Riojas bei bestimmten herausragenden französischen Weinen liegen können.

La Rioja, die Landschaft am Ebro mit seinen sieben Nebenflüssen, ist das bedeutendste Weinbaugebiet im Norden Spaniens. Als ich sie zwischen Logroño und dem viel kleineren Städtchen Haro, 50 km weiter im Westen, auf Feldwegen und kleinen Teerstraßen fahrend für mich erforschte, wuchs meine Zuneigung für diesen Landstrich von Tag zu Tag mehr. Seine wilde, karge und zugleich sanfte, ja stellenweise liebliche Schönheit schmeichelt und protzt nicht, sondern verführt durch ihre Ruhe und Würde, die aus einer tiefen und heiteren Gelassenheit kommt, wie sie Kulturlandschaften mit alter Geschichte und Tradition manchmal in sich tragen. Die alten Dörfer stehen fast immer wehrhaft und malerisch auf der höchsten Erhebung der lang und weit geschwungenen Hänge und Hügel des Ebrotales. Darin gut eingebettet liegen die Rioja Alta und Alavesa, geschützt durch Gebirgsketten im Norden, die zwar einen atlantischen Klimaeinfluß nicht aussschließen, aber viel Regen und kalte Winde abhalten. Auf der Südseite bildet die Sierra de la Demanda mit Bergen über 2000 m Höhe einen Schutzwall gegen zu viel Hitze und Stürme aus der spanischen Hochebene. Der Ebro, der die Rioja vom Nord-Westen nach Süd-Osten durchzieht, sorgt für ein gut ausgeglichenes Mikroklima. Das Weinbaugebiet teilt sich in drei Zonen. Westlich von Logroño liegen die Bereiche Rioja Alta und Rioja Alavesa. Aus diesen beiden Gebieten kommen die besten riojanischen Weine. In der östlich von Logroño liegenden Rioja Baja werden Weine erzeugt, die weniger hochwertig sind, aber wegen ihres hohen Tannin- und Alkoholgehalts viel Körper haben. Sie werden deshalb häufig mit den Weinen der Rioja Alta und Alavesa verschnitten. Der landschaftlich schönste Teil breitet sich in der Rioja Alavesa aus, dem kleinsten der drei Gebiete. Und dort, in der äußersten nordwestlichen Ecke, direkt am Fuße eines pittoresk gezackten Felsmassivs der Sierra de Cantabria, liegt in völliger Stille und Einsamkeit das Weingut La Granja de Remelluri. Das heutige Gutshaus, ein ehemaliges Bauernhaus, das zu einem Kloster ganz oben im Felsmassiv gehörte, war nur noch eine Ruine, als es der

Rodriguez Salis

baskische Unternehmer Jaime Rodriguez Salis aus Irún Anfang der sechziger Jahre kaufte. Es sollte eigentlich nur ein vorübergehender Aufenthaltsort für die Familie sein, weil einer der Söhne ständig Schnupfen und asthmatische Beschwerden hatte und der Arzt meinte, daß ein milderes Klima für ihn besser wäre. „Mein Sohn wurde den Schnupfen und das Asthma los und ich mein Geld", sagt Señor Salis heute. Er ist in Irún, einer Stadt an der französisch-spanisch-baskischen Grenze im Baugewerbe und in der Immobilienbranche tätig und pflegt die Philosophie, daß Arbeiten Spaß und Geld bringen muß.

Im Lauf der Jahre wurde dann die Idee, auf dem Gut auch Wein zu erzeugen, immer konkreter. Es wurde Land dazugekauft, die alten Rebgärten neu bestockt, neben dem Wohnhaus eine Bodega errichtet. Bei den Feldarbeiten stieß man auf eine Totenstadt aus dem Altertum. Genau wie bei Château Ausone in Saint-Emilion sind die Gräber oder Sarkophage aus den Felsplatten herausgemeißelt. Das Anwesen liegt 500 m hoch, die Reben wachsen bis in 700 m Höhe. Das bedeutet gute Säure und feine Bukettstoffe für die Trauben, die oft erst Mitte November geerntet werden und bisher nur einen Weintyp ergeben, der für mich aber einer der besten Riojas ist. Der Weinkeller wurde, wie alles hier, mit großem Stilgefühl und Geschmack erbaut. Vergoren wird in temperaturgesteuerten Stahltanks, zwischengelagert und verschnitten in alten Holzbottichen. Danach reift der Reserva in den Barriques, die teils aus amerikanischer, teils aus französischer Eiche gemacht sind. Nach dem Abfüllen auf die Flasche bleibt der Wein mindestens noch ein Jahr liegen, bis er auf den Markt kommt. Man kann zwar keine Regel daraus machen, daß die Schönheit eines Anwesens über die Qualität eines Weines etwas aussagt, doch bei Remelluri trifft es in seltener Harmonie zusammen. Das Haus, die Bodega, der Wein und die Familie wirken wie ein Gesamtkunstwerk, das mit Esprit, Bescheidenheit und Lebenslust täglich neu geschaffen wird. Nirgendwo in der Rioja habe ich so gut gegessen wie hier. Die Familie züchtet Gemüse und Obst im eigenen Garten. Die Gerichte sind von souveräner Einfachheit. Die Weine der verschiedenen Jahrgänge haben einen erkennbaren Stil. Sie sind nie wuchtig, aber gut strukturiert, mit feinem, fruchtigem Bukett, elegantem Vanilleton vom Holz, im Charakter deutlich mit französischer Note. Der für den Weinkeller verantwortliche Sohn hat in Frankreich Weinbau studiert. Seine Verbindungen zum Bordelais sind noch immer sehr eng. Die ganze Familie Salis ist in ihrer Wesensart städtisch, weltoffen. Ohne Zweifel wirken sich diese Aspekte auf die Art des Weines aus. Hinter vielen Weinen der Rioja steht noch eine stark bäurisch geprägte Tradition. So fehlt ihnen die letzte Finesse, wie sie zum Beispiel manche Médoc-Weine haben. Zudem besteht durch die Vielzahl großer Bodegas die

Jaime und Hernandorena Rodriguez Salis, La Granja de Remelluri

Auf was führen Sie den Charakter Ihres Weins zurück?

Auf den atlantischen Klimaeinfluß. Die Rioja ist eine Region, die auf 100 km zwei Klimazonen hat. Die eine ist mediterran und beginnt zwanzig km weiter im Süden, da ist eine andere Vegetation mit Olivenbäumen, hier dagegen haben wir atlantisches Klima. Unsere Weine gleichen mehr denen aus dem Bordeaux als die aus dem Süden, denn wir haben reichlich Säure, und damit kann der Wein sehr gut altern, genauso wie die Weine vom Bordeaux. Wir machen heute etwa 450.000 Flaschen pro Jahr. Ist die Nachfrage höher, gibt es eben nichts mehr, denn mehr wollen wir nicht machen. Das ist unsere Philosophie.

Inmitten der Weinberge liegt in klösterlicher Stille und Einsamkeit das Wohnhaus La Granja de Remelluri.

Gefahr einer Uniformierung der Weine. Letzteres hängt sicher auch mit einer seltsamen Gesetzgebung zusammen. Sie erlegte zum Beispiel Señor Salis zu Anfang seiner Weinmacherkarriere auf, ein Minimum von 500.000 l im Jahr zu produzieren, sonst dürfte er nicht den Namen Rioja-Wein verwenden. Daraufhin stellte Salis, der ursprünglich in viel bescheideneren Dimensionen arbeiten wollte, eine Statistik von allen französischen Châteaux im Bordelais auf und wies nach, daß 80 % von ihnen nach diesem Maßstab nicht existieren würden. Zudem mußte er, um exportieren zu dürfen, dem Verband der Exporteure beitreten und dafür eine hohe Summe bezahlen. Ein anderer Paragraph des Gesetzes schreibt vor, daß eine Bodega mindestens 500 barricas haben müsse. Auch diese Vorschrift macht eine Vielfalt der Weinszene, wie sie beispielsweise im Bordelais und viel mehr noch im Burgund herrscht, unmöglich. Viele bedeutende Weinerzeuger im Burgund haben oft nicht mehr als dreißig bis vierzig kleine Eichenfässer. Von einem berühmten Wein wie dem Romanée-Conti gibt es pro Jahr durchschnittlich nur 7.000 Flaschen, das ist der Inhalt von etwa 23 kleinen Eichenfässern. Warum man den Bodegas solch gewaltige Mengenvorschriften macht, hat Señor Salis auch nie begriffen, vermutet aber, daß es wohl an den Kontrollen läge. Eine große Bodega ist leichter zu kontrollieren als fünfzig kleine Winzer, von denen jeder vielleicht nur 20.000 Flaschen Wein im Jahr erzeugt. Ein höchst seltsames Prinzip, das wenig geeignet ist, die Qualität und die Kreativität der Weinmacher zu fördern. Die barricas bordelesas mit den 225 l Inhalt sind in der Rioja gesetzlich vorgeschrieben, bestehen jedoch in der Mehrzahl aus amerikanischer Eiche, die billiger und nicht so fein wie die französische ist. Der Wein wird in diesem Holz etwas rustikaler, gröber. Inzwischen allerdings werden bei den besseren Produkten zunehmend mehr französische Barriques eingesetzt, dagegen hat sich die Methode, jeden Jahrgang in neue Fässer zu füllen, in der Rioja noch nicht durchgesetzt. Es gibt nur dann neue Fässer, wenn sie ersetzt werden müssen, im übrigen wird der Ausbau des Weines mit fünf- bis zwanzigjährigen und älteren Fässern gemacht.

Gonzalez Byass, ein anderer Sherry-Gigant aus Jerez de la Frontera, kaufte 1982 die Bodega Beronia auf. Das Gebäude steht einsam mitten in der Landschaft und sieht aus wie eine dieser Kisten, von denen ich anfangs gesprochen habe. Diese Bodega ist in ihrem Erscheinungsbild das extreme Gegenteil von der Granja de Remelluri, und würde ich vom Ambiente auf den Wein schließen, erwartete ich von ihr nur Schrott. Ich kann also nicht sagen, daß ich mich auf die bevorstehende Weinprobe besonders gefreut hätte. Doch schon der Weißwein, den ich im nüchternen Labor der Bodega verkostete, ließ mich die geschmacklose Umgebung vergessen. Es handelt sich um einen fruchtigen, säurebetonten und gut strukturierten Weißwein, der nur im Abgang etwas schwach war, ansonsten aber zu den interessantesten Weißweinen gehört, die ich in der Rioja kennengelernt habe. Auch die drei Rotweine, die ich verkostet habe, vom Jahrgang '85 ein Crianza, ein Reserva von '81 und ein Gran Reserva von '75, sind herausragende Weine, die einen ausgesprochen noblen Eindruck machen. Den Gran Reserva kann man ohne Einschränkung als einen großen Wein bezeichnen. Er ist ein Verschnitt aus Tempranillo, der Hauptrebsorte der Rioja, Mazuelo, Graciano – eine Traube, die feine Säure und Aroma bringt –, etwas Garnacha, um den Alkoholgehalt zu erhöhen, und einem sehr geringen Anteil von der weißen Viura-Traube, der dem Wein einen besonderen Charakter verleiht. Der Alkoholgehalt wird mit 12,5 % Vol. angegeben. Der Gran Reserva war 48 Monate in den barricas und reifte sieben Jahre auf der Flasche. Beronia selbst hat kaum eigenes Rebland, bloß 6,5 ha, von denen nur 2 % der benötigten Trauben für die Gesamtproduktion kommen. Der Rest stammt von ca. hundert verschiedenen Winzern aus einem Umkreis von 10 km, im Bereich der Rioja Alta. Zur Zeit lagern bei Beronia 1.500.000 Flaschen.

Auf La Granja de Remelluri wird der Wein in temperaturgesteuerten Edelstahltanks vergoren und in den alten Eichenholzbehältern, nach dem Ausbau in Barriques, zwischengelagert. Doch einige Weinmacher der Rioja und mehr noch die des Bordelais und Burgund benutzen die Holzbotticche nach wir vor auch für den Gärprozeß und glauben, daß der Wein dadurch besser wird. Objektive Beweise dafür gibt es nicht.

Bei den meisten der vielen Bodegas, die ich besuchte, war der Wille zur Qualität zu spüren, wenn sie nicht ohnehin bereits in überzeugender Weise vorhanden war. Manche sind aber auch der Meinung, sie würden jetzt schon den besten Wein der Welt machen. Mit dieser Annahme befinden sie sich jedoch mit Sicherheit in einer Sackgasse.

Die Weinmacher der Rioja, die einen etwas größeren Weitblick haben, wissen, welcher Konkurrenz sie in Europa gegenüberstehen, und unternehmen schon heute alles, um bei diesem Konzert der europäischen Weine ganz vorne mitzuspielen. Ich habe hier viele herausragende und einige wahrhaft große Weine kennengelernt. Aber sie können auch ein sehr aufdringliches, dick-fruchtiges Bukett haben, oft etwas süßlich, wie ein zu lautes Parfum. Mehrmals ist mir passiert, daß ich beim Trinken (nicht Verkosten) von Riojas nach zwei Gläsern genug hatte. Wahrscheinlich weil mir Duft und Aromastoffe zu intensiv waren. Wenn ein Wein im Duft und Geschmack zu sehr füllt, animiert mich das nicht zum Weitertrinken. Ein solcher Wein macht mich zu schnell satt, und ich nehme an, daß es auch anderen Weinliebhabern so ergehen kann. Bei großen genauso wie bei guten, einfachen Weinen ist das Moment der Verführung zum Trinken aber ein ganz wichtiger Bestandteil der Lust und des Vergnügens, die sie bereiten sollen. Der letzte Schliff, die Vielfalt der Nuancen, fehlt einem Teil der Rioja-Weine noch.

Bei der Bodega Muga in Haro, einer der traditionellsten und schönsten der Region, deren Weine ebenfalls zu den herausragenden Erzeugnissen gehören, hatte ich die Gelegenheit, einen 85er Rioja zu probieren. Ein Teil davon war in einem Barrique aus amerikanischer Eiche herangereift, der andere zum Vergleich dazu in einem aus französischer Limousin-Eiche. Es zeigte sich, daß derselbe Wein völlig unterschiedlich weit entwikkelt war. Der aus der amerikanischen Eiche schmeckte gröber, rauher, fleischiger, mit mehr junger Frucht, der aus der Limousin-Eiche feiner, finessenreicher und strukturierter, einfach weiter entwickelt und raffinierter. Der Unterschied rührt daher, daß die Limousin-Eiche nicht nur poröser ist als die amerikanische, sondern auch die feineren Tannine hat. Dadurch altert der Wein schneller und bekommt die größere Eleganz. Eine gute, luftgetrocknete Limousin-Eiche ist aber auch wesentlich teurer als die amerikanische. Die barricas, die nach einem Gebrauch von etwa zwölf Jahren bei Muga ausgedient haben, werden in der eigenen Faßmacherei laufend ersetzt. Daß in der Rioja die klassischen Bordeaux-Fässer gesetzlich vorgeschrieben sind, hängt mit dem großen Einfluß zusammen, den die Franzosen einmal hatten. Diese waren in der zweiten Hälfte des vorigen Jahrhunderts, als die Reblaus in Frankreich verheerende Schäden angerichtet hatte, überwiegend aus dem Bordelais hierhergekommen, denn die Rioja wurde erst später, um die Jahrhundertwende, von der Reblaus getroffen. Sie errichteten entweder eigene Bodegas oder kauften in großem Umfang Wein und brachten ihn nach Frankreich, wo er als französischer Wein verkauft wurde. Dies verlieh der hiesigen Weinszene einen gewaltigen Aufschwung, der Ende des 19. Jahrhunderts noch einmal einen Schub dadurch bekam, daß die kleine Stadt Haro — das Weinzentrum der Rioja — an die Bahnlinie nach Bilbao angeschlossen wurde. Damit war die Verbindung zum Hafen von Bilbao hergestellt, so daß nun Märkte in der ganzen Welt beliefert werden konnten. Die Bodegas, die im Zuge dieser Expansion entstanden, errichteten ihre Gebäude rund um den neuen Bahnhof. Deswegen stehen heute noch viele berühmte Bodegas von Haro dicht gedrängt nebeneinander: Lopez de Heredia, C.V.N.E., La Rioja Alta, Bilbainas, Rioja Santiago und eben Muga. Die schlanken, bukettreichen Weine von Muga werden noch in alten Holzbottichen vergoren. Danach kommen sie wie alle Rioja-Weine in die barricas, wo sie, je nachdem ob sie als Crianza, Reserva oder Gran Reserva ausgebaut werden, unterschiedlich lang reifen müssen. Drei- bis viermal im Monat werden sie ohne Pumpen von Hand umgezogen. Vor der Abfüllung in die Flasche wird die Schönung des Weins mit frischem Eiweiß gemacht. Das Eiweiß hat drei Funktionen: Erstens soll es die schwebenden Teilchen und Körper binden, die der Wein in Ruhestellung

Durch Schönung mit Eiweiß wird der Wein geklärt und stabilisiert. Die vorhandenen Trubstoffe werden beseitigt, und der Wein bekommt eine lebendige und leuchtende Farbe. Zur Schönung müssen Eigelb und Eiweiß von vielen hundert Eiern getrennt werden.

Unter den wilden, armen Gestalten der Zigeuner begegnet man Gesichtern, wie sie Francisco Goya auf vielen seiner Gemälde und Zeichnungen dargestellt hat. Diese Menschen, deren Emotionen blitzartig von aufgeschlossener Herzlichkeit in Aggression umschlagen können, sind in fast mystischer Weise identisch mit der harten, majestätisch weiten Landschaft und den widerborstigen Weinstöcken, die — ganz im Gegensatz zum armen, steinigen Lehmkalkboden, auf dem sie stehen — saftige, pralle Früchte tragen.

Zigeuner in den Weinfeldern von Viñedos del Contino bei der Weinernte. Es ist immer die gleiche Gruppe von Zigeunern, die jedes Jahr von Contino engagiert wird. Sie arbeiten im Akkord. Die Weinernte ist ihre Haupteinnahmequelle, den Rest des Jahres sammeln sie Altpapier und Schrott.

Das Ernten ist eine schwere Arbeit, denn die Rebstöcke sind niedrig gezogen, außerdem läßt man viel Laub an den Stöcken, um die Trauben vor der sengenden Sonne zu schützen. Entsprechend schwer ist es, an sie heranzukommen.

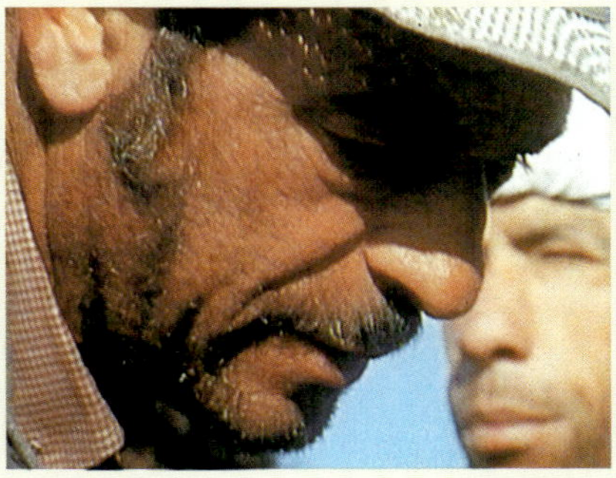

In manchen Jahren trocknet der Boden in der Rioja Alavesa fast wüstenartig aus, da er sehr durchlässig ist und nur wenig Wasser speichern kann. In heißen Jahren sind Trockenschäden nicht selten. Der arme, sehr steinige Boden zwingt die Reben, tief zu wurzeln. "Nur ein leidender Rebstock", sagt man, "bringt gute Trauben."

MUGA

Isaac Muga, Haro

Heute besteht die Tendenz, die Weine leichter zu machen.
Das ist richtig. Es besteht die Tendenz, den Reifungsprozeß der Weine zu beschleunigen, indem die Faßlagerung verkürzt und durch die Lagerung in der Flasche ersetzt wird. Ich bin nicht für diese Entwicklung. Unsere Kellerei wird weiterhin fortfahren, die Weine so zu machen, wie sie immer schon gemacht wurden. Wir müssen fortfahren, wir selbst zu sein, mit unseren Charakteristika. Ich glaube, daß wir dann eine beeindruckende Zukunft haben werden.

hat. Zweitens ist Eiweiß in der Lage, zuviel Härte, die der Wein möglicherweise vom Holz angenommen hat, zu mildern. Und drittens bekommt der Wein durch das Eiweiß eine lebendige, leuchtende Farbe.

Señor Muga ist der Ansicht, daß die großen Rioja-Weine erst nach zwölf bis fünfzehn Jahren, vom Zeitpunkt der Ernte an, die richtige Reife zum Trinken haben. Natürlich können sie darüber hinaus noch weitaus älter werden. „Wein braucht Zeit“, sagt er. „Wenn man ein Huhn schnell aufzieht, ist es wertlos. Wenn es eineinhalb bis zwei Jahre aufwächst, hat es Substanz. Das gleiche gilt für die Weine. Sie brauchen Zeit, Zeit und nochmals Zeit. Man muß die Weine reifen lassen, und das kann man nicht beschleunigen.“ Aus der Viura-Traube, der klassischen Rebsorte für die Weißweine der Rioja, macht Muga pro Jahr ca. 40.000 Flaschen trockenen Schaumwein nach der Champagnermethode. Ein sehr bekömmlicher, erfrischender, fein-fruchtiger Cava. Muga ist eine Bodega mit einer besonderen Wärme. Man spürt in diesem Haus die lange, handwerkliche Tradition, die reelle, seriöse Arbeit, die geleistet wird, und hinter all dem den lebenslustigen, passionierten Weinmacher Muga, der sich mit Haut und Haaren mit seinem Wein und seinem Land identifiziert. Ihn stört es auch nicht, wenn in Zukunft vielleicht noch mehr multinationale Konzerne in die Rioja kommen, weil sie das große Geschäft wittern. Vorerst, sagt er, sei das Land noch immer sehr klein parzelliert und zum größten Teil in der Hand von etwa 20.000 Winzern. Die Erfahrungen der Vergangenheit haben allerdings gelehrt, daß dies für große Konzerne kein Hindernis ist, sich zu plazieren. Da jedoch in den letzten zwei Jahren der Traubenpreis um ein Vielfaches gestiegen ist, hat zur Zeit kaum ein Weinbauer Interesse am Verkauf seines Landes. Inzwischen haben auch sie verstanden, daß ihr Rebboden ihr größter Schatz ist.

Hoch über dem Ebro, in La Puebla de Labarca, einem Dorf mit nicht mehr als 1.000 Einwohnern, gibt es 250 Bodegas, die hier nur einfachste Weinkeller sind. In beinahe jedem der kleinen Häuser stehen Weinpressen und Gärbottiche. Einige Winzer machen den Rotwein noch nach alter, traditioneller Riojaner Methode. Die Trauben werden so, wie sie aus den Rebgärten kommen, in offene Zementbehälter gekippt, wo dann der Most, der durch das Eigengewicht der Masse ausgepreßt wird, mit den Schalen zu gären beginnt. Es ist eine ähnliche Vergärungsmethode, wie sie in Frankreich hauptsächlich im Beaujolais angewendet wird. Dort nennt man sie macération carbonique. Anschließend wird die Maische noch einmal gepreßt, was bei einigen Winzern noch mit den Füßen geschieht. Eine ziemlich mühsame und anstrengende Arbeit, denn es dauert drei bis vier Stunden, bis der Inhalt eines Betonbehälters mit den Füßen gepreßt ist. Außerdem ist dieses Traubentreten nicht ungefährlich. Bei der Gärung entwickelt sich nämlich Kohlendioxyd (CO_2), ein Gas, das für den Menschen tödlich ist. Manch einer ist bei dieser Arbeit schon ums Leben gekommen, weil nicht rechtzeitig frische Luft zugeführt wurde. So wird das Traubenpressen in dieser Form bald nicht mehr gemacht werden, denn immer weniger Leute sind dazu bereit. Wegen der gestiegenen Traubenpreise verkaufen die kleinen Bauern ihre Ernte ohnehin lieber an die meistbietende Bodega, weil sie damit ihr Geld leichter verdienen als mit Wein, den sie selber machen. Ein Kleinunternehmer am Ort, der eigene Weinberge hat und von den Bauern noch Trauben dazukauft, lud mich ein, seine Weine zu probieren. Er ist dabei, sich auf die EG einzustellen, und möchte ins große Geschäft kommen. Moderne Weinetiketten hat er bereits entwerfen lassen, inspiriert durch die italienische Etikettenkunst. Er hat genau begriffen, worauf es dabei ankommt. Das Label muß edel, seriös, sachlich, modern wirken und einen wertvollen Wein signalisieren. Leider standen die beiden Weine, die ich dann verkostet habe, sehr im Gegensatz zur geplanten Aufmachung. Sie gehörten zu der weit verbreiteten Art von Wein, bei der selbst der geringste Betrag, den man dafür anlegt, eine Fehlinvestition ist.

Noch bis 1981 konnten in der Rioja die verschiedenen Jahrgänge untereinander verschnitten werden. Das heißt, ein guter wurde mit einem schlechten zu einem ausgeglichenen mittelmäßigen gemixt und umgekehrt. Diese fragwürdige Methode wurde durch ein Gesetz 1981 unterbunden. Heute dürfen nur noch 15 % aus einem anderen Jahrgang beigemischt werden. Im übrigen ist das Weingesetz in der Rioja sehr streng. Ein sehr angenehmer und marktfreundlicher Aspekt der Rioja-Weine ist auch, daß sie praktisch trinkfertig auf den Markt

Alte mechanische Handpressen werden noch vielfach verwendet. Die schonende Behandlung der Trauben durch diese Pressen ist für die Qualität eines Weines sehr wichtig.

In manchen Dörfern der Rioja werden die Trauben noch mit den Füßen gepreßt, eine schwere und nicht ganz ungefährliche Arbeit. Durch den Gärprozeß der Trauben entsteht geruchloses Kohlendioxyd, das für den Menschen tödlich ist.

kommen. Sobald sie die Bodega verlassen, haben sie einen Reifegrad erreicht, der es dem Konsumenten gestattet, die Flasche jederzeit zu öffnen. Er muß also nicht, wie im Bordelais und im Burgund, den Wein erst zehn oder zwanzig Jahre lang in seinem Keller aufbewahren, bevor er ihn trinken kann.
Bei Martinez Bujanda in Oyón, einer Bodega, die mit modernster Technik arbeitet und ausgezeichnete Weine erzeugt, sind in der ebenerdigen Halle 8.000 barricas gestapelt. In ihnen reifen die Crianzas, Reservas und Gran Reservas. Bujanda ist ein Familienbetrieb von mittlerer Größe, der etwa eineinhalb Millionen Flaschen ständig auf Lager hat. Eine große Bodega, wie beispielsweise Federico Paternina, verfügt zum Vergleich über annähernd 50.000 barricas und lagert über sechs Millionen Flaschen. Bei Bujanda habe ich einen Versuchswein verkostet, der später vielleicht einmal auf den Markt kommen wird. Es war ein Verschnitt von Cabernet Sauvignon und Tempranillo zu gleichen Teilen vom Jahrgang 1986, der nur sieben Monate in Barriques aus amerikanischer Eiche ausgebaut wurde. Dieser Wein gefiel mir außerordentlich gut. Er war reich und tief, mit raffinierten Duftnoten, bissig, fleischig und kernig, aber auch elegant und nuanciert. Die Bujandas machen auch frische, fruchtige und leichte Weine nach dem Verfahren der Kohlensäure-Mazeration, das man ja hauptsächlich im Beaujolais anwendet. Weil wir gerade beim Beaujolais sind, das erst kürzlich seinen Skandal durch übermäßiges Chaptalisieren der Weine hatte — in der Rioja ist das Aufzuckern der Weine nicht erlaubt.

Die Geschichte der modernen, eigenständigen Rioja-Weine ist noch jung. Bis 1975 wurden 73 % in Tankwagen exportiert. Heute sind es nur noch 17 %. Durch aufwendige Werbekampagnen, die teilweise auch vom Staat unterstützt werden, konnten die Rioja-Weine ihren Platz unter den Qualitätsweinen vergrößern. Durch den EG-Anschluß Spaniens ist ihnen eine glänzende Zukunft sicher, da sie — zur Zeit wenigstens noch — im Preis-Leistungs-Verhältnis kaum von französischen oder italienischen Weinen vergleichbarer Qualität zu schlagen sind. Bei C.V.N.E. (Compañia Vincola del Norte de Espagña) in Haro, unmittelbar gegenüber von Muga, wird beispielsweise ein leichter, eleganter Rotwein, der Cune Rioja Clarete, erzeugt. Ein großer Renner in Spanien. Er hat feine Frucht, aber auch Biß. Der diskrete Holz- und Vanilleton verleiht ihm eine gewisse Noblesse. Der Clarete wird zu einem Preis verkauft, für den es meines Wissens in Europa nichts Vergleichbares gibt. Cune gehört zu den interessantesten Bodegas der Rioja. Der Name bildete sich im Laufe der Jahre aus den Anfangsbuchstaben C.V.N.E. nach der Gründung 1879, wobei das V als U gelesen wurde. Im Vergleich zu den großen Bodegas erzeugt Cune nur wenig Wein, zwischen 35.000

Diese Weinpresse ist eine der ältesten der Rioja. Sie wird bei Murrieta nicht aus weinromantischen Motiven benutzt, sondern weil man der Auffassung ist, daß sie die Trauben am schonendsten preßt. Diese Methode ist sehr personal- und arbeitsaufwendig. Nach dem Preßvorgang muß der Tresterkuchen von Hand aus der Presse geräumt werden.

Drei bis vier Leute sind mit dem Entleeren und Säubern der Presse gut zwei Stunden beschäftigt.

Rotwein wird mit den Schalen vergoren. Da der sogenannte Maischehut in den Behältern immer oben schwimmt, muß der Wein täglich aus dem unteren Teil des Tanks nach oben gepumpt werden, damit er immer wieder in Berührung mit den Beerenhäuten kommt. Bei Marqués de Murrieta geschieht die Weinerzeugung noch in artisanaler Form.

Wenn der Rotwein vergoren ist und lange genug auf der Maische gelegen hat, wird er aus dem Tank gepumpt. Anschließend wird die Maische aus dem Betontank geschaufelt und in die alte Holzpresse gefüllt.

und 40.000 hl pro Jahr. Davon sind immerhin ca. 11.000 bis 15.000 hl Weißwein, für die Rioja ein sehr hoher Anteil. Ungemein bekannt und beliebt in Spanien ist der Monopole von Cune. Etwa eine Million Flaschen werden von diesem Weißwein erzeugt, der zu 80 % aus Viura- und zu 20 % aus Malvasia-Trauben besteht. Er reift ein Jahr in barricas und ein Jahr im Tank. Der Holzton gibt ihm eine elegante Note, ohne Frucht und Frische zu beeinträchtigen. Gelegentlich fiel mir auf, daß der Wein bald nach dem Öffnen der Flasche etwas instabil wurde. Ein wenig mehr Säure würde ihm sicher nicht schaden. Die herausragenden Rotweine dieser Bodega sind Viña Real und Imperial. Der erste wird in Burgunder- der zweite in Bordeauxflaschen gefüllt. Der Viña Real enthält häufig mehr von den aromatischen, intensiv duftenden Alavesa-Trauben, wie sie auch beim Pinot Noir der Burgunder üblich sind. Beim Imperial, der in schlechten Jahren nicht erzeugt wird, überwiegen dagegen Trauben aus der Rioja Alta, die im Prinzip mehr Säure und Tannin haben und dadurch auch älter werden können. So ist der '70er Jahrgang ein Wein, der das Attribut "groß" ohne Einschränkung verdient. Doch auch ein Viña Real von 1973 zeigt, daß diese Weine hervorragend altern können. Cune ist noch beteiligt an einem zweiten kleinen Unternehmen, das sich Viñedos del Contino nennt und im Gebiet der Alavesa 52 ha eigenes Rebland besitzt.

Von den Eigenschaften, die man im allgemeinen Alavesa-Weinen zuschreibt, läßt sich bei den Weinen von Contino nichts finden. Vielmehr erinnerten mich die besten Jahrgänge an bestimmte Weine des Médoc. Ihre Farbe ist dunkelrot bis schwarz, das Bukett schwer, sinnlich und mit satter Frucht. Sie sind fleischig, körperreich und von wilder Kraft, die bei den besten Jahrgängen elegant gebändigt wurde. Der Wein wird jeweils zur Hälfte in barricas aus amerikanischer beziehungsweise französischer Eiche ausgebaut. Beim Verkosten fiel mir auf, daß die Jahrgänge '74, '75, '76 und '78 mit denen aus den achtziger Jahren nicht vergleichbar waren. Sie hatten alle weniger Körper, waren flacher und enttäuschten durch weniger Charakter. Tatsächlich waren diese Jahrgänge noch bei Cune in Haro fermentiert und bei Contino nur ausgebaut worden. Nun wird vom ersten bis zum letzten Schritt alles bei Contino gemacht. Das herrlich gelegene, alte Landhaus, das von Weingärten umgeben ist, wurde sorgfältig und mit großem Geschmack restauriert und im Arbeitsbereich mit modernster Vinifikationstechnik ausgerüstet. Mit dem Erfolg, daß der Unterschied zwischen den Weinen der siebziger und achtziger Jahre geradezu phänomenal ist. Ganz besonders verliebt habe ich mich in die Jahrgänge 1980 und '81, von denen leider nur noch einige Flaschen für den privaten Bedarf der Bodega übrig waren. 1987 hat Contino 200.000 Flaschen erzeugt, in den nächsten Jahren soll die Produktion auf 360.000 Flaschen gesteigert werden. Im Ausland begegnet man diesen Weinen bisher kaum, und in Spanien finden sie so reißenden Absatz, daß sie schon kurz nach ihrem Erscheinen auf dem Markt ausverkauft sind. Ich kann nur hoffen, daß durch die große Nachfrage und die Produktionssteigerung die Weine ihren großzügigen reichen und noblen Charakter behalten und nicht zu braven Qualitätsweinen degradiert werden. Überhaupt würde ich mir wünschen, daß viele Übel, die anderswo herrschen, von der Rioja und den Riojanern fern gehalten werden könnten. Trotz Expansion und dem Eindringen großer Konzerne gibt es noch viele verborgene, wundersam stille, weltferne Plätze.

In einem Ort wie San Vicente della Sonsierra kann man sich weit in die Zeit bis hin zum Mittelalter zurückversetzt fühlen. Rund um einen steilen, kegelförmigen Hügel ducken sich die Häuser des Dorfes, über denen martialisch auf dem höchsten Punkt eine alte Burg und die mächtige Kirche thronen. In der Karwoche ziehen Männer einer religiösen Vereinigung von San Vicente della Sonsierra durch den Ort, über den steilen Hang hinauf zur Kirche. Ihre Gesichter sind unter spitzen Kapuzen, wie sie der Ku-Klux-Klan trägt, verborgen. Mit Peitschen schlagen sie sich den eigenen Rücken blutig. Im heutigen Spanien sicher ein Anachronismus, eine Reminiszenz aus dunklen Zeiten christlichen Fanatismus mit der Gewalt und Schreckensherrschaft der Inquisition. Im obersten Teil des Hügels von San Vicente della Sonsierra sprießen überall schmale Kamine hervor. Es sind die Lüftungsschächte von vielen kleinen Weinkellern der Bauern, die unter Burg und Kirche das Erdreich ausgehöhlt haben, um hier ihren Wein zu lagern. Kirche und Burg stehen also schon ein wenig auf "tönernen Füßen", sind von der Basis her ausgehöhlt. In einem Restaurant des Ortes bestellte ich mir die in der Rioja obligaten Lammkoteletts. Sie werden auf einem kleinen Rost serviert, unter dem sich eine Schale mit der Glut von Rebzweigen befindet. Auf diese Weise bleiben sie warm und erhalten noch etwas von dem speziellen Aroma, das dieses Holz an die Lammkoteletts abgibt. Die Küche der Rioja ist bäuerlich einfach. Manchmal zu einfach und einfallslos. Wirklich gut gegessen habe ich in keinem der vielen Restaurants, die ich besuchte. Das ist eigentlich erstaunlich, denn in Logroño gibt es eine Vielzahl von Kochenthusiasten, die sich in zahlreichen Clubs zusammengeschlossen haben. Diese Clubs bestehen nur aus Männern, und nur Männer haben dazu auch Zutritt. Die Frauen bleiben ausgeschlossen. Die Herren treffen sich am Abend in den Club-Räumen, wo sie ungemein lustvoll aufkochen, essen und gute Weine trinken. Wenn sie zu Hause auch so gut kochen, sind ihre Frauen durchaus beneidenswert. In der Rioja habe ich wieder gelernt, was Zeit ist. Wer nicht mehr Herr über seine Zeit, seinen Lebensrhythmus ist, sondern nur noch von der Zeit, die andere diktieren, getrieben wird, ist wie der Wein oder

Im obersten Teil des Hügels von San Vicente della Sonsierra, auf dem Burg und Kirche stehen, sprießen überall schmale Kamine hervor. Es sind die Lüftungsschächte von vielen kleinen Weinkellern der Bauern, die unter Burg und Kirche das Erdreich ausgehöhlt haben, um hier ihren Wein zu lagern.

das Huhn, von dem Señor Muga sprach, nur noch ein Ersatz für das Echte. Einer, der vor einigen Jahren einen radikalen Eingriff in seine Lebensgewohnheiten gewagt hat, ist Vicente Cebrian Sagarriga, Graf von Creixell, ein erfolgreicher Manager aus der Medienbranche. Als er hörte, daß die traditionsreiche Bodega Marqués de Murrieta zum Verkauf stand, traf er blitzartig die Entscheidung, diesen Besitz zu erwerben. Nun hat sein Leben einen völlig anderen Rhythmus, einen anderen Zeittakt bekommen. Marqués de Murrieta ist eine Bodega, die zum Nachdenken über den Zeitbegriff herausfordert. Nicht nur weil diese Bodega eine lange, traditionelle Geschichte hat, sondern auch, weil heute noch bei der Erzeugung des Weines Methoden angewendet werden, die "zeitraubend" sind, dafür aber Ergebnisse hervorbringen, die es verdienen, daß man ihnen Aufmerksamkeit und Zeit widmet.

Als Luciano de Murrieta im Jahre 1872 das Landgut Ygay kaufte, war er Adjutant des berühmten Riojaner Generals Baldomero Espartero. Nach einer militärischen Niederlage mußten beide aus Spanien fliehen und gingen für einige Zeit nach London ins Exil. Die Vorliebe des englischen Adels und der reichen Bourgeoisie für exquisite Weine brachte den Marqués de Murrieta auf die Idee, nach seiner Rückkehr in die Rioja, eine eigene Bodega zu gründen und die noch unbekannten Rioja-Weine nach England zu exportieren. Das erklärt auch, warum heute noch 80 % der Weine von Murrieta nach England verkauft werden. Zum Gut Ygay gehören 296 ha Land. Davon werden zur Zeit etwa 170 ha für den Weinbau genutzt. Da man sich in den nächsten Jahren aber von allen Traubenlieferanten völlig unabhängig machen will, werden noch neue Weinberge angelegt. Als Experiment wird auch Cabernet Sauvignon angepflanzt. Bei Murrieta wird Zeit nicht mit der wirtschaftlichen Vorstellung von immer mehr Geschwindigkeit gleichgesetzt. Die Weinpresse, in die bei meinem Besuch gerade die weißen Trauben gefüllt wurden, ist über 100 Jahre alt und braucht ein Vielfaches der Zeit von modernen Pressen. Doch gerade dadurch preßt sie die Trauben besonders schonend, weshalb Graf Creixell sich entschlossen hat, dieses alte System zu behalten. Marqués de Murrieta ist für mich zur Zeit die einzige Bodega in der Rioja, die Weißweine von gleich hohem Niveau von Rotweinen erzeugt. Es gibt in Europa nicht viele Weinproduzenten, von denen man das sagen kann. Bei einem '84er Weißwein von Murrieta, der zur Zeit meines Besuches gerade auf den Markt gebracht wurde, hatte ich beim Probieren spontan den Eindruck, es würde sich um einen Chardonnay handeln. Doch erntete ich dafür nur entzücktes und triumphierendes Lachen, denn tatsächlich war es ein Weißwein, der zu 100 % aus der Viura-Traube gewonnen wurde und insgesamt vier Jahre Ausbauzeit in Tanks und barricas hatte. Die Viura-Traube ist, zumin-

CEBRIAN SAGARRIGA

Vicente Cebrian Sagarriga Graf von Creixell, Marqués de Murrieta

Ich habe den Eindruck, daß zur Zeit in Spanien eine große Expansion stattfindet. Wie sehen Sie dies?

Wegen unserer politischen Probleme hatten wir früher auf dem europäischen Markt keinen Erfolg. Ich glaube aber, daß es für die spanischen Weine in Europa große Möglichkeiten gibt. Spanien durchlebt gerade einen historischen Moment: die Anerkennung unserer Qualitätsprodukte auf dem internationalen Markt.

Sie arbeiten noch nach den alten Methoden, haben zum Beispiel noch Holzpressen. Warum?

Ich habe 1983 Murrieta gekauft. Zwei Jahre lang habe ich die verschiedenen Herstellungsverfahren bei der Weinbearbeitung studiert, um zu sehen, ob das eine oder andere verändert werden sollte.

Ich bin zu dem Schluß gekommen, daß das Verfahren, das hier immer schon angewandt wurde, ein sehr gutes Resultat erzielt. Ich möchte einen Vergleich mit der Küche bringen. Das in Spanien sehr populäre Gericht "Il Cocido" kann man heute in Töpfen in einer Viertelstunde kochen. Es schmeckt nicht schlecht, ist aber nicht zu vergleichen mit einem "Cocido", das vier bis fünf Stunden gekocht wurde.

dest so, wie sie heute noch in den meisten spanischen Weißweinen erscheint, keine besonders ausdrucksvolle Rebsorte. Es fehlt ihr größtenteils an Rückgrat, Säure und charaktervollen Aromen. In den meisten Fällen kommt ein angenehm frischer, junger, zartfruchtiger Wein zustande, doch ohne besonders herausragende oder hochwertige Eigenschaften. Einige Weißweine von Cune und auch der neu entwickelte von Beronia bilden die Ausnahmen. Der von Marqués de Murrieta indessen ist ein erlesener Weißwein, der in der Tat einem Chardonnay nicht unähnlich ist, einen sehr fein-fruchtigen, buttrigen Geschmack hat, dazu jugendlich und trotzdem ausgereift, elegant, körpervoll und nobel auftritt. Es ist phänomenal, was aus einer eher harmlosen und relativ ausdruckslosen Rebsorte gewonnen werden kann, wenn ihre offensichtlich verborgenen Qualitäten entdeckt und gefördert werden. Ein Weißwein von 1962 von Murrieta hat mir auch jeden Zweifel genommen, daß Weine aus der Viura-Traube aufgrund ihrer relativ niedrigen Säure schlecht altern könnten. Ganz im Gegenteil. Diesen 62er muß man zu den großen Weißweinen der Welt zählen.

Die alten Weine sind ein besonderes Steckenpferd von Marqués de Murrieta, das auch der neue Besitzer mit viel Sachverstand und Gefühl weiterpflegt und mit Stolz vorführt. Im sogenannten "cementerio", dem Friedhof — so nennt man in Spanien die Schatzkammer, in der alte Weine aufbewahrt werden —, sind Weine von 1877 bis 1935 gelagert. Was danach kommt, gilt schon als jung. Alle dreißig bis vierzig Jahre müssen die Flaschen umgekorkt werden, da die alten Korken meist so geschrumpft sind, daß Sauerstoff eintreten könnte. Ich hatte das Glück, Zeuge dieses diffizilen und seltenen Vorgangs zu sein. Don Alfonso, der Mann, der schon Jahrzehnte unter der Familie Murrieta den Wein der Bodega gemacht hat, hatte diese Methode bei einem Besuch im Château Lafite im Médoc kennen-

Nagelneue Korken mit dem Datum von 1917. Wenn bei Marqués de Murrieta sehr alte Weine umgekorkt werden, ist auf dem Korken der Ursprungsjahrgang des Weines eingebrannt und zusätzlich das Jahr, in dem er umgekorkt wurde.

Im Cementerio — dem Friedhof, wie man in Spanien die Schatzkammer nennt — werden bei Murrieta kostbare alte Weine aufbewahrt. Alle 30 bis 40 Jahre müssen die Flaschen umgekorkt werden, da durch das Schrumpfen der Korken sonst Sauerstoff eintreten könnte.

gelernt und wendet sie seitdem ebenfalls an. Es ist eine komplizierte und langwierige Arbeit, die viel Konzentration erfordert. Während meiner Anwesenheit zersprangen zwei Flaschen. Eine beim Öffnen mit dem Spezialkorkenzieher, die andere beim Wiederverkorken mit der Handmaschine.

Im Jahr 1988 wurden alte Weine von Marqués de Murrieta neben großen Weinen aus Saint-Emilion, dem Médoc und Burgund bei Sotheby's in London zu hohen Preisen versteigert. Es war für mich Ehre und Vergnügen zugleich, bei Murrieta Weine von 1917, 1936, 1968 und weiter bis heute zu verkosten. Bei einem Wein aus meinem Geburtsjahr feierte ich eine Art Kommunion mit der Zeit. Aber über dieses ganz persönliche Gefühl hinaus stellte es auch die Begegnung mit einem Jahrgang dar, der Spanien und Deutschland in schmerzlicher Form verbindet. Es war das Jahr des Spanischen Bürgerkrieges, in dem die deutsche Legion Condor den spanischen Faschisten hilfreich zur Seite stand. Und ich kann mich noch gut an meine beklemmenden Gefühle erinnern, als ich 1970 illegal in Spanien einen dokumentarischen Film drehte, bei dem mir Studenten der Universität von Madrid mit Verbindungen zu der sozialistischen Arbeiterbewegung "Commissiones Obreras" halfen. Als Franco ein neues Krankenhaus einweihte, drehte ich unauffällig aus der Entfernung. Polizei und Militär hatten ringsum alles abgeriegelt, auf den Dächern der umliegenden Häuser lagen Scharfschützen in Stellung, dann fuhren nach langem Warten zwei gleichartige, schwarze Rolls Royce vor, damit ein möglicher Attentäter nicht sofort wußte, in welchem Wagen Franco saß. Schließlich stieg der kleine, mächtige Mann in weißer Marineuniform aus dem zweiten Rolls Royce, winkte einmal kurz den Schaulustigen zu und verschwand. Trotz aller Vorsicht hatte einer der Polizisten meine heimliche Filmerei entdeckt und wollte meine Kamera beschlagnahmen. Durch die geistesgegenwärtige Gewandtheit meines perfekt spanisch sprechenden Assistenten konnte das verhindert werden. Die niederdrückende Atmosphäre im damaligen Spanien, von der die Urlauber an den Stränden wenig merkten, ist nach dem Tode von Franco und dem Sieg der neuen Kräfte einer freien, lebendigen, vitalen Atmosphäre gewichen, in der alles möglich ist, wie Vicente Graf von Creixell meint. Und wenn alles möglich ist, dann gelingt es den Spaniern vielleicht auch, etwas anderes als die Kopie einer entseelten Wohlstandsgesellschaft zu werden. In Barcelona oder Madrid wird so ein Gedanke nicht aufkommen. An manchen Plätzen der Rioja aber ergibt er sich zwanglos. Die Rioja erscheint mir wie eine kleine Oase der Vergangenheit, die zwar von den "Errungenschaften" der Gegenwart schon gezeichnet ist, in der dennoch Wertvolles aufbewahrt wird, was wir "draußen" schon lange verloren haben.

Rioja

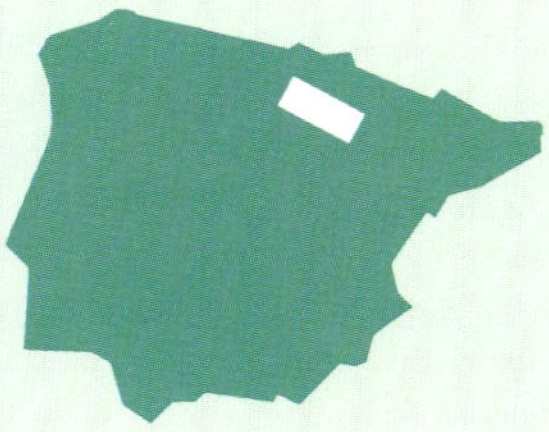

Etwa 100 km südlich von Bilbao, zwischen Burgos und Pamplona, liegt das bedeutendste Weinbaugebiet Spaniens, die Rioja. Sie ist vor allem wegen ihrer Rotweine bekannt geworden. Die Weinberge nehmen eine Fläche von rund 40.000 ha ein. Das Anbaugebiet umfaßt die Provinzen La Rioja, Alava und Navarra. Die Rebgärten liegen entlang des Ebro-Flusses, der den westlichen Teil des Weinbaugebietes in Rioja Alta und Rioja Alavesa teilt. Östlich von Logroño schließt sich der dritte Bereich, die Rioja Baja, an. Sie ist tiefer gelegen und bringt weniger hochwertige Weine hervor.

Die Rebsorten

In der Rioja sind sieben Rebsorten erlaubt. Die blauen sind Tempranillo, Garnacha Tinta, Mazuelo, Graciano; die weißen sind Viura, Malvasia und Garnacha Blanca. Tempranillo ist die typische blaue Rebe der Rioja. Sie hat mit 38,5 % den größten Anteil und wird hauptsächlich in der Rioja Alta und Rioja Alavesa angebaut. Dann folgen die Garnacha mit 32,5 % und die Viura mit 19,3 %. Die Weißweine werden vor allem aus der Viura-Traube erzeugt, mit oder ohne Zusatz von Malvasia und Garnacha Blanca. Die Rotweine der Rioja sind meist ein Verschnitt aus 3 bis 4 Traubensorten, sie beinhalten in der Regel auch einen geringen Anteil der weißen

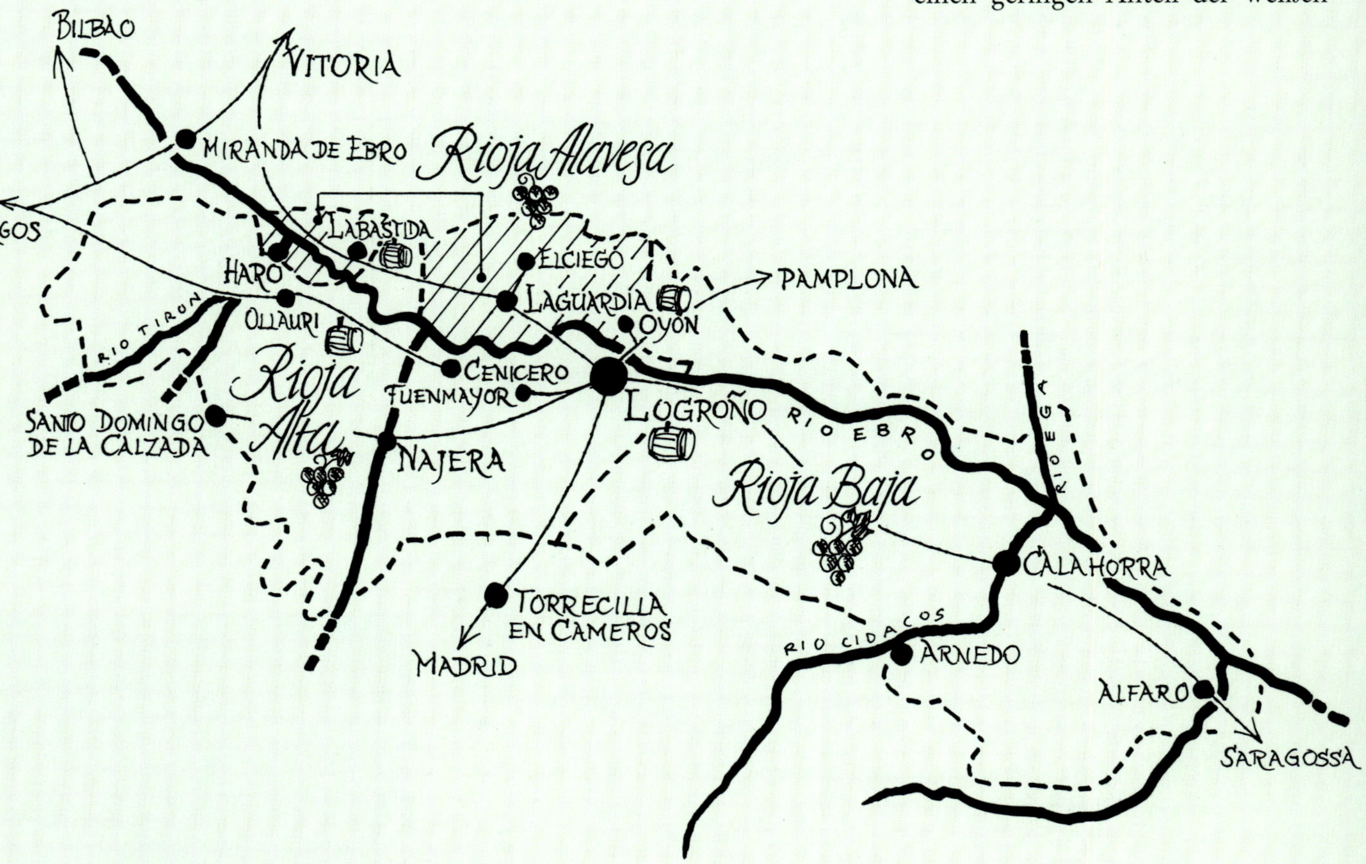

Viura-Traube. Die einfacheren Weine haben mehr Garnacha; diese Rebe wird vorwiegend in der Rioja Baja kultiviert. Die Weine gehobener Qualität bestehen hauptsächlich aus Tempranillo und kommen aus der Rioja Alta und Rioja Alavesa.

Denominación de Origen

Weine mit der kontrollierten Herkunftsbezeichnung müssen bestimmte gesetzliche Vorschriften erfüllen. Ähnlich wie in Frankreich sind Anbaugebiet, Anbauverfahren, Rebschnitt, Traubensorten, Hektarhöchstertrag (42 hl für die Rotweine und 63 hl für die Weißen), Weinbereitung, Ausbau des Weins und Mindestalkoholgehalt vorgeschrieben. Das Kontrollorgan, das Herkunft und Qualität der Weine überwacht, ist der Consejo Regulador. Die Rioja hat als erstes Weinbaugebiet Spaniens die Denominacion de Origen zugesprochen bekommen.

Die Qualitätsstufen

Die Qualitätsstufe ist bei den spanischen Weinen auf dem Rückenetikett oder einer Halsbanderole angegeben.

Vino sin crianza: Bei vielen vinos sin crianza (crianza heißt Ausbau) ist auf der Rückseite der Flasche nur der Jahrgang angegeben. Weine dieser Kategorie sind durch die unterschiedliche Farbe des Rückenetiketts optisch leicht zu erkennen: die Karte, auf der das Weinbaugebiet der Rioja abgebildet ist, liegt bei diesen Weinen auf gelbem Hintergrund, während bei den anderen Qualitätsstufen der Hintergrund rot ist. Zu den sin crianzas zählt auch der vino de cosechero. Ein sin crianza mit den Buchstaben c.v.c. auf dem Rückenetikett (conjunto de varias cosechas) ist ein Jahrgangsverschnitt, das heißt eine Mischung aus verschiedenen Jahrgängen.

Vino de crianza: Diese Weine müssen zwei Jahre alt sein und mindestens ein Jahr im Holzfaß (Eichenfaß zu 225 l) ausgebaut worden sein. Für Weißweine und Rosés dieser Kategorie genügt ein halbes Jahr Faßlagerung.
Reserva: Reserva-Weine müssen drei Jahre gelagert worden sein, davon mindestens ein Jahr im Holzfaß und die restliche Zeit in der Flasche oder im Tank. Für Weißweine und Rosés gelten zwei Jahre, davon mindestens ein halbes Jahr im Faß.
Gran Reserva: Weine dieser Kategorie kommen erst auf den Markt, wenn sie fünf Jahre alt sind. Sie müssen mindestens zwei Jahre im Faß und weitere drei Jahre in der Flasche oder im Tank gelagert worden sein.

Bodegas

Bodega heißt Weinkeller und ist in Spanien die Bezeichnung für Kellereien oder Weinfirmen.
Bodegas, bei denen ich interessante bis herausragende Weine verkostet habe: Marqués de Murrieta, Logroño; Viñedos del Contino, Laserna; La Granja de Remelluri, Labastida; Bodegas C.V.N.E., Haro; Bodegas Muga, Haro; Bodegas Beronia, Ollauri; Bodegas Martinez Bujanda, Oyón; Marqués de Cáceres, Cenicero; Bodegas Domecq, El Ciego; Marqués de Riscal, Cenicero; R. López de Heredia, Haro; Bodegas Faustino Martinez, Oyón; Bodegas La Rioja Alta, Haro; Bodegas Petralanda, Fuenmayor; Bodegas Lan, Fuenmayor.

Natürlich konnte ich nicht alle Bodegas besuchen. Es handelt sich deshalb um eine rein subjektive und keineswegs repräsentative Auswahl.

Jerez

Im Sherry-Dreieck zwischen Jerez de la Frontera, Puerto de Santa Maria und Sanlúcar de Barrameda, hat die Landschaft Andalusiens viele Gesichter. Fruchtbares, umgepflügtes Land, so weit das Auge reicht. Auf sanft geschwungenen Hügeln mit weißem Kalkboden Rebland mit vielen hunderttausend kurzgeschnittenen Rebstöcken der Sorten Palomino und Pedro Ximénez, aus deren Trauben der Sherry erzeugt wird. Bei Sanlúcar de Barrameda, dem Zentrum der Manzanilla, wo der Guadalquivir in den Atlantik mündet, wird das Land flach wie ein gehobeltes Brett. Von hier aus starteten einst Columbus und Magellan zur Entdeckung neuer Welten und Meere. Andalusien, das ist Afrika und Europa. Das ist die Vereinigung von Orient und Okzident, eine Synthese aus vielen Völkern und Kulturen, aus Islam und Christentum, orientalischer Mystik und europäischer Aufklärung. Eine Art universeller Geist, der Andalusien in einzigartiger Weise prägt.

Bevor ich nach Jerez de la Frontera in Andalusien kam, hatte ich wenig Erfahrung mit Sherry. Als Aperitif trinke ich gelegentlich einen trockenen Fino, sehr selten dagegen ein Gläschen von den süßen Variationen, die weniger mein Geschmack sind. Doch dann lernte ich in einer Art Intensivkurs mit Hilfe kompetenter "Lehrer" in wenigen Wochen einiges dazu. Jetzt weiß ich zum Beispiel, daß alle Sherry-Typen zunächst trokken ausgebaut und in Spanien auch so getrunken werden. Nur für den Export werden sie süß verschnitten, weil es die Verbraucher so wünschen. Und ein altes Marktgesetz sagt, daß der Verbraucher immer das bekommt, was er verdient. Ich hatte das Glück, in Jerez von einem Mann in die Welt des Sherry eingeführt zu werden, der zwar ein offizieller Interessenvertreter der Bodegas ist, aber schon nach unserer ersten Begegnung begriffen hatte, daß ich an glatten PR-Begegnungen und -Aussagen nicht interessiert war. Wir verstanden uns schnell und entwickelten bei ungezählten Finos und köstlichen Tapas eine aufrichtige Sympathie füreinander. Ich wußte gar nicht, wie viele Gläschen Fino ich vertragen kann, ohne den klaren Kopf zu verlieren. Zu Hause reicht mir ein Glas von diesem trockenen Sherry. Mehr wäre bereits zuviel. In Jerez habe ich an manchen Tagen zehn bis zwanzig Gläschen geleert und mich dabei ausgesprochen wohl gefühlt. Ja, ich muß gestehen, daß ich auf den Fino geradezu süchtig wurde, nachdem mir eines Abends in der privaten Bodega eines Apothekers von Jerez ein Fino aus dem Faß kredenzt worden war, wie ich ihn noch nie zuvor getrunken hatte. Aber davon später.

Durch meinen Betreuer, Bartolo Vergara, lernte ich den Verkaufsmanager von Lustau, einer alten, mittelgroßen Bodega in Jerez, kennen. Manolo Grimaldi ist nicht nur ein exzellenter Kenner der Sherry-Szene, sondern auch ein glänzender Gitarrenspieler und Flamenco-Spezialist mit reichem Wissen über die Geschichte Andalusiens. Ich befand mich also in besten Händen und erinnere mich noch heute gerne an unsere Spaziergänge durch die verborgensten Winkel seiner Geburtsstadt Jerez, an seine mit Ausdauer und überzeugender Heiterkeit vorgetragenen Gedanken zur Lebensphilosophie der Andalusier — die darin besteht, im Hier und Heute zu leben und nicht auf eine Zukunft hin, die der Mensch nicht kennen kann — und an die köstlich frischen Finos, die wir auf unseren ausgedehnten Wegen durch das Sherry-Dreieck Jerez — Puerto de Santa Maria — Sanlúcar de Barrameda getrunken haben. Mit Leben in der Gegenwart meinte er natürlich nicht ein kurzatmiges Konsumentenglück, aus der Angst geboren, das Leben oder das, was man dafür hält, zu verpassen. Die Andalusier haben nie gegen ihre Eroberer gekämpft. Sie haben sie erduldet und absorbiert. Unter der jahrhundertelangen Fremdherrschaft von Griechen, Phöniziern, Römern, Westgoten und Mauren sind sie zu Fatalisten geworden. »Que ser«, wer weiß was morgen sein wird, deshalb laßt uns heute noch ein Fest feiern. Mit meinem Tempo, das ich in erster Linie aus finanziellen Gründen bei der Arbeit einhalten muß, stieß ich in Jerez zwar nicht auf Widerstand, aber häufig ins Leere. Die stundenlange Mittagszeit ist heilig, da geht nichts, und dazwischen liegen überall einladende Bars, wo man im Stehen etwas Stärkendes zu sich nehmen kann. Es muß ja nicht immer ein Fino sein. Als ich nach meinen Recherchen mit dem Filmteam wieder nach Jerez kam, konnte ich mein bereits absolviertes Training in Sachen Fatalismus und Gelassenheit gut gebrauchen, denn das unerwartet regnerische, sonnenlose Wetter erforderte ein Höchstmaß an Geduld und Ausdauer. Nur immer für kurze Momente erschien das scharfe, plastische Licht des Südens, ohne das die andalusische Landschaft und Architektur ihre faszinierende Erscheinung nicht zur Entfaltung bringen kann. Doch irgendwie schafften wir es immer wieder, im richtigen Moment an der richtigen Stelle zu sein.

Das Stadtbild von Jerez ist durch die Architektur der Bodegas geprägt. Hier sind die Giganten der Sherry-Branche *Sandeman, Garvey, Croft, John Harvey, González Byass* und *Pedro Domecq* zu Hause, um nur einige der größten zu nennen. Die Uhren von Jerez gehen nach dem Takt dieser riesigen Bodegas, die durch den Einfluß der Engländer ihre Bedeutung und Größe bekamen. Nur durch die Märkte des Empire wurde Jerez weltweit bekannt. Denn Jerez, das ist Sherry. Das Wort Sherry haben die Engländer geprägt, weil sie Jerez nicht aussprechen konnten – oder wollten. Einer der Ältesten und Größten unter den Giganten, Pedro Domecq, mit dem das Schicksal der

Zwischen den Hängen, auf denen die Trauben für den Sherry-Wein wachsen, liegen riesige Felder, auf denen andere landwirtschaftliche Produkte angebaut werden. Jetzt im Herbst sind sie abgeerntet und umgepflügt und stehen wirkungsvoll im Kontrast zu den weißen kalkhaltigen Böden der Hügel.

Die Kathedrale von Jerez, die Stadt des Sherry und des Flamenco.

Mitten in Jerez zeigt eine mit Weintrauben und -blättern verzierte Standuhr die Zeit mit dem Namen Pedro Domecq an.

Stadt Jerez schon seit Jahrhunderten verbunden ist, zeigt sogar mit seinem Namen, was die Stunde schlägt. An einem der verkehrsreichen, zentralen Plätze von Jerez steht in der Mitte eine alte, gußeiserne Säule, an deren Ende eine Uhr angebracht ist. Das Zifferblatt zeigt die Stunden nicht in Zahlen an, sondern mit den Buchstaben des Namens Pedro Domecq. Ausgedehnte Gebäudekomplexe nehmen große Flächen inmitten der Stadt ein. In ihnen lagern viele tausend Sherry-Fässer. Prachtvolle Paläste der Familie Domecq stehen im Zentrum. Insgesamt arbeiten in den Bodegas von Jerez etwa 3.300 Leute, davon 600 bei Domecq. Dieser riesige Familienclan umfaßt etwa dreihundert Mitglieder, fünfzehn davon arbeiten aktiv in den Bodegas. 64 % der Aktien sind auf mehr als zwanzig Familienmitglieder verteilt. Die restlichen 36 % sind in der Hand englischer Multis. Die Größe des Landbesitzes der Domecqs allein im Sherry-Dreieck hat fürstliche Dimensionen. Der Sherry, die Landwirtschaft und die Zucht edler Pferde und Kampfstiere sind die drei Säulen des Domecq-Imperiums, das natürlich noch in vielen anderen Branchen sein Kapital gestreut hat.

Auf einem riesigen Landgut, eine gute Autostunde von Jerez entfernt, widmet sich Alvaro Domecq, der früher ein bekannter "Rejoneador", ein Stierkämpfer zu Pferd, war, der Aufzucht von Pferden und Kampfstieren. „Alles in Jerez", sagt er, „von der Sherry-Produktion bis zur Stier- und Pferdezucht, beruht auf einer sehr alten Tradition. Deswegen kann sich auch niemand von heute auf morgen in diesem Bereich betätigen beziehungsweise Unternehmen gründen. Es ist ein großes, stilles, lange ruhendes Kapital ohne die Garantie, daß aus den Pferden oder den Stieren etwas wird." Auf Los Alburejos zeigt Alvaro Domecq heute noch seine Künste als Stierkämpfer. Dabei prüft er, auf herrlichen Pferden reitend, die er in unglaublich artistischer Manier beherrscht, die Qualität und den Kampfgeist der jungen Stiere. Ist ein Tier angriffslustig, wird aus ihm ein Kampfstier, der im Alter von fünf Jahren 1 Million Peseten wert ist. Die Unkämpferischen werden groß gezogen und dann an den Schlachthof verkauft. Wer einmal erlebt hat, wie tief verwurzelt die Beziehung der Andalusier zu Pferden und Stieren ist, kann sich leicht ein differenziertes Bild über Herkunft und Bedeutung des Stierkampfes in Spanien machen.

Zurück nach Jerez, in die Bodegas von Domecq. In einem einzigen der vielen Hallenkomplexe inmitten der Stadt sind über 60.000 Sherry-Fässer gelagert. Eine Reihe davon sind ein paar hundert Jahre alt. Diese Fässer tragen die Namen von Berühmtheiten und Herrschern der Welt: spanische Könige, Napoleon, Wellington, Flemming, Primo de Rivera, Umberto II., König von Italien, und natürlich auch Francisco Franco, in memoriam des spanischen

Anna Barilla, eine der besten Flamencotänzerinnen von Jerez, probt mit ihrem Bruder, dem Gitarristen, und einem Flamencosänger im Ballettsaal der Fundacion de Flamenco in Jerez.

Faschismus. Von den Kathedralen von Jerez, wie man die Bodegas hier nennt, ist die Mezquita von Domecq eine der größten. Sie wurde so genannt, weil sie der berühmten ehemaligen Moschee und heutigen Kathedrale von Cordoba nachempfunden ist. Eine Kathedrale nicht zum Ruhme Gottes, sondern für 48.000 Fässer, in denen ausschließlich Sherry Fino heranreift. Der Fino ist das Rückgrat und die Basis der Bodegas von Jerez und Puerto de Santa Maria. Es ist der leichteste aller Sherries und einem trockenen Weißwein am ähnlichsten. Danach kommen die viel mächtigeren likörartigen Sherry-Typen wie Amontillado, Palo Cortado, Oloroso und die Vielzahl von Verschnitten, die alle mehr oder weniger süß sind, wie es hauptsächlich dem Geschmack der Engländer entspricht.

Um mich in die Geheimnisse der Sherry-Kultur einzuweihen, baute Manolo Grimaldi in einer der Bodegas von Lustau, die gegenüber Domecq vergleichsweise winzig ist, die gesamte Sherry-Kollektion des Hauses vor mir auf. Ich sollte die Möglichkeit haben, alle wichtigen Sherry-Typen verschiedenen Alters und verschiedener Herkunft zu verkosten und miteinander zu vergleichen. Um die Unterschiede und Qualitäten beurteilen zu können, braucht man natürlich eine lange Erfahrung. Doch dank meines guten »Lehrers« ist es mir relativ schnell gelungen, sie in den Grundzügen wenigstens erkennen zu können. Das Geruchs- und Geschmackserlebnis vom grünlich strohfarbenen, frisch-duftigen Fino über den bernsteinfarbenen Amontillado mit intensivem Bukett zum sattbraunen Oloroso und dem fast schwarzen, süßen Pedro Ximénez ist wahrhaft überwältigend. Als Weinliebhaber hatte es mir natürlich in erster Linie der trockene Fino angetan. Was wir in Deutschland in der Regel als solchen kennen, gleichgültig, von welcher Bodega er kommt, hat leider nur noch wenig mit dem Fino zu tun, den man in Jerez trinkt. Das hängt damit zusammen, daß er, einmal auf Flaschen gezogen, aufgrund seiner Instabilität nicht lange lagern kann. Auch das Reisen liebt er nicht. Jeder Transport weg von seinem Ursprungsort verändert ihn. Schon in Sevilla ist er nicht mehr derselbe wie in Jerez. Sobald er sein Mikroklima verläßt beziehungsweise längere Zeit in der Flasche ist, beginnt er zu oxydieren, verliert seine wunderbare Leichtigkeit, wird schwerer und wuchtiger. Dieses Problem betrifft aber nur den Fino, nicht die anderen Sherry-Typen, die allesamt schwerer und höher im Alkohol sind. Wenn eine Flasche Fino einmal geöffnet ist, sollte sie so rasch wie möglich getrunken werden. Ich verstehe deshalb nicht, warum der deutsche Markt beispielsweise die in Spanien längst üblichen halben Flaschen nicht annehmen will. Lustau ist eine Bodega, die sich ganz besonders den Sherries der Almacenistas widmet. Diese waren bis zu Beginn unseres Jahrhunderts die Seele des Sherry-

Sherry-Verkostung in der Bodega Lustau, die sich ganz besonders mit den Almacenistas verbunden fühlt. Im Hintergrund der Verkaufsmanager der Bodega, Manolo Grimaldi, ein exzellenter Sherrykenner, Flamenco-Spezialist und ausgezeichneter Gitarrenspieler.

Geschäfts. Heute wie damals sind Almacenistas, zu deutsch Lagerhalter, Leute, die Sherry vorwiegend im Nebenerwerb ausbauen. Vielfach nur zum eigenen Vergnügen. Sie dürfen nur ein paar Hundert Fässer besitzen, und meist wurden Weine und Fässer von einer Generation auf die andere vererbt. So war bei den Almacenistas immer ein Stock alter und edler Sherries vorhanden, die von den großen Unternehmen zum Aufbessern ihrer eigenen Weine gekauft wurden. Doch vor etwa dreißig Jahren wurden die Almacenistas zu mächtig und diktierten den Händlern und den kommerziellen Bodegas die Preise. Händler und Exporteure, meist große Unternehmen, reagierten darauf, indem sie den Ausbau des Sherry selbst übernahmen, was bei der riesigen Menge von Fässern, die plötzlich notwendig wurde, einschließlich der Hallen für ihre Lagerung, große Investitionen erforderte. Dies ist auch eine der Ursachen für die gewaltige räumliche Ausdehnung der Bodegas von Jerez, Puerto de Santa Maria und Sanlúcar de Barrameda. Unter den Produkten, die ich von einigen Almacenistas verkostete, waren so exquisite, fein strukturierte, im Bukett ungeheuer nobel und dezent auftretende Sherries, daß ich zum ersten Mal in meinem Leben Lust bekam, mir eine kleine Sammlung anzulegen, denn diese schönen Amontillados, Olorosos oder Palo Cortados, die allesamt natürlich trocken waren, werden ja im Laufe der Zeit immer besser.

Anschließend nahm mich Manolo zu einem Almacenista mit, von dem er ein Faß seines besonders guten Amontillados zu kaufen hoffte. Señor Fontádez Florido, den ich eingangs schon erwähnte, ist ein sehr wohlhabender Apotheker in Jerez. Zu seinem Privatvergnügen hat er zwei Bodegas. In der kleineren, gleich hinter der Apotheke, stehen nicht mehr als zehn Fässer mit uralten, erlesenen Sherries. In der anderen Bodega, die sich in einer wunderbaren Ecke von Jerez befindet, nicht weit von Santiago, dem Viertel der Zigeuner und der Hochburg des Flamenco, sind etwa 250 Fässer gelagert. In den meisten reift ein besonders guter, bekömmlicher Fino, von dem ich an diesem langen Abend eine beachtliche Menge genoß, ohne es hinterher bereut zu haben. Dieser Fino ist ein gänzlich unkommerzielles Produkt: eine einzigartige Duft- und Geschmacksmischung aus Limetten, Kamille, Hefe und dem Wein der Palomino-Traube. Er bleibt ungefiltert und fast unbehandelt, wird nicht in Flaschen abgefüllt und ist nicht transportfähig. Besonders auffallend war seine außerordentliche Bekömmlichkeit. Obwohl auch er einen Alkoholgehalt von 15 bis 15,5 % Vol. hat beziehungsweise haben muß, konnte ich, der ich kein Trinker von großen Mengen bin, mit Manolo und den anderen mithalten. Ich empfand ihn sogar als sehr magenfreundlich. Der Apotheker erklärte mir, warum dieser Fino, der unter der Bezeichnung "Fino en Rama" bekannt ist,

DOMECQ

José Ignacio Domecq, Jerez

Warum sind Ihrer Meinung nach die Engländer diejenigen, die vom Wein am meisten verstehen?
Weil sie selbst so gut wie keinen Wein erzeugen, sind sie darauf angewiesen, aus allen Weinländern der Welt zu importieren, und auf diese Weise zu großen Weinkennern geworden. In Spanien, Italien, Deutschland und besonders in Frankreich verstehen sie viel von ihrem eigenen Wein, aber nicht von Weinen anderer Länder. Ich nenne deshalb England immer die "Universität" des Weins.

Alle Sherrysorten werden in der Hauptsache aus Palomino-Trauben und in geringerem Ausmaß aus Pedro Ximénez-Trauben erzeugt. Sie wachsen im Sherry-Dreieck unter atlantischem Klimaeinfluß.

Der Grundbesitz von Domecq ist riesig und auf viele Weingüter verteilt. Dieses steht inmitten der Spitzenlage Macharnudo.

Auf den Grenzsteinen der Weingüter stehen die Namen der Rebgärten und die Anzahl der Rebstöcke. Hier sind es 79.200.

Die Mezquita von Domecq, in der 48.000 Sherryfässer lagern. Sie ist der berühmten Moschee und heutigen Kathedrale von Cordoba nachempfunden.

weniger Nebenwirkungen zeige als kommerzialisierter Wein. Letzterem müsse man unter anderem das Potasium Bitartrat entziehen, eine Substanz, die in der Pharmazie für verdauungsfördernde Mittel benutzt wird. Leider kann man diesen Fino, den ich inzwischen sehr vermisse, bloß beim Apotheker in Jerez trinken, und auch nur dann, wenn man dazu eingeladen wird. Manolo bekam übrigens sein Faß Amontillado.

Was ich am darauffolgenden Tag bei *González Byass* — neben *Domecq* einer der größten Bodegas — sah, waren allerdings nicht die Halluzinationen eines Alkoholikers. Trotzdem sah ich Mäuse. Zwar keine weißen Mäuse, dafür entzückende, kleine graue Mäuse, die vorsichtig hinter Fässern hervorlugten, das Terrain sondierten und wenn ihnen alles geheuer schien, blitzartig auf ein kleines Sherry-Glas zuflitzten, das winzige Leiterchen hochkletterten, das am Glas angelehnt war, und einen "zügigen Schluck" vom kräftig alkoholhaltigen Rosinensaft aus dem Glas nahmen. Diese Zirkusnummer, während der man still und regungslos bleiben muß, damit die Mäuse nicht sofort wieder verschwinden, wird manchen Besuchern gerne als besondere Attraktion vorgeführt. González Byass ist eine spanisch-englische Bodega, die 1835 von González gegründet wurde. Byass kam 35 Jahre später dazu. Erst vor ein paar Monaten hat González die Aktien von Byass wieder zurückgekauft, angeblich um sie im Familienbesitz zu halten. González Byass kontrolliert etwa 2.000 ha Land, davon sind 1.000 ha im eigenen Besitz (Zum Vergleich: Das gesamte Weingebiet der Wachau umfaßt 1.350 ha). In den verschiedenen Hallen lagern ungefähr 180.000 Fässer der üblichen Sherry-Größe von 500 l pro Faß. Sie sind aus amerikanischer Eiche gemacht, die in Stämmen eingeführt und in Jerez zu Fässern verarbeitet wird. So ein Faß, in dem Sherry reift, wird nie bewegt. Es kann 200 Jahre und länger verwendet werden. Die alten Sherry-

In dieser kleinen Bodega treffen sich fast jeden Abend die Freunde des Besitzers zum Domino-Spielen. Señor Florido ist ein reicher Apotheker in Jerez. Zu seinem Privatvergnügen unterhält er diesen Weinkeller, in dem etwa 250 Fässer mit köstlichem Sherry lagern. Señor Florido bezeichnet man als einen Almacenista, zu deutsch Lagerhalter. Das sind Leute, die im Nebenerwerb Sherry ausbauen.

Fässer, die früher auch aus Kastanien- oder Kirschholz waren, sind sehr begehrt. In Schottland werden sie für das Reifen von Whisky benutzt, in Italien auch für die Grappa. Der Fino muß kühl gelagert werden und braucht viel Feuchtigkeit, während dem Amontillado höhere Temperaturen nicht schaden. Auch der Oloroso kann ohne weiteres Hitze vertragen und deshalb sogar im Freien gelagert werden.

Alle Sherry-Arten entstehen aus Weinen der Palomino- und Pedro-Ximénez-Trauben. Der Grundwein wird ganz normal wie jeder andere Weißwein gekeltert. Nach einer gewissen Entwicklungszeit, in der Regel im Dezember, entscheiden die Kellermeister, welche Weine für den Ausbau des Fino geeignet sind und welche sich zum Oloroso entwickeln sollen. Das Geheimnis des Fino ist der sogenannte Flor, eine Hefebakterienschicht, die sich nach der Vergärung des Mostes spontan auf der Oberfläche des jungen Weines bildet. Unter dieser isolierenden Schicht, die den Wein vor Oxydation schützt, findet die biologische Reifung des Fino statt. Die Florhefe nährt sich vom Wein, aber nur bei einem Alkoholgehalt von 15,5 % Vol. Deshalb muß der Wein gespritet, das heißt mit reinem Alkohol auf 15,5 % Vol. erhöht werden. Ohne den Flor und den damit verbundenen biologischen Reifeprozeß gibt es keinen Fino. Um diese Flordecke am Leben zu erhalten, wird das sogenannte Criadera- oder Solerasystem angewendet. Bei diesem System werden drei bis vier Faßreihen übereinandergestapelt. Solera (von *suelo* = Boden) ist die unterste, alle darüberliegenden nennt man Criaderas. Jede der Faßreihen enthält unterschiedlich gereifte Weine aus verschiedenen Jahrgängen. Oben sind die jungen Weine, die nach unten dann immer älter werden. Nur aus den Fässern am Boden wird der Wein zur Flaschenfüllung abgezogen. Was unten abgefüllt wurde, wird aus der nächsthöheren Reihe wieder ersetzt und das so fort bis zur obersten Reihe, die nun mit jungem Wein aufgefüllt wird. Dieser Reifungs- und permanente Verschnittprozeß geht über viele Jahre und ist der Grund, warum es beim Sherry keine Jahrgänge gibt. Ein Sherry in einer Flasche setzt sich immer aus vielen Jahrgängen und Reifungsstufen zusammen. Es gibt Soleras, die vor achtzig Jahren begonnen wurden. Wird bei einem Sherry ein Jahrgang genannt, bedeutet dies, daß die Solera in dem Jahr angesetzt und seitdem im Solera-System entwickelt wurde.

Die große Bodega González Byass liegt im Zentrum von Jerez. Die Hallenkomplexe, in denen die Sherryfässer lagern, erstrecken sich über viele tausend Quadratmeter. Im Hintergrund des Bildes sieht man die Kuppel der Kathedrale von Jerez.

Einen Amontillado kann man auf zweierlei Arten gewinnen. Entweder man füllt keinen jungen Wein mehr nach. Dann ist nach zwei bis drei Jahren der Flor zerstört, der sich ja vom jungen Wein ernährt. Oder — und das ist die heute übliche Form — man tötet den Flor schneller ab, indem man den Alkoholgehalt durch weiteres Aufspriten erhöht. Einen nach der ersten, der natürlichen Methode gewonnenen Amontillado kann man als gealterten Fino

Miguel Valdespino, Jerez

bezeichnen, der in der Lage ist, ohne Flor durch seinen höheren Alkoholgehalt zu reifen. Der mächtigste Sherry, der Oloroso, wird bereits bei der ersten Prüfung der jungen Weine, bei der die Entscheidung fällt, welcher für den Fino tauglich ist und welcher nicht, bis zu 18 % Alkohol aufgespritet. Danach kann er seinen Reifungsprozeß über viele Jahrzehnte fortsetzen. Natürlich ist die Qualität aller Sherries – wie auch beim Champagner – von der Qualität ihrer Grundweine abhängig. Die Rebsorten werden rund um Jerez de la Frontera angebaut. Auf niedrigen, langgestreckten Hügeln mit den für diese Zone typischen weißen Kalkböden stehen die Reben im Sommer bei 40° C Hitze, die nur manchmal vom frischen Wind des nahen Atlantik etwas gebrochen wird. Wie in anderen Weinbaugebieten gibt es auch hier Unterschiede in der Qualität der Lagen. Eine der besten wird Macharnudo genannt. Einem Fino aus dieser Lage, der einen besonders kräftigen Körper hatte und sehr intensiv im Duft und Aroma war, begegnete ich in der für meinen Geschmack schönsten Bodega von Jerez, einem mittelständischen, alten Familienbetrieb, wo insgesamt noch sehr handwerklich gearbeitet wird. Miguel Valdespino, der geschäftsführende Mitbesitzer der Bodega – ein Mann, der in Jerez geboren ist, aber in England zur Schule ging –, bot mir die besten seiner in Fässern lagernden Sherries zum Verkosten an, darunter einen sechzigjährigen trockenen *Palo Cortado,* einen Sherry, der zwischen dem Amontillado und Oloroso liegt und sehr selten vorkommt. Er duftete und schmeckte nach reifen Nüssen, und man brauchte nur an ihm zu nippen, um im Mund mit einer Fülle von herrlichen Aromen und einem endlos langen Abgang beglückt zu werden.
Der gesamte Erzeugungsprozeß des Sherry läßt sich zweifellos als ein sehr lukratives Verfahren bezeichnen. Durch das Solera-System und

VALDESPINO

Welchen Einfluß hat die Lage auf den Geschmack des Fino?

Jede Lage bringt einen anderen Fino hervor. Zum Beispiel bringt die Lage Macharnudo einen ganz bestimmten Fino, der sich von den anderen deutlich unterscheidet. Ich glaube, er ist auch der einzige Fino, der ausschließlich aus den Trauben dieser Lage gemacht wird. Das ist natürlich selten hier.

Wie würden Sie den Unterschied zwischen Fino und Manzanilla beschreiben?

Der Unterschied resultiert aus den klimatischen Verhältnissen. Die Manzanilla produziert mehr Flor; es ist ein sehr empfindlicher Wein mit weniger Alkohol, er reist nicht gern. Der Fino ist insgesamt robuster, wobei es Unterschiede zwischen dem aus Jerez und Puerto de Santa Maria gibt. Der Fino von Puerto de Santa Maria ist feiner als der von Jerez.

die verschiedenen Sherry-Typen kann sozusagen nichts verkommen. Alles, was die Ernte eines Jahres hergibt, wird verwendet. Die Jahrgänge, die ohnehin im Klima des Sherry-Dreiecks relativ gleichmäßig sind, spielen keine Rolle, und was nicht zum Fino taugt – für ihn braucht man den besten Wein –, kann zu einem Amontillado oder Oloroso werden. So gesehen hat es ein Sherrymacher sehr viel leichter als der klassische Weinmacher. Er muß nicht um den Jahrgang und die Preise bangen, die er auf dem Markt für seine Weine erzielt, und kann eigentlich relativ ruhig den Gang der Dinge abwarten, ohne sich Sorgen machen zu müssen, ob er einen schlechten Jahrgang los wird. Dennoch haben auch die Sherry-Erzeuger ihre Probleme. Da der Fino ein sehr empfindlicher, instabiler Wein ist, muß man, bevor er in die Flasche gefüllt wird, seinen Alkoholgehalt auf 16 bis 17 % Vol. erhöhen. Man macht ihn dadurch nicht nur für Transport und Lagerung stabiler, sondern vermeidet auch, daß sich in der Flasche noch einmal Flor bildet. Zum einen widerspricht diese Methode jedoch der zur Zeit in ganz Europa bestehenden Tendenz zu alkoholärmeren Weinen und Getränken, zum anderen ist gerade durch seinen vergleichsweise hohen Alkoholgehalt die Besteuerung des Sherry sehr viel ungünstiger als beim Wein.

In Puerto de Santa Maria, dem zweiten Punkt im Sherry-Dreieck, entsteht ein etwas anderer Fino als der von Jerez. Hier macht sich der Einfluß der feuchten Meeresluft geltend, die den Flor in den Fässern stabilisiert, wodurch ein veränderter biologischer Reifeprozeß stattfindet. Seltsam ist, daß in Puerto dennoch keine Manzanilla, die feinste Fino-Art, gedeiht. Diese entwickelt sich nur in Sanlúcar de Barrameda, dem dritten Punkt im Sherry-Dreieck, der ebenfalls am Atlantik liegt. Sanlúcar de Barrameda war der Ausgangspunkt für zwei große Entdecker. 1498 startete Columbus von dort seine dritte Amerikafahrt, zwanzig Jahre später Magellan seine Weltumsegelung. Sanlúcar ist ein Fischereihafen – und die Stadt der Manzanilla. Man geht davon aus, daß sie der Ursprung des Fino war. In der Oper “Carmen” jedenfalls wird die Manzanilla bereits erwähnt. Den Fino aber gibt es erst seit etwa fünfzig Jahren. Eine gute Manzanilla, die natürlich ebenfalls hauptsächlich aus der Palomino- und Pedro-Ximénez-Traube hergestellt wird, ist außerordentlich delikat und feingliedrig, viel zarter und noch empfindlicher als ein Fino. Señor Valdespino, der in Sanlúcar de Barrameda eine Bodega hat, wo er Manzanilla erzeugt, pflegt die Fässer vor der Flaschenabfüllung nach Jerez zu bringen, um sie dort noch ein bis zwei Monate zu lagern. „Die Manzanilla“, sagt er, „ist wie ein Baby, das noch schwach auf den Beinen ist und durch das Klima von Jerez eine Abhärtung erfahren muß.”

Es dauerte lange, bis ich herausgefunden hatte, worauf sich der Unterschied zwischen Fino und Manzanilla begründet. Jeder Bode-

In den Hallen von Valdespino lagern köstliche Sherries vom Fino bis zu alten Amontillados und Olorosos.

ga-Besitzer erzählte mir eine andere Version. Je nachdem ob es einer aus Jerez oder aus Sanlúcar war. So meinte ein Vertreter der Bodegas von Jerez: „Sanlúcar war von der Tradition her immer ein Almacenista von Jerez. Erst vor einigen Jahren haben sie gemerkt, welch wichtiges Produkt sie besitzen. Aber von der Technik her gesehen sind die Unternehmen von Sanlúcar noch nicht in der Lage, ihre Flaschen in Nitrogenkammern abzufüllen." Das machen in Jerez die großen Unternehmen, um eine Oxydation des Fino zu vermeiden, ein Verfahren, das die Manzanilla fast noch nötiger hätte. In Sanlúcar wiederum sagten sie mir: „Schauen Sie sich mal im Sommer, wenn es heiß ist, den Flor des Fino in Jerez an. Da werden Sie kaum welchen entdecken. Der verschwindet nämlich in dieser Zeit. Bei uns aber bleibt das ganze Jahr über eine dicke Florschicht im Faß."

Dieses Hin und Her der Argumente könnte ich noch seitenlang fortführen, doch ich komme lieber sofort zum Kern der Sache. Daß es die Manzanilla schon viel länger als den Fino gibt, ist erwiesen. Vermutlich wurde die erste Solera in Sanlúcar um 1706 gemacht. Doch das Solera-System gab es davor schon in Monasterien des Rheinlandes und der Loire-Ebene, wo man nach jeder Ernte Altweine mit jungen Weinen aufgefrischt hat. Tatsache ist, daß der Fino einen schnelleren Reifungsprozeß durchmacht als die Manzanilla. Bei ihm hält sich der Flor, solange er mit frischem Wein "gefüttert" wird, etwa zehn Jahre, bevor er von selbst stirbt. Der Flor der Manzanilla dagegen erreicht ein Alter zwischen fünfzehn und zwanzig Jahren. Während der Fino von Jerez nach drei bis vier Criaderas reif zur Flaschenabfüllung ist, macht die Manzanilla bis zu 33 Criaderas durch. In Jahren ausgedrückt heißt dies, daß ein Fino in der Regel drei bis vier Jahre alt ist, eine Manzanilla dagegen auf vierzehn bis fünfzehn Jahre käme. Eine weitere Tatsache ist, daß die Manzanilla um so homogener und feiner wird, je mehr Criaderas sie durchläuft. Da ich es genau wissen wollte, bat ich den Mitbesitzer und Chef der Bodega *Barbadillo* in Sanlúcar, Alfonso Baron Rojas-Marcos, mir eine Verkostung der wichtigsten Entwicklungsstufen einer Manzanilla in seinem Hause zu ermöglichen. Der Wunsch wurde mir gerne erfüllt, allerdings mit dem Hinweis, daß ich mir dafür Zeit nehmen müsse und längere Fußmärsche nicht scheuen dürfe. Ich konnte ja nicht ahnen, welche Ausdehnungen die Gebäudekomplexe von Barbadillo haben. In Quadratmetern ausgedrückt sind es etwa 70.000. Da man die Fässer für 33 Verschnittstufen, sprich Criaderas, nicht in einem Hallenkomplex unterbringen kann, sind sie auf dem gesamten Areal verteilt. Zusammen mit dem Kellermeister und Baron Rojas-Marcos marschierte ich also von einer Verschnittstufe zur anderen und legte dabei einige Kilometer zurück. Zwischendrin mußten wir sogar mit dem Auto fahren, jeder sein Gläschen in der Hand, der Kellermeister zusätzlich die venecia,

Baron Rojas

Alfonso Baron Rojas-Marcos, Sanlúcar de Barrameda

Warum brauchen Sie dreißig und mehr Stufen für die Manzanilla, während der Fino von Jerez nur drei bis fünf Stufen benötigt?
Dies ist eine Folge des Mikroklimas von Sanlúcar, bei dem der Flor das ganze Jahr über bestehen bleibt. Die Aktivität des Flors ist dabei so lebhaft und das Mikroklima so empfindlich, daß von Faß zu Faß die Entwicklung verschieden ist. Um also ein harmonisches Produkt zu erhalten, muß man sehr viele Verschnittstufen durchmachen.

das berühmte Gerät, das man auf allen Werbefotos für Sherry sieht. Ein kleines Schöpfgefäß aus Edelstahl, das am unteren Ende einer etwa 1 m langen, feinen Metallstange befestigt ist. Diese venecia stößt er mit einer raschen, gezielten Bewegung durch die Flordecke, um an den Fino oder die Manzanilla heranzukommen, ohne zuviel Hefe mit herauszuziehen, und gießt dann den Sherry mit einer ungemein eleganten Bewegung in die Gläser. Natürlich haben wir nicht jede der 33 Stufen verkostet, sondern immer einige übersprungen, so daß wir am Ende vielleicht zehn oder zwölf, genau weiß ich es nicht mehr, hinter uns brachten. Dabei konnte ich genau verfolgen, wie sich mit der steigenden Zahl der Verschnitte der Hefe- und der Weingeschmack veränderte. Am Anfang schmeckte der Sherry noch stark nach einem herkömmlichen Weißwein, allerdings gepaart mit dem besonderen Hefegeschmack des Flor. In den mittleren Entwicklungsstufen war im Bukett zwar noch der Geruch der Hefe zu spüren, aber schon nicht mehr im Geschmack. In dieser Phase wäre eine Manzanilla ein ganz ungewöhnlicher, sehr aufregend und einmalig schmeckender Weißwein. Ich könnte mir einen solchen Weißwein gut als besonderes Produkt vorstellen, das, ähnlich wie der Stillwein zum Champagner, eigenständig vermarktet wird. Je weiter wir bei den Criaderas kamen, um so feiner und zarter wurde auch der Körper des Sherry, der Fruchtton des Weins trat in den Hintergrund, bis schließlich der ganz spezifische Ton und Charakter der Manzanilla erreicht war. In dieser Endphase ist dann vom Geschmack des Flor nur noch eine diskrete Erinnerung übrig in der Form eines feinen Bittertons. Was nun Ursache und Wirkung betrifft, ist die Manzanilla das Ergebnis des speziellen Mikroklimas von Sanlúcar, bei dem der Flor im Gegensatz zum Fino das ganze Jahr über bestehen bleibt. Seine Aktivität ist dabei so lebhaft und das Mikroklima so subtil, daß sogar von Faß zu Faß die Entwicklung nicht die gleiche

Sanlúcar ist die Stadt der Manzanilla. Ein besonders feiner trockener Sherry, der etwas leichter ist als der Fino aus Jerez. Auch hier ist das Gesicht der kleinen Stadt durch die Architektur der Bodegas geprägt, zum Beispiel durch die Bodega Barbadillo, deren Hallenkomplexe etwa 70.000 qm einnehmen.

ist. Um also ein harmonisches Produkt zu erhalten, muß man schon allein deshalb viele Criaderas machen. Wie empfindlich dieses Mikroklima ist, demonstrierte mir Baron Rojas-Marcos in einem Gebäudeteil der riesigen Bodega, in der keine Manzanilla entstehen kann. Der Grund dafür ist, daß sich zwischen der ein paar hundert Meter entfernten Mündung des Guadalquivir und dieser Bodega eine alte Festung befindet. Dies genügt bereits, um die sensible Klimastruktur zu verändern beziehungsweise für die Florbildung wichtige Luftströme von der Bodega abzuhalten.

Drei, eigentlich vier Faktoren sind es, die das spezielle Klima begünstigen. Zum ersten die Meeresluft vom Atlantik. Zum zweiten die breite Mündung des Guadalquivir. Zum dritten der jenseits der Guadalquivir-Mündung liegende riesige Naturpark Coto Doñana, durch den hier die allgemeine Umweltverschmutzung niedriger ist als anderswo, und zuletzt der Vorzug, daß Sanlúcar auf einem Hügel liegt, weshalb die feuchte Fluß- und Meeresluft vom Wind nicht weggeweht wird, sondern über der Stadt hängen bleibt. Diese Luftkonstellation bewirkt eine außerordentlich stabile Florschicht, die die Manzanilla besonders gut vor Sauerstoffeinfluß, also Oxydation, schützt. Da der Flor aber nur durch frischen Wein existieren kann, muß er auch viel öfter zugeführt werden. Anders gesagt, es sind mehr Criaderas notwendig, um den sehr aktiven und virulenten Flor, der einfach mehr frißt, mehr Hunger hat, am Leben zu erhalten. In Puerto de Santa Maria meinte ein Bodega-Besitzer trocken: „Die in Sanlúcar müssen nur deshalb so viele Criaderas machen, weil sie die Manzanilla nicht schnell genug verkaufen können. Und um sie lebendig zu halten, müssen sie ständig neuen Wein dazugießen." Bei den Mengen, die Barbadillo jährlich erzeugt, bleibt dieses

Blick auf Sanlúcar de Barrameda und den Guadalquivir, der hier in den Atlantik mündet. Sanlúcar war der Ausgangspunkt für zwei große Entdecker. 1498 startete Columbus von hier seine dritte Amerikafahrt, 20 Jahre später Magellan seine Weltumsegelung.

Argument zwar durchaus logisch, aber doch wenig wahrscheinlich, da sonst die Weinfluten bei Barbadillo bald größer sein würden als die Wasserfluten des Guadalquivir. Vielleicht ist noch interessant zu bemerken, daß der Fino, insbesondere aber eine alte Manzanilla, eine sehr geringe Säure hat und völlig trocken ist. Die Säure einer Manzanilla liegt unter 1 %.

Nach unserem Marsch durch die Criaderas fuhren wir hinunter zur Mündung des Guadalquivir, dort wo sich das Süßwasser des Flußes mit dem Salzwasser des Meeres vermischt, und setzten uns an einen Tisch im schlichten Restaurant "Bigote", von dem man sagt, es sei das beste Fischrestaurant von ganz Andalusien. Der Besitzer jedenfalls behauptet, sie hätten keinen Eisschrank, da die Meerestiere und Fische, die bei ihm auf den Tisch kommen, nicht älter wären als zwei bis drei Stunden. In der Tat waren die Crevetten und Langostinos, die Huevos de Choco, das sind die Eier von jungen Tintenfischen, die Seezunge und der Merluza so frisch, wie sie nur sein können, wenn sie nie auf Eis gelegen haben. Dazu kam der besonders eindrucksvolle Geschmack, den Meerestiere und Fische aus diesem Teil des Atlantik noch bieten. Dieses Essen war ein großes und seltenes Vergnügen. Ich habe dabei alle Criaderas und Soleras, sämtliche Hefepilze und mikroklimatischen Konstellationen vergessen und nur noch mit einer ungeheuren Lust gegessen und viele, viele Gläschen Manzanilla der 33sten Stufe getrunken. Ganz im Sinne der andalusischen Philosophie war ich nur noch auf das Hier und Jetzt konzentriert. Nach diesem opulenten Fisch- und Sherry-Genuß setzte ich mich, glücklich ermattet, am Strand von Sanlúcar in den Sand. Mächtige weiße, graublaue und schwarze Gewitterwolken hingen tief über der fast glatten Fläche des Atlantiks, in den sich die lehmfarbenen Fluten des Guadalquivir lautlos hineinschoben. In dieser angespannten, geheimnisvollen Stille, kurz bevor die Welt in einem gewaltigen Toben untergehen würde, segelte ich mit Columbus und Magellan hinaus in das grenzenlose Nichts. Und während Sanlúcar de Barrameda hinter einer Wand aus Wolken und Wasser verschwand, schossen wir, vom Sturm gejagt, pfeilschnell durch die Wogen fernen, unbekannten Zielen entgegen. Im Lagerraum unseres Schiffs stapelten sich barricas mit den feinsten Rioja-Weinen und Fässer mit Fino und Manzanilla, Amontillado und Oloroso. Sie waren dazu bestimmt, uns auf dieser großen Reise jederzeit Trost und Zuversicht zu spenden, falls wir in Zweifel über unser Ziel geraten sollten. Doch wir sagten uns, nicht das Ziel ist wichtig, sondern der Weg dorthin. Deshalb tranken wir täglich, nach Herzenslust, ohne an morgen zu denken. Denn que ser … Und siehe da, die Fässer füllten sich, wenn sie leer waren, wie die Krüge bei der Hochzeit von Kanaa ganz von selbst. Es waren herrliche Zeiten.

JEREZ

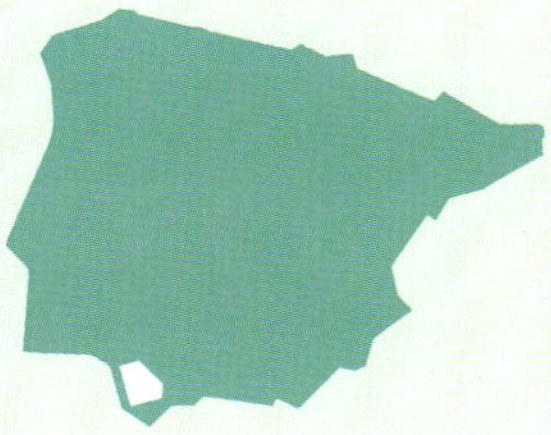

180 km nordwestlich von Gibraltar, nahe der atlantischen Küste, liegt die andalusische Stadt Jerez. Sie ist das Zentrum der Sherryproduktion. Das Anbaugebiet liegt im sog. Sherry-Dreieck zwischen den Städten Jerez (offiziell Jerez de la Frontera), Sanlúcar de Barrameda und Puerto de Santa Maria. Die Rebfläche umfaßt rund 24.000 ha. 95 % der Anbaufläche ist mit der Palomino-Rebe bepflanzt. Aus den Trauben wird ein trockener Weißwein gekeltert, der Ausgangsprodukt für alle Sherries ist. Aus den zwei weiteren weißen Traubensorten, Pedro Ximénez und Moscatel, werden Süßweine gemacht, die hauptsächlich zum blending, das heißt zum Verschnitt, für halbtrokkene und süße Sherries verwendet werden. Der klassische Sherry ist immer trocken. Die süßen Sherries werden hauptsächlich für den Export hergestellt.

Die 4 Sherry-Grundtypen

Fino: Aus den besten Weinen werden Finos gemacht. Die Besonderheit beim Ausbau eines Fino ist der sog. Flor. Es ist auf die Mikroflora der

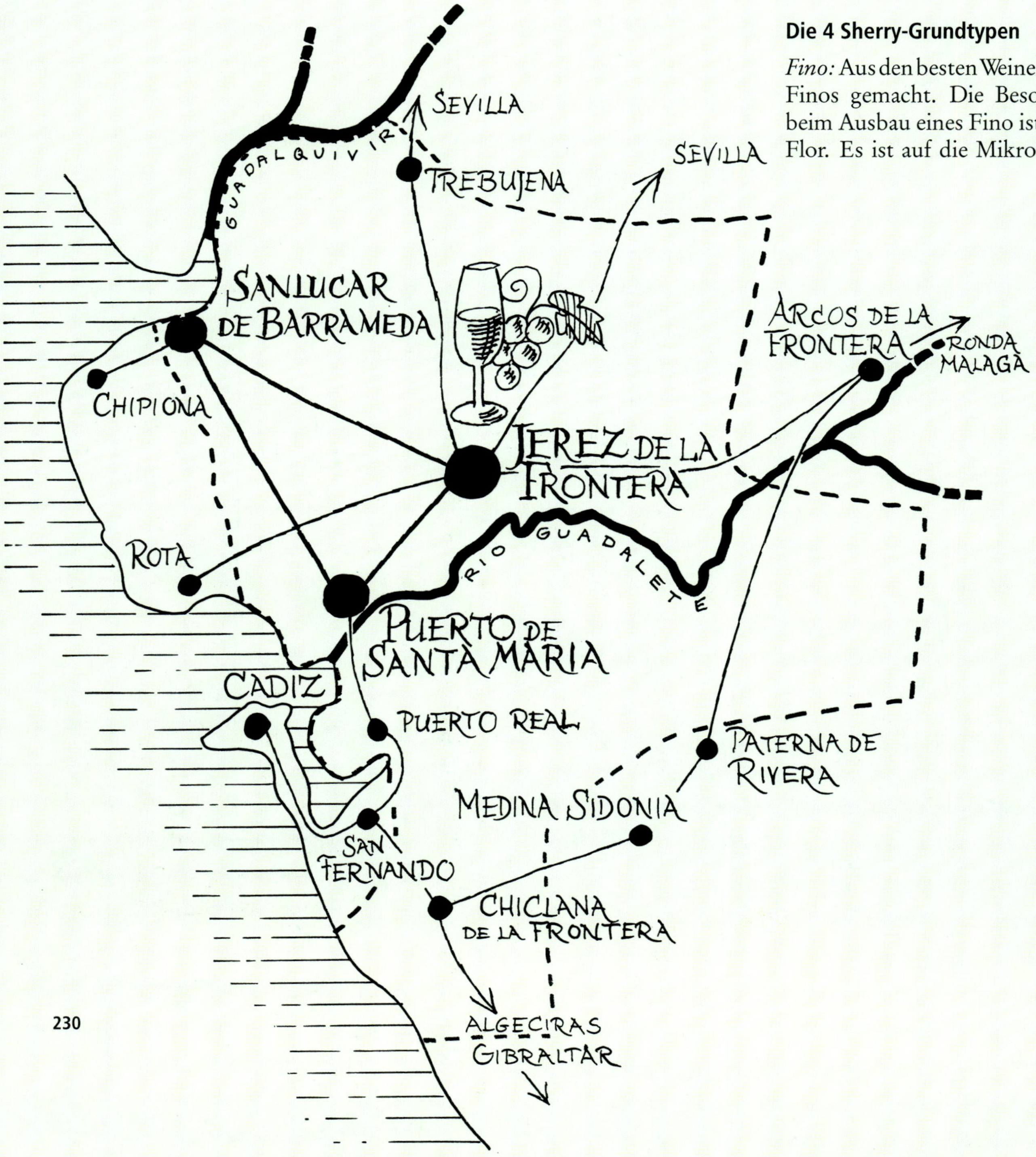

Palomino-Traube zurückzuführen, daß sich an der Oberfläche des Weins eine Hefedecke bildet. Dieser Flor schützt den Wein vor Oxydation und prägt das Aroma des Fino ganz entscheidend. Damit der Flor erhalten bleibt, wird der Wein mit 95 %igem Alkohol auf 15,5 % erhöht. Der Fino altert bis zur Abfüllung unter dieser Hefedecke. Damit die Oberfläche für den Flor groß genug ist, sind die Holzfässer, in denen Sherry lagert, nur dreiviertel voll. Der Fino ist ein hellgelber Sherry, der zwischen 15,5 und max. 17 % Alkohol hat. Er ist immer trocken und wird von vielen Bodegas auch unter der Bezeichnung dry oder very dry pale verkauft.

Manzanilla: Diese besondere Art des Fino kommt aus der am Atlantik gelegenen Stadt Sanlúcar de Barrameda. Aufgrund unterschiedlicher klimatischer Bedingungen (Sanlúcar liegt an der Mündung des Guadalquivir) entwickelt sich die Manzanilla etwas anders. Es ist ein besonders feiner Sherry, der heller und leichter ist als der Fino aus Jerez.

Amontillado: Aus einem Fino oder einer Manzanilla, die den Flor verloren hat, wird ein Amontillado. Er ist bernsteinfarben und etwas aromatischer als der Fino. In Spanien ist ein Amontillado immer trocken. In Deutschland wird er selten trocken angeboten. Er wird vielfach unter der Bezeichnung medium verkauft.

Oloroso: "Der Wohlriechende" hat ein leichtes Nußaroma und eine dunklere Farbe. Durch die Faßlagerung ohne Flor verdunstet ein Teil des Weins, Aroma und Farbe werden dadurch konzentrierter, der Alkoholgehalt liegt zwischen 18 und 22 %. Nimmt der Oloroso das Aroma eines Amontillado an, behält aber den Körper des Oloroso, spricht man von Palo Cortado. Er stellt eine ausgesprochene Rarität unter den Sherries dar.

Cream-Sherry: Ist die süße Variante des Oloroso, dem süßer Wein von der Pedro-Ximénez-Traube beigemischt wird. Es ist ein Dessertwein. Pale Cream ist ein aufgesüßter Fino.

Das Solera-System

Sherry wird nach dem Solera-System ausgebaut. Solera (von suelo = Boden) ist die unterste von drei bis vier übereinanderliegenden Faßreihen. Die darüberliegenden Faßreihen nennt man Criaderas. In regelmäßigen Zeitabständen wird aus der untersten Faßreihe Wein entnommen und in die Flaschen abgefüllt (ein Drittel bis höchstens die Hälfte). Es sind in der Regel etwa 25 % des Inhaltes. Der fehlende Sherry wird mit dem Wein aus der darüberliegenden Faßreihe, der ersten Criadera, ergänzt. Die fehlende Menge in der ersten Criadera wiederum wird mit dem Sherry der zweiten Criadera ersetzt usw. In den Fässern der obersten Reihe wird die fehlende Menge mit einem jungen (1- bis 2jährigen) Wein ersetzt. Auf diese Weise werden ältere Weine kontinuierlich mit jüngeren vermischt. Bis der Sherry die unterste Stufe erreicht hat, ist er ein Verschnitt von vielen Jahrgängen. Das vom Consejo Regulador vorgeschriebene Mindestalter ist 3 Jahre; eine Flasche kann jedoch Weine von bis zu 100 Jahren beinhalten.

Tip: Sherry ist nicht nur als Aperitif, sondern auch zum Essen geeignet. Ein Fino oder eine Manzanilla ist ein hervorragender Begleiter für Tapas. Das sind kleine Häppchen, die in Spanien in Bars angeboten werden. Da gibt es den köstlichen luftgetrockneten Rohschinken, Oliven, kleine Gemüse- und Fleischhäppchen und Fisch in allen Variationen. Der schmeckt besonders gut in den kleinen Restaurants oder Bars in der Hafenstraße von Puerto de Santa Maria oder von Sanlúcar de Barrameda. Am Strand von Sanlúcar, an der Mündung des Guadalquivir, gibt es ein Fischrestaurant neben dem anderen. Dazwischen, ganz unauffällig, das Restaurant "Bigote", das als das beste Fischrestaurant Andalusiens gilt.

Brandy

Das zweite wirtschaftliche Standbein von Jerez ist die Brandyproduktion. 95 % der spanischen Brandies werden in Jerez erzeugt. Die Trauben für den Brandy de Jerez kommen vorwiegend aus dem Weinbaugebiet La Mancha. Die Weine werden dort vergoren und destilliert und dann erst zur Lagerung in das Sherry-Gebiet gebracht, wo sie in Holzfässern aus amerikanischer Eiche ausgebaut werden.

Die drei Qualitätsstufen sind *Brandy de Jerez Solera, Solera Reserva* und *Solera Gran Reserva.*

Die größten Brandy-Hersteller sind Domecq, Osborne, González Byass und Terry. Ihre Spitzenprodukte sind Carlos III (Domecq), Lepanto (González Byass), Conde de Osborne (Osborne) und 1990 (Terry).

PENEDÉS

Gott läßt die Trauben wachsen, der Mensch macht den Wein. In jedem dieser riesigen Edelstahltanks können 600.000 l Most zu Wein vergoren werden. Ein Gigantismus, der das wirtschaftliche Erfolgsfieber der Spanier symbolisiert und sich im Penedés am stärksten zeigt. Hier, im Zentrum der spanischen Schaumweinproduktion, haben sich die Riesen der Weinbranche versammelt und liefern sich gegenseitig Schlachten in Exportzahlen, Steigerungsraten und Erweiterung der Produktionsanlagen. Dabei erzeugen sie Weine und Cavas — so heißt der Schaumwein in Spanien — von überdurchschnittlicher Qualität, die es im Preis-Leistungs-Verhältnis mit der französischen Konkurrenz, bisher wenigstens, leicht aufnehmen können.

Als ich mit meinen Recherchen im Penedés begann und vom Flugzeug aus die dichte Smogdecke über Barcelona und seinen Außenbezirken sah, war mein Entschluß gefaßt, nicht in der Stadt, sondern irgendwo außerhalb zu logieren. Meine Unlust, mich in großen, überfüllten Städten aufzuhalten, wird zunehmend größer. Dabei ist die Metropole Kataloniens eine großartige Stadt. Ich habe eindrucksvolle Erinnerungen von Aufenthalten in den sechziger und siebziger Jahren behalten und beneidete die Menschen um ihr Leben in einer so pulsierenden, aufregenden Stadt, in der schon damals Hölle und Paradies dicht beisammen waren. Inzwischen hat sich auch in Barcelona der Preis für das, was wir fälschlicherweise noch immer als Wohlstand bezeichnen, gewaltig erhöht. Heute beneide ich niemanden mehr, der diesen Preis täglich bezahlen muß. Am Wochenende, wenn alles, was Beine beziehungsweise Autos hat, aus der Stadt flieht, um irgendwo am Meer oder im Hinterland von Barcelona, dem Penedés, ein wenig Abstand und Erholung zu finden, trifft man sich wieder an denselben Plätzen und hat so das Chaos nur vor die Tore der Stadt verlagert. "Der Atheist von Gottes Gnaden", als den sich Luis Buñuel, der große spanische Regisseur, in seinem hinreißenden Buch „Mein letzter Seufzer" selbst bezeichnet, schrieb, daß „die neue Apokalypse wie die alte in Gestalt von vier Reitern herangaloppiert mit der Überbevölkerung als erstem, als Anführer, der das schwarze Banner schwenkt, der Wissenschaft, der Technik und der Medien." Barcelona ist im Vergleich zu den großen städtischen Konglomeraten dieser Welt geradezu eine Idylle. Für mich jedoch, den Kleinstädter aus München, ist es eine furchterregende Bedrohung. Dabei hat Barcelona nur knapp 500.000 Einwohner mehr als München. Auf die Olympischen Spiele, die 1992 in Barcelona stattfinden, bereitet man sich vor, als ginge es um den Endkampf im apokalyptischen Rennen.

Sicher, Spanien ist ein weites, faszinierendes Land, das noch viel Nachholbedarf bei gleichzeitigem riesigem Potential im wirtschaftlichen Bereich hat. Aber muß es immer dieser Weg sein, an dessen Ende nichts als der Irrsinn eines Systems steht, das seine Menschen krank macht? Eine Frage, die mir nicht zufällig beim Kapitel über das Penedés in den Sinn kommt. Denn in dieser katalonischen Weinbauregion spürt man das Erfolgsfieber der Spanier am stärksten. Im Penedés sind die Giganten der Weinbranche versammelt. Hier ist das Zentrum der spanischen Schaumweinproduktion, die ein zuverlässiges Barometer für die wirtschaftliche Entwicklung nicht nur des eigenen Landes ist. Bei dem Riesen der Schaumweinbranche Freixenet sind in den vergangenen Jahren nicht nur die Umsatzziffern auf dem inländischen Markt in die Höhe geklettert, sondern weit mehr noch die Exportzahlen, die in schier unvorstellbare Höhen geschossen wurden. In den letzten zwölf Jahren betrug die Steigerungsrate fast 9.000 % (in Worten: neuntausend!). Viele Milliarden Peseten sind für die Erweiterung der Produktionsanlagen in San Sadurní de Noya bereitgestellt. Die Expansionswut bei Freixenet kennt offensichtlich keine Grenzen. Nicht viel anders verhält es sich beim zweiten Riesen Codorníu, dem größten Schaumweinhersteller der Welt, der sich mit Freixenet Zahlenschlachten liefert. Und auch der dritte Riese im Bunde, der Weinerzeuger Torres, steht den beiden anderen in seinem Imponiergehabe nicht nach. Schon viele Jahre vor 1992 hat im Hinterland von Barcelona die Olympiade der Wirtschaft begonnen und steigert unablässig ihre Rekorde. Die Korken knallen in einer Menge wie nie zuvor in Europa, und selbst in China soll es bald losgehen. Freixenet ist schon auf dem Wege dorthin, nachdem Kalifornien bereits erobert wurde.

Mit zunehmendem Knallen der Korken kommen Verschwendung, Luxus, Reichtum, Macht und Erotik auch in die kleinste Stube. Dies war und ist die Philosophie von Freixenet. Als 1959 das spanische Fernsehen gegründet wurde, war Freixenet als erster dabei, „denn es war klar", sagt der Boß des Mammut-Unternehmens, José Ferrer, „daß das Fernsehen ein exzellentes Mittel war, Werbung für unser Produkt zu machen." Mit aufwendigen Fernsehspots, in denen Weltstars vom Kaliber Liza Minnelli, José Carreras, Placido Domingo und viele andere einem breiten Publikum das perlende Getränk anpriesen, gelang es Ferrer zunächst in Spanien und Mexiko, seine Produkte einerseits so volkstümlich zu machen, daß sie massenhaft verkauft werden, andererseits ihr Image, etwas Besonderes zu sein, aufrechtzuerhalten. Wenn Placido Domingo mit seiner alle Welt begeisternden menschlichen Ausstrahlung, im weißen Smoking, umgeben von weißen Feen, einen Schluck von dem "Luxus-

Codorníu in San Sadurní de Noya ist der größte Schaumweinhersteller der Welt. Allerdings ist ihm Freixenet dicht auf den Fersen. In den Kellern von Codorníu lagern über 100 Millionen Flaschen Cava.

Das Verwaltungsgebäude von Freixenet in San Sadurní de Noya. Im Hintergrund das bizarr geformte Massiv des Montserrat, wörtlich „gesägter Berg".

getränk" zu sich nimmt und danach mit seiner Luxusstimme den Zauber des edlen Weins besingt, welches Fernsehvolk sollte da nicht schwach werden? Freixenet macht es für jeden möglich und hat genug Cava – so nennt man den Schaumwein in Spanien – für alle, die Sehnsucht nach dem Gefühl von Luxus und Überfluß haben. In riesigen Edelstahltanks werden viele Millionen Liter Most vergoren, die dann anschließend in der Flasche noch einmal eine zweite Gärung durchmachen. Die Keller mit den Giropaletes und dem Lager von rund 80 Millionen Flaschen Cava erstrecken sich unterirdisch über viele Kilometer.

Über 200 Cava-Erzeuger gibt es in und um den kleinen Ort San Sadurní de Noya mit seinen insgesamt 8.000 Einwohnern. Doch neben den beiden Riesen Freixenet und Codorníu sind alle anderen, was den Umsatz betrifft, Zwerge. Die vielen kleinen Winzer, die ihre Trauben verkaufen, leben praktisch in Abhängigkeit von diesen Firmen. Daß er die Traubenpreise diktiere, gibt Señor José Ferrer ohne Zögern zu. „Aber mit dem Geist, mit der Intention, daß der Weinbauer ein gutes Auskommen hat, daß er besser leben kann, wenn er in seinem Weinberg arbeitet und an uns seine Trauben verkauft." Mit der Einverleibung anderer Firmen, die auf dem gleichen Sektor arbeiten, baute José Ferrer seine Größe und Macht weiter aus. Zum Beispiel kaufte er Teile der deutschen Firma Henkell auf. Sein größter Coup war jedoch ohne Zweifel die Übernahme von Firmen der Rumasa-Gruppe, wodurch die Produktion um einige Millionen Flaschen pro Jahr gestiegen ist. Zu dieser Gruppe gehörten Segura Viudas und Castell Blanc. Beides waren einmal selbständige Firmen, die sich eine Weile lang tapfer gegen die Konkurrenz von Codorníu und Freixenet behaupteten. Doch als der Druck immer größer wurde, konnten sie nicht mehr existieren und mußten an den Rumasa-Konzern verkaufen. Dieser Konzern nahm noch unter Franco in den siebziger Jahren gigantische Dimensionen an, die durch hohe Steuervergünstigungen möglich wurden. Der Präsident dieses weitverzweigten Imperiums, José Luis Matteo, der aus Jerez stammt, mußte sich später wegen einer Reihe von kriminellen Machenschaften vor einem Gericht in Madrid verantworten. Sein Konzern wurde von der sozialistischen Regierung enteignet. Zu ihr hatte und hat Señor Ferrer offensichtlich so gute Beziehungen, daß er Teile der enteigneten Firmen zu, wie man sagt, außerordentlich günstigen Konditionen seinem Imperium einverleiben konnte.

Der Riese Spanien ist aus einem langen Schlaf erwacht und wird mit seiner Potenz viele Töchter und Söhne rund um die Welt zeugen. Der Weingigant Torres hat sich in Chile eingekauft, der Sherry-Gigant Domecq in Mexiko. Die lateinamerikanischen Länder sind ja das "natürliche" Potential des ehemaligen Eroberers, der einmal über ein Reich herrschte, in dem die

FERRER

José Ferrer, San Sadurní de Noya

Können Sie die Traubenpreise diktieren?

Ja! Wir diktieren, das ist eindeutig. Aber mit dem Geist, mit der Intention, daß der Weinbauer ein gutes Auskommen hat. Es war immer die Politik von uns, mehr und besser zu bezahlen und damit den Weinbau bei den Winzern so zu stimulieren, daß sie dabei ihren Unterhalt verdienen. Ich war nie Parteigänger dieser Meinung, daß das Geschäft der Kellerei auf dem Elend der Traubenlieferanten basieren darf. Das wäre ein sehr schlechtes Verfahren, das uns auf lange Sicht gesehen zu katastrophalen Resultaten führen würde. Ich möchte sagen, daß es nie eine kolonialistische Politik gegeben hat.

Sonne nicht unterging. Codorníu, der größte Schaumweinhersteller der Welt, ist in seinem Umfang ein Monster. Ein Monster allerdings von beeindruckender Schönheit. Erbaut im spanischen Jugendstil, als nationales Denkmal geschützt, wird es von rund 200.000 Touristen jährlich bestaunt. In einem eigenen, perfekt ausgestatteten Kino mit 149 Plätzen werden den Besuchern Produktionsvorgänge und Produkte in einer Dia-Show vorgeführt und mit beeindruckenden Zahlen belegt: 100 Millionen Flaschen liegen in den Kellern, die zu den größten der Welt gehören. In mehr als hundert Länder wird der Cava von Codorníu exportiert. Hundert Hostessen führen die Besucher durch die Anlage und imponieren ihren Gästen mit weiteren Superlativen. Während der Ernte von Anfang September bis Ende Oktober werden täglich mehr als 1 Million kg Trauben rund um die Uhr verarbeitet. Die modernen Pressen kommen aus Italien. Vergoren wird in 52 temperaturgesteuerten Edelstahltanks, getrennt nach den Sorten Xarel·lo, Macabeo, Parellada, Chardonnay, den traditionellen Rebsorten des Penedés.

Ein goldfarbenes "R", von einem Strahlenkranz umgeben, leuchtet über dem architektonisch prachtvollen Anwesen. Dieses "R" steht für den Familiennamen Raventos, die Eigentümer von Codorníu. 1659 heiratete die Erbin der Codorníu-Familie einen Raventos. In der zweiten Hälfte des 19. Jahrhunderts kam ein José Raventos auf die Idee, im Penedés einen Schaumwein, wie ihn die Franzosen machen, zu erzeugen. Das Traubenmaterial dafür war schon damals reichlich vorhanden, hinzu kam, daß man durch die nahezu idealen Klimabedingungen des Penedés mit relativ ausgeglichenen Jahrgängen rechnen konnte. José Raventos fuhr also in die Champagne und lernte von den Franzosen, wie man Champagner macht. 1872 wurde die erste Flasche Cava entkorkt. Für die

700 Konditoren aus ganz Katalonien wurden von Codorníu zu einem Bankett eingeladen. Über die Konditoreien wird viel Cava verkauft. Welche Werbemittel Codorníu im kommenden Jahr für die Verkaufsförderung einsetzen wird, erfahren die Zuckerbäcker bei diesem Festessen.

Große Teile der Produktions- und Verwaltungsanlagen von Codorníu sind im Jugendstil erbaut und stehen unter Denkmalschutz.

Familie Raventos war dies der Beginn einer steilen Karriere, die aber auch einen allgemeinen Wohlstand der Weinbauregion rund um San Sadurní de Noya nach sich zog. Diese Gemeinde ist heute eine der reichsten Spaniens.

Rund 15 km südwestlich von San Sadurní liegt Vilafranca, mit 25.000 Einwohnern die nächstgrößere Stadt. Dort dachte ich eigentlich für die Zeit meiner Recherchen zu wohnen, fand aber kein einladendes Hotel. So zog ich ins nahegelegene Sitges, einen Ort am Meer, den ich aus den sechziger Jahren kannte. Inzwischen ist viel gebaut worden, doch der Charme dieses angenehmen Ortes ging dabei nicht verloren. Ich hätte mir gut vorstellen können, hier ein paar Tage Urlaub zu machen. Dafür war aber keine Zeit. Tapfer fuhr ich jeden Morgen in Richtung Vilafranca und San Sadurní über eine enge, kurvenreiche Straße und wanderte durch ein Labyrinth von Gärkellern mit riesigen Stahl- oder Zementtanks und die schier endlosen Gänge ungezählter Flaschenkeller mit unvorstellbaren Mengen von Cava, gelegentlich auch Wein. Dabei wurde mir bald klar, welches enorme Potential in dieser Weinbauregion steckt und welche Konkurrenz hier für alle anderen Schaumweinhersteller, besonders aber für die französischen Altmeister der Champagne entsteht. Der größte dieser Branche, Moët & Chandon, hat den Katalanen bereits den Kampf angesagt oder möchte vielmehr am Boom des Cava teilhaben und baut in San Sadurní eine eigene Sektkellerei. Andere werden mit Sicherheit noch folgen.

Zum Erfolg des Cava zählt, daß er im Vergleich zu einem französischen Durchschnittschampagner wesentlich preiswerter und in seiner ganzen Struktur leichter ist. Diese Leichtigkeit ist heute besonders gefragt. In der unteren bis gehobenen Mittelklasse der Schaumweine mit Flaschengärung ist der Cava im Preis-Leistungs-

Bei Segura Viudas werden Wein und Cava in modernsten Produktionsanlagen erzeugt.

Durch diesen Kieselgurfilter, der pro Stunde etwa 3.000 l bewältigt, läßt man den Wein vor dem Abfüllen in die Flasche laufen. Aus der dabei abfallenden Hefe wird Schnaps gebrannt. Das Filtern der Weine ist ein umstrittenes Thema. Manche Spitzenerzeuger unterlassen das Filtern ganz, weil nach ihrer Auffassung der Wein dabei zu sehr strapaziert wird und an Substanz verliert. Allerdings ist bei sehr großen Weinmengen eine Filterung unumgänglich.

Verhältnis, bisher wenigstens, noch ziemlich konkurrenzlos. Einen Champagner zum Beispiel von der Klasse eines Dom Pérignon, wie ihn Moët & Chandon in der Champagne erzeugt, wird man allerdings im Penedés vorerst noch vergeblich suchen. Mir schmeckten die Cava am besten, wenn sie jung waren. Die älteren, die ich verkostet habe, waren alle schon zu oxydativ, das heißt, sie hatten ihre Frische verloren, wirkten müde und etwas abgestanden. Doch ein Champagner oder Cava muß ja nicht alt sein, bevor man ihn trinkt. Im Gegensatz zu vielen Weinen wird er, einmal in der Flasche und verkorkt, durch das Lagern nicht mehr besser. Allerdings hält ein sehr guter Champagner seine Qualität danach noch lange konstant. Dafür aber sind einige der besten *brut nature*, wie man im Penedés die ganz trockenen Cavas nennt, von einer unvergleichlich fliegenden Leichtigkeit, bei der trotzdem Körper, Harmonie und Ausdruck nicht zu kurz kommen. Die köstlichen trockenen Cavas und Weißweine, die ich bei Segura Viudas — zu deutsch etwa: sichere Witwe — mit dem Direktor, Señor Torello, einem der erfahrensten und leidenschaftlichsten Cava- und Weinmacher des Penedés, verkostete, waren jedenfalls sehr überzeugend. In einen Cava, den er nur zum eigenen Verbrauch macht, habe ich mich, ähnlich wie in den Sherry des Apothekers von Jerez, richtiggehend verliebt. Er hinterließ nicht die geringste unangenehme Spur des Alkoholisiertseins, sondern war in feiner und dezenter Art anregend und verflüchtigte sich mit zarter Eleganz, noch bevor er ganz geschluckt war. Hier lag die Köstlichkeit gerade in diesem duftigen Hinwegfliegen eines aromatischen Weins, der durch seine natürliche Kohlensäure den so begehrten leichten, charmanten Schwips erzeugt, ohne daß man dabei schwere Beine und einen blöden Kopf bekommt. Nach dem Genuß jedes Weins sollte man sich grundsätzlich immer geistig und körperlich angeregt, niemals aber dumpf und schwer fühlen. Diesem Anspruch, den nur gute, natürliche, sauber gemachte Weine erfüllen können, sind eine Reihe der besten Cavas gerecht geworden. Dabei handelt es sich aber immer um die trockensten Erzeugnisse eines Hauses.

Die Weinregion Penedés hat drei verschiedene Klimazonen, die von der Mittelmeerküste über das mittlere bis zum hohen Penedés reichen. Dadurch kann eine Vielfalt von Rebsorten gedeihen, darunter auch die großen französischen Edelrebsorten, die in der nächsten Zeit eine immer größere Rolle spielen werden, insbesondere bei dem dritten Riesen im Bunde, dem größten Weinerzeuger des Penedés. Torres ist ein Familienunternehmen, das schon seit 1870 Wein produziert und seinen Hauptsitz in Vilafranca hat. Außerhalb der Stadt wurde gerade ein neues Vinifikationszentrum errichtet. Die 600 ha Rebland, die Torres besitzt, liegen zum Teil weit verstreut in den verschiedenen

TORELLO

Agustin Torello, San Sadurní de Noya

Was ist für Sie der Unterschied zwischen Champagner und Cava?
Der Unterschied ist, daß Champagner weiter nördlich hergestellt und aus blauen Trauben gemacht wird, während man Cava aus weißen Trauben erzeugt. Hinzu kommt, daß unsere Traubensorten, Macabeo, Xarel·lo und Parellada dem Schaumwein einen ganz anderen Charakter verleihen, wodurch er leichter trinkbar ist. Und dann darf man den Preis nicht vergessen. Cava ist billiger als Champagner. Außerdem glaube ich, daß unsere Weine ein besseres Verhältnis von Säure und Alkohol haben als die Champagner. Unser Brut hat praktisch 0 g Zucker. Der Champagner hat eine betonte Säure, die durch mehr Alkohol ausgeglichen werden muß. Ein Brut aus unserer Gegend ist immer trockener als ein Brut aus der Champagne, allgemein gesprochen. Das ist der Unterschied.

Zonen des Penedés. Mit dem eigenen Rebland werden aber nur etwa 50 % des Bedarfs an Trauben gedeckt. Die andere Hälfte kauft Torres bei Weinbauern, deren Arbeit von seinen Önologen kontrolliert wird. Torres hat ein Sortiment von Weinen, in dem praktisch alle Rebsorten, die im Penedés vorkommen, vertreten sind. Neu angepflanzt werden insbesondere Cabernet Sauvignon, Pinot Noir und Chardonnay, um in Zukunft in noch größerem Umfang auch reinsortige Weine dieser Rebsorten erzeugen zu können, was bisher nicht möglich ist, weil es von diesen Trauben noch zu wenig gibt. Erst kürzlich hat Torres auch in Chile Rebland erworben und erzeugt dort Weine, die im Land, aber auch nach USA und Europa verkauft werden.

Die Gefahr ist groß, daß in Zukunft durch multinationale Riesen der Charakter einer Weinbauregion geprägt wird. Wertvolle alte regionale Rebkulturen, die weniger ertragreich und schwerer zu vermarkten sind, verschwinden dann zugunsten standardisierter Edelrebsorten. Schon heute werden Cabernet- und Chardonnay-Reben in den Weinbaugebieten der ganzen Welt angepflanzt, um auf dem internationalen Markt besser ins Geschäft zu kommen. Daß mit der Expansion der industriellen Weinerzeuger auch die Weinlandschaften immer eintöniger aussehen könnten, befürchtet Señor Torres kaum: „Ich habe ein großes Vertrauen in die klassischen Rebsorten dieser Gegend. Die Parellada-Sorte gibt es hier schon seit etwa 2.000 Jahren, dennoch glaube ich, daß die neuen Rebsorten, die wir anpflanzen, unsere Önologie interessanter machen. In Kalifornien und in Australien haben sie auch alle Rebsorten, warum sollten wir uns hier nicht dafür öffnen?"

Torres ist ein hochtechnisierter Betrieb, der große Weinmengen erzeugt. Trotzdem gelingen dabei einige Weine von beachtlicher Qualität. Im europäischen Vergleich sind diese in ihrem Preis-Leistungs-Verhältnis nur schwer zu schlagen, der Gran Viña Sol beispielsweise. Ein ausgezeichneter Wein, der in Spanien sehr beliebt ist. Er wird aus Parellada- und Chardonnay-Trauben gekeltert und sechs Monate in Barriques ausgebaut. Diese lagern in drei nebeneinander liegenden Barrique-Kellern von jeweils einem halben Kilometer Länge. Auch ein reiner Cabernet Sauvignon Reserva, von dem nur ca. 150.000 Flaschen pro Jahr erzeugt werden, reift dort heran. Dieser Rotwein kann sich im Kreise der internationalen Cabernet-Familie in den ersten Reihen sehen lassen. Eine überdurchschnittliche Qualität weisen ein reinsortiger Tempranillo, ein Pinot Noir und ein Verschnitt aus Cabernet und Tempranillo insbesondere in der Relation zu ihrem Preis auf. Was den Weißweinen, aber auch manchen roten, meistens fehlt, ist die Säure. Auch wenn es im Penedés Rebland in höheren Lagen gibt, wo es kühler ist und sich mehr Säure in den Trauben bildet,

TORRES

Miguel Torres, Vilafranca

Ich glaube, daß die Weine heute natürlicher sind als früher. Heute können wir Weine ohne Chemie, nur mit Hilfe der Physik machen. Mit Physik meine ich die Edelstahltanks, die Temperaturkontrolle, um die Oxydation zu vermeiden. Deshalb glaube ich, daß der Wein heute naturbelassener ist als früher.

Mir ist aufgefallen, daß sich im Penedés alles in großen Dimensionen abspielt. Beim Wein konzentriert es sich auf Ihre Firma, beim Cava auf die paar ganz Großen. Warum ist das so?

Die soziale und politische Situation der letzten dreißig Jahre hat diese Konzentration auf große Firmen möglich gemacht. Dabei müssen wir uns mit Kalifornien oder Australien vergleichen. In Deutschland, Italien oder Frankreich gibt es ganz viele kleine Weinproduzenten. Für die Zukunft, für den Export ist jedoch die Konzentration auf große Firmen besser.

reichen die Mengen wohl nicht aus, um zu verhindern, daß auf künstlichem Wege mit kristallisierter Zitronensäure nachgeholfen werden muß. Auch der Cava ist im Vergleich zum Champagner sehr arm an Säure. Deshalb mangelt es manchem an einem stabilen Rückgrat und der Fähigkeit, lange zu altern. Dafür ist wiederum von Vorteil, daß sie weniger Dosage als viele Champagner brauchen, um harmonisch zu wirken.

Señor Torres jun., den man als das Idealbild eines mediengewandten Managers der Weinwelt beschreiben könnte, führt die Betriebe in Spanien und Chile, während sein Vater noch immer der Präsident des Unternehmens ist. Miguel Torres jun. weiß nicht nur sein großes önologisches Fachwissen und seine kaufmännischen Qualitäten einzusetzen, sondern auch sein charmantes Wesen. In einem Gespräch würde er nie etwas sagen, das seiner Sache nicht nützt. Alles ist genau kalkuliert, seine Zeit ist knapp, er mißt sie laufend mit einer Art innerer Stoppuhr. Für ein Mittagessen, das wir für die Filmaufnahmen mit ihm und seiner deutschen Frau arrangieren, nimmt er sich genau eine halbe Stunde Zeit. Er kann dabei, wie es verlangt wird, entspannt und privat wirken, lächeln, auf Fragen kompetent antworten oder sie geschickt und unauffällig umgehen, wenn sie nicht nach seinem Geschmack sind, und gleichzeitig ganz gezielt die Weinflasche mit dem Etikett so charmant und scheinbar unauffällig in die Richtung der Kamera halten, daß jeder professionelle Schauspieler vor Neid erblassen müßte. Miguel Torres jun. ist einer der effizientesten Menschen, denen ich bisher in der europäischen Weinszene begegnet bin. Er scheint aus dem Holz geschnitzt zu sein, das man für Erfolgsmenschen verwendet, biegsam wie Weide und hart wie Eiche. Der Preis dafür ist, daß keine Zeit mehr zum Leben bleibt. Doch was heißt denn Leben? Oder gar Glück? Sind das nicht rudimentäre Begriffe, die wir durch Leistung und Erfolg längst ersetzt

Diese 'Kathedrale' in Raimat, in der Gärtanks aus Beton wie die Orgelpfeifen aufgereiht stehen, ist eine der ersten Stahlbetonbauten Spaniens und steht unter Denkmalschutz. Bevor es die Edelstahltanks gab, hat man den Wein entweder in Zement-, Beton- oder Holzbehältern vergoren und gelagert.

Torres ist der größte Weinerzeuger im Penedés. In kilometerlangen Kellergewölben liegen Tausende von barricas, in denen weiße und rote Weine ausgebaut werden, unter anderem ein reinsortiger Cabernet Sauvignon Reserva von großer Güte.

haben? Leben, das heißt doch nur "wertvolle" Zeit verschwenden, ohne daß dabei etwas Vorzeigbares herauskommt. Wein braucht Zeit, um zu wachsen und zu reifen. Aber auch das kann der Mensch von heute beschleunigen. Wir können Weine technisch so manipulieren, daß sie alt wirken, aber nicht wirklich alt sind. Und wer wirklich erfolgreich sein will, kann es sich ohnehin nicht leisten, Wein zu trinken. Höchstens aus Prestigegründen. Leistung heißt schnell sein. Wer langsam ist, bleibt auf der Strecke. Weintrinken erfordert Zeit. Man wird langsam und beschaulich dabei. Beschaulichkeit ist aber nur etwas für Mönche, und die wandern auch immer mehr ins Management ab. Wir gestatten manchen Weinen, was wir uns selbst verbieten: sich die Zeit zu nehmen, die ihrem Wesen entspricht. Wir bewahren sie im Keller auf bei kühler, konstanter Temperatur, schützen sie vor Licht und schlechter Luft, tun alles, um ihnen die Umstände und die Zeit zu gewähren, die sie für ihre Reifung und Alterung fordern. Die Keller für die Aufbewahrung alter Weine nennt man in Spanien "Friedhöfe". Doch die Toten, die dort liegen, können noch sehr lebendig sein. Ein beruhigendes Bild für Menschen, die den Tod fürchten. In einer Gruft liegen und doch noch lebendig sein, sich aufbewahren für den Zeitpunkt, wo das ewige Leben möglich und die Zeit abgeschafft wird. Ein Wunschtraum, so alt wie die Menschheit.

Die Weinszene des Penedés verführt zu solchen Gedanken. Denn hier werden mit atemberaubendem Tempo und Perfektionismus neue Maßstäbe für die ganze Weinwelt gesetzt. Auch ein Mann wie Manuel Sancho, der gerade aus der schnellen Welt des Show-Business, der Musik- und Schallplattenindustrie geflohen ist, um sich dem "beschaulichen" Geschäft des Weinmachens zu widmen, wird dort schon wieder von der Entwicklung überholt. Moderne Weinerzeugung wird immer mehr ein Gebiet für Wissenschaft und Technik, Management und Kapital. Wein als ein High-Tech-Produkt für beschauliche Stunden. Nein, das ist keine Ironie, ich bin nur immer wieder hin- und hergerissen von den faszinierenden Entwicklungen, die ich im Penedés gesehen habe. Schrecken und Faszination wohnen ja dicht beisammen. Señor Manuel Sancho, der eine Plattenfirma in Madrid hatte, wollte 1975, nach dem Tode Francos, mit seiner Familie möglichen Unruhen entgehen und kaufte sich vorsorglich im Penedés ein schönes Anwesen mit 44 ha Land. Um tätig und kreativ leben zu können, fing die Familie an, Wein und Cava zu machen. Heute werden auf Mont Marcal eine halbe Million Flaschen Wein und 700.000 Flaschen Cava im Jahr erzeugt. Die beiden Töchter sind Mitgesellschafterinnen, während Señora Sancho, eine gebürtige Österreicherin, als Lehrerin tätig ist. Ich habe mich bei den Sanchos ungeheuer wohl gefühlt. Warum? Weil

SANCHO

Familie Sancho, Castellvi de la Marca

Manuel Sancho:

Sie hatten vorher eine Plattenfirma. Ist es nicht genauso schwierig, ein Weingut aufzubauen und Cava und Wein zu verkaufen?

Nein. Hier ist der Rhythmus viel langsamer. Sie können machen, was Sie wollen, aber es gibt nur eine Ernte pro Jahr. Der Druck, der zum Beispiel in der Musikbranche herrscht, ist viel geringer, als wenn Sie Landwirtschaft betreiben.

Würden Sie diese Entscheidung noch einmal treffen?

Ich bereue, daß ich nicht schon vor zwanzig Jahren auf die Idee gekommen bin. Denn ich bin jetzt viel glücklicher, viel ruhiger, ich muß weniger reisen und fühle mich viel mehr als Mensch. Schallplatten zu machen war eine sehr wichtige Erfahrung für mich, aber ich würde mit der Erzeugung von Wein und Cava früher anfangen oder mit etwas anderem, das mit dem Boden, mit der Sonne, mit der Natur zu tun hat. Es gibt wenig andere Möglichkeiten, so entspannt — verbunden mit der Natur — zu leben.

diese Menschen von einer überschäumenden Wärme und Herzlichkeit waren und ein Glück ausstrahlten, an dem ich teilhaben konnte. Ihre Lebensfreude war echt und vital, die Dimensionen ihrer Produktion noch im handwerklichen Bereich, nicht im industriellen.

Das wiegt um so mehr, als gerade in Spanien vieles von Natur aus gigantisch angelegt ist. Es ist ein Land, wie für Riesen gemacht. Folglich ist es normal, wenn es von solchen auch bewohnt wird. Daß Codorníu, der größte Goliath des Penedés, allerdings einen echten David zur Welt gebracht hat, ist delikat. Nur langsam bin ich hinter die Geschichte gekommen. Schon bei meinem ersten Besuch war mir aufgefallen, daß inmitten der zum Teil denkmalgeschützten Produktionsanlagen von Codorníu, umgeben von einem herrlichen Park, ein majestätisches Haus steht. Als ich den mich begleitenden PR-Manager fragte, wer dieses Schloß bewohne, verschwand sein geschäftsmäßig freundliches Lächeln, und er antwortete gequält, das sei Privatbesitz und tabu. Von dieser Antwort unbefriedigt, unterließ ich jedoch zunächst weitere Fragen. Und einen Tag später ergab sich alles wie von selbst. Gerade war genau gegenüber von Codorníu auf der anderen Seite der schmalen Straße der supermoderne Neubau einer Kellereianlage fertig geworden. Auf einer weißen Carrara-Marmorplatte steht in kleinen, eleganten schwarzen Buchstaben der Name Raventos i Blanc geschrieben. Gerüchtweise hatte ich schon gehört, daß es ein abtrünniges Mitglied der Codorníu-Familie gewagt hatte, diese neue Firma direkt vor das Eingangstor zu setzen. Ja, mehr noch. Eine 500 Jahre alte Eiche, das Wahrzeichen von Codorníu, war mit einer durchbrochenen Ziegelmauer im weiten Bogen eingefaßt und der Firma Raventos i Blanc einverleibt worden. Ein unglaublicher Vorgang.

Die 500 Jahre alte Eiche, umstrittenes Wahrzeichen von Codorníu.

Als ich bei der jungfräulichen Firma anklopfte, wurde ich von Mitarbeitern freundlich empfangen. Die kompromißlos modern gestaltete Anlage beeindruckte mich sehr. Von den Büroräumen bis zu den Produktionsanlagen und dem Flaschenkeller ist alles aus einem Guß. Sowohl von der Funktion her als auch von der Ästhetik wurde mit großem Stilgefühl bis hinein ins kleinste Detail eine Architektur realisiert, die sich weit entfernt von den stupiden, phantasielosen Zweckbauten unserer Tage. Der Cava, den Raventos i Blanc erzeugt, gehört ohne Frage zu den Spitzenprodukten des Penedés. Er ist zwar leider nicht restlos trocken, hat dafür aber eine gute kernige Säure und schmeckt harmonisch ausgereift. Gekeltert wird er aus den drei traditionellen Rebsorten Macabeo, Xarel·lo und Parellada – auf Chardonnay hat man nach einigen Versuchen verzichtet –, wobei man nur Trauben aus den eigenen Weingärten verwendet. Drei Jahre lagert der handgerüttelte Cava, bevor er auf den Markt kommt. Etwa

500.000 Flaschen werden pro Jahr erzeugt. Ein paar Tage nach der Besichtigung der Firma konnte ich ein Gespräch mit dem Inhaber, dem jungen Señor Raventos, führen und bekam die interessante Geschichte von dem Goliath, der den David zeugte, zu hören. Dabei fiel mir auf, daß Señor Raventos — würde er im 15. Jahrhundert gelebt haben — durchaus dem italienischen Bildhauer Donatello für seinen David hätte Modell stehen können. Sein Vater, der 1929 Mitbegründer der Aktiengesellschaft Codorníu gewesen war und in vierzig Jahren das Unternehmen zu phantastischen Erfolgen geführt hat, wollte Ende der siebziger Jahre eine Umgestaltung des Goliath in mehrere kleine Unternehmen durchsetzen, die sich mehr auf Qualität und weniger auf Quantität konzentrieren sollten. Wie Señor Raventos sagt, war der Goliath Codorníu ein nur mehr schwer bewegliches Monster geworden. Mit dieser sehr klugen und modernen Idee stieß der Vater jedoch auf Widerstand bei den übrigen Aktionären, die zu 60 % aus der eigenen Familie kommen und insgesamt etwa 100 Personen zählen. Daraufhin beschloß er, bei Codorníu auszuscheiden. Mit seinem Sohn plante er die jetzt realisierte Sektkellerei, starb jedoch drei Monate nach Gründung des neuen Unternehmens an einem Herzinfarkt. José Maria Raventos war aber nicht nur einer der Pioniere des Unternehmens Codorníu, sondern auch Erbe und Eigentümer der Finca Codorníu Land. Durch eine besondere Erbregelung in der Familie ist alles Land, auch das, auf dem Codorníu mit seinen gesamten Anlagen steht, heute im Besitz des jungen Señor Raventos. Ihm gehört das majestätische Haus auf dem Gelände von Codorníu, über das mir der Werbemann keine Angaben machen wollte. Señor Raventos verläßt also am Morgen sein prachtvolles Haus, durchschreitet seinen Park, geht durch das bewachte Tor von Codorníu über die Straße und betritt seine Sektkellerei. Und nie-

Diese herrliche Villa steht neben den Produktions- und Verwaltungsanlagen von Codorníu, doch sie gehört dem „abtrünnigen" Familienmitglied Raventos, der sein Konkurrenzunternehmen genau gegenüber errichtet hat und auch Besitzer des gesamten Bodens ist, auf dem Codorníu steht. Diese vertrackte Situation ist durch eine besondere Erbregelung entstanden.

mand konnte ihn hindern, das Wahrzeichen von Codorníu, die 500 Jahre alte Eiche, unter der er als Kind gespielt hatte, seinem Besitz einzuverleiben. Verständlich, daß der arme PR-Manager von Codorníu in arge Verlegenheit kam, als ich ihn nach dem schönen Haus und seinen Bewohnern fragte. Die gelungene und mutige Architektur, die Raventos jun. neben das alte denkmalgeschützte Gebäude seiner Familie setzen ließ, zeigt auf imponierende Weise, wieviel Kreativität, unternehmerische Potenz und Phantasie in dieser Familie immer noch stecken.

Etwa 200 km westlich von Barcelona bei Lerida wurde noch unter der Federführung von José Maria Raventos von Codorníu ein phantastisches Unternehmen seiner Vollendung entgegengeführt, das bereits 1914 begonnen wurde. Zu Beginn des ersten Weltkrieges hatte Don Manuel Raventos, das damalige Oberhaupt der Familie, in der Grafschaft Raimat 3.200 ha

Ein Teil des Verwaltungsgebäude von Raimat.

Der Verkostungsraum von Raimat. Nüchtern, neutral, konsequent modern und weit enfernt von der Weinromantik vergangener Tage.

Land zusammen mit einem im 17. Jahrhundert erbauten Schloß erworben. Heute ist Raimat eines der modernsten und größten Landwirtschafts- und Weinbau-Unternehmen in Europa. Es bekam eine Sondergenehmigung der Regierung zur Bewässerung der Rebanlagen. Das Bewässerungssystem wurde nach kalifornischem Muster errichtet. Sobald die Bodentemperaturen unter 1° C sinken, schaltet sich die Bewässerungsanlage automatisch ein, um auf diese Weise die Temperatur in den Weinfeldern zu erhöhen. Das gleiche geschieht, wenn die Temperatur über 32° C steigt. Dann schützt kühlendes Wasser aus den Pyrenäen die Reben vor der sengenden Hitze. Auch in Raimat ist die Architektur der Anlage im Nebeneinander von Alt und Neu von beeindruckender Konsequenz und Schönheit. Die Familie Raventos hat eine glückliche Hand in Sachen Architektur. 1988 wurden die neuen Produktions- und Verwaltungsgebäude fertiggestellt. Raimat erhielt eine eigene

Die Vinothek der 1988 fertiggestellten Neuanlagen wurde von einem jungen Architekten aus Barcelona entworfen. Edles Holz und Marmor geben dem Raum neben seiner funktionellen Klarheit eine schöne warme Atmosphäre.

Die Spanier nennen einen Keller, in dem sie alte Weine aufbewahren, cementerio — Friedhof. Als „gotische Gruft" wurde er im historischen Teil von Raimat gestaltet.

Denominación de Origen (Costers del Segre) zugebilligt. Auf dem riesigen Besitz gibt es große Obstplantagen. Mais, Getreide, Sonnenblumen etc. werden angebaut und in erster Linie natürlich Reben. Bis 1992 will man in Raimat rund 1.000 ha – ein Drittel der Gesamtfläche –, auf denen Rebstöcke stehen, zum vollen Ertrag bringen: insgesamt 12 Millionen kg Trauben pro Jahr von den Rebsorten Cabernet Sauvignon, Tempranillo, Merlot, Chardonnay, Xarel·lo, Parellada und Macabeo. Natürlich sind alle technischen Einrichtungen – inspiriert von den kalifornischen Weinmachern, zu denen Daniel Pages Raventos enge Beziehungen unterhält – auf dem modernsten Stand. Das kleine, stilvolle Verwaltungsgebäude beinhaltet auch eine hinreißend modern gestaltete Vinothek, ganz aus edlem Holz und Marmor gefertigt, in der alle bedeutenden Weine Spaniens gesammelt werden. Daneben ein aseptischer Verkostungsraum aus Marmor, Beton, Holz und Glas, der in seiner Kühle und Neutralität von bestechender Schönheit ist und in nichts mehr an eine Weinromantik von gestern erinnert, ebensowenig wie die Methoden der Weinerzeugung, die nach wissenschaftlich-önologischen Erkenntnissen und Forschungen betrieben wird. In Raimat hat man sich das ehrgeizige Ziel gesteckt, keine Massenweine, dafür aber Qualitätsweine sozusagen massenhaft zu erzeugen. Ich habe einen Cabernet Sauvignon und einen Chardonnay verkostet sowie einen reinsortigen Chardonnay-Cava. Der Cabernet Sauvignon trank sich ausgesprochen angenehm, wenngleich Struktur und Körper des Weines noch etwas schwach waren und dadurch der Holzton vom Barrique überbetont wirkte. Auch der sonst gelungene Chardonnay könnte ein kraftvolleres Rückgrat vertragen. In fünf Jahren, wenn die Reben älter sind und der Ertrag niedrig bleibt, wird sich das sicher ändern. Dann wird in den Trauben mehr Substanz sein. Der Chardonnay-Cava, nehme ich an, wird auf dem spanischen und vermutlich auch auf dem internationalen Markt ein Erfolg werden. Es war noch nicht zu erfahren, wie viele Flaschen pro Jahr davon erzeugt werden sollen.

Mit Raimat hat Codorníu neben dem David im Zentrum seiner Macht auch noch einen neuen Goliath von imponierender Gestalt gezeugt. Ein Goliath, dessen Dynamik für das heutige Spanien symptomatisch ist. Optimistisch und mit einem Enthusiasmus, wie er zur Zeit in keinem anderen europäischen Land zu sehen und zu fühlen ist, haben sich die Spanier auf den Weg gemacht, ihre Position als große Europäer, die aus reichen Quellen einer bewegten, langen Geschichte und Tradition schöpfen können, in der Gemeinschaft mit den anderen Ländern dieses Kontinents wahrzunehmen. Von Risiken und möglichen Abstürzen, die bei diesem atemberaubenden Aufstieg nicht ausgeschlossen sind, will man, beflügelt wie man ist, vorerst nichts wissen, keine Ernüchterung erfahren. Sie würde den schönen Schwung nur bremsen.

PENEDÉS

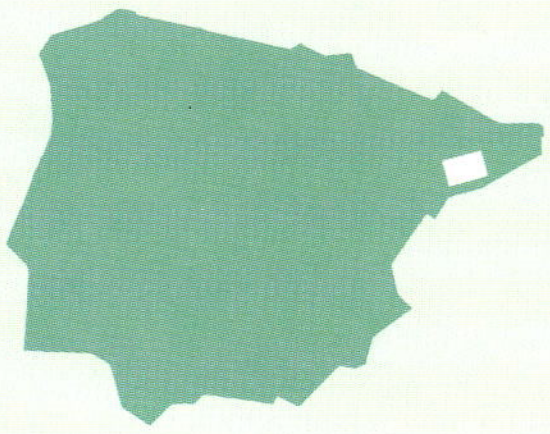

Das bedeutendste Weinbaugebiet Kataloniens ist das südwestlich von Barcelona gelegene Penedés. Die 25.000 ha Rebfläche sind vorwiegend mit weißen Rebsorten bestockt. Der Großteil der Trauben wird zur Herstellung von Cava verwendet. Cava heißt wörtlich Keller und ist die Bezeichnung für den spanischen Schaumwein, der nach der Champagnermethode (Flaschengärung) hergestellt wird. 95 % des spanischen Cava werden in Katalonien produziert.

Er wird in der Regel aus den drei weißen Traubensorten Macabeo, Xarel·lo und Parellada erzeugt. Das Zentrum der Schaumweinherstellung ist San Sadurní de Noya. In dieser kleinen, nicht mehr als 8.000 Einwohner zählenden Stadt gibt es über 200 Cava-Produzenten.

Die Herstellung von Cava

Cava muß nach der klassischen Champagnermethode (Mèthode champenoise) hergestellt werden. Im Penedés wird seit dem Ende des 19. Jahrhunderts Schaumwein nach dieser Methode erzeugt.

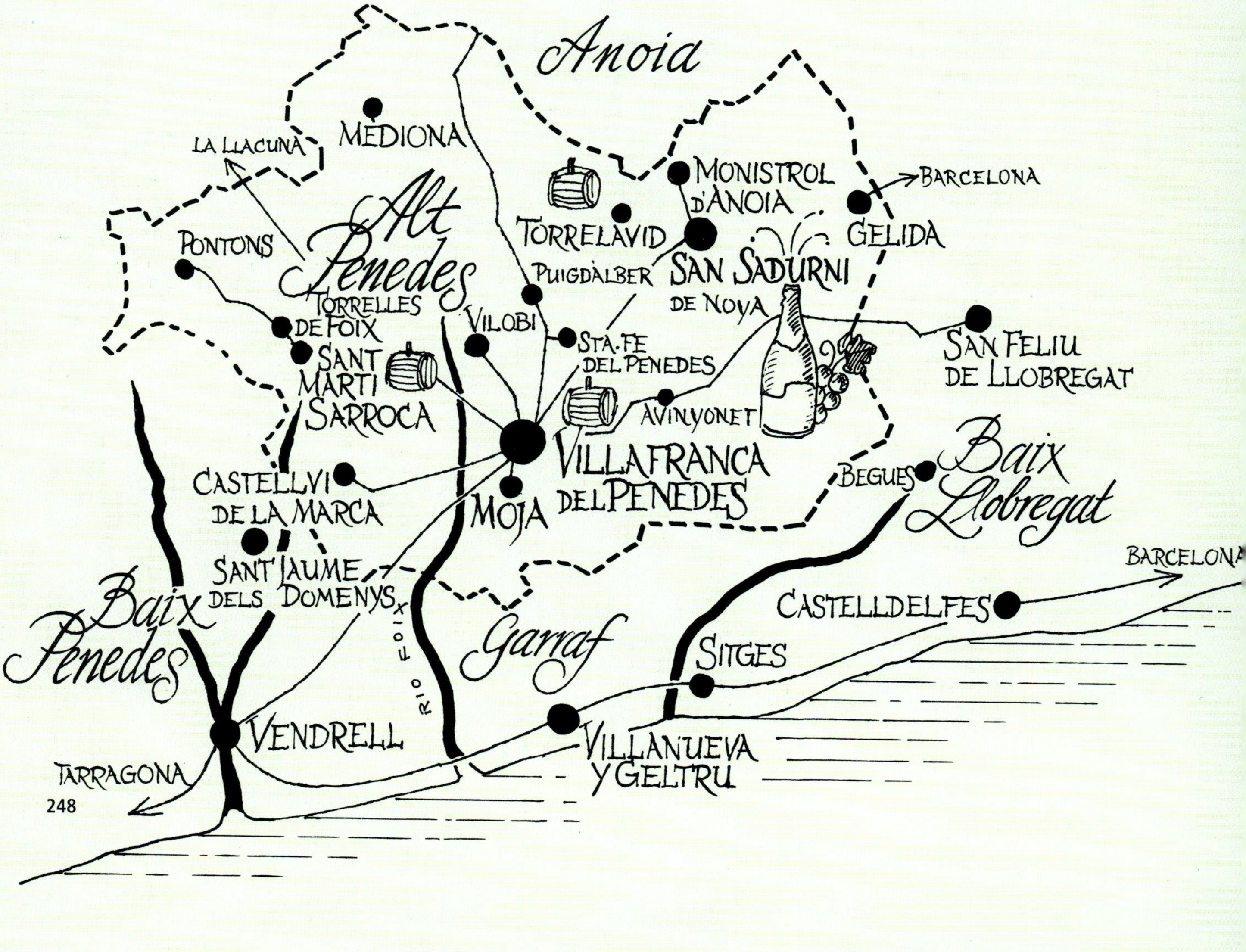

Coupage: Die aus den drei Traubensorten getrennt gekelterten Weißweine werden nach der Gärung vermischt bzw. verschnitten. Es können auch Weine von älteren Jahrgängen hinzugefügt werden. Auf diese Weise erhält man den Grundwein, das Ausgangsprodukt für die Herstellung von Schaumwein, von dessen Güte die Qualität des Cava abhängt. Jede Kellerei hat ihr eigenes Rezept.
Tirage: Dem Grundwein werden Hefen und eine Zuckerlösung zugesetzt, er wird in Flaschen abgefüllt und mit einem Kronkorken versehen. Es erfolgt eine erneute, zweite Gärung in der Flasche. Der zugefügte Zucker verwandelt sich dabei in Alkohol, die Kohlensäure wird gebildet. Durch die Hefe wird nicht nur die Gärung ausgelöst, sie beeinflußt auch die Entwicklung der Geschmacksstoffe.
Remuage: Frühestens nach 9 Monaten werden die Flaschen auf Rüttelpulte bzw. Giropaletes (mechanisierte Form des Rüttelns) gestellt. Die Flaschen werden jeden Tag nach einem bestimmten Schema gerüttelt und gedreht, bis sie fast senkrecht stehen und sich das Hefe-Depot im Flaschenhals abgesetzt hat.
Degorgé: Beim Degorgieren werden die Flaschen kopfüber in ein Vereisungsgerät gestellt, der Flaschenhals bei minus 20° C vereist, so daß das Hefedepot einen Eisklumpen bildet. Im Degorgiergerät wird dann der Kronkorken entfernt, der Eispfropf wird durch den Druck der Kohlensäure herausgeschleudert.
Dosage: Bis zum Degorgieren ist jeder Schaumwein trocken. Erst bei der Dosage (dem Zusatz einer Zuckerlösung) wird bestimmt, ob es ein trockener, halbtrockener oder süßer Schaumwein werden soll. Der Zuckerlösung kann auch Esprit de Cognac oder ein Spezialbranntwein zugefügt werden. Aus welchen Ingredienzien der Dosagelikör genau besteht, bleibt das Geheimnis einer jeden Kellerei. Nach der Dosage werden die Flaschen endgültig verkorkt.

Einige empfehlenswerte Cava-Erzeuger:

Der weltgrößte Hersteller von Schaumweinen nach der Champagnermethode ist Codorníu in San Sadurní de Noya. Diesem Unternehmen sind noch vier Tochterfirmen angeschlossen. Der zweite Riese unter den spanischen Cava-Herstellern — ebenfalls in San Sadurní ansässig — ist Freixenet, mit drei Tochterunternehmen, darunter auch Segura Viudas.
Weitere Hersteller: Mont Marcal, Castellví de la Marca; Marqués de Monistrol, Monistrol d'Anoia; Rovellats, La Bleda; Martin Soler, La Serra de Sabanell; Juvé y Champs, San Sadurní de Noya; Cavas Hill, Moja; Raventos i Blanc, San Sadurní u.a.

Die Weinhersteller

Obwohl 90 % der Produktion im Penedés aus Cava bestehen, gibt es einige Kellereien, die sich auf die Herstellung von Weinen spezialisiert haben. Die Rotweine (vino tinto) werden aus den Trauben Tempranillo, Garnacha, Cariñena, Monastrell, Pinot Noir, Merlot, Cabernet Sauvignon und etwas Cabernet Franc hergestellt, zum Teil als Verschnitt, zum Teil reinsortig (v.a. Cabernet Sauvignon). Die Weißen (vino blanco) werden hauptsächlich aus den Trauben Parellada, Macabeo, Xarel·lo und Chardonnay gekeltert. Die Kellereien haben in der Regel auch einen Rosé (Rosado) im Angebot. Unter den Weinerzeugern ist Torres in Vilafranca der größte (600 ha); er besitzt seit einigen Jahren auch in Chile ein Weingut. Seine bekanntesten Rotweine sind Sangre de Toro, Coronas Reserva und Coranas Gran Reserva. Die besten Weißweine des Hauses sind Viña Sol und Gran Viña Sol. Torres erzeugt außerdem gute Brandies. Einen besonders interessanten reinsortigen Cabernet Sauvignon erzeugt Jean Leon in Torrelavid.

Raimat

200 km westlich von Barcelona, bei Lerida, liegt Raimat, das seit 1986 eine eigene Herkunftsbezeichnung hat (Denominaciòn de Origen Costers del Segre). Raimat ist ein Unternehmen der Codorníu-Gruppe. Die rund 1.000 ha Rebfläche sind mit den Rebsorten Chardonnay, Macabeo, Xarel·lo, Parellada, Cabernet Sauvignon, Tempranillo und Merlot bestockt. In Raimat werden überdurchschnittliche Rot- und Weißweine hergestellt, u.a. auch ein reinsortiger Cava aus Chardonnay.

GLOSSAR

Abgang: Eindruck und Nachgeschmack, den der Wein beim Schlucken hinterläßt. Ein langer Abgang ist ein Qualitätsmerkmal.

Abstich: Das Abziehen des jungen Weins vom Bodensatz durch Umfüllen in einen anderen Behälter.

Anreichern: Zusetzen von Zucker zum Most vor der Gärung, um einen höheren Alkoholgehalt zu erreichen. In Österreich Aufbessern genannt, in Frankreich Chaptalisieren (nach Napoleons Innenminister J.A. Chaptal). In Italien und Spanien ist es generell verboten, in der BRD und in Österreich hingegen bei Tafelweinen und einfachen Qualitätsweinen erlaubt; auch in den bedeutenden Weinbaugebieten Frankreichs (Burgund, Bordeaux) ist das Verfahren üblich.

Appellation (d'Origine) contrôlée: Kontrollierte Herkunftsbezeichnung der französischen Weine. Erhalten nur Weine, die den gesetzlichen Vorschriften entsprechen: Sie müssen aus einem bestimmten Gebiet stammen, zudem sind Traubensorte, Hektarhöchstertrag und Mindestalkoholgehalt festgesetzt; auch Weinbau- und Weinbereitungsmethoden sind vorgeschrieben.

Aroma: Geschmackskomponenten des Weins.

Aufspritzen: Mit Alkohol versetzen.

Ausbau: Reifung und Lagerung des Weins nach der Gärung. Der Begriff umfaßt alle Eingriffe und Maßnahmen, die dem Wein im Laufe seiner Reifung in der Kellerei zuteil werden.

Auslese: Lese von edelfaulen oder vollreifen Trauben und daraus erzeugte Weine. Der Zuckergehalt des Mostes muß je nach Rebsorte und Weinbaugebiet in Deutschland zwischen 83° und 105° Öchsle liegen.

Barrique: Bezeichnung für Eichenfässer mit einem Fassungsvermögen von 225 l, die besonders im Bordelais verwendet werden. In der Rioja (Spanien) *barrica bordelesa.*

Beerenauslese: Kostbarer süßer Wein aus edelfaulen oder überreifen Beeren, die bei der Weinlese extra aussortiert werden. Das Mindestmostgewicht muß in Deutschland — je nach Anbaugebiet und Traubensorte — zwischen 110° und 128° Öchsle liegen.

Bestimmtes Anbaugebiet (b.A.): Ein im deutschen Weingesetz von 1971 festgelegtes Anbaugebiet für Qualitätsweine (insgesamt 11 an der Zahl).

Bodega: Spanisch für Kellerei.

Botrytis Cinerea: Schimmelpilz. Wenn er reife Trauben befällt, löst er die sogenannte Edelfäule aus, wobei der Saft in den Beeren verdunstet und sich der Zuckergehalt konzentriert. Aus botrytisbefallenen Trauben werden hochwertige Weine gewonnen (▷ Sauternes). Befällt der Pilz unreife Trauben, kann das große Ernteverluste zur Folge haben.

Brandig: Negatives Merkmal eines Weins mit einem aufdringlichen Alkoholgehalt, der nicht durch einen entsprechenden Körper ausbalanciert ist. Gelegentlich schmecken solche Weine bitter.

Bukett: Die durch die Nase wahrnehmbaren Düfte, die der Wein durch die Berührung mit Sauerstoff ausströmt.

Cava: Spanisch für Keller, zugleich Bezeichnung für die in Spanien nach der Champagnermethode hergestellten Schaumweine.

Chaptalisieren: ▷ Anreichern.

Charakter: Deutlich erkennbare Eigenart eines Weins. Unerläßlich für gute Weine.

Château: Bezeichnung für ein Weingut mit den dazugehörenden Weinbergen. Vor allem im Bordelais üblich.

Consejo Regulador de la Denominación de Origen:

Spanisches Kontrollorgan zur Überwachung der gesetzlichen Vorschriften für die Herstellung von Weinen mit Ursprungsbezeichnung (▷ Denominación de Origen).

Copita: Klassisches Sherryglas.

Cosecha: Spanisch für Jahrgang.

Criadera: Die verschiedenen, aufeinanderliegenden Sherryfaßreihen, mit Ausnahme der untersten Reihe, die Solera heißt.

Cru: Wörtlich Wachstum oder Gewächs. Bezeichnet in Frankreich eine Lage und den Wein, der aus dem Lesegut dieser Lage gekeltert wird. Im Bordeaux bezeichnet Cru ein bestimmtes Weingut, die dazugehörige Rebfläche und den Wein, der erzeugt wird.

Cuverie: Gärkeller.

Degustation: Weinprobe.

Dekantieren: Umfüllen des Weins in eine Karaffe vor dem Servieren. Dadurch kann der Wein mehr Sauerstoff aufnehmen und sich schneller öffnen. Bei alten Weinen trennt man auf diese Weise das ▷ Depot vom Wein, das sich am Boden der Flasche abgesetzt hat. Alte Weine können manchmal aber auch durch das Dekantieren schneller zusammenfallen. In der Regel dekantiert man Bordeaux und ähnliche Weine, Burgunder nur in Ausnahmefällen.

Denominación de Origen: Kontrollierte Herkunftsbezeichnung für spanische Qualitätsweine.

Denominazione di origine controllata (D.O.C.): Kontrollierte Herkunftsbezeichnung für italienische Qualitätsweine. Das Gesetz schreibt für diese Weine Anbaugebiet, Rebsorten, Hektarhöchsterträge und teilweise auch die Weinbereitungs- und Ausbaumethoden vor.

Denominazione di origine controllata e garantita (D.O.C.G.): Nach dem italienischen Weingesetz oberste Qualitätsstufe. Dieses Prädikat wird nur nach Verkostung und Prüfung der Weine vergeben.

Depot: Kleine Partikel, die sich im Laufe der Lagerung am Boden der Flasche absetzen. Kann auch Weinstein sein.

Dünn: Weine, die arm an Extrakt, Aroma und Alkohol sind.

Durchgegoren: Weine, deren Zukker im Laufe des Gärungsprozesses nahezu vollständig in Alkohol und Kohlendioxyd aufgespalten wurde.

Eiswein: Besonders kostbarer, süßer Wein, der in der BRD und in Österreich erzeugt wird. Trauben müssen zum Zeitpunkt der Lese und beim Pressen gefroren sein (mind. -7° C). Durch den Frost wird Wasser gebunden, es erfolgt eine Konzentration von Säure und Zucker im Most. In Deutschland müssen diese Weine zwischen 110-128° Öchsle haben.

Elegant: Charakteristikum eines stilvollen, ausgewogenen Weins von feiner Qualität.

Entsäuern: Reduzierung der Säure im Wein. Erfolgt entweder auf natürliche Weise (biologischer Säureabbau) oder durch das Zusetzen von neutralem Kaliumtartrat bzw. Kalziumkarbonat.

Erdig: Besonderer Ton, der von gewissen Böden herrührt.

Erzeugerabfüllung: Weingut, Weinerzeuger und Abfüller sind identisch.

Extrakt: Die im Wein gelösten Feststoffe, die nach Verdampfen der Flüssigkeit zurückbleiben (u.a. Gerb- und Farbstoffe, Mineralstoffe, Stickstoffverbindungen und Zucker).

Fein: Charaktereigenschaft eines Weins von höherer Qualität — eher leicht, angenehmes Bukett, keinesfalls schwer oder wuchtig.

Filtrieren: Das Klären des Mostes oder des Weins durch einen Filter. Befreit den Wein von Trubteilchen und verleiht ihm Transparenz. Dabei können aber auch feine Inhaltsstoffe des Weins verlorengehen, weswegen es entschiedene Gegner dieser Methode gibt.

Finesse: Eigenschaft eines feinen, eleganten Weins mit Klasse.

Flach: Bezeichnung für geschmacksarmen Wein.

Flaschengärung: Methode zur Herstellung von Schaumweinen nach dem Champagnerverfahren, bei der die zweite Gärung in der Flasche stattfindet.

Flor: Hefedecke, die sich — nach der Gärung auf natürliche Weise — an der Oberfläche jener jungen Weine bildet, aus denen Sherry hergestellt wird. Beeinflußt wesentlich Aroma und Bukett des Weins.

Fruchtig: Eigenschaft meist jüngerer Weine, deren Geschmack an frische Früchte erinnert. Verliert sich mit zunehmendem Alter.

Fuder: Das an Mosel-Saar-Ruwer übliche Eichenfaß mit 1.000 l Inhalt.

Gärung: Vorgang, bei dem der Zucker im Most in Alkohol umgewandelt wird.

Gefällig: Bezeichnung für einen angenehmen Wein ohne herausragende Eigenschaften.

Glatt: Wein ohne besondere Merkmale.

Grün: Bezeichnung für einen unreifen, zumeist noch jungen Wein.

Grundwein: In Deutschland Bezeichnung für das Ausgangsprodukt zur Herstellung von Schaumweinen.

Halbtrocken: Bezeichnung für Weine mit einem Restzuckergehalt von max. 18 g pro Liter.

Harmonisch: Charaktereigenschaft eines Weins, bei dem Duft- und Geschmacksstoffe, Säure, Restzucker und Alkoholgehalt gut aufeinander abgestimmt und ausbalanciert sind.

Hefe: Mikroorganismen, welche die Gärung auslösen und den Traubenmost in Wein umwandeln.

Klon: Nachwuchsrebe von gesunden, hinsichtlich gewünschter Eigenschaften ausgewählten Mutterstöcken. Stellt bei der Rebveredlung die höchste Stufe der Selektion dar. Dient der Ertragssteigerung und hat weltweit zu Weinüberschüssen geführt.

Korkgeschmack: Fehlton im Wein, hervorgerufen durch einen schlechten Korken. Kann erst nach Öffnen der Flasche festgestellt werden.

Körper: Der Alkoholgehalt und die Extraktstoffe machen den Körper eines Weins aus, geben ihm Substanz. Zu viel Körper kann den Wein aber auch plump und wuchtig erscheinen lassen.

Körperreich: Bezeichnung für einen vollen, runden Wein mit ausreichend Alkoholgehalt und deutlich wahrnehmbaren Extraktstoffen.

Leicht: Wein mit niedrigem Alkoholgehalt.

Macération carbonique: Besonderes Gärverfahren, bei dem die Trauben in einen mit CO_2 gefüllten Gärbehälter gegeben werden. Das Verfahren wird vor allem zur Erzeugung des Beaujolais primeur angewandt. Ergibt Weine von ausgeprägter Frische und Fruchtigkeit.

Mager: Bezeichnung für einen Wein mit wenig Körper beziehungsweise Substanz.

Maische: Breiartige Masse, die durch das Quetschen der Trauben entsteht.

Malolaktische Gärung: Auch zweite Gärung genannt; in Wirklichkeit handelt es sich um den biologischen Säureabbau, bei dem die Apfelsäure in Milchsäure verwandelt wird.

Mehltau: Man unterscheidet zwischen dem Echten Mehltau *(Peronospora viticola)* und dem Falschen Mehltau *(Oidium)*. Es handelt sich um Rebkrankheiten, die große Ernteverluste verursachen können.

Most: Noch nicht vergorener Traubensaft.

Mostgewicht: Naturzuckergehalt des Mostes. Wird in Deutschland in ▷ Öchslegraden ausgedrückt.

Nase: Eindruck des Weins beim Riechen.

Nervig: Bezeichnung für finessenreiche, säurebetonte Weine.

Öchslegrad (°Ö): Maßeinheit für den Zuckergehalt des Mostes, auch Mostgewicht genannt. Nach der Gilbertschen Formel läßt sich daraus der Alkoholgehalt errechnen: z.B. 76° Ö = 10 % Vol. Alkohol, 100° Ö = 13,8 Vol. Alkohol.

Önologie: Wissenschaft vom Wein.

Önologe: Weinwissenschaftler und Weinbautechniker.

Oxydation: Wenn ein Wein mit zu viel Sauerstoff in Berührung kommt, oxydiert er, das heißt, er verliert seine Frische und kippt langsam um.

Pappig: Wein mit einer aufdringlichen, klebrigen Süße.

Pfropfrebe: Auf reblausresistente amerikanische Wurzeln aufgepfropfte europäische Rebe.

Pièce: Bezeichnung für das im Burgund übliche Eichenfaß mit einem Fassungsvermögen von 228 l.

Premier cru: Nach dem Gran cru zweithöchste Qualitätsstufe bei Burgunderweinen.

Reblaus: Pflanzenlaus, die Ende des vorigen und Anfang dieses Jahrhunderts den Großteil der europäischen Rebgärten vernichtet hat.

Régisseur: Verantwortlicher Direktor eines Weinguts. Besonders im Bordelais gebräuchlich.

Reintönig: Bezeichnung für einen Wein ohne Nebengeschmack oder -geruch.

Restzucker: Restsüße im Wein, hervorgerufen durch nichtvergorenen Zucker oder durch Mostkonzentrat.

Ried: In Österreich Bezeichnung für Lage.

Rosado: Spanisch für Rosé.

Rund: Bezeichnung für einen ausgewogenen, harmonischen Wein ohne besondere Finesse.

Säure: Bestandteil des Weins, der in Promille ausgedrückt wird. Wichtige Voraussetzung für die Alterungsfähigkeit des Weins. Ist die Säure zu gering, wirkt der Wein fad. Von einem sauren Wein spricht man, wenn der Säuregehalt zu hoch ist und nicht durch einen entsprechenden Körper abgepuffert wird.

Schönung: Klärung und Stabilisierung des Weins durch Entfernen von noch vorhandenen Trubstoffen. Dabei werden verschiedene Mittel wie Eiweiß, Gelatine, Bentonit usw. verwendet. Wird der Wein mit dem chemischen

Mittel Kaliumferrocyanid geschönt, nimmt er vorübergehend eine blaue Farbe an; in diesem Fall spricht man von Blauschönung.

Schwefel: Dient zur Haltbarmachung des Weins; im Weinberg wird er zur Bekämpfung von Pilzkrankheiten gespritzt.

Schwer: Bezeichnung für einen Wein mit reichlich Alkohol- und Extraktstoffen.

Sensorische Prüfung: Prüfen des Weins über Geruchs- und Geschmackssinn, das heißt durch Verkosten.

Separieren: Klärung des Mostes nicht durch natürliches Absetzenlassen, sondern durch Einsetzen von Großraumschleudern. Vor allem beim Weißwein angewandte Methode.

Solera-System: Reifeverfahren beim Ausbau von Sherry in Eichenfässern, wobei jüngere Sherries mit älteren verschnitten werden.

Sommelier: Französische Bezeichnung für Weinkellner mit umfassenden Kenntnissen über Weine.

Spätlese: Nach den Kabinettweinen nächsthöhere Stufe der Qualitätsweine mit Prädikat. Darf nur aus Trauben gekeltert werden, die nach Abschluß der Hauptlese gelesen worden sind; diese ergeben in der Regel einen qualitativ höherwertigen Wein.

Spitz: Bezeichnung für einen Wein mit unangenehm hervortretender Säure.

Spritzig: Weine mit betonter, erfrischend wirkender Säure.

Stillwein: Bezeichnung für Wein ohne Kohlensäure; Gegensatz von Schaumwein.

Stoffig: Bezeichnung für extraktreiche, füllige Weine.

Süffig: Meist leichte, nicht besonders anspruchsvolle Weine.

Süß: Weine mit hohem Restzucker.

Süßreserve: Unvergorener Traubenmost, der zum Süßen von Weinen verwendet wird, wobei diese eine halbtrockene bis süße Geschmacksrichtung bekommen.

Tank: Großer, geschlossener Behälter aus Kunststoff, Beton oder Stahl, der zur Gärung oder Lagerung von Wein verwendet wird.

Tannin: Gerbstoff oder Gerbsäure. Wird während der Gärung aus Beerenhäuten und -kernen extrahiert. Wesentliches Haltbarkeitsmittel. Ein Wein mit viel Tannin ist langlebig.

Tastevin: Flaches, meist versilbertes Schälchen, das zum Verkosten von Wein verwendet wird.

Teergeschmack: Kein negatives Merkmal — Geschmacksnote, die bestimmte, sehr körperreiche Rotweine im ausgereiften Zustand annehmen (z.B. Barolo). Im Französischen *goût de goudron.*

Tenuta: Italienische Bezeichnung für Weingut.

Trester: Bestandteile, die nach dem Pressen der Trauben zurückbleiben. Aus ihnen werden Schnäpse gewonnen, wie etwa die italienische Grappa.

Trocken: Bezeichnung für einen durchgegorenen Wein mit keinem oder geringem Restzuckergehalt.

Trockenbeerenauslese: Höchste Stufe der deutschen und österreichischen Qualitätsweine mit Prädikat. Wird aus edelfaulen Beeren gemacht, die so lange am Rebstock hängen bleiben, bis sie rosinenartig eingeschrumpft sind.

Trub: ▷ Depot

Ursprungsbezeichnung: Angabe auf dem Etikett, weist die Herkunft des Weins aus.

Verkostung: Weinprobe.

Verschnitt: Mischen von Trauben, Most oder Weinen verschiedener Sorten.

Verschlossen: Bezeichnung für Weine, deren Geschmack nicht voll zur Geltung kommt, weil sie entweder noch zu jung oder aber noch nicht ausreichend mit Sauerstoff in Berührung gekommen sind.

Viña: Spanische Bezeichnung für Lage.

Vinothek: Weinsammlung

Weich: Bezeichnung für säurearme, milde Weine ohne ausgeprägten Charakter.

Weißherbst: Roséwein aus bestimmten Gebieten Deutschlands, der aus einer Traubensorte gekeltert wird (meist Spätburgunder).

Wuchtig: Bezeichnung für einen schweren, vollen Wein mit relativ hohem Alkoholgehalt.

Zuckern: Hinzufügen von Zucker zum Most, dient der Erhöhung des Alkoholgehalts. Dasselbe wie Anreichern, Aufbessern, in Frankreich ▷ Chaptalisieren.

Seit wann leben Sie hier?

Seit 416 Jahren lebt die Familie, sagen wir, ein Zweig der Familie, hier.

Wovon leben Sie?

Da gibt es Wein, Vieh und vielleicht wieder ein bißchen Öl. Man lebt halt bäuerlich zusammen mit unseren Padroni. Es geht alles gut ... Es geht alles gut ... Man versucht sein Bestes zu tun ...

Settimo und Mariano Fosi, Castello di San Polo in Rosso

LITERATUR

Horst Dohm	FLASCHENPOST AUS BORDEAUX Die sechzig großen Weine aus Bordelais Keysersche Verlagsbuchhandlung, München, 1987
Duijker, Hubrecht	DIE GROSSEN WEINE DES BURGUND Albert Müller, Rüschlikon, 1981
Duijker, Hubrecht	DIE SPITZENWEINE VON BORDEAUX Albert Müller, Rüschlikon, 1985
Duijker, Hubrecht	DIE GROSSEN WEINE DER RIOJA Albert Müller, Rüschlikon, 1987
Duijker, Hubrecht	WEINLAND FRANKREICH Albert Müller, Rüschlikon, 1988
Hugh Johnson	DER GROSSE WEINATLAS Die Weine und Spirituosen der Welt Hallwag AG, Bern, 1972/1986
Hugh Johnson	DER GROSSE JOHNSON Die neue Enzyklopädie der Weine, Weinbaugebiete und Weinerzeuger der Welt Hallwag AG, Bern, 1984
Gert von Paczensky	CHAMPAGNER Verlag Walter Hädeke, Weil der Stadt, 1987
Jens Priewe	ITALIENS GROSSE WEINE Verlag Busse + Seewald GmbH, Herford, 1987
Frank Schoonmaker/ Horst Dippel	DAS WEINLEXIKON Die Weine der Welt Krüger Verlag, Frankfurt, 1984
Tom Stevenson	CHAMPAGNER Gräfe und Unzer GmbH, München, 1986

BILDNACHWEIS

Vorsatz: Archiv für Kunst und Geschichte Berlin; Seite 10-11: Hans Wolf; Seite 12: Silvestris-Fotoservice/Walter Geiersperger; Seite 21: Hans Wolf; Seite 24-26: Focus/John Dominis/Wheeler Pictures; Seite 27: Scala Firenze; Seite 37: Matteo Scialpi; Seite 40-41: Ulrich Kerth; Seite 43: Focus/Urs F. Kluyver; Seite 55: Bilderberg/Milan Horacek; Seite 60-61: Bildagentur Mauritius/Ricatto; Seite 75: Bildagentur Mauritius/Ricatto; Seite 84-85: Ulrich Kerth; Seite 86: Ulrich Kerth; Seite 98-99: Silvestris-Fotoservice/Otto Stadler; Seite 108: Silvestris-Fotoservice/Otto Stadler; Seite 111: Silvestris-Fotoservice/Otto Stadler; Seite 115: Ulrich Kerth; Seite 118-119: Focus/Erich Spiegelhalter; Seite 131: Ulrich Kerth; Seite 134-135: SCOPE; Seite 156-157: SCOPE/Michel Guillard; Seite 158: The Image Bank/D. Hamilton; Seite 159: SCOPE/Michel Guillard; Seite 162: SCOPE/Michel Guillard (2); Seite 163: SCOPE/Jean Daniel Sudres; Seite 165: SCOPE/Michel Guillard; Seite 166: SCOPE/Michel Guillard; Seite 167: SCOPE/Michel Guillard; Seite 189: SCOPE; Seite 197: ZEFA/Croxford;

alle übrigen Fotos stammen von Christian Rischert.